21世纪高等教育面向新工科软件工程系列规划教材

OBJECT ORIENTED
SYSTEM ANALYSIS AND DESIGN (MOOC Edition)

面向对象
系统分析与设计
（MOOC版）

陆鑫 苏生 周瑞 / 编著

人民邮电出版社
北京

图书在版编目（CIP）数据

面向对象系统分析与设计 : MOOC版 / 陆鑫，苏生，
周瑞编著. -- 北京 : 人民邮电出版社，2021.7(2024.7重印)
21世纪高等教育面向新工科软件工程系列规划教材
ISBN 978-7-115-55746-9

Ⅰ. ①面… Ⅱ. ①陆… ②苏… ③周… Ⅲ. ①面向对
象语言－程序设计 Ⅳ. ①TP312.8

中国版本图书馆CIP数据核字(2020)第266849号

内 容 提 要

本书从理论与实际应用相结合的角度出发，比较全面地介绍面向对象系统分析与设计的原理、方法、技术和工具应用，包括系统分析与设计概述、面向对象基础与建模语言、系统规划、系统需求分析、系统架构设计、软件建模设计、用户界面设计等内容。

本书取材新颖、内容实用、案例丰富，注重讲解系统分析与设计工程实践的相关知识，并在重点章提供一个较完整的项目案例，在每章配有多种类型的练习题。这样的编排方式，可以帮助读者全面掌握系统分析与设计领域的方法与技术，同时也有助于通过案例引导读者开展系统分析与设计工程实践。

本书既可作为高等学校计算机专业、软件工程专业、信息系统专业的系统分析与设计课程的教材，也可作为相关开发人员学习信息系统分析与设计的技术参考书。

◆ 编　　著　陆　鑫　苏　生　周　瑞
责任编辑　邹文波
责任印制　王　郁　马振武
◆ 人民邮电出版社出版发行　北京市丰台区成寿寺路 11 号
邮编　100164　电子邮件　315@ptpress.com.cn
网址　https://www.ptpress.com.cn
固安县铭成印刷有限公司印刷
◆ 开本：787×1092　1/16
印张：17　　2021 年 7 月第 1 版
字数：443 千字　　2024 年 7 月河北第 5 次印刷

定价：59.80 元

读者服务热线：(010)81055256　印装质量热线：(010)81055316
反盗版热线：(010)81055315
广告经营许可证：京东市监广登字 20170147 号

21 世纪高等教育面向新工科软件工程系列规划教材

编委会名单

前　言

为满足工程教育课程教学的需要，编者根据新工科人才培养的要求，遵循夯实专业基础、注重工程实践能力培养、反映软件前沿技术和产业最新发展趋势的总体思路，编写了本书。编者在本书内容组织、项目案例设计、课程练习题库设计等方面突出工程教育的特点，注重内容对学生的工程师核心潜质能力（专业技能、工程实践能力、创新设计能力）的培养，解决传统教材理论知识与实际工程应用脱节、工程案例偏少等问题，为学生掌握面向对象系统分析与设计领域的专业知识、提升专业技能提供了丰富的学习素材。通过学习本书，读者可以理解面向对象系统分析与设计的原理，掌握系统分析与设计的方法与开发技术，初步具备系统分析与设计的开发能力。

为取得更好的课程教学与学习效果，本书按照新形态课程教材的要求，提供了MOOC 教学视频、课程教学 PPT、课程练习题库、案例模型等素材。

全书共 7 章，具体内容安排如下。

第 1、2 章介绍信息系统概述，信息系统软件，信息系统开发过程，系统开发过程模型，系统开发策略、方法与工具，面向对象基础，统一建模语言，BPMN 建模语言等内容。

第 3 章介绍系统规划，主要包括系统规划概述、系统规划方法、系统项目计划、项目可行性分析等内容。

第 4 章对系统需求分析进行介绍，主要包括需求采集、需求可视化建模、需求文档化、需求管理、需求分析案例等内容。

第 5 章对系统架构设计进行介绍，主要包括系统设计概述、系统架构基础、软件架构风格、软件架构模式、软件架构 UML 建模设计等内容。

第 6 章对软件建模设计进行介绍，主要包括软件建模设计概述、UML 软件静态结构视图建模、UML 软件动态交互视图建模、UML 软件状态机视图建模、UML 软件实现视图建模、图书管理系统软件建模设计实践等内容。

第 7 章介绍用户界面设计，主要包括用户界面设计概述、Web 系统 GUI 设计、移动 App 的 GUI 设计、App 系统界面设计案例等内容。

本书可作为高等学校计算机、软件工程等专业系统分析与设计课程的教材，建议授课学时为 32 小时，实验学时为 16 小时。

本书由电子科技大学陆鑫、苏生、周瑞编著。其中，陆鑫老师编写了第 1、3、5、7 章，并负责全书统稿；苏生老师编写了第 2、4 章；周瑞老师编写了第 6 章。在本书编写过程中，编者得到电子科技大学教务处、软件学院有关领导和老师的支持，在此表示诚挚感谢。

由于时间仓促，书中难免存在不妥之处，请读者原谅，并提出宝贵意见。

编　者

2021 年 4 月于成都

目录

第 7 章　用户界面设计……………211

参考文献……………………………262

第 1 章 系统分析与设计概述

信息系统是支撑信息社会发展的重要技术基础，无论是机构的业务信息化处理，还是人们在互联网中信息资源的获取、交流和服务，都离不开信息系统的支撑。本章将介绍信息系统的基本组成、生命周期、开发过程、开发方法、开发工具、开发过程模型、软件特性，以及信息系统利益相关者与开发人员等专业技术内容。

本章学习目标如下：

（1）了解信息系统组成、系统类型、利益相关者、系统开发人员；

（2）理解信息系统软件类型、软件特性、软件质量属性；

（3）理解信息系统生命周期、信息系统开发活动、信息系统开发工程项目；

（4）理解典型系统开发过程模型的原理、技术特点、适用场景；

（5）了解系统开发策略、系统分析与设计任务、系统开发方法、系统开发工具以及运行环境。

1.1 信息系统概述

信息系统是一类用于数据处理与信息服务的计算机应用系统，它实现业务及其数据处理，并为用户提供信息服务。信息系统不但需要对机构业务信息进行数据采集、存储、处理、输出和控制，通常还需要对机构业务处理、职能管理和经营辅助决策提供信息化管理与信息服务。目前，信息系统是使用最广泛的计算机应用系统之一。

1.1.1 信息系统组成

信息系统通常由信息化基础设施、应用软件、数据库管理系统（Database Management System，DBMS）、数据库、业务数据以及用户等要素组成，其组成结构如图 1-1 所示。

信息化基础设施是指信息系统运行所依赖的计算机软/硬件平台环境，主要包括计算机、服务器、存储设备、网络设备，以及控制管理硬件设备运行的系统软件等。

应用软件在信息系统中实现业务过程处理、职能管理、辅助决策等功能逻辑，其中包括数据采集、数据存储管理、数据计算处理、计算结果输出等信息化处理，也可提供业务数据分析、辅助决策支持等信息服务。

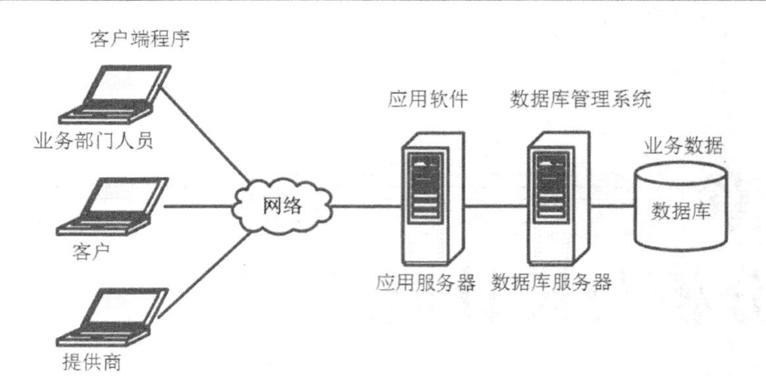

图 1-1 信息系统组成

数据库管理系统在信息系统中用于数据库管理、数据库访问控制、数据存储访问等方面的功能处理。

数据库在信息系统中用于业务数据组织与存储。应用软件通过数据库管理系统对数据库进行数据存取访问。

业务数据存储在信息系统的数据库中，既包括业务原始数据，又包括经过计算处理的结果数据，还包括数据分析处理的知识信息。它们是组织机构非常重要的资产。

用户是指信息系统的使用者，如业务部门人员、客户、提供商等。所有信息系统都是为用户服务的。信息系统也离不开用户的操作、管理和控制。

1.1.2 信息系统类型

信息系统广泛应用于许多领域的信息化管理，形成了多种不同类型的信息系统。在企业信息化应用领域中，通常可将信息系统分为事务处理系统、管理信息系统、决策支持系统等类型，它们分别服务于企业机构不同层次部门的信息化管理，如图 1-2 所示。

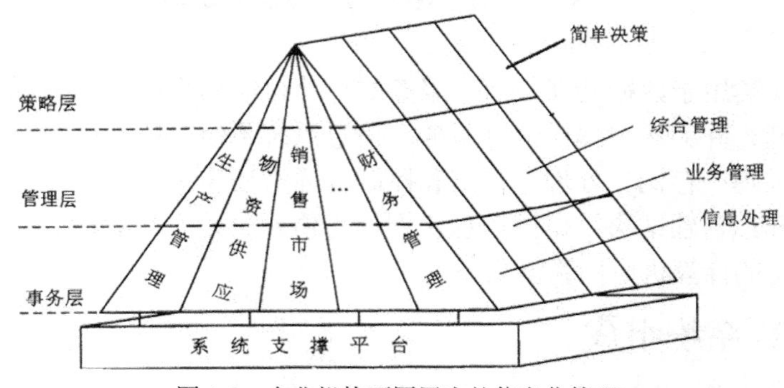

图 1-2 企业机构不同层次的信息化管理

在企业机构的事务层，信息系统涉及各个业务部门的具体事务管理，如业务数据采集、加工、存储、传输等信息处理，并实现业务活动的功能与流程管理。在企业机构的管理层，信息系统涉及管理部门的职能管理，如对计划、生产、人事、营销、财务部门的综合管理。在企业机构的策略层，信息系统涉及总体经营管理，如对机构目标、战略、经营方式的决策管理。

事务处理系统应用于机构的事务层，涉及部门业务信息处理，其主要目标是实现业务处理信息化、提高业务处理效率和业务质量。管理信息系统应用于机构的管理层，其主要目标是实现职能管理规范化、提高管理效率和管理质量。决策支持系统应用于机构的策略层，其主要目标是为机构决策者提供科学的、有效的辅助决策服务信息。

1. 事务处理系统

事务处理系统（Transaction Processing System，TPS）是运用数据库应用软件对机构日常业务活动（如订购、销售、支付、出货、核算等）信息进行记录、计算、检索、汇总、统计等数据处理，为机构操作层面提供业务信息化处理服务，并提高业务处理效率的信息系统。典型的事务处理系统如银行柜台系统、股票交易系统、商场销售点（Point of Sale，POS）系统等。

事务处理系统针对机构的操作层业务进行信息化管理，利用计算机软件高效地处理业务数据，实现业务活动的信息化处理，同时为其他类型的信息系统提供业务信息服务。事务处理系统使用数据库来组织、存储和管理业务数据，具体处理又分为联机业务处理和业务延迟批处理。在联机业务处理中，业务处理需实时在线执行，业务数据可以在系统中立即获得，即以实时的方式进行业务处理，如银行自动柜员机（Automated Teller Machine，ATM）系统。在业务延迟批处理中，业务数据被暂时存储在本地计算机系统中，经过一段时间后，被集中传送到系统后端服务器处理，如商场 POS 系统。

2. 管理信息系统

管理信息系统（Management Information System，MIS）是一种以机构职能管理为目标，利用计算机软/硬件、网络通信、数据库等 IT 技术，并借助管理科学方法，实现机构职能整体信息化管理与提供信息服务，以达到规范化管理和提高机构工作效率目的的信息系统。典型的管理信息系统如人力资源管理系统、企业客户关系管理系统、企业财务管理系统等。

管理信息系统处理综合事务数据，需要对管理职能信息进行数据采集、统计分析、控制反馈，并为管理者提供常规化报表与报告信息服务。在机构的常规职能管理中，人们通过大量实践与理论研究形成了清晰的规律性认识，总结出一些经典的管理模型，如企业的成本核算模型、库存控制模型等。这些管理模型在信息系统中进行软件编程实现后，可以使机构的职能管理变得科学与高效。此外，管理信息系统在对机构职能进行信息化管理的过程中，通常采用统一规划的数据库来组织、存储和管理机构各个部门的数据，实现部门之间信息的共享与交换，并实现机构部门之间的业务协作。

3. 决策支持系统

决策支持系统（Decision Support System，DSS）是以管理科学、运筹学、控制论和行为科学为基础，以计算机技术、数据库技术、人工智能技术为手段，解决特定领域的决策管理问题，为管理者提供辅助决策与方案服务的信息系统。该系统能够为管理者提供所需的数据分析与数据挖掘的决策方案，帮助管理者明确决策目标和进行问题的识别，建立预测或决策模型，提供多种决策方案，并且对各种方案进行评价和优选。通过人机交互功能的分析、比较和判断，决策支持系统还可为机构决策者提供必要的辅助决策信息服务，从而达到支持决策的目的。

决策支持系统需要面对多种数据结构、多种数据类型的数据源。有些数据源来自各类管理信息系统的数据库，有些数据源来自数据文件，因此决策支持系统需要有强有力的数据管理能力。决策支持系统还需要有模型管理能力，因为决策支持系统所使用的决策模型非常复杂，需要根据具体决策问题对已有模型进行临时的剪辑、连接或修改。由于很多决策问题目前还无法完全规律化，需要人的参与和判断，所以决策支持系统要求具有灵活的人机交互能力和模拟分析能力。典型的决策支持系统有临床辅助决策系统、保险营销辅助决策系统、地质灾害应急抢险辅助决策系统等。

1.1.3 信息系统利益相关者

扫码预习
1.1-2 视频二维码

信息系统应用涉及客户、用户、开发团队等相关人员。他们对信息系统的建设、开发和应用都将产生影响，同时也决定了信息系统的成败。因此，他们都是信息系统的利益相关者。利益相关者与信息系统的关系如图 1-3 所示。

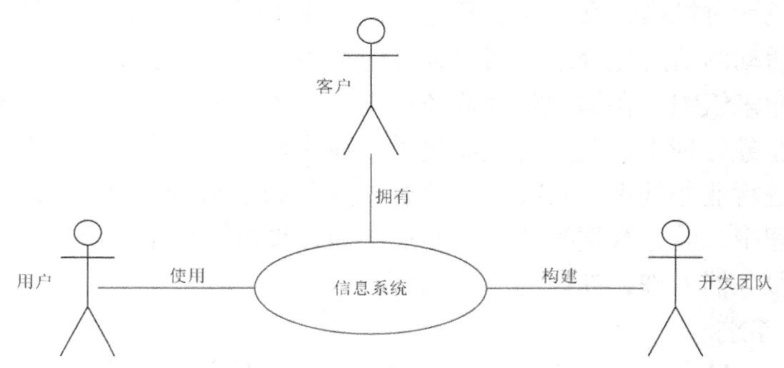

图 1-3 利益相关者与信息系统的关系

在信息系统利益相关者中，客户是信息系统的拥有者。他们为信息系统建设提供项目经费，同时他们希望信息系统能解决本机构在业务信息化、管理规范化、服务智能化等方面的问题，并带来工作效率改善、竞争力提升、决策优化、收益增长等回报。

在信息系统利益相关者中，用户是信息系统的使用者或服务对象。他们希望通过信息系统解决事务层面的信息化处理问题、降低劳动强度、提高工作效率或获得有效的信息服务，并希望信息系统具有软件操作方便、使用灵活、可用性与可靠性强等特性。

在信息系统利益相关者中，开发团队是信息系统的构建者。他们希望构建的信息系统能实现客户的信息化目标、满足用户需求，并能顺利地按时、保质完成信息系统开发。

在信息系统项目建设和应用的过程中，利益相关者均需尽职做好自己的工作，并协调好彼此的关系，才能使信息系统项目建设顺利完成与信息系统应用成功实施。反之，则会导致信息系统项目建设工期拖延、信息系统质量低下、信息系统应用失败。

根据专业机构统计，在很多机构的信息系统开发实践中，不少信息系统项目是失败的。导致信息系统项目失败的原因有很多，主要原因可以追溯到利益相关者，包括开发团队、客户、用户。

在开发团队方面，导致项目失败的原因主要有以下几点。

（1）客户的系统需求被误解或被遗漏。

（2）开发人员没有掌握好解决项目问题的关键技术。

（3）开发团队项目管理混乱。

（4）开发团队人员之间协作不好。

（5）开发团队与客户/用户沟通不畅。

在客户/用户方面，导致项目失败的原因主要有以下几点。

（1）客户怀有不切实际的期望。

（2）客户没有为项目提供足够的资源和经费。

（3）用户需求改变过于频繁。

（4）用户与开发团队沟通不畅。

（5）错失系统投运时机，系统不再对客户有价值。

总之，信息系统不仅是一个计算机应用系统，也是一个社会系统，最终需要服务于客户机构的战略目标。在建设信息系统项目时，即便采用了先进的技术、实现了丰富的系统功能，若没有满足客户的目标与愿景，信息系统项目都将是失败的。

1.1.4　项目开发团队的成员角色

在信息系统项目建设中，项目开发团队成员一般包括系统分析人员、系统设计人员、系统构造人员、系统测试人员与质量保证人员，此外还包括项目经理、客户经理等管理人员。项目团队成员角色的职责如表 1-1 所示。

表 1-1　项目团队成员角色的职责

项目团队成员角色		职责
开发人员	系统分析人员	分析业务用户需求，明确信息系统目标，定义信息系统需求规格
	系统设计人员	将信息系统需求转化为系统设计方案
	系统构造人员	根据系统设计方案开发实现信息系统
	系统测试人员	对信息系统的应用软件进行测试，尽力消除软件中的缺陷
	质量保证人员	监督系统构造人员按照工程标准和质量规范开发信息系统
管理人员	项目经理	负责项目进度计划、人员安排、经费预算等项目管理工作
	客户经理	负责与客户联系、交流与沟通

在信息系统项目开发团队中，系统分析人员是一个关键的角色，他不但需要掌握信息技术专业知识、具有项目开发经验，还需要熟悉业务领域知识。同时，系统分析人员还应该是保证客户、用户、开发人员进行良好沟通的协调者。系统分析人员与项目相关者的关系如图 1-4 所示。

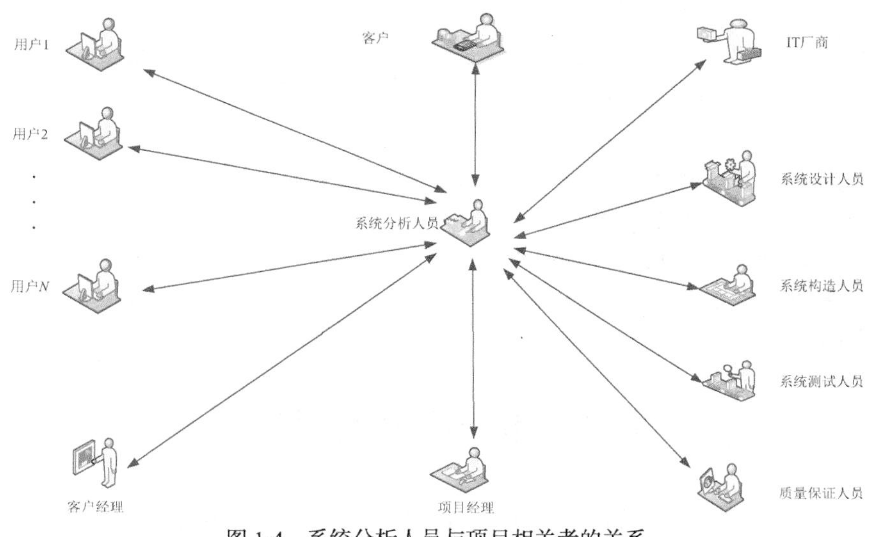

图 1-4　系统分析人员与项目相关者的关系

系统分析人员除了应具有系统分析与设计技能外，还必须拥有如下技能、知识与素质：

（1）计算机与软件工程技术技能——了解计算机与软件工程前沿技术，掌握主流的软/硬件开发工具的使用方法，具有系统架构设计、数据库系统设计、程序设计、软件测试与质量保证等方面的技能；

（2）业务知识与技能——熟悉组织架构、组织职能、业务功能、业务流程、业务活动、业务信息，具有经济学、商业法律、工程伦理等方面的知识；

（3）通用的解决问题技能——具有系统思维、辩证思维、逻辑推理、综合分析、灵活解决问题的能力；

（4）人际交流与沟通技能——具有良好的书面报告撰写与口头表达能力，善于与人交流沟通、团队协作、处理人际关系等；

（5）人格与道德规范——具有健康的人格和良好的职业道德。

在信息系统项目开发团队中，系统设计人员包括系统架构师、数据架构师、网络工程师、软件工程师、界面工程师等，他们负责信息系统设计，分工如表1-2所示。

表1-2　系统设计人员分工

系统设计人员	分工
系统架构师	负责系统总体架构设计
数据架构师	负责系统数据架构设计
网络工程师	负责系统网络结构设计、系统网络工程设计
软件工程师	负责系统软件功能构件设计
界面工程师	负责系统软件界面设计

在信息系统项目开发团队中，系统构造人员包括应用编程人员、数据库程序员和系统集成工程师，他们负责信息系统的构造实现，分工如表1-3所示。

表1-3　系统构造人员分工

系统构造人员	分工
应用编程人员	负责系统应用软件编程实现
数据库程序员	负责系统数据库后端功能编程实现
系统集成工程师	负责系统硬件、网络、系统软件安装部署与集成

课堂讨论——本节重点与难点问题

1. 信息系统与软件系统有何区别？
2. 在机构信息化实践中，一般有哪些层次的信息系统？
3. 信息系统有哪些利益相关者？
4. 信息系统开发的成败受哪些因素影响？
5. 信息系统有哪些角色的开发人员？
6. 系统分析人员在信息系统项目开发中起什么作用？

1.2　信息系统软件

信息系统中最核心的组成部分之一是软件。软件就是信息系统中程序及相关文档的集合。

在信息系统软件中，程序是一组用于执行业务处理任务或功能服务的计算机语言代码；文档则是程序所需的说明资料。软件是信息系统实现运行、控制和提供功能服务的关键部件，任何信息系统的运行都离不开软件。

扫码预习
1.2 视频二维码

1.2.1　软件类型

一般来讲，软件可划分为系统软件、应用软件，以及介于这两者之间的中间件软件。系统软件作为计算机系统中的基础软件，它们负责计算机硬件的运行控制与管理，而不针对某一特定应用领域提供服务功能。而应用软件则恰好相反，它们根据应用领域提供相应的服务功能。中间件软件则是支撑应用软件实现跨不同软/硬件平台运行的连接软件。

1．系统软件

系统软件是指计算机系统本身运行所必备的软件。它们对计算机系统进行管理与控制，提供用户使用计算机的操作环境和提供应用软件的运行环境。典型的系统软件有操作系统、语言处理程序和数据库管理系统等。

2．应用软件

应用软件泛指为特定应用领域而开发的软件。它们为用户各自领域的业务实现信息化处理。例如，实用工具软件为用户提供一些典型的基础功能服务，如视频播放、图像处理、动画制作、网页浏览、文件传输、病毒查杀等。办公应用软件为用户提供办公文档制作服务，如文字处理、表格处理、绘图处理等。业务软件为用户提供业务信息处理与功能服务，如财务软件、过程控制软件、人事管理软件等。应用软件在计算机软件中是一类使用较多、功能非常丰富的软件。

3．中间件软件

中间件软件是指跨越不同软/硬件平台为应用软件提供统一运行支撑环境的软件，如消息中间件、数据交换中间件、业务集成中间件等。

此外，软件还可根据其开发方式分为通用软件和定制软件。

1．通用软件

通用软件是指由软件厂商研制开发的、适合众多领域用户使用的软件。它们是一些面向市场销售的通用软件产品，如操作系统、数据库管理系统、办公处理软件、病毒防护软件等商品软件。这类软件具有通用性好、能满足不同用户需求、产品质量高等特点。

2．定制软件

定制软件是指为特定应用需求而开发的软件。它们为特定用户的具体业务实现应用信息化处理，如企业管理信息系统、电子商务系统、生产控制系统等特定应用软件。这类软件的特点是能满足特定用户的业务处理需求，可提供个性化的应用服务功能。

1.2.2　软件特性

软件从本质上讲是一些程序和文档的集合，它们是控制和信息的逻辑表示，与硬件具有不同的特性。

1．软件是逻辑代码组成的程序，非有形物体

计算机硬件是有形的、看得见的、摸得着的设备物体，软件则是无形的、难以感知的逻辑代码程序。软件大多以磁记录状态或电信号状态表示的二进制代码记录在存储介质上，如磁盘、光盘、内存等设备上存储的功能代码程序。只有当计算机 CPU 读取并执行这些存储介质上的代码程序时，人们才能感知软件的存在。

2. 软件不会损耗，但会因失去价值被弃用

计算机硬件会随着使用时间的增加出现材料磨损、器件老化、设备故障等问题，直至损坏。软件不是有形的物体，它不会出现磨损问题，但随着软件处理对象的需求增加和环境变化，原有软件的处理能力会越来越低，最终被功能更强、性能更好的软件所替代。

3. 软件是开发出来的，还不能做到生产线制造

尽管软件开发与计算机硬件制造之间有许多共同点，但这两类开发活动是完全不同的。硬件产品通常由生产线设备大批量制造出来，并由标准的零部件组装构成产品系统。生产工艺及其生产线设备是硬件产品质量特性的决定性因素。只要生产工艺和生产线设备不变，不同的厂商可以生产出相同品质的硬件产品。因此，对硬件产品的生产过程和质量都可进行很好的控制。计算机软件开发活动不同于硬件产品的生产制造。软件产品是通过开发团队成员进行脑力劳动（如软件设计、软件编程、软件测试等工作）来开发完成的，无法做到生产线大批量制造，其质量取决于软件公司及其开发人员的水平。

4. 软件开发还未完全实现标准化构件组装

虽然基于构件、面向服务的软件开发技术是现代软件开发技术的发展趋势，但目前软件构件标准并未统一，构件开发和面向服务开发技术仍在发展中。软件开发还不能做到完全基于构件组装软件。软件产品或软件系统通常会面对需求的多样性和多变性，由软件人员开发定制出来。此外，每一个软件产品或软件系统的推出，都需要进行大量的软件测试工作，以尽力排除软件中的缺陷。

1.2.3 软件质量属性

软件除了需具备功能特性外，还应具备众多的质量属性。在具体应用中，用户对软件质量属性会有特定的要求。典型的软件质量属性如表 1-4 所示。

表 1-4　典型的软件质量属性

质量属性		属性描述
用户主要关心的质量属性	高效性	用来衡量软件使用计算机处理器、内存、磁盘空间或通信带宽的性能
	可用性	用来衡量软件在特定境况中，用户使用它有效并且满意地达成特定目标的程度
	可扩展性	用来衡量软件增加新功能、扩充系统能力的难易程度
	可伸缩性	用来衡量软件在负载变化的情况下，系统处理性能的变化程度
	安全性	用来衡量软件防止非法访问、数据丢失、病毒危害、非授权入侵等事件出现的能力
	可靠性	用来衡量软件无故障运行的概率
	健壮性	用来衡量软件在遭遇意外事件情况时，系统能继续正确执行功能的程度
	易用性	用来衡量软件的用户在操作和理解产品方面所付出的努力程度
	互操作性	用来衡量软件与其他软件系统进行数据交换和服务相互访问的难易程度
开发者关心的质量属性	可复用性	用来衡量软件中构件的可复用程度
	可测试性	用来衡量软件在进行测试时查找缺陷的难易程度
	可维护性	用来衡量软件在修改功能程序方面的难易程度
	可移植性	用来衡量软件从一种运行环境转移到另一种运行环境的难易程度

软件质量属性对软件系统的用户来说是非常重要的，如某些领域的软件系统用户对软件的安全性、可靠性、健壮性等质量属性有特别高的要求。同样地，一般用户会对软件的高效性、易用性等质量属性有基本的要求。在设计与实现大型软件系统时，通常还需考虑软件的可测试性、可维护性、可移植性、可复用性、互操作性等质量属性要求。

课堂讨论——本节重点与难点问题

1. 如何理解软件特性？软件特性对信息系统软件开发方式有何影响？
2. 如何区分软件系统与软件产品？
3. 哪些领域的信息系统更注重非功能质量属性？
4. 举例说明哪些软件属于通用软件？
5. 举例说明哪些软件属于定制软件？
6. 举例说明中间件软件的功能与作用？

1.3　信息系统开发过程

从信息系统软件特性与软件质量属性可知，信息系统开发存在复杂性、风险性和挑战性。在进行信息系统建设时，必须对信息系统开发过程中的信息系统生命周期、信息系统开发活动、信息系统开发工程项目等方面的内容有充分了解。

扫码预习

1.3 视频二维码

1.3.1　信息系统生命周期

大多事物都有生命周期，即事物大都具有开始、发展、持续、衰退、消亡的过程。同样，信息系统也有其生命周期。信息系统生命周期是指从提出系统规划开始，经历系统开发（系统需求分析、系统设计、系统构造、系统测试）、系统运行与维护，到信息系统终止的整个过程阶段。图 1-5 显示了信息系统生命周期的各个阶段组成。

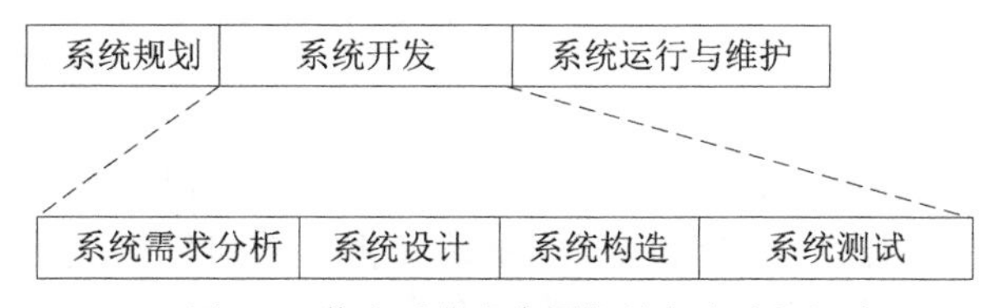

图 1-5　信息系统生命周期的各个阶段组成

信息系统生命周期可以分为以下 6 个阶段。

1. 系统规划

系统规划阶段是信息系统生命周期的第 1 个阶段。该阶段的主要任务是定义信息系统建设目标，确定系统技术路线与解决方案，制订系统开发项目的进度计划。此外，还需要对系统建设方案进行可行性分析，评估技术、进度等方面的可行性，估算使用的资源（如计算机硬件资源、系统软件资源、人力资源等）与成本，并分析可取得的效益，从而确定是否需要进行信息系统项目建设。

2. 系统需求分析

系统需求分析阶段是信息系统生命周期的第 2 个阶段。该阶段的主要任务是获取用户需求与描述系统需求规格。它是一个对用户的需求进行去粗取精、去伪存真、确认与验证，然后将系统需求采用建模语言和文字描述表达出来的过程。该阶段的基本任务是与用户一起确定系统功能要求与非功能要求，建立系统需求模型，编写系统需求规格说明书，并最终通过用户对系统需求的评审。

3. 系统设计

系统设计阶段是信息系统生命周期的第 3 个阶段。该阶段的主要任务是根据系统需求规格说明书的要求，设计相应的信息系统体系结构，并将整个系统分解成若干个子系统或模块，定义子系统或模块间的接口关系，对功能模块进行具体设计定义。系统设计可以分为总体设计和详细设计两个阶段。总体设计阶段主要进行系统架构设计，其主要目标是给出信息系统的体系架构，用系统模型反映系统架构组成。详细设计阶段主要针对软件构件模块的内部功能逻辑进行设计，包括功能的算法流程设计与数据结构设计。

4. 系统构造

系统构造阶段是信息系统生命周期的第 4 个阶段。该阶段的主要任务是按照系统设计方案进行应用软件编程实现。在应用软件编程实现过程中，应充分了解应用的特点和软件开发语言的特性，采用合适的开发工具与编程方法开发实现软件程序。在当前软件编程技术中，主要采用面向对象程序设计方法编写软件程序代码，并利用一些快速开发工具提高程序开发效率。

5. 系统测试

系统测试阶段是信息系统生命周期的第 5 个阶段。该阶段的主要任务是在系统构造完成后，针对软件代码按照系统需求进行功能测试与性能测试，解决软件代码中存在的各类缺陷。此外，在信息系统生命周期的第 1～4 阶段中，也需要进行系统测试活动，如文档评审、确认与验证、代码测试等工作，其目的是尽早发现并解决系统开发过程中存在的错误或瑕疵，降低项目失败的风险。如在系统规划阶段，通过可行性分析评审确保系统建设方案的合理性；在系统需求分析阶段和系统设计阶段，通过文档评审或原型验证等方式确保方案的正确性；在系统构造阶段，通过程序代码的单元测试、集成测试，解决软件程序中存在的缺陷。

6. 系统运行与维护

系统运行与维护阶段是信息系统生命周期中时间最长的阶段。在该阶段中，运维人员为信息系统运行提供技术支持服务，同时也根据系统完善需求对软件进行适当的维护与升级开发，以适应新的要求并解决系统运行中发现的缺陷。

当信息系统不能再满足业务需求的增加或变化时，可以开发新的信息系统替代当前系统。这意味着当前信息系统的生命周期将被终止。

1.3.2 信息系统开发活动

信息系统开发是指为研发信息系统所开展的工作活动。从图 1-5 所示的信息系统生命周期可以看到，信息系统开发包括系统需求分析、系统设计、系统构造、系统测试等阶段活动。在进行系统需求分析前，系统分析人员需要通过一定的调查研究工作获取信息系统开发的目标和实现要求，即了解信息系统需要做什么。需求分析活动是对获取的信息系统用户需求进行分析和整理，将它们抽象描述为系统需求模型，并以规格文档的方式描述信息系统实现的功能和满足的非功能特性。系统设计活动是针对系统需求给出系统设计方案及其设计说明文件。系统构造活动是采用编程语言实现信息系统设计方案，从而获得应用软件代码。系统测试活动是对所开发的应用软件进行必要的验证和确认测试，尽可能多地排除信息系统软件中存在的缺陷。

在信息系统的研发项目中，除了系统开发活动外，还需要进行项目管理、质量管理、风险管理、配置管理等支持活动。这些活动跨多个开发阶段，共同协作实现信息系统开发。信息系统项目的这些活动不能无序开展，需要按照一定的流程和模式组织项目活动，这在信息系统工程中称为系统开发过程。系统开发过程在时间上又分为若干阶段，在各阶段应分别组织相应活动进行项目工作。

1.3.3 信息系统开发工程项目

与其他工程系统开发类似，信息系统开发也必须按照工程项目方式来开展。信息系统开发工作涉及大量的任务与活动，需要以工程项目方式来组织信息系统开发活动，才能确保在规定的时间内完成满足质量要求的信息系统开发任务。

在长期的信息系统开发实践中，系统开发者借鉴其他学科的工程方法与理论，总结出一套行之有效的系统开发工程项目方法，用于指导信息系统开发。系统开发工程项目方法包括系统过程与模型、系统开发技术与方法、系统开发工具与环境、工程标准与规范、项目管理与质量保证等方面的内容，其目标是指导开发人员在有限的时间与费用约束下获得高质量的系统产品。

1. 系统过程与模型

信息系统研发是由系统需求分析、系统设计、系统构造、系统测试等阶段开发活动来实施完成的，这些活动的组织流程称为系统过程。在系统过程中，涉及系统开发技术与方法、系统开发工具与环境、工程标准与规范、项目管理与质量保证等。在系统过程中，系统开发活动不能随意地、无序地开展，而需按照特定的流程框架组织在一起来完成系统开发任务。组织系统开发活动的流程框架模式被称为系统过程模型。在系统开发工程领域中，已经积累了较多的系统过程模型，1.4 节将专门对系统过程模型进行介绍。

2. 系统开发技术与方法

系统开发的每个阶段都需要一定的技术方法来指导，如系统规划方法、系统分析方法、系统设计方法、程序设计方法、系统测试方法等。系统开发技术与方法是开发人员通过长期的系统开发实践积淀下来的经验总结。随着 IT 技术的进步与发展，不断有新的系统开发技术与方法出现，又有老的系统开发技术与方法被淘汰。

系统开发技术与方法通常包含了具体的系统模型、开发工具和软件技术。系统模型是用来描述信息系统的抽象表示，它提供了信息系统的抽象描述形式，使开发人员、用户、管理人员可以方便地理解对象、分析对象以及围绕对象展开交流与设计。广泛使用的系统模型大都是图形模型，它们使用特定的模型图形符号描述信息系统，给出信息系统的各个侧面定义。例如，使用统一建模语言（Unified Modeling Language，UML）用例图建模信息系统功能需求，采用 UML 类图、UML 顺序图、UML 状态机图等建模系统设计蓝图。开发工具是用来帮助开发人员创建信息系统的支持软件。开发工具可以是设计系统模型的建模工具，也可以是编写软件程序的编程开发工具，还可以是进行项目计划的管理工具。软件技术是指系统开发过程中使用的一组软件方法，典型的软件技术有面向对象分析技术、面向对象设计技术、面向对象编程技术、面向服务的软件开发技术等。

3. 系统开发工具与环境

系统开发工具是一类用于支持开发者开发信息系统的软件工具。系统开发工具可以帮助开发者遵循特定的软件工程方法，减少手工方式管理的负担，使系统过程更加规范化，提高软件开发效率与质量。系统开发工具的种类很多，一般分为系统需求建模工具、系统设计建模工具、软件构造工具、软件测试工具、软件维护工具、软件配置管理工具、系统项目管理工具、软件质量管理工具等。系统开发环境是指在基本硬件和宿主软件的基础上，为支持系统软件和应用软件的工程化开发和维护而使用的一组软件。它由软件工具和环境集成机制构成，前者用以支持软件开发的相关过程、活动和任务，后者为工具集成和软件的开发、维护及管理提供统一的支持。

4. 工程标准与规范

在开发信息系统时，需要有不同层次、不同分工的开发人员相互配合。在信息系统的各个部分以及各开发阶段之间都存在许多联系和衔接的问题。要想把这些错综复杂的关系协调好，在工程上需要采用工程标准与规范来解决彼此之间的接口问题。同时工程标准与规范又是进行项目管理与质量保证的基本措施与手段。实施统一的行为规范和衡量准则，能使各种工作有章可循。

5. 项目管理与质量保证

项目管理是为了使信息系统项目能够按照预定的成本、进度、质量顺利开发完成，而对人员、进度、过程、风险、经费、质量等方面进行管理的活动。信息系统项目管理与其他工程项目管理相比，具有更大的挑战性。首先，信息系统主要是软件开发，其开发进度和质量很难估计和度量，生产效率也难以预测和保证。其次，信息系统的复杂性也导致了开发过程中的各种风险难以预见和控制。

在开发复杂的信息系统时，必须要实施良好的项目管理，否则信息系统项目将面临极大的失败风险。项目管理主要包括团队管理、软件度量、项目计划管理、风险管理、软件质量保证、软件过程能力评估、软件配置管理等。这些管理活动贯穿交织于整个系统开发过程中，其中团队管理把注意力集中在项目组人员的交流沟通与团队能力建设上。软件度量管理是通过量化方法评测软件开发中的费用、生产率、进度和产品质量等要素是否符合期望值，包括项目度量、过程度量和产品度量3个方面。项目计划管理针对项目工作量、成本、开发时间进行估算，并根据估计值确定和调整项目组的工作安排。风险管理预测未来可能出现的各种危害软件属性质量的潜在因素并由此采取措施进行预防。软件质量保证是保证产品和服务充分满足消费者的质量要求而开展的有计划、有组织的活动。软件过程能力评估是对软件开发团队的工程能力进行评价。软件配置管理是针对系统需求变更、软件模块进行的版本管理。

从信息系统生命周期可以看到，系统规划、系统需求分析、系统设计是开发信息系统非常重要的几个阶段。系统分析人员和系统设计人员需要采用系统分析与设计技术将机构的业务模型、系统功能需求模型、系统架构设计模型、系统软件功能设计模型、系统数据架构模型、系统软件界面模型等建立起来，从而为系统构造提供设计蓝图与实施方案。因此，系统分析与设计是信息系统开发的关键任务，系统分析与设计技术是信息系统开发的核心技术。

课堂讨论——本节重点与难点问题

1. 信息系统与软件系统是什么关系？
2. 信息系统生命周期与软件生命周期是什么关系？

3. 信息系统开发为什么需要采用工程项目来组织实施？
4. 信息系统开发涉及哪些工程活动？
5. 典型的软件开发技术包含哪些？
6. 工程标准与规范在系统开发工程中有何作用？

1.4　系统开发过程模型

系统开发过程模型是指组织系统开发工程活动的特定模式。在长期的信息系统工程实践中，开发人员积累了如下典型的系统开发过程模型。

1.4.1　瀑布开发过程模型

在系统开发过程中，最基本的过程方法之一就是按信息系统生命周期的阶段顺序组织开发活动。为了保证每个阶段的工作质量，在各阶段结束前都需进行必要的文档提交与审查，只有通过审查后方可进入下一阶段工作。系统开发活动严格按信息系统生命周期阶段线性顺序开展，并在每个阶段都会创建和提交大量文档。这就好像瀑布的水逐级而下进行流动。因此，该开发过程模型被称为瀑布开发过程模型，如图 1-6 所示。

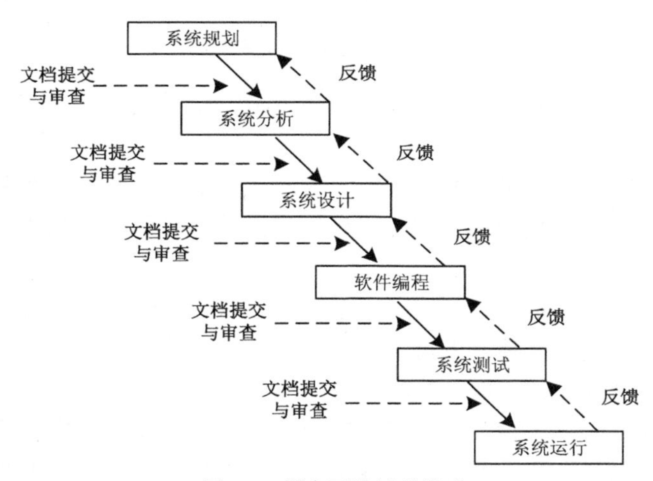

图 1-6　瀑布开发过程模型

瀑布开发过程模型的特点是系统开发过程活动组织简单，项目阶段划分明确，具有完整的开发文档支持，便于开展项目管理。其不足之处是需要进行大量的文档工作和审查工作，通常会影响软件项目的进度、分散开发人员对系统本身的分析与设计精力；另外，用户经过较长周期（如在试运行阶段）才能见到信息系统的雏形，对系统项目的反馈迟缓，这可能带来项目风险，导致系统不能满足用户需求、需求变更加大开发的工作量和成本、项目延期等问题；此外，很多项目在系统开发的初期很难明确真实的用户需求或需求存在不确定性，这可能导致瀑布开发过程难以开展。

瀑布开发过程模型作为一种经典的系统开发过程模型，具有一定的适用场景，如它适用于需求十分明确、规模较小的系统项目。

1.4.2 原型开发过程模型

为解决需求变更的快速响应问题，在系统开发过程中可采用原型开发过程模型来解决瀑布开发过程模型的局限性问题。原型开发过程模型的基本思想是针对初步需求，使用快速开发工具建造一个原型系统，提供给用户使用。用户对原型进行评价，进一步明确用户需求或激发用户潜在的需求。通过持续改进原型系统使其满足用户的要求，开发人员从用户的反馈中确定用户的真正需求。在原型系统基础上，不断地进行系统版本进化，最终开发出用户满意的系统产品。原型开发过程模型如图 1-7 所示。

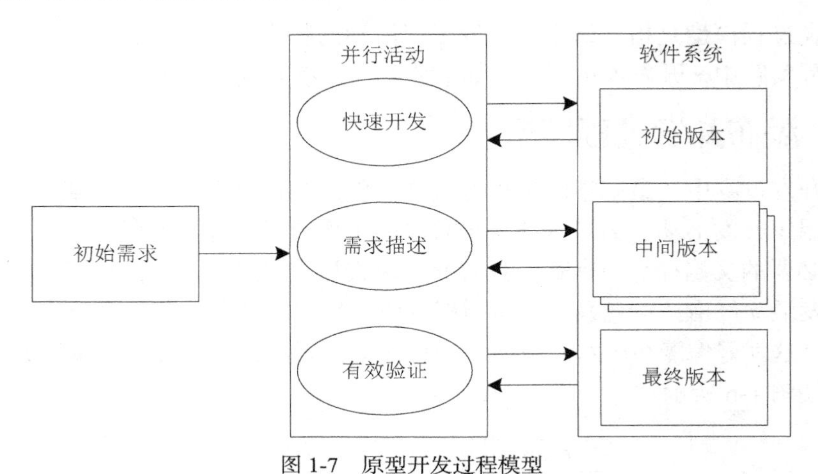

图 1-7 原型开发过程模型

原型开发过程模型可以采用如下两种不同的策略实现系统开发。

1. 探索式原型开发

探索式原型开发的目标是将原型系统演化为最终系统。从最初原型系统开始，不断地明确需求，改进与完善系统，直到系统完全符合用户需求，最后交付系统。

2. 抛弃式原型开发

抛弃式原型开发的目标是通过创建原型系统来获取明确的系统需求。当需求得到明确后，通常会丢弃原型系统，而按其他开发过程模型继续开发系统。

不论应用哪种原型开发过程模型策略都可以克服瀑布开发过程模型的局限性，降低由于系统需求不明确带来的开发风险，具有显著的效果。原型开发过程模型的优点是能够开发出真正满足用户需求的信息系统，能够较快地提交系统的雏形版本，需求变更能够很快在系统开发中得到反馈。当然，原型开发过程模型也有一些不足，如系统项目开发难以标记进展的“里程碑”、项目管理较复杂等。此外，若系统体系结构设计不够健壮，多次迭代可能使系统稳定性受到挑战。另外，原型开发过程模型还需要具有系统快速开发能力的工具支持。

原型开发过程模型本质上是一种进化迭代式的系统开发。它适合于需要较多人机交互界面的系统项目，也适合那些初期需求不太明确的系统项目。

1.4.3 螺旋式开发过程模型

螺旋式开发过程模型也是一种进化迭代的系统开发过程模型，它兼具了原型开发过程模型的迭代特征和瀑布开发过程模型的系统化与严格审核优点。螺旋式开发过程模型最大的特点在于引入了其他模型不具备的风险分析活动阶段，使系统在无法排除重大风险时有机会停止，以减小项目损失。螺旋式开发过程模型更适合于大型系统开发。螺旋式开发过程模型如图 1-8 所示。

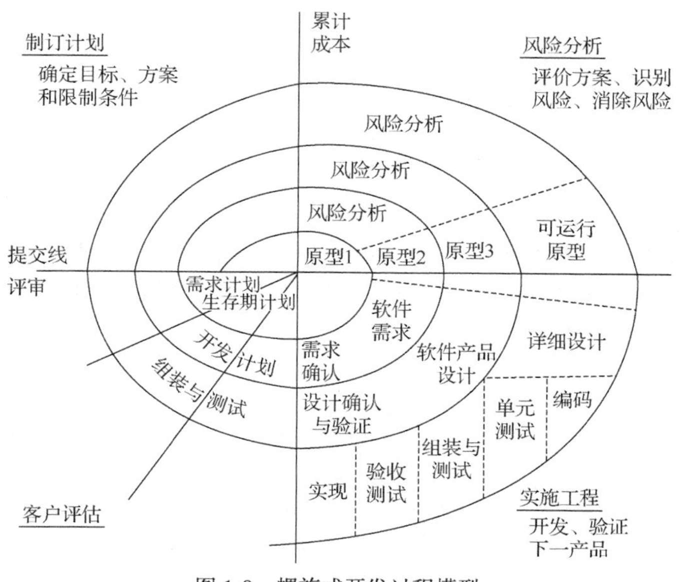

图 1-8　螺旋式开发过程模型

在螺旋式开发过程模型中，系统开发活动由内向外沿着螺线进行若干次迭代，每次迭代都将获得系统的一个开发版本，直到获得完全满足用户需求的版本。在每次迭代中，系统开发活动都要经过如下 4 个阶段。

（1）制订计划：确定本次迭代的系统功能实现目标，设计实施方案，弄清项目开发的限制条件，制订详细的项目管理计划。

（2）风险分析：分析项目风险，确定风险规避的策略和措施，并开发系统原型，进一步明确需求、降低风险。

（3）实施工程：针对系统明确的需求进行系统开发工程实施，包括软件设计、软件编码、软件构件集成等工作，并对开发的软件系统进行测试和验证。

（4）客户评估：对系统进行评审和确认，判定是否还需要再次进行迭代开发。如果需要进一步开发，提出完善建议，制订下次迭代计划。

在螺旋式开发过程模型中，每次迭代开发都考虑了风险分析，并通过用户使用原型系统来明确系统需求，这可大大降低系统开发风险和保证软件系统质量。同时该模型考虑了系统版本迭代的连续性，使下一版本系统的新添功能可无缝融合到上一版本系统中。每次迭代开发都可以为用户发布新的系统版本，使用户能及早体验系统功能和保证新功能的可预见性。因此，螺旋式开发过程模型对大型系统来说是一种很好的开发过程方法。当然，螺旋式开发过程模型也有一定的限制条件，具体如下。

（1）螺旋式开发过程模型强调风险分析固然很好，但每次系统迭代开发都会做较大工作量的风险分析与评估，这种模型开发的代价往往较大。如果一个小型系统项目执行风险分析将极大影响项目的进度与成本，那么进行风险分析就毫无意义，因此，螺旋式开发过程模型一般只适用于大规模系统项目。

（2）螺旋式开发过程模型的项目管理比采用传统过程模型方法的项目管理更复杂，需要更多的开发活动组织管理。

（3）开发人员应该擅长寻找可能的风险，并能准确地分析风险，否则将可能带来更大的风险。

该模型将瀑布开发过程模型和原型开发过程模型结合起来，强调了其他模型所忽视的风险分析，特别适用于大型的、复杂的系统开发。

1.4.4 统一软件开发过程模型

统一软件开发过程（Rational Unified Process，RUP）是一种用例驱动的、增量迭代的、以体系架构为中心的系统开发过程模型，它提供在一个团队当中分配任务和职责的基本原则，其目标是在可控制的时间和预算内保证开发高质量的系统，同时满足最终用户的要求。统一软件开发过程模型如图 1-9 所示。

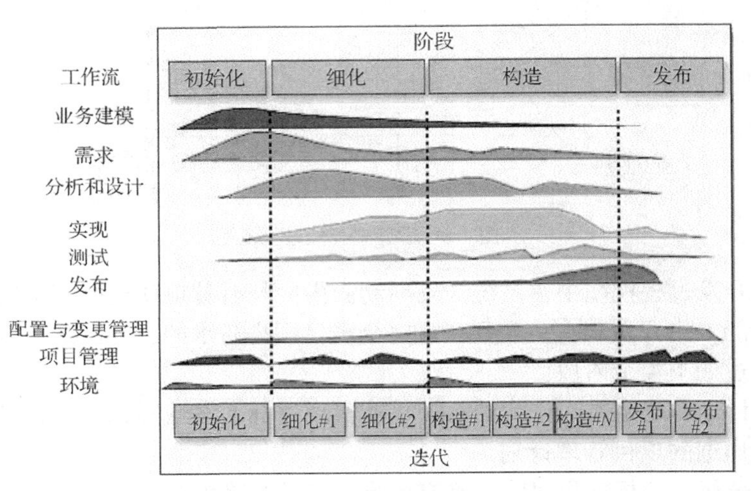

图 1-9 统一软件开发过程模型

统一软件开发过程模型由 6 个核心过程规程（业务建模、需求、分析与设计、实现、测试、发布）和 3 个核心支持规程（配置和变更管理、项目管理、环境）组成。开发过程分为初始化阶段、细化阶段、构造阶段和发布阶段。每个阶段可以有多次迭代。

统一软件开发过程模型的主要特点如下。

1. 面向对象

RUP 开发基于面向对象技术建立系统分析模型、设计模型、实现模型。

2. Use Case 驱动

RUP 开发从问题领域的 Use Case 模型开始。Use Case 模型表达了系统的需求，之后的各种工作围绕着如何实现 Use Case 模型展开。RUP 推荐 Use Case 驱动的软件开发方法，当然也不排斥按常规方法进行需求分析和直接从对象模型着手进行开发工作。

3. 以架构为中心

在 RUP 开发过程模型中，围绕系统架构进行系统设计、开发实现、项目管理。

4. 增量迭代开发

RUP 遵循原型法的思想，开发过程由一连串迭代开发活动组成。在新版本的迭代开发中渐增软件功能，直到完整实现系统需求功能。

5. 以质量控制和风险管理为目标

质量控制贯穿于开发的全过程。在 RUP 开发过程中的每一个阶段或循环中，都要进行质量评估，用质量目标和质量指标衡量软件系统的质量。从软件项目立项之初便尽可能地认识项目开发将面临的风险，风险管理贯穿于系统开发的全过程。

6. 与 UML 配套

UML 本身只是一种建立模型的语言，UML 的概念和表示法与 RUP 相结合将形成一种强大的、高效的软件系统开发方法和技术。

7. 可定制流程框架

RUP 适用于各类信息系统的开发。从规模上说，RUP 可用于大、中、小型系统，从个人开发到数百人的团队开发都可以使用统一软件开发过程。常规的信息管理系统、分布式系统、并行系统、实时系统和基于 Web 的系统都可以使用统一软件开发过程。

统一软件开发过程模型综合了以前的多种系统开发过程模型的优点，全面考虑了系统开发的技术因素和管理因素，它是一种良好的开发过程模型。

1.4.5　敏捷软件开发过程模型

敏捷软件开发（Agile Software Development）是一种精简的、快速的、增量迭代的系统开发过程模型。其目标是解决传统重量级开发过程模型在中、小型系统项目中存在的成本高、周期长、难以适应快速需求变更等局限性问题。敏捷软件开发解决局限性问题的依据是个体与交互胜过过程与工具、可工作的软件胜过宽泛的文档、客户协作胜过合同谈判、响应变化胜过遵循迭代。因此，敏捷软件开发提出一种轻量级开发过程模型方法，更强调编程人员与业务专家之间的紧密协作、面对面的沟通、适应需求变化的代码编写、注重系统开发过程中人的作用、最小化文档编写，能快速发布系统版本功能，并能够处理不断变化的用户需求。敏捷软件开发过程模型如图 1-10 所示。

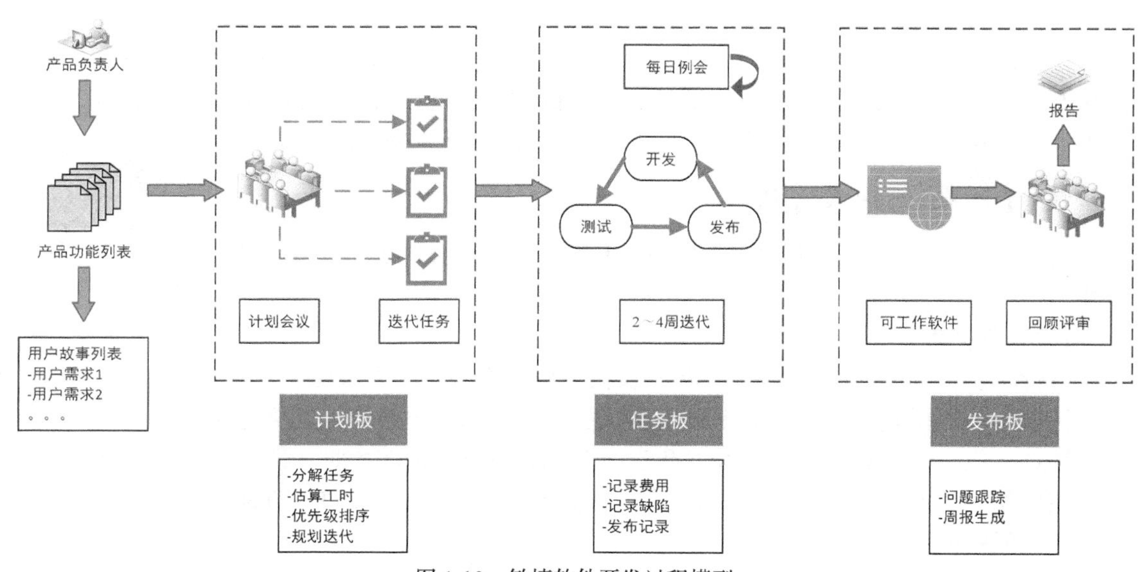

图 1-10　敏捷软件开发过程模型

敏捷软件开发过程模型更重视软件的生产率，且适用于解决需求模糊或快速变更的问题。

现今已经有多种敏捷方法被应用到软件开发过程实践中，如极限编程（Extreme Programming，XP）、Scrum 敏捷项目管理、自适应软件开发（Adaptive Software Development，ASD）、特征驱动开发（Feature Driven Development，FDD）和测试驱动开发（Test Driven Development，TDD）等。虽然这些敏捷方法采用的过程是不同的，但它们都是建立在精简的、快速的、增量迭代的系统开发思想之上，并且遵循如下基本的敏捷方法原则。

（1）客户参与：客户在系统开发过程中始终紧密参与其中，提供系统的需求、对需求进行优先级排序、评估软件版本。

（2）增量式交付：软件以增量方式进行迭代开发，客户确认在每个版本中包含的增量需求。

（3）激发开发人员能力：开发人员的成果应得到承认和鼓励，激发开发人员的工作热情和解决问题的潜力。

（4）接受需求变更：客户需求变更是一种常态，设计系统和代码编程均应满足需求变更。

（5）保持简单实用性：致力于保持所开发软件和开发过程的简单实用性，积极排除系统中的复杂性。

课堂讨论——本节重点与难点问题

1. 瀑布开发过程模型有什么局限？
2. 原型开发过程模型能解决瀑布开发过程模型的哪些问题？
3. 螺旋式开发过程模型相对瀑布开发过程模型和原型开发过程模型有哪些改进？
4. 统一软件开发过程模型适合哪类系统开发？
5. 敏捷软件开发过程模型适合大型系统开发吗？
6. 敏捷软件开发过程模型有何优点？

1.5 系统开发方法与工具

在信息系统开发领域，人们通过大量的工程实践，总结出一些经典的系统开发策略、系统开发方法。特别是在计算机软件辅助开发工具和建模技术广泛应用之后，信息系统开发已进入较成熟的工程开发阶段。

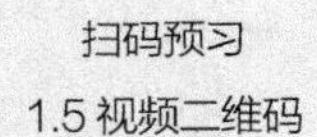

1.5.1 系统开发策略

机构在建设信息系统时，需要根据应用需求与自身情况确定系统开发策略。

1. 自行开发

自行开发：利用机构自身 IT 人员开发实现信息系统的开发策略。

优点：可以得到满足自身需求的信息系统，并且能通过系统开发培养自己的团队。

缺点：组织专业规范的系统开发和实施严格的质量保证较困难，通常需要依赖于外部咨询和技术培训。此外，所开发的系统可能在通用性、稳定性、完整性方面存在局限。

2. 委托开发

委托开发：委托专业 IT 公司针对机构业务需求定制开发信息系统的开发策略。

优点：能够利用专业 IT 公司的技术优势和信息化经验，以较低的成本建立高质量的信息系统；机构自身可以节省人力资源，可专心于业务优化改进，将精力集中到具有较高价值回报的活动中。

缺点：需要配备精通业务的分析人员，与开发团队进行大量的交流、沟通；依赖于专业IT 公司的技术支持，后期系统维护较困难。

3. 购买商品化软件包

购买商品化软件包：通过购买商品化软件包并在此基础上实现信息系统的开发策略。

优点：客户省时省力，短时间就可建立信息系统，效果可以立竿见影。

缺点：购买到完全符合机构自身需求的系统不容易，受限于现有软件的局限，难以满足业务需求变化。

4. 联合开发

联合开发：机构与专业 IT 公司联合开发信息系统的开发策略。

优点：充分发挥客户团队和开发团队的优势，有利于自身技术力量的培养。

缺点：依赖于双方精诚团结，自身需要有一定的系统分析与设计能力。

1.5.2　系统开发方法

在 IT 领域大量的信息系统开发实践中，主要形成了如下几种典型的系统开发方法。

1. 结构化系统开发方法

结构化系统开发方法是一种面向过程、自顶向下系统分析与设计、自底向上逐步实施的系统开发方法，它由结构化分析方法、结构化设计方法和结构化编程方法 3 个部分组成。结构化系统开发方法先将整个信息系统开发过程划分为系统规划、系统分析、系统设计、系统实施等阶段，然后在前 3 个阶段中采用自顶向下方式进行系统分析与设计，将复杂系统分解为基本功能模块。如在系统规划时，从最顶层的管理目标入手，逐步深入到业务操作流程优化层次；在系统分析与设计时，从宏观整体考虑入手，进行系统整体分析与架构设计，再考虑局部分析与模块设计；在系统实施阶段，则采用自底向上方式逐步实施系统开发，即先开发最底层功能模块，然后按照系统设计结构将模块进行集成，逐步地构成整个系统。

（1）基本思想

将复杂问题的求解过程分阶段进行，并且采用自顶向下、逐步求精、模块化设计等方法来实现系统开发。

（2）优缺点

简单实用、技术成熟、容易实施。但对规模较大、处理过程复杂的信息系统项目不太适合，存在开发周期长、难以适应需求变更、难以解决软件复用、难以进行软件维护、难以提高软件生产效率等问题。

（3）应用场合

结构化系统开发方法适合于信息系统需求明确、系统规模不大、属于数据处理领域的信息系统开发。

2. 面向对象系统开发方法

面向对象系统开发方法是一种将面向对象思想应用于系统开发过程中，指导开发活动的系统开发方法。它由面向对象系统分析、面向对象系统设计、面向对象程序编程 3 个部分组成。面向对象系统开发方法是一种建立在“对象”“类”“继承”“封装”“消息”等概念基础上的方法学。对象是由数据和操作函数的封装体组成，与客观实体有直接对应关系。类定义了具有相似性质的一组对象。继承是指具有相似特性的类之间的属性与操作共享方式。所谓面向对象就是以对象为中心，以类和继承为构造机制，来认识、理解、刻画客观世界和设计相应系统的技术方法。

（1）基本思想

客观世界是由各种各样的对象组成的，每种对象都有各自的内部状态和运动规律，不同对象之间的相互作用和联系就构成了各种不同的系统。在设计和实现一个信息系统时，根据系统需求将系统设计成由许多对象组成的集合。面向对象方法具有如下特性。

1）封装性。在面向对象系统开发方法中，程序和数据被封装在类中，对象作为类的一个实例。对象的数据和操作方法均需要通过公开的可视性方式提供对外访问，否则只能由自身的方法程序来访问。

2）抽象性。在面向对象系统开发方法中，把从具有共同性质的实体中抽象出的事物本质特征概念称为“类”。对象是类的一个实例。类中封装了对象共有的属性和方法。实例化一个类创建的对象，将自动具有类中规定的属性和方法。

3）继承性。继承性是类特有的性质，类可以派生出子类，子类自动继承父类的属性与方法。这样，在定义子类时，只需说明它不同于父类的特性，从而可提高软件的复用性。

4）动态链接性。对象间的联系通过对象间的消息传递，实现动态链接的功能行为。

（2）优缺点

面向对象系统开发方法符合人的思维习惯，适用于各类信息系统开发，所构造的系统复用性好，容易实现软件复用和维护。但面向对象系统开发方法的技术难度较大，掌握面向对象技术方法需要更多的时间。

（3）应用场合

面向对象系统开发方法适合需求变更较频繁、功能复杂、规模较大、异构平台、快速交付、可维护性和可靠性要求高的信息系统开发。

3. 基于构件的系统开发方法

基于构件的系统开发方法以粗粒度、松耦合的构件封装可复用的功能单元。基本业务功能被映射成系统构件。从业务功能视角出发，基于构件的系统开发方法是比面向对象系统开发方法更高一级的抽象，它比面向对象方法更切合实际应用，软件复用度也进一步提高。但与开发语言紧密联系，导致构件接口标准不统一，不同开发语言实现的构件难以实现相互操作。

4. 面向服务的系统开发方法

面向服务的系统开发方法是在基于构件的系统开发方法上进一步提高软件复用粒度的系统开发方法。面向服务的系统开发方法关注点是业务，它直接映射到业务，强调 IT 与业务的“对齐”，以服务为核心元素来封装业务功能或已有应用系统。服务的粒度更大，更加匹配机构信息化应用中的业务，可以实现更高级别的软件复用。

各类系统开发方法的对比如表 1-5 所示。

表 1-5　各类系统开发方法的对比

系统开发方法名称	特点	优点	缺点
结构化系统开发方法	以算法为中心	体现了逐层分解、逐步求精的原则，有严格的规则；开发方法简单、技术成熟	不适合规模较大、处理过程复杂的系统开发；对需求变更的适应能力很差；难以实现软件复用与维护

续表

系统开发方法名称	特点	优点	缺点
面向对象系统开发方法	以对象为中心，实现了对数据和算法的封装和继承	加强了对应用领域的理解，改进了沟通和交流过程；适应需求变化的能力较强；支持类属性与操作的复用	开发技术较复杂，抽象程度低，难以实现粗粒度和高层次的软件复用
基于构件的系统开发方法	以软件构件作为可复用的功能单元	复用性进一步增强，提高了软件系统的开发效率和质量	软件构件封装方法和接口标准不统一，很难实现与外部应用系统之间的相互操作
面向服务的系统开发方法	以服务封装业务功能或应用系统	可以实现跨平台的功能复用，也可复用现有应用系统	开发技术复杂，需要解决较多的分布式应用难点技术问题

1.5.3　系统开发工具

信息系统开发工具的种类繁多，从系统开发过程视角划分通常可以分为项目管理工具、配置管理工具、系统分析和设计工具、程序开发工具、系统测试工具以及系统维护工具等。

（1）项目管理工具：支持项目管理活动的工具。这类工具的重点在项目管理环节上，对项目进度计划、资源与成本、工期估算以及风险评估等方面进行管理，如项目计划与追踪工具、度量工具和风险管理工具。

（2）配置管理工具：支持完成系统配置项标识、版本控制、变化控制、审计和状态统计等任务的管理工具，如需求追踪管理工具、软件版本管理工具和代码发布工具。

（3）系统分析与设计工具：支持系统分析与设计人员建立系统分析与设计模型，主要实现机构业务建模、系统需求建模、系统架构建模、系统数据建模，以及软件详细设计建模。

（4）程序开发工具：包括常规的程序编辑器、编译器、解释器、调试器及程序集成开发环境等。

（5）系统测试工具：可以分为静态测试工具、动态测试工具、测试管理工具等。其中，静态测试工具通过对源程序的程序结构、数据流和控制流进行静态分析，得出程序中函数（过程）的调用与被调用关系、分支和路径、变量定义和引用等情况，并发现语义错误。动态测试工具通过执行被测程序，检查被测程序的语句、分支和路径覆盖，从而发现程序缺陷。测试管理工具用以控制并协调软件测试的每一个主要步骤，进行测试用例程序管理，比较运行结果和期望输出之间的差异，并可实施程序的成批测试。

（6）系统维护工具：支持软件维护的工具。可分为逆向工程工具和再生工程工具。逆向工程工具对已经开发完成的源程序进行分析，抽取程序的系统结构、控制结构、逻辑流程、数据结构和数据流等信息，并生成分析和设计模型以及其他设计信息。再生工程工具用来支持重构功能和性能更为完善的、改进的软件系统。

1.5.4　系统开发与运行环境

系统开发环境是指在计算机硬件和系统软件平台上，进行信息系统开发和维护所使用的软件工具和集成环境。前者用以支持系统开发的相关过程、活动和任务，后者为工具集成和系统开发、维护及管理提供统一的支持系统。如微软的 Visual Studio.NET 集成开发环境、Eclipse 跨平台开源集成开发环境等。

系统运行环境是指信息系统运行所依赖的平台环境，包括操作系统软件、数据库软件、运行时软件等软件环境，以及服务器、网络设备、存储设备等硬件支持环境。如 Windows 服务器平台运行环境、Linux 服务器平台运行环境等。

课堂讨论——本节重点与难点问题

1. 机构信息系统建设主要有哪些系统开发策略？
2. 面向对象系统开发方法的适合场景有哪些？
3. 基于构件的系统开发方法有哪些优点与缺点？
4. 面向服务的系统开发方法涉及哪些技术？
5. 系统分析与设计主要采用哪些开发工具？
6. 系统开发环境与系统运行环境有哪些区别？

练　习　题

一、单选题

1. 下面哪个不是信息系统利益相关者？（　　）
   A. 客户　　B. 用户　　C. 开发人员　　D. 监理人员
2. 下面哪项不是用户主要关注的软件质量属性？（　　）
   A. 安全性　　B. 可复用性　　C. 灵活性　　D. 高效性
3. 在信息系统生命周期中，下面哪个阶段持续时间最长？（　　）
   A. 系统需求分析　B. 系统设计　　C. 系统构造　　D. 系统运行与维护
4. 下面哪种系统开发过程模型不需要迭代？（　　）
   A. 瀑布开发过程模型　　B. 原型开发过程模型
   C. RUP 开发过程模型　　D. 敏捷软件开发过程模型
5. 下面哪种系统开发策略最能使机构培养自身的开发团队？（　　）
   A. 自行开发　　B. 委托开发
   C. 购买商品化软件包　　D. 联合开发

二、判断题

1. 项目经理是系统构造人员之一。（　　）
2. 信息系统软件是一类处理信息的系统软件。（　　）
3. 系统规划是在项目立项之后进行的。（　　）
4. 敏捷软件开发过程模型是一种轻量级的过程模型。（　　）
5. 应用软件依赖于系统运行环境。（　　）

三、填空题

1. 信息系统通常由信息化基础设施、应用软件、数据库管理系统、数据库、业务数据、__________等要素组成。
2. 软件被划分为系统软件、应用软件和__________。
3. 在信息系统生命周期中的__________、系统需求分析、系统设计阶段进行系统分析与设计活动。

4. 在螺旋式开发过程模型中，系统软件编码是在____________阶段的开发活动。

5. 复用粒度最大的系统开发方法是____________。

四、简答题

1. 比较系统分析员与系统架构设计师的角色职责有何异同？
2. 说明软件本质特性有哪些？
3. 说明哪些开发活动跨信息系统生命周期？
4. 敏捷软件开发过程模型如何实施？
5. 现代软件系统开发的主流技术方法有哪些？

第2章 面向对象基础与建模语言

面向对象思想是指以人类天然的对象思维来抽象现实世界，并表达信息世界中事物的思想。在信息系统开发中，采用面向对象方法进行系统建模分析与设计可以有效解决传统结构化方法存在的局限性问题。本章介绍面向对象思想，建立面向对象分析、面向对象设计、面向对象编程的概念，从而为面向对象系统分析与设计奠定基础。此外，也介绍统一建模语言UML和业务流程建模与标记语言BPMN，以及面向对象建模语言的作用。

本章学习目标如下：

（1）理解对象、类等基本概念和面向对象思想；

（2）了解统一建模语言UML的基本元素、模型图形及其作用；

（3）了解业务流程建模与标注语言BPMN及其作用。

2.1 面向对象基础

面向对象思想是现代软件工程方法的基础，它涉及对象、类、关系、抽象、封装、继承、多态、消息、方法等面向对象的核心概念。理解这些核心概念是掌握面向对象思想的基础。

扫码预习

2.1 视频二维码

2.1.1 面向对象思想

面向对象思想是指系统中一切事物皆为对象，对象是属性及其操作的封装体；对象可按其性质划分为类，对象是类的运行实例；实例关系和继承关系是对象之间的静态关系；消息传递是对象之间动态联系的唯一形式，也是计算的唯一形式；方法是消息的序列。

1. 对象

对象的英文“object”的本义是物体（个体），就是物理世界中的实体。这种实体包罗万象，可以是有形实体（如一个人、一张桌子）或无形实体（如一个订单）。一个对象可以通过其拥有的属性和行为来标识。

属性描述了对象的特定信息，如某个人有性别、年龄、肤色、身高、体重等物理上可见的属性，此外，还有姓名、民族、国籍、学历、籍贯等物理上不可见的社会属性。每个属性都有特定的值，如姓名为张三、性别为男、年龄为 21 岁、国籍为中国。一个对象的属性可能有很多，但在特定的软件系统中，并非需要关心与标识所有属性，只需要关心与标识所开发软件系统相关的属性即可。如同一个人如果既是学校的学生，又是公司的员工，在学生管理系统中，这个人以学生的身份存在，拥有学号这个属性；在公司的员工管理系统中，这个人以员工的身份存在，拥有工号这个属性。显然，学号不会出现在员工管理系统中，工号也不会出现在学生管理系统中。

行为指定对象可以做什么，定义了对象执行的操作。人这种对象有很多行为，如吃饭、走路、睡觉、哭、笑等，这些行为是人作为一个高级动物对象所拥有的自然行为，比较容易发现与总结。对于另外一些对象就不一定能很容易总结其行为，如桌子是一类物体对象，主要被其他对象使用，本身不具有主动行为。但在软件系统中，可以为桌子这类对象设计一些有特定用途的行为，如向外界提供其自身的高度、修改高度值和计算体积等。这些行为只与桌子对象自身相关，不依赖于其他对象，将之作为其内部行为是合理的。

一个对象的属性与行为在定义上是没有关系的，但通常行为需要操作或改变一个或多个属性。如人的体重在吃饭后一般会增加；在修改桌子高度值的行为发生后，桌子的高度会发生变化。

2. 类

类是一组具有相同属性与行为的对象集合。类是抽象，对象是具体。类是集合，对象是集合中的个体，如人是一个类，这个类包含了无数具体的人，每个人是一个对象。“物以类聚”是对物理世界中物体之间关系的一种描述，具有相同（相似）特征的物体应该聚集在一起，这和类与对象之间的关系是一致的。

在面向对象的系统中，类与对象是同时存在的两个概念。一个类至少有一个对象，当一个类只有一个对象时，类就是对象，对象就是类。与对象的定义类似，类也具有属性与行为，类的行为通常叫作方法。类的属性与行为和其包含的对象的属性与行为一致。与对象不同的是，可以不给类的属性分配值，但必须为对象的属性分配值。

从物理世界向信息世界进行抽象的时候，首先总结物理世界中有哪些对象，每个对象的属性与行为是什么，然后对这些对象进行分类，将具有相同属性与行为的对象形成一个类，最终形成若干类，这些类就是信息世界中的类。

3. 对象（类）之间的关系

在物理世界中，一个对象并不孤立存在，它们与其他对象存在或多或少的关系，如有 3 个对象苏洵、苏轼、苏辙。这 3 个对象属于同一个类，苏洵与苏轼的关系是父子，苏洵与苏辙的关系也是父子，苏轼与苏辙的关系是兄弟。再如，有 3 个对象张三、数据结构、主楼 301。张三是一个学生对象，数据结构是一个课程对象，主楼 301 是一个教学楼对象。张三与数据结构的关系是选课与被选，张三与主楼 301 的关系是上课地点分配，数据结构与主楼 301 的关系也是上课地点分配。

从上面两个例子可以看出，同一个类的不同对象之间可能存在关系，不同类的对象之间也可能存在关系。根据类和对象的定义，可以将对象之间的关系映射为类之间的关系，一个类的不同对象之间的关系可以看成是这个类和自身的关系，不同类的对象之间的关系可以映射为相应类之间的关系。在面向对象领域，人们总结了下面几种基本对象（类）之间的关系。

关联——两个类以某种方式相关或连接，如一个类与另一个类协同工作以执行任务，或者一个类对另一个类执行操作。

聚合——表示整体与其部分之间的关系。

泛化——一个类（子类、子接口）继承另外一个类（父类、父接口）的功能，并可增加自己特有的功能。

4. 抽象

抽象是人类解决复杂问题的通用方法。抽象是从众多的事物中抽取出共同的、本质的特征，而舍弃其非本质的特征。抽象是信息技术领域最基本和最重要的思想之一，二进制编码就是一种高级抽象，将所有信息都抽象为由 0 和 1 组成的序列。抽象并不是面向对象思想才有的，它体现在从古至今的各个领域。中国古代哲学用阴阳代表自然界的客观规律、万物运动变化的本源以及事物的最基本对立关系。阴阳就是类似 0 和 1 的抽象。老子《道德经》中提到“道生一，一生二，二生三，三生万物”，其中的道和一、二、三这 3 个数字也是抽象的，并不把一、二、三看作具体的事物和具体数量。它们只是表示“道”生万物从少到多、从简单到复杂的过程。

类和对象这两个概念就体现了抽象的思想，对象是具体，类是抽象。对象是具有不同属性与行为的个体，类是个体属性与行为的定义。抽象是分层次的，在软件领域，二进制编码是最高层次的抽象，由 1 和 0 两个数字组成，可以表示两种状态，即开和关。输入计算机的任何信息最终都要转化为二进制形式。十六进制编码的抽象层次稍低，是一种逢十六进一的编码方式，用数字 0～9 和字母 A～F 分别表示十进制的 0～15。现实世界中，人这种对象是一种高级抽象，男人与女人是一种相对低级的抽象，男孩与男青年又是一种比男人更低级的抽象。电子产品这种对象是一种高级抽象，计算机与手机是一种相对低级的抽象，台式计算机与笔记本电脑又是一种比计算机更低级的抽象。这些例子启示我们在进行软件系统的分析与设计时要使用抽象的概念，并要注意抽象的层次性。

5. 封装

封装是面向对象思想的重要原则。一个对象的属性与行为是有限的，而且应该与其他对象有所区别，这样才能界定一个对象和另一个对象的边界。封装的意思是指将对象的属性与行为都包装起来，形成一个独立的单元，这体现了对象的独立性。另外，封装也体现了对象的信息隐蔽性。如计算机这种对象内部有很多属性，CPU 的型号与主频、内存的大小、显示器的型号与尺寸等，这些属性对其他对象通常是不可见的，需要通过特定的行为方法才可以访问与修改。计算机的显示、计算、播放声音等行为是提供给其他对象的功能，表明此对象具备的能力，其他对象不需要知道计算机是如何实现显示、计算、播放声音等行为的，只需要知道如何使用就可以了。

严格的信息隐藏会引起访问效率问题，直接读取对象的属性值比通过方法来读取对象的属性值效率要高。在面向对象的编程语言中，如在 C++和 Java 中，可以对对象的属性与方法定义可见性，规定了私有、公共、保护 3 种类型的可见性。私有可见性的信息隐藏性最严格，其他类对象不能直接访问；公共可见性的信息隐藏性最宽松，其他类对象可以直接访问；保护可见性介于两者之间，一般子类对象可以直接访问父类对象的保护可见性属性，但其他类不行。

6. 继承

继承是指子类复用父类数据结构和方法的机制，它是软件代码复用的基本方法。在定义和实现一个类时，可以在一个现有类的基础之上复制相同的内容作为自己的内容，并加入若干新的内容。继承性是面向对象程序设计语言最重要的特点之一，也是面向对象分析与设计的基本特点。在面向对象软件开发中，类的继承性使所建立的软件具有开放性、可扩充性，这是现代软件开发行之有效的方法，它简化了对象、类的创建工作，增加了代码的可复用性。

通过类的继承关系，使公共的特性能够共享，提高了软件的复用性。

7．多态

多态是指具有多种不同形式的能力。在面向对象思想中，它是指多个子类与父类可以有相同的操作方法名，但各个子类的相同操作方法的实现代码不同，即对同一个消息的处理功能不同。在多态操作中，不同类的对象可以执行不同的操作。多态允许每个对象以适合自身的方式去响应共同的消息，从而可以增强软件的灵活性和复用性。

8．消息

对象之间进行通信的结构叫作消息。当一条消息从一个对象发送给另一个对象时，该消息包含了接收消息对象将去执行操作的信息。发送一条消息至少要包括说明接收消息的对象名及其操作方法名。有的对象消息还要包含参数，从而实现对象之间的数据与结果交换。在面向对象系统中，对象之间通过消息通信机制来实现功能处理。

9．方法

在类中封装的操作，又称为方法。方法就是功能函数或过程函数。当外部通过对象消息调用方法时，将执行该方法实现操作功能处理。

2.1.2　面向对象分析

面向对象分析就是应用面向对象的思想与技术去描述目标软件系统的需求，明确目标软件系统有哪些参与者、每个参与者的职责是什么、系统有哪些对象以及对象之间的关系是什么等。面向对象分析与系统的开发技术和平台无关，是需求分析人员与业务人员之间进行沟通的过程与结果，清楚、准确地描述目标软件系统的需求是面向对象分析的任务。

自从软件工程问世以来，出现过多种系统分析方法，如功能分解法、数据流法、信息建模法等，这些方法各自具有自己的特征，并在历史上发挥过相应主导作用，有些方法现在仍在使用。在面向对象的思想兴起后，面向对象分析法变得越来越流行，并逐步成为主流的系统分析方法，这和面向对象编程语言的盛行也相互呼应。

面向对象分析强调应用对象的概念对问题域的事物进行完整的描述，刻画事物的性质与行为。一个业务系统的对象有很多类型，包括人、岗位、组织、设备、任务、单据、报表、文档、货物等，应用面向对象的思想来封装与刻画这些对象符合人们的思维习惯。在进行面向对象分析时，应遵从对象的定义，在确定这些对象的时候，需要描述这些对象的属性与行为。此外，业务系统不同对象间可能的继承、关联、聚合等关系也需要描述清楚。

面向对象分析需要区分系统的静态视图与动态视图。在清晰、完整地刻画了系统对象与对象间的关系后，还需要让这些对象在实际业务中“动起来”。企业和组织均涉及若干业务流程，这些业务流程体现了企业和组织的业务与功能是如何运行的。业务流程实际上是不同对象在一个具体业务任务中进行的动态配合过程。因此，面向对象分析还需要对描述业务流程的动态视图进行描述。后文将介绍的业务流程建模符号（Business Process Model and Notation，BPMN）和统一建模语言（Unified Modeling Language，UML）中的活动图与顺序图都是描述业务流程的方法。

2.1.3　面向对象设计

基于面向对象分析的结果，面向对象设计是针对系统的一组具体实现技术要求，继续应用面向对象的思想与建模方法进行系统设计，一方面对面向对象分析的输出结果进行细化与适应性修改以最大限度继承面向对象分析的成果，另一方面是描述系统架构、人机界面、业务处理类、数据存储模型、系统部署架构、系统进程与线程等。

面向对象设计与面向对象分析均采用面向对象的思想，有一致的概念、原则及表示方法，不像结构化方法那样从分析到设计需要从数据流图转换到系统模块结构图。两者能紧密衔接，可大大降低从面向对象分析到面向对象设计过渡的难度与出错率，这是面向对象分析与设计方法优于其他软件工程方法的重要原因之一。

面向对象设计分为两个步骤。第一个步骤是系统架构设计，它从宏观角度描述系统的整体结构，确定系统是层次结构还是流式结构等，如常用的模型-视图-控制器（MVC）3 层结构是一种典型的层次结构。这类似于在建造一栋住宅楼的时候，需要确定是采用板式结构还是采用塔式结构，两种不同风格的结构对后续设计有很大影响。系统架构设计输出的是构件和构件之间的关系。在确定了系统架构后，下一步是对系统进行详细设计，对构件和构件之间的关系进行细化。一个构件往往包含多个相互作用的类，详细设计的任务是要把这些类描述出来，当然也包括描述类之间的关系。

2.1.4 面向对象编程

面向对象设计最主要和最核心的输出之一是类模型。类模型中的类和类之间的关系与具体的编程语言无关，但符合面向对象技术的要求。如果仍然用面向对象的思想与语言来编写系统，则会极大地降低系统开发的难度与减少系统开发的工作量。C++和 Java 就是两种应用非常广泛的面向对象编程语言，这两种语言的设计遵循了面向对象思想，都是以类为基本构成单元。面向对象设计输出的类与 C++和 Java 中的类具有一致性，前者的类名对应后者的类名、前者的类属性对应后者的成员变量、前者的类行为（操作）对应后者的操作。事实上，主流的面向对象建模工具（如 Rational Rose）均可以将类模型直接转换输出为 C++和 Java 中的类。当然，类模型只定义了类行为的名称、输入参数、输出参数以及可见性，无法定义其具体实现，这需要在编程过程中具体实现。如果面向对象设计是足够完整与准确的，在面向对象编程阶段只需要完成对类操作的具体实现，并利用开发平台进行编译与打包。

从图 2-1 可以看出面向对象的思想、面向对象分析、面向对象设计以及面向对象编程之间的关系。可以发现，面向对象的思想是面向对象分析、面向对象设计以及面向对象编程的共同基础，它们一起共同构成了面向对象的软件工程方法。从面向对象分析接收问题域的输入，到面向对象编程输出软件系统，整个过程均采用面向对象的思想，让系统分析人员、系统设计人员、系统开发人员用同一种思想与语言进行沟通，可有效降低软件工程不同过程之间的转换成本与出错率，并可提高生产效率。

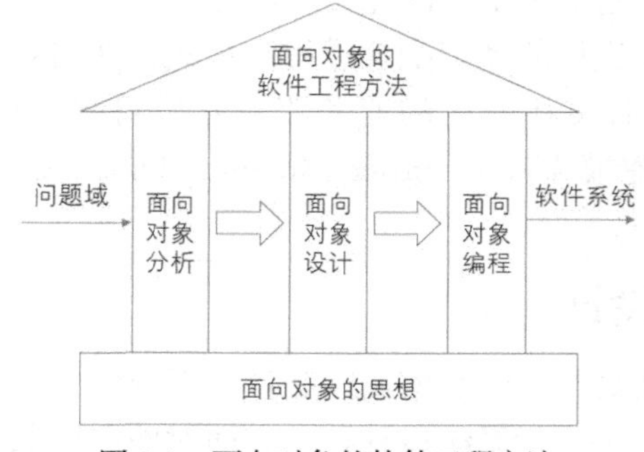

图 2-1　面向对象的软件工程方法

课堂讨论——本节重点与难点问题

1. 对象与类的联系与区别是什么？
2. 类之间有哪些关系，相互之间有什么区别？
3. 面向对象分析与面向对象设计有什么区别？
4. C++和 Java 这两种面向对象编程语言与 C 语言有什么区别？
5. 抽象和封装是不是一回事，抽象后为什么还要封装？
6. 面向对象分析与设计和面向对象编程语言有什么联系与区别？

2.2　统一建模语言

统一建模语言是面向对象分析与设计的可视化建模语言，应用十分广泛。统一建模语言包含了多种模型图，使用这些模型图可以从不同视角来建模描述系统需求分析与设计。

扫码预习
2.2 视频二维码

2.2.1　统一建模语言简介

统一建模语言（UML）是一种对软件系统进行规范化、可视化、模型化、文档化的标准语言。UML 由对象管理组织（Object Management Group，OMG）创建，并在 1997 年起草了 UML 1.0 规范。起初，UML 用于捕获复杂软件与非软件系统的行为，现在，它是一个 OMG 标准。与面向对象的编程语言 C++、Java 及 COBOL 等不同，UML 不是编程语言，而是描述软件系统蓝图的可视化语言。UML 是一种面向对象的建模语言，使用多种不同的建模图形来描述系统，“一图胜千言”用来描述 UML 再合适不过了。在面向对象的思想兴起的早期，没有标准的方法来组织和巩固面向对象的开发，UML 这种通用建模语言的出现让所有建模人员都可以使用这种语言来描述目标系统，让人很容易理解和使用。不仅开发人员可以使用 UML，业务用户、普通人和任何有兴趣了解系统的人都可以使用 UML。

2017 年 12 月，OMG 发布了 UML 2.5.1 规范，修正了 UML 2.5 存在的一些小问题。UML 2.5 规范定义了两种主要的 UML 图：结构图和行为图。UML 2.5 模型图构成如图 2-2 所示。

图 2-2　UML 2.5 模型图构成

结构图：显示了系统及其各个部分在不同抽象层和实现层上的静态结构以及它们如何相互关联。结构图中的元素表示系统的有意义的概念，这些概念可能是抽象的、现实世界的或系统实现的概念。结构图包含类图、对象图、构件图、包图、部署图、组合结构图、扩展图。

行为图：显示了系统中对象的动态行为，可以将其描述为随着时间的推移对系统进行的一系列更改。行为图包含用例图、活动图、状态机图、交互图，其中交互图又细化为顺序图、通信图、时间图和交互概览图。

UML 2.5 包含的模型图可以按照图 2-2 进行分类与分层。

2.2.2 用例图

用例图（Use Case Diagram）从用户的角度对系统行为与功能进行概述，是描述软件系统功能需求的主要形式。用例图包含用例和参与者两种对象。用例指定了系统预期的行为，描述行为是什么，但不指定如何实现这些行为。参与者是实施或使用用例的人或物。用例图由分析师与领域专家共同开发，从最终用户的角度设计系统，可以达到以下 4 个目标：

（1）指定系统的上下文；

（2）捕获系统的需求；

（3）验证系统架构；

（4）驱动实现并生成测试用例。

用例图的主要元素有参与者、用例和关联关系，用例图元素如表 2-1 所示。

表 2-1 用例图元素

符号	元素名称	元素描述
	参与者	使用系统功能的角色
	用例	系统功能
	关联关系	参与者与用例之间的关联关系
<<include>>	包含关系	用例之间的包含关系
<<extend>>	扩展关系	用例之间的扩展关系
	泛化关系	两个参与者之间一般与特殊的关系

图 2-3 所示为银行账户存取钱管理的用例图示例。

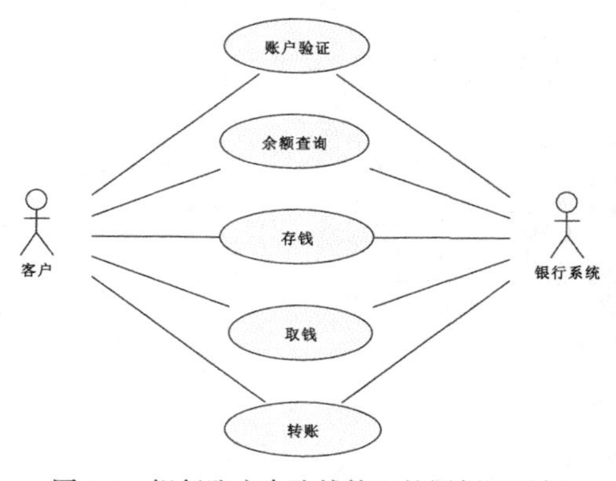

图 2-3 银行账户存取钱管理的用例图示例

2.2.3　活动图

活动图（Activity Diagram）是描述活动、活动执行顺序以及活动输入/输出的图。活动图用于描述业务流程或系统流程。活动图类似于流程图，其描述的流程可能发生在用例内，也可能发生在用例间。活动是活动图的核心元素，活动可能发生在业务层，也可能发生在技术层。一般一个活动与一个特定对象相关联，但一个活动图中的多个活动可能关联多个对象。

活动图的重要特征是能够显示活动之间的依赖关系，还有助于将活动映射到系统中的相应参与者。此外，由于活动图能够通过分叉/合并显示多个线程，因此它还可以展示系统中同时发生的事情，这种多线程建模功能有助于对问题空间进行建模。

活动图的主要元素有开始、结束、动作、顺序、分支和并发等，活动图元素如表 2-2 所示。

表 2-2　活动图元素

符号	元素名称	元素描述
	开始	活动图的开始
	结束	活动图的结束
	动作	执行任务的行为
	顺序	元素之间的顺序关系
	分支	在上一个动作完成后，需要根据判断条件来选择不同的执行路径
	并发	上一个动作执行后并行执行后续多个动作

活动图刻画了多个活动以及活动之间的执行顺序，被认为是系统行为建模，但活动图不描述活动什么时候发生，所以是静态的而不是动态的。

图 2-4 所示的活动图描述了银行账号验证功能的业务流程：

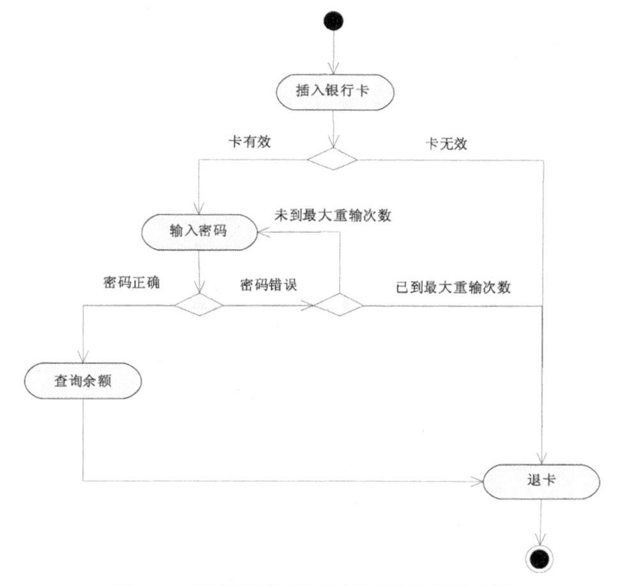

图 2-4　银行账号验证功能的活动图示例

（1）插入银行卡；

（2）验证银行卡的有效性，如果银行卡无效则退卡，如果银行卡有效则提示输入密码；

（3）用户输入密码；

（4）验证密码，如果密码无效则判断重输密码是否已经达到最大次数，如果密码有效则查询余额；

（5）如果重输密码次数达到最大次数则退卡。

2.2.4 类图

类图（Class Diagram）是描述系统中各个对象的类型以及相互间各种关系的图。类图的核心元素是类。如前所述，在面向对象的思想中，类是一组具有相同属性与行为的对象集合。系统中存在哪些类，类的具体属性和行为是什么，类之间有什么关系是类图建模者需要刻画清楚的几个内容。在 UML 中，类图中的类通常由表示类名、属性集合和操作集合的 3 个上下紧密相连的矩形框组成。类之间关联、泛化、聚合等关系用类之间不同箭头来表示。

类图的主要元素有类、接口以及类之间的各种关系等，其图形及含义如表 2-3 所示。

表 2-3　类图元素类型

符号	元素名称	元素描述
（三栏矩形框）	类	具有相同属性与操作的对象集合
○	接口	只定义操作，不定义操作实现的类
———	关联/实现关系	表示两个类之间有关联关系或接口与类之间有实现关系
┈┈┈＞	依赖关系	两个类之间依赖与被依赖的关系
———◇	聚合关系	两个类之间弱意义上部分与整体的关系
———◆	组合关系	两个类之间强意义上部分与整体的关系
———▷	泛化关系	两个类之间一般与特殊的关系

图 2-5 所示为银行存取钱管理相关的简单类图示例。

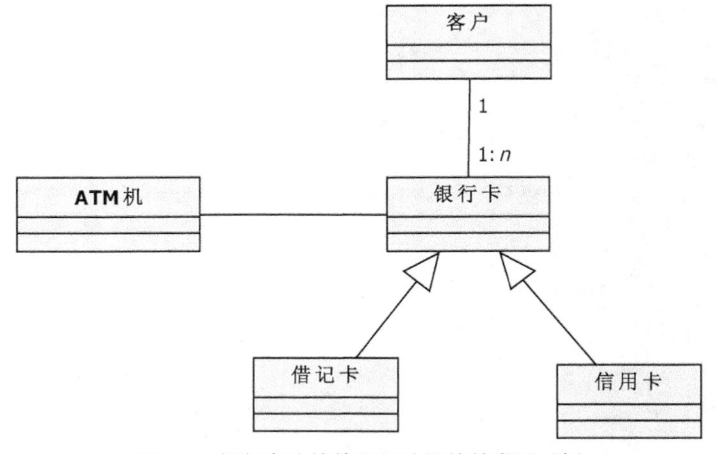

图 2-5　银行存取钱管理相关的简单类图示例

2.2.5　顺序图

顺序图（Sequence Diagram）是一种描述对象间消息传递次序的交互图。它描述了在用例或操作的执行过程中对象如何通过消息相互交互，说明了消息如何在对象之间被发送、接收以及发送的顺序。顺序图具有时间概念，它使用垂直轴线来表示发送什么消息和何时发送消息，以此直观地显示交互的顺序。顺序图也可以用于表示系统用户与系统、系统与其他系统或子系统之间的交互。

顺序图由对象、消息、自反消息、生命线、激活等核心元素组成，顺序图元素如表 2-4 所示。

表 2-4　顺序图元素

符号	元素名称	元素描述
	对象	需要交互的对象
	消息	对象之间交互的消息
	自反消息	对象给自己发的消息
	生命线	对象的生命周期线
	激活	对象处于激活状态的时期

图 2-6 所示为银行账户验证功能的顺序图示例。

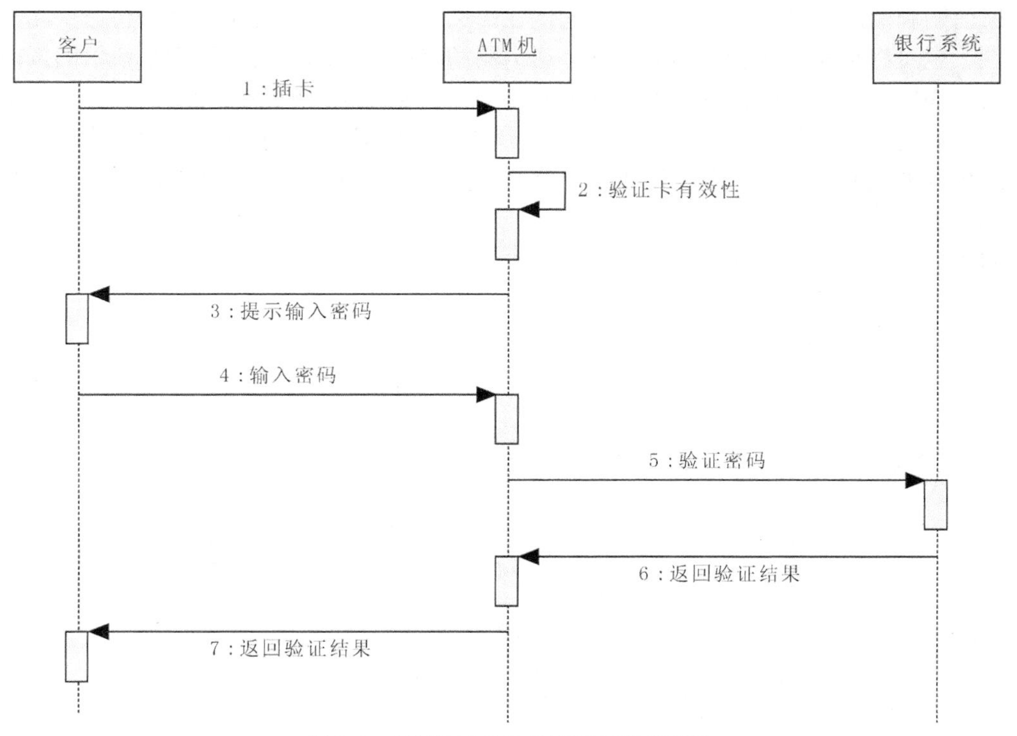

图 2-6　银行账户验证功能的顺序图示例

2.2.6 通信图

通信图（Communication Diagram）是表现对象间交互关系的图。它表现了多个对象在协同工作达成共同目标的过程中互相通信的情况，通过对象和对象之间的链接、发送的消息来显示参与交互的对象。作为一种交互图，通信图体现了对象间的组织关系。

通信图中的元素主要有对象、链、自反链、消息。通信图上可以有消息在对象间传递。通信图元素如表 2-5 所示。

表 2-5 通信图元素

符号	元素名称	元素描述
□	对象	需要交互的对象
——	链	对象之间的连接
⧉	自反链	对象与自身建立的连接
——→	消息	对象之间交互的消息

从行为看，通信图包含了在各个对象之间传递交换的一系列消息的集合，以完成对象间的协作。通信图主要有以下 3 个作用：

（1）通过描绘对象之间消息的传递情况来反映具体使用语境的逻辑表达；

（2）显示对象及其交互关系的空间组织结构；

（3）表达一个操作的实现。

通信图和顺序图具有相似的功能，它们在语义上等价，也就是说，可以将通信图转换为顺序图，也可以将顺序图转换为通信图。通信图和顺序图之间的主要区别是通信图按空间排列元素，而顺序图按时间排列元素。在这两种类型交互图中，顺序图的使用频率比通信图的使用频率高得多。使用通信图的原因有两个：首先，通信图对于表现可视化协作执行特定任务的对象间的关系很有用，顺序图难以对之直观表现；此外，通信图还可以辅助确定静态模型（类图）的准确性。

图 2-7 所示为银行账户验证功能的通信图示例。

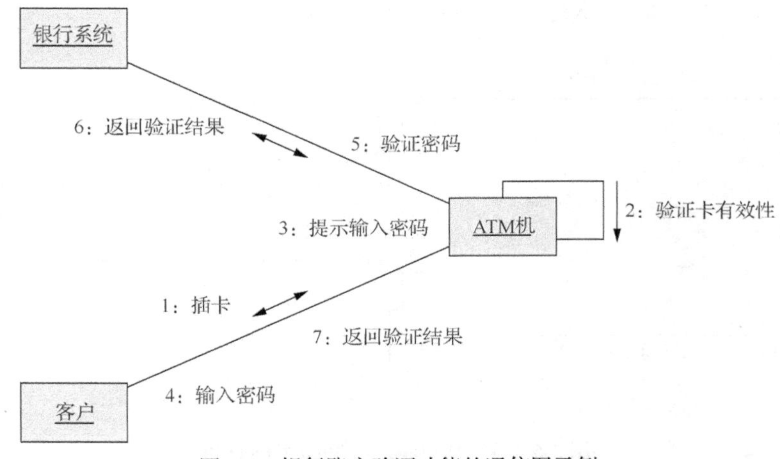

图 2-7 银行账户验证功能的通信图示例

2.2.7 状态机图

状态机图（State Machine Diagram）是描述对象或其他实体在其生命周期内所经历的各种状态和状态变迁的图。状态机图常用于描述对象的状态依赖行为。对象所处的状态不同，对同一事件的响应也不同。虽然状态机图常作用于对象，但也可以作用于任何对其他实体有行为的元素，如参与者、用例、方法、子系统以及系统等，它们通常与交互图（特别是顺序图）一起使用。

在银行存取款系统中，银行账户是一个对象，此对象有一个属性为余额，假设其余额为一万元，则状态为可支取。如果一次取钱的额度不超过一万元，则可以取钱，且由于取钱后的余额大于零，其状态不变，仍为可支取。在支取金额小于余额的条件下，无论从银行取多少次钱，系统都会正常执行，银行账户的状态也不变。但如果支取的金额正好等于余额，则账户在取钱后的状态就变为不可支取。然而，如果银行更改业务规则，允许账户余额透支 5000 元，则银行账户的状态及其变更规则将重新定义，有一个新状态是可透支，只要累计透支余额不大于 5000 元，就可以支取。

状态机图的核心元素是状态，表示对象的状态。此外，还有事件与变迁等元素。状态机图元素如表 2-6 所示。

表 2-6　状态机图元素

符号	元素名称	元素描述
	开始	状态机图的开始
	结束	状态机图的结束
	状态	对象的状态
	转换	从一个状态到另一个状态的转换
	自转换	一个状态在事件触发后转换为自身状态
	分支	在上一个状态结束后，需要根据判断条件进入不同的状态
	并发	从一个状态并发转换为多个其他状态

图 2-8 所示为银行账户的状态机图示例。

图 2-8　银行账户的状态机图示例

2.2.8 构件图

构件图（Component Diagram）是描述构件的组织结构和相互关系的图，用于表达如何在实现时把系统元素组织成构件，从而支持以构件为单位进行软件的实现与发布。构件是构件图的核心元素，是定义了良好接口的软件实现单元，是系统中可替换的部件。在构件图中，每个构件有明确的责任与任务，只与系统中其他需要的构件进行交互。构件图元素如表 2-7 所示。

表 2-7 构件图元素

符号	元素名称	元素描述
（构件符号）	构件	具有业务功能和接口的类的集合
（接口符号）	接口	只定义操作，不定义操作实现的类
————	关联/实现关系	表示两个构件之间有关联关系或接口与构件之间的实现关系
·········>	依赖关系	两个构件之间依赖与被依赖的关系

构件图表达了系统的宏观组成部分，在进行软件架构设计时，构件图是软件架构的良好表达方式。构件图可以看成类的集合，其功能本质上是由若干类协作完成的。图 2-9 所示为银行账户存取钱管理的构件图示例。

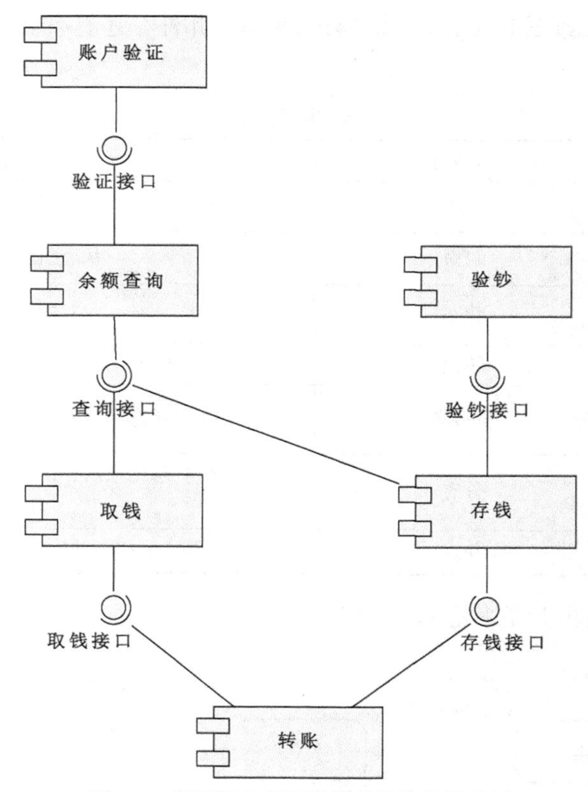

图 2-9 银行账户存取钱管理的构件图示例

2.2.9 部署图

部署图（Deployment Diagram）是表示系统中硬件和软件物理架构的图。从部署图可以获知硬件和软件组件之间的物理拓扑、连接关系以及处理节点的分布情况。当需要确定以下问题的时候，可使用部署图。

（1）新增加的系统需要与哪些现有系统交互或集成？

（2）系统需要多健壮？如，系统故障时需要多少冗余硬件？

（3）哪些内容和对象会与系统连接或交互，它们如何进行连接或交互？

（4）系统将使用哪些中间件（包括操作系统、通信方法及协议）？

（5）用户将直接与哪些硬件和软件交互？

（6）一旦部署，如何监控系统？

（7）系统需要多安全（需要防火墙、物理安全硬件等）？

部署图的元素包括节点、端口、人工制品、关联关系和依赖关系等，部署图元素如表 2-8 所示。

表 2-8　部署图元素

符号	元素名称	元素描述
	节点	具有业务功能和接口的类的集合
	端口	节点的访问端口，附在节点图形的边框上
<<artifact>>	人工制品	物理部分规约，可以是模型、描述或软件
	关联关系	表示两个节点之间有关联关系
	依赖关系	两个构件之间依赖与被依赖的关系

图 2-10 所示为银行账户存取钱管理的部署图示例。

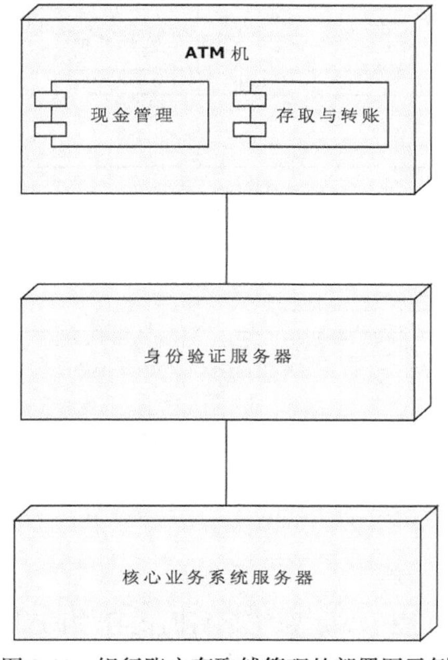

图 2-10　银行账户存取钱管理的部署图示例

2.2.10　包图

包图（Package Diagram）是以类似文件夹的符号表示模型元素组合的图。包被描述成文件夹，可以应用在任何一种 UML 图上。系统中的每个元素都只能为一个包所有，一个包可嵌套在另一个包中。包图通过把类聚合成包，可以简化复杂的类图。把大图重新组织为较小的图，需要对模型使用分而治之的方法。类包图和用例包图是两种常见的包图。包图元素如表 2-9 所示。此外，构件与类均可以嵌入包，这里不作为包图元素单独列出。

表 2-9　包图元素

符号	元素名称	元素描述
（包符号）	包	类的集合
——————	关联关系	表示两个包之间的关联关系
┈┈┈┈>	依赖关系	表示两个包之间的依赖关系，从依赖包指向被依赖包

图 2-11 所示为银行账户存取钱管理的包图示例。

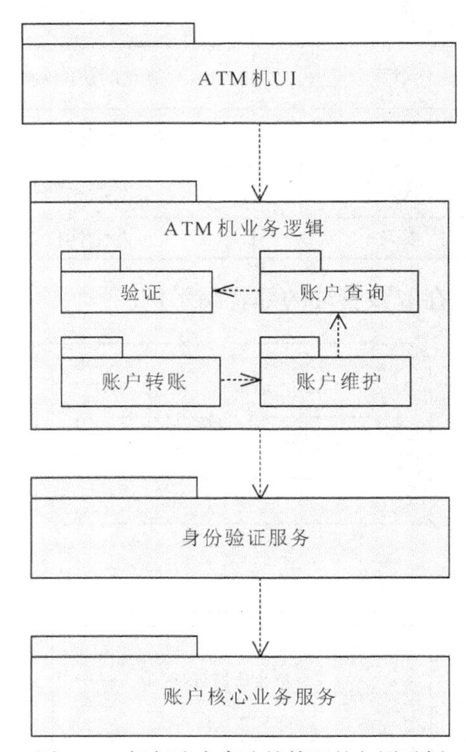

图 2-11　银行账户存取钱管理的包图示例

2.2.11　其他图

1. 对象图

对象图（Object Diagram）用于显示系统运行时内存中的对象及其链接。对象图显示了实例化类和定义类之间的关系，以及系统中这些对象之间的关系。当系统类图非常复杂时，它们可以用来解释系统的较小部分，有时还可以在图中构建递归关系。在项目的分析阶段，可以创建类图来描述系统的结构，然后创建一组对象图作为测试用例来验证类图的准确性和完整性。在创建类图之前，也可以创建对象图来发现关于特定模型元素及其链接的事实。

2. 组合结构图

组合结构图（Composite Structure Diagram）是包含类、接口、包及其关系的 UML 结构图，它提供了软件系统全部或部分的逻辑视图。组合结构图执行与类图相似的功能，但可以进一步详细描述多个类的内部结构并显示它们之间的交互关系，支持图形化地表示内部类和组件，并显示类之间和类内的关联。

3. 扩展图

扩展图（Profile Diagram）是一种结构图，它为特定领域和平台定制 UML 模型提供了一种通用的扩展机制。扩展机制允许以严格增加的方式提炼语义，防止它们与标准语义冲突，使用构造型、标记值定义和约束定义扩展。这些定义和约束应用于特定的模型元素，如类、属性、操作和活动。为特定的域（如航空航天、医疗保健、金融）或平台（J2EE、.NET）所做的定制共同组成了扩展。严格来讲，扩展图是一种扩展机制，而不是独立的图。它在现有图上增加扩展元素来丰富现有图的语义表达能力。

4. 交互概览图

交互概览图（Interaction Overview Diagram）提供了高度抽象的交互模型。它是活动图的变体，其中节点是交互（sd）或交互使用（ref）。交互概览图着重于交互控制流的概述，也可以显示图之间的活动流。

5. 时间图

时间图（Timing Diagram）关注沿着线性时间轴在生命线内部和生命线之间变化的条件。时间图描述了单个对象的行为和对象间的交互关系，重点关注导致生命线建模条件变化的事件发生时间。从一种状态到另一种状态的变化由生命线级别的变化表示。在对象处于给定状态的一段时间内，时间线与该状态并行运行。状态更改显示为从一个级别到另一个级别的垂直更改。类似于状态机图或顺序图，状态变化的原因是收到消息、引起变化的事件、系统内的条件改变等，甚至只是时间的推移。

课堂讨论——本节重点与难点问题

1. 为什么将 UML 图分为结构图和行为图两种？
2. 构件图、包图和部署图一般是在系统分析与设计的哪个阶段使用？
3. 顺序图和通信图有什么联系与区别？
4. 类图与对象图有什么联系与区别？
5. 类图是不是在需求分析阶段和系统设计阶段都需要使用？
6. UML 2.x 与 UML 1.x 相比有什么重要改进？

2.3 BPMN 建模语言

BPMN 是一种业务流程建模语言，其建模元素很丰富，能表达复杂的业务流程过程与逻辑。在信息系统开发中，通常使用 BPMN 建模语言来分析、描述业务流程。

2.3.1 BPMN 简介

业务流程建模符号（Business Process Model and Notation，BPMN）是

业务过程管理组织（Business Process Management Initiative，BPMI）符号工作组于 2004 年 5 月开发的业务流程建模标准，BPMN 2.0 于 2011 年发布，目前是 OMG 维护的公共标准。BPMN 为企业提供以图形符号理解其内部业务流程的功能，并使企业能够以标准方式“交流”这些流程。此外，图形符号有助于企业理解组织之间业务协同的效果，确保企业可充分了解自身与合作伙伴，并使企业能够快速适应内部环境和 B2B 业务的变化。BPMN 已经成为业务流程建模的事实标准，它由设计人员、管理人员和业务流程实现人员共同使用，在业务流程设计和实现之间搭建了一个标准桥梁。此外，BPMN 的另一个目标是确保基于 XML 的业务流程执行语言（如 WS-BPEL）可以使用业务表示符号进行可视化，这要求 BPMN 足够精确，以便将 BPMN 图转换为软件流程组件。

要理解业务流程建模，需要先理解流程（Process）的概念。流程是组织中活动的序列，这些活动以执行特定工作为目标。在 BPMN 中，流程被描述为由一组具有有限语义的活动、事件、网关和序列流等组成的流元素图。流程可以在任何级别定义，可以是企业级别的战略级流程，也可以是由单个人员执行的简单操作级流程。

为了描述流程，BPMN 提供了 5 种基本的建模元素：流对象、流、数据、人工制品及泳池。

（1）流对象

流对象是 BPMN 的核心元素，又分为 3 类：

- 活动（Activity）——在流程中执行的任何工作；
- 事件（Event）——在业务流程中发生的任何事情；
- 网关（Gateway）——用于控制流程的流程。

活动是指在业务流程中执行的工作。活动可以是原子性的或非原子性的（复合的）。活动有任务（Task）、子流程（Sub-Process）及调用活动（Call Activity）3 种。

任务是流程中的原子活动，用圆角矩形表示。当流程中的工作无法进行更细化的分解时，就使用任务来表达。最终用户或应用是执行任务的对象。根据具体的任务语义，任务又可以分为服务任务、发送任务、接受任务、用户任务、脚本任务等，并在圆角矩形内左上方加上相应标志符号来区分。

子流程是指复合活动，包含活动、网关、事件和序列流等元素，它通过在圆角矩形的下边界线上标注加号“+”来表示。

调用活动标识流程中使用全局流程或全局任务的点，充当流程执行过程中全局进程或全局任务调用的“包装器”。激活调用活动将导致控制权转移到被调用的全局进程或全局任务。调用活动也用圆角矩形表示，但线条比活动的圆角矩形的线条粗。类似任务，调用活动还可以细化为用户调用活动、手动调用活动、业务规则调用活动以及脚本调用活动，也通过在粗圆角矩形内左上方加上相应标志符号来区分。表 2-10 列出了 BPMN 2.0 的 3 种活动。

表 2-10　BPMN 2.0 的 3 种活动

符号	活动名称	活动描述
▢	任务	流程中的原子活动
⊞	子流程	复合活动，包含活动、网关、事件和序列流等元素
▢	调用活动	标识流程中使用全局流程或全局任务的点

BPMN 图和传统流程图的重要区别在于对事件的支持。BPMN 中事件可以发生在流程的开始处、结束处或中间处，因此，事件分为 3 类：开始事件、结束事件和中间事件。每类事件又分为很多具体的事件，表 2-11 列出了 BPMN 2.0 的一些典型事件。

表 2-11　　BPMN 2.0 的一些典型事件

符号	事件名称	事件描述
	开始事件	用于开始流程，并且只能在流程开始时发生
	无结束事件	用于结束流程，但并不终止流程
	终止事件	用于终止流程，并且只能在流程结束时发生
	消息事件	发送或接收消息
	计时器事件	定时器触发的事件
	信号事件	用于发布和订阅信号
	错误事件	用于异常处理，只能在流程结束时发生
	升级事件	升级处理的事件
	有条件的事件	用于基于规则的触发器
	补偿事件	激活处理流程中的赔偿

在流程中，网关用于控制序列流的汇聚或发散。如果不需要控制序列流，就不需要网关。术语“网关”意味着存在一个门机制，当令牌到达网关时，流可以合并在一起或者分离为多个流路径。网关用菱形符号表示，它已经在许多流程图符号中用于独占分支，大多数建模人员都很熟悉它。BPMN 中定义了多种不同的网关，BPMN 2.0 的网关如表 2-12 所示。

表 2-12　　BPMN 2.0 的网关

符号	网关名称	网关描述
	排他性网关	只有一条输出路径被执行
	包容性网关	所有输出路径都可能被执行
	并发执行网关	所有输出路径都要执行
	复杂路由网关	建模复杂的同步行为，用表达式激活条件描述精确的行为
	基于事件的排他性网关	由外部事件触发的排他性网关，只有一条输出路径被执行
	开始一个流程的基于事件网关	一种基于事件的网关，结果是初始化一个流程
	开始一个流程的基于事件并发网关	一种基于事件的网关，如果第一个事件被触发，开始了一个流程，其他事件则无效

（2）流

流（Flow）用于连接流对象，与流对象一起定义业务流程的过程。连接对象分 3 类：顺序流（Sequence Flow）、消息流（Message Flow）和关联（Association）。

顺序流表示流程中两个流对象之间的前后执行顺序。消息流表示发送与接收消息的两个业务实体之间的消息流向。关联用于连接两个流对象，或关联一个人工制品与一个流对象，为流程中的元素关联信息或数据。关联可以无向、单向或双向。表 2-13 列出了 BPMN 2.0 的连接对象。

表 2-13　　BPMN 2.0 的连接对象

符号	连接对象名称	连接对象描述
——→	顺序流	两个流对象之间的前后执行顺序
o- - - - - -▷	消息流	发送与接收消息的两个业务实体之间的消息流向
· · · · · · · ·	无向关联	流程中的元素间无向关联信息或数据
· · · · · · · ·>	单向关联	流程中的元素间单向关联信息或数据
<· · · · · · · ·>	双向关联	流程中的元素间双向关联信息或数据

（3）数据

数据（Data）是指表示业务流程中的数据表示，具体又分为数据对象、数据对象集、数据输入和数据输出等，BPMN 2.0 的数据如表 2-14 所示。

表 2-14　　BPMN 2.0 的数据

符号	数据名称	数据描述
	数据对象	单个数据对象
	数据对象集	多个数据对象的集合
	数据输入	输入系统的数据
	数据输入集	输入系统的数据集合
	数据输出	输出系统的数据
	数据输出集	输出系统的数据集合
	数据存储	数据存储对象

（4）人工制品

人工制品（Artifact）用于给流程附加一些额外的信息，不影响流程的流转。它分为两种类别：组和文本注释。表 2-15 列出了 BPMN 2.0 的人工制品。

- 组（Group）：对元素进行分类。
- 文本注释（Text Annotation）：给元素附加信息，便于阅读。

表 2-15　　BPMN 2.0 的人工制品

符号	人工制品名称	人工制品描述
	组	将业务流程的元素分类为组
	文本注释	对特定元素进行文本注释

（5）泳池

泳池（Pool）用于标识过程中的业务实体（参与者）。为了说明不同的功能与职责，可通过泳池将活动进行形象化分类。不同泳池之间通过连接对象进行关联。一个泳池可以有多个泳道。表 2-16 所示的 BPMN 2.0 的泳池有两种类型：水平泳池与垂直泳池。选择哪一种泳池取决于绘图的需要。

表 2-16　　BPMN 2.0 的泳池

符号	泳池名称	泳池描述
	水平泳池	水平矩形分类的泳池
	垂直泳池	垂直矩形分类的泳池

2.3.2　BPMN 业务流程图例

1．硬件零售商的运输流程

图 2-12 所示为使用 BPMN 描述的硬件零售商的运输流程。在这个流程中，使用了一个包含 3 个泳道的泳池将业务流程涉及的不同角色（仓库保管员 Warehouse Worker、零售商职员 Clerk、物流管理员 Logistics Manager）关联起来。每个角色占一个泳道。如果有流程引擎来驱动这个流程的运行，流程引擎会分配任务给各个角色，并负责角色之间的通信。如果没有流程引擎，则需要通过 UML 通信图来描述角色之间的通信过程。

开始事件“准备运输的货物（Goods to ship）”启动流程，之后的并发执行网关意味着两个路径将并行执行。零售商职员的活动“决定正常邮寄或特殊运输（Decide if normal post or special shipment）”，确定这是正常的邮寄还是特殊运输。另一个是仓库保管员的活动“Package goods”，打包货物。在活动“Decide if normal post or special shipment”之后是一个排他性网关“邮寄模式（Mode of delivery）”，两个二选其一的分支分别是正常邮寄和特殊运输。如果是正常邮寄，执行活动“检查是否有额外保险（Check if extra insurance is necessary）”，确认是否需要额外保险。此活动之后是一个包容性网关，也有两个分支，一个是在需要额外保险的情况下，物流管理员执行活动“Take out extra insurance”，办理保险；另一个是无论是否需要额外保险都会执行的零售商职员活动“Fill in a Post label”，填写邮寄标签。这两个分支活动通过另一个包容性网关进行汇合。在特殊运输分支中，零售商职员先执行活动“Request quotes from carriers”，要求运输商报价，后执行活动“Assign a carrier & prepare paperwork”，分配运输设备并准备文件。

这些活动执行完成后，上一个并发执行网关分出的两个分支再通过另一个并发执行网关进行汇合，最后执行仓库保管员活动“Add paperwork and move package to pick area”，放入文件并把货物移到提货区。此外，在排他性网关“Mode of delivery”与活动“Request quotes from carriers”之间的顺序流上，有一个文本注释“Insurance is included in carrier service”，进一步解释在特殊运输中已经包含了保险，不需要再单独购买。

需要注意的是，无论是排他性网关、并发执行网关还是包容性网关，这里均成对出现，表示路径有分就有合。

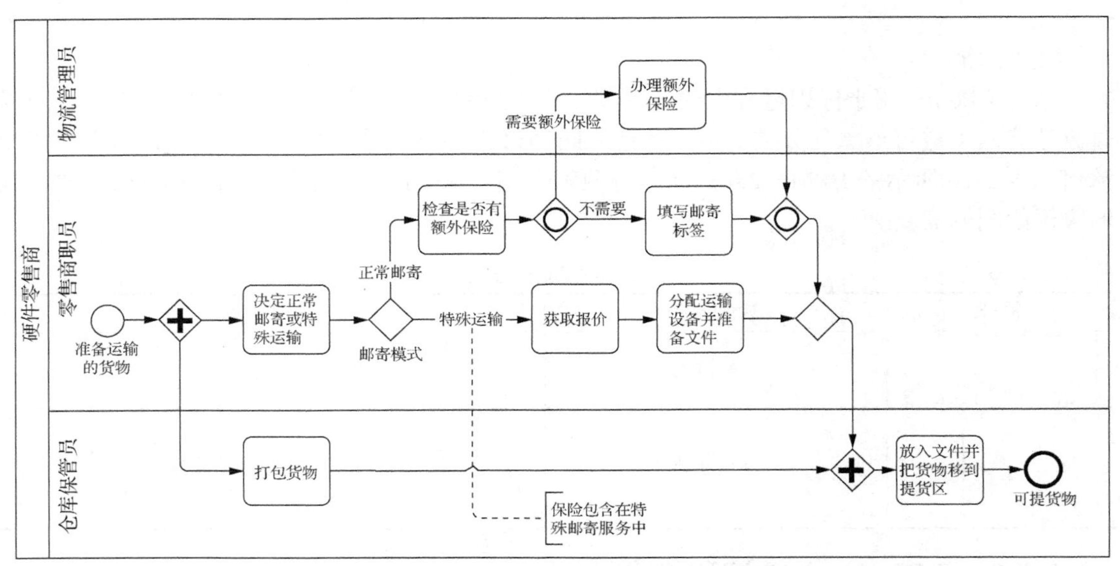

图 2-12　使用 BPMN 描述的硬件零售商的运输流程

2. 订单履行与采购流程

图 2-13 所示为使用 BPMN 描述的订单履行与采购流程。此流程由一个接到订单的消息事件“Order received”开始，然后执行活动“Check availability”，检查货物是否有现货，后续紧跟一个排他性网关“Article available”。如果货物有现货，则马上执行活动“Ship article”，发货，然后执行子流程“Financial settlement”，结算财务。如果货物没有现货，则执行子流程“Procurement”，采购。

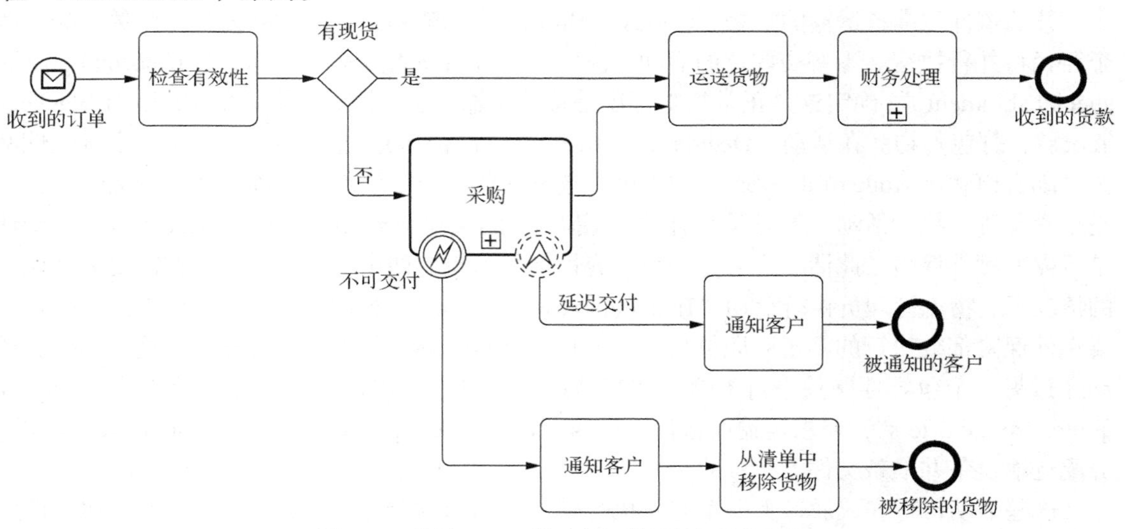

图 2-13　使用 BPMN 描述的订单履行与采购流程

采购子流程的另一个特征是有两个附加事件，一个是错误中间事件不可交付“Undeliverable”；另一个是非中断升级中间事件延迟交付“Late delivery”。注意，延迟交付事件“Late delivery”外面的虚线表示非中断。通过使用附加事件，可以处理在任务或子流程执行过程中发生的事件。必须区分中断和非中断附加事件，它们都捕捉并处理发生的事件，但只有非中断附加事件（延迟交付“Late delivery”）不会中止它所附加到的活动。当中断附加事件触发时，当前活动的执行立即停止。

在延迟交付事件后，执行活动“Inform customer”，通知客户。在不可交付事件后，首先执行活动“Inform customer”，通知客户，然后执行活动“Remove article from catalogue”，从发货清单中移除此货物。

课堂讨论——本节重点与难点问题

1. BPMN 与 UML 有什么差别？
2. BPMN 建模语言可以应用在哪些方面，可以用于系统开发吗？
3. 流对象为什么要分为活动、事件和网关三类元素？
4. 顺序流与消息流之间的区别是什么？
5. 泳池中是否有泳道，如果有，那么泳池与泳道之间的区别是什么？
6. BPMN 流程是否可以组合和编排？

练　习　题

一、单选题

1. 下面哪个不是面向对象思想中的概念？（　　）
   A. 封装　　B. 包含　　C. 多态　　D. 抽象
2. UML 结构图不包含下面哪种图？（　　）
   A. 用例图　　B. 类图　　C. 构件图　　D. 部署图
3. 类图中包含下面哪个元素？（　　）
   A. 类　　B. 关联关系　　C. 接口　　D. 以上都是
4. 顺序图不包含下面哪个元素？（　　）
   A. 泳道　　B. 对象　　C. 消息　　D. 生命线

二、判断题

1. 面向对象的需求分析与编程语言无关。（　　）
2. 活动图可以表示并发活动。（　　）
3. 状态机图有自转换状态。（　　）
4. 部署图的节点中可以嵌入构件。（　　）
5. BPMN 可以基于 WS-BPEL 转换为软件流程组件。（　　）

三、填空题

1. 面向对象思想的应用包括面向对象分析、__________、面向对象编程。
2. 类图中类之间的关系有关联关系、依赖关系、聚合关系、__________。
3. 通信图中的元素包括对象、__________、链和自反链。

4. BPMN 流对象分为三类：活动、____________、网关。
5. BPMN 中数据分为数据对象、____________、数据输入和数据输出等。

四、简答题

1. 面向对象分析与面向对象设计如何建立联系？
2. BPMN 和 UML 的应用场景有什么区别？
3. UML 的面向对象思想体现在哪些方面？
4. 包图与类图是否可以放在一起？

第3章 系统规划

系统规划是信息系统生命周期的第一个阶段，其质量的好坏直接影响系统开发的成败。本章将介绍系统规划内容、系统规划方法，同时也介绍系统规划阶段的项目计划、可行性分析等方面的方法。

本章学习目标如下：

（1）了解系统规划的目标、任务及意义；

（2）理解系统规划的典型方法；

（3）掌握系统规划方案设计方法；

（4）掌握项目计划方法；

（5）掌握项目可行性分析方法。

3.1 系统规划概述

系统规划是指组织机构在进行信息化建设前，对组织机构的战略目标、机遇与挑战、经营现状、信息化需求等进行调研与分析，为支撑组织机构未来的发展提供信息系统建设方案与计划。系统规划涉及组织机构的信息化目标、信息化现状分析、信息系统建设方案、系统项目计划等内容。

扫码预习

3.1 视频二维码

3.1.1 系统规划的意义

信息化建设是组织机构为提高工作效率、改善服务质量、增强竞争能力所采取的重要技术手段。信息系统作为信息化建设的成果对组织机构业务运行和职能管理起到重要的支撑作用。信息化建设对任何组织机构来说都是一个长期的、持续的、复杂的系统工程，它涉及外部环境、市场需求、发展目标、经营策略、业务优化、人员技术、资金设备、管理方式等诸多因素。同时它也依赖于组织机构在信息化建设中的人力、资源、资金方面的大量投入。因此，组织机构必须在进行信息化建设前做出合理的、可行的总体规划，否则信息化建设工作将可能陷入无序状态，面临失败风险。为确保信息化建设的系统规划的有效性，需要遵循如下原则。

（1）系统规划是组织机构战略规划的一部分，它应与组织机构的未来业务发展目标与战略相适应，并能促进组织机构发展。

（2）系统规划应有扩展性、灵活性、稳健性，能适应组织机构管理和业务模式的不断变化，以及适应IT技术的快速发展。

（3）系统规划应具有完整性、全面性，并能合理地指导组织机构进行信息化建设。

（4）系统规划要适合组织机构的发展规模，做到“量体裁衣、经济实用”。

（5）系统规划要遵循相关的国际与国家标准，确定相应规范。

3.1.2 系统规划的目标与任务

系统规划目标是针对组织机构的使命、战略目标、经营现状、发展机会与面临的挑战等因素进行综合分析，对组织机构信息化建设做出长远的信息系统方案规划。

系统规划主要包括如下任务：

（1）根据组织机构的使命及其战略目标，确定信息系统建设总体目标与愿景；

（2）针对组织机构信息化需求，确定信息系统总体框架、技术路线与实施方案；

（3）在充分考虑组织机构的技术、设备和人力资源等因素的情况下，制订组织机构的信息系统实施建设计划，并分析评估信息系统建设方案的可行性。

3.1.3 系统规划的内容

系统规划涉及组织机构的信息系统建设目标、信息系统建设策略、信息化现状与业务优化重组、信息系统建设方案、信息系统建设计划等内容。

1. 信息系统建设目标

信息系统建设目标应根据组织机构的使命及其战略目标、信息化需求、信息技术发展水平来综合确定。信息系统建设目标可以分为总体目标和多层次子目标。总体目标是对子目标的概括与综合，子目标是对总体目标的细化。在系统规划阶段，信息系统建设目标作为组织机构开展信息化工作的基本依据和纲领指向。

2. 信息系统建设策略

信息系统建设策略是指实现信息系统建设目标所采用的策略方法，它包括保证信息系统建设目标实现的政策方针、制度措施、技术手段等内容。典型的信息系统建设策略如定制开发信息系统策略、购置产品软件实现信息系统策略等。

3. 信息化现状与业务优化重组

在确定组织机构的信息系统建设目标与策略之前，还需要对组织机构信息化现状进行深入分析，了解组织机构需要解决的业务处理信息化问题、业务流程优化需求，提出业务重组方案和新信息系统建设需求等。

4. 信息系统建设方案

信息系统建设方案是系统规划的核心内容。在系统规划阶段，信息系统建设方案从总体上给出组织机构信息化建设需要开发哪些信息系统、它们采用什么总体框架结构、信息系统之间如何共享数据与应用集成等。对于大型复杂系统，信息系统建设方案还需给出系统如何划分子系统、子系统之间如何交互等。此外，在信息系统建设方案中，还需要给出信息系统建设涉及哪些技术，如何运用这些技术实施信息系统开发等。

5. 信息系统建设计划

组织机构的信息化建设通常涉及较多数量的信息系统开发任务，一般采用分阶段开发实施。在项目工程实施中，根据各项目的优先级安排开发顺序，制订信息系统建设实施计划，并对项目开发所需的资源进行合理分配，使信息系统建设工作有序地开展。在信息系统建设计划中，要划分项目任务、确定进度安排、分配资源与人员、预算成本、分析与评估风险等。

3.1.4　系统规划的步骤

信息系统建设通常是一个复杂的工程，它需要先进行系统规划，给出初步的系统解决方案。当确定信息系统建设方案具有可行性后，组织机构便可开展信息系统建设工作。系统规划的基本步骤如图 3-1 所示。

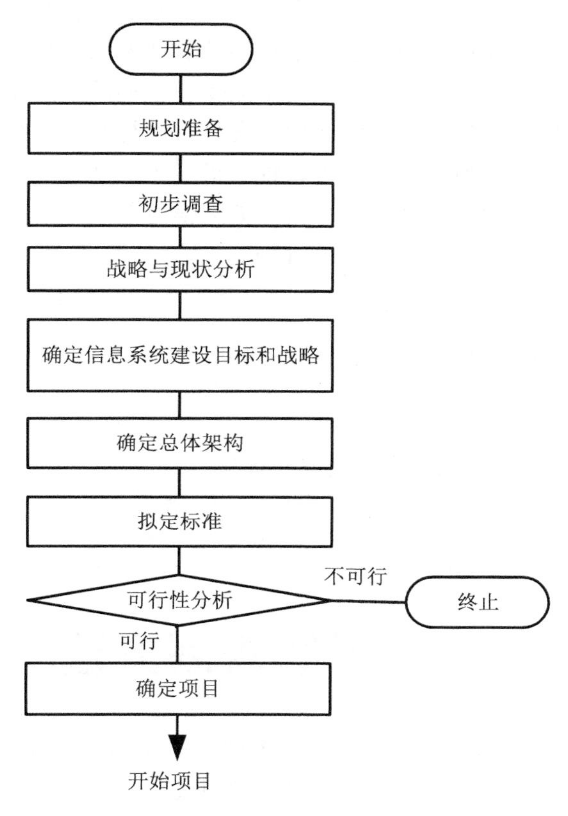

图 3-1　系统规划的基本步骤

在开展系统规划之前，需要进行必要的规划准备工作，如建立规划工作组、确定规划工作章程、落实规划工作场地、配置办公设备等。

为了确定科学的、合理的、可行的系统规划，需要对组织机构进行必要的初步调查研究。初步调查研究的目标是对组织机构现状进行全局了解与总体需求调研。初步调查研究的主要内容如下：

（1）组织机构的发展战略与构想；

（2）组织机构的产品、服务在市场中的情况；

（3）组织机构拥有的技术、设备和生产能力；

（4）组织机构的人员构成与人才素质；

（5）组织机构面临的挑战、机遇和需求；

（6）组织机构的现有信息化水平和信息技术现状。

在完成初步调查研究之后，还需要对组织机构的使命、战略目标及现状等进行分析。在任何组织机构中，信息系统都是为组织机构履行使命和实现战略目标服务的，因此，组织机构的使命与战略目标是确定信息系统建设目标与规划的依据。在进行系统规划之前，需要对组织机构的使命与战略目标进行深入分析，以便确定符合组织机构战略目标的信息系统建设规划。同样，对组织机构的现状分析也是十分必要的。组织机构现状条件是实现未来目标的基础，也是新信息系统需要解决的制约因素。在系统规划过程中，只有分析清楚组织机构现状，才能更好地建设信息系统。

在完成组织机构的战略目标与现状分析之后，便可开展信息系统总体规划，确立信息系统建设目标，明确信息系统建设任务，设计信息系统总体架构方案，拟订信息系统建设标准和技术路线，并制订信息系统建设计划，最终形成组织机构的信息系统建设方案。

为了确保系统规划所确定的信息系统建设方案具有可行性，组织机构通常会邀请专家对信息系统建设方案进行技术可行性、经济可行性、进度可行性、社会可行性等方面的分析与评估，从而论证该信息系统建设方案是否可行。如果信息系统建设方案可行，便可开展后续的项目建设工作。否则，将终止当前的系统规划。

课堂讨论——本节重点与难点问题

1. 为什么在信息系统建设前需要进行系统规划？
2. 系统规划主要解决什么问题？
3. 系统规划主要包含哪些内容？
4. 信息系统建设方案与系统设计方案有何异同？
5. 信息系统建设目标与组织机构战略目标是什么关系？
6. 为什么需要在系统规划阶段进行可行性分析？

3.2 系统规划方法

在信息化时代，组织机构用于信息系统的投资越来越多，不少信息系统项目投资多达上千万元，甚至上亿元。如果系统规划失误，不但会导致信息系统项目失败，更会引起组织机构经营与服务失去竞争力和市场。因此，采用科学、合理、实用的系统规划方法是十分必要的。人们在长期的信息系统建设实践中，逐步总结出一些典型的系统规划方法，如业务系统规划方法、业务流程重组方法、价值链分析方法、战略目标集转移方法、关键成功因素方法等。

扫码预习

3.2 视频二维码

3.2.1 BSP 方法

业务系统规划（Business System Planning，BSP）方法是 IBM 公司在 20 世纪 70 年代提出的一种确定信息系统规划的方法。

1. BSP 方法的思想

BSP 方法认为信息系统是为组织机构目标服务的，它应该满足组织机构各个管理层次的信息化要求，并向组织机构提供一致的、全面的、可靠的、有价值的信息服务。信息系统规划以组织机构目标为起点，分析组织机构的主要业务与信息资源，并将它们抽象为数据实体与信息结构，定义新信息系统功能，最后规划出信息系统目标。BSP 方法的实施流程如图 3-2 所示。

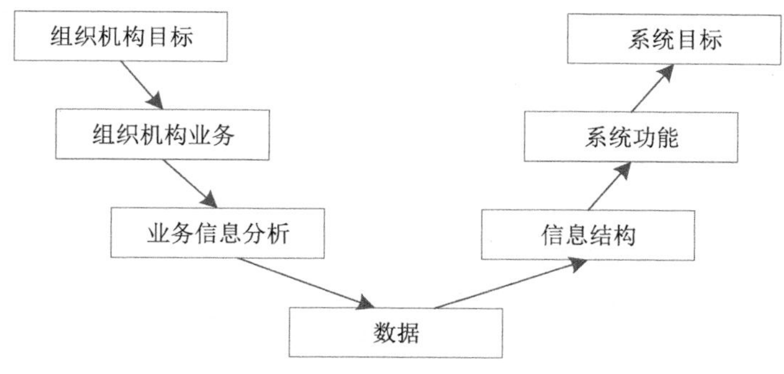

图 3-2　BSP 方法的实施流程

2. BSP 方法的应用原则

在使用 BSP 方法进行系统规划时，需遵循如下应用原则。

（1）信息系统必须支持组织机构的战略目标

信息系统是组织机构的构成部分之一，它必须服务于组织机构的战略目标。在信息系统规划中，确定的信息系统目标应该以组织机构的战略目标为依据，并使信息系统目标遵从于组织机构的战略目标。

（2）系统规划应该表达出组织机构各个管理层次的信息化需求

组织机构通常分为战略决策层、管理控制层、业务处理层。系统规划应体现出各个管理层次的信息处理需求。

（3）信息系统应为各部门提供一致的数据信息

信息系统服务于多个部门，它必须为各个部门提供一致的数据信息。同时，信息系统还需要解决部门之间的数据共享、业务互通、应用集成等技术问题。

（4）信息系统应适应组织机构管理体制的变化

组织机构管理体制在一定时间内发生变化是较常见的情况。信息系统应独立于组织机构管理体制并具有普遍适应性，即组织机构调整与管理体制变化不应该对信息系统造成影响。

（5）“自上而下”分析与“自下而上”设计

系统规划先从组织机构战略目标分析入手，往下分析各个业务的信息化需求，再进一步分析各个业务的信息数据。在系统方案设计中，则从底层数据入手，设计系统信息结构，进一步设计定义系统功能，最后确定信息系统建设目标。

3. BSP 方法的实施步骤

按照 BSP 方法的思想，系统规划实施步骤如图 3-3 所示。

（1）系统规划准备

在开展系统规划之前，需要成立系统规划工作组、制订系统规划计划、开展规划工作调查研究。由于系统规划涉及组织机构未来发展的决策和业务流程重组等重大问题的解决，因此需要组织机构的高层领导担任规划负责人，推进与落实系统规划工作的开展。

（2）战略目标分析

在系统规划之初，首先需要分析组织机构的使命与战略目标。将组织机构未来发展的机遇、挑战、战略目标与 IT 技术应用进行关联分析，以便确定支撑组织机构战略目标的信息系统目标。

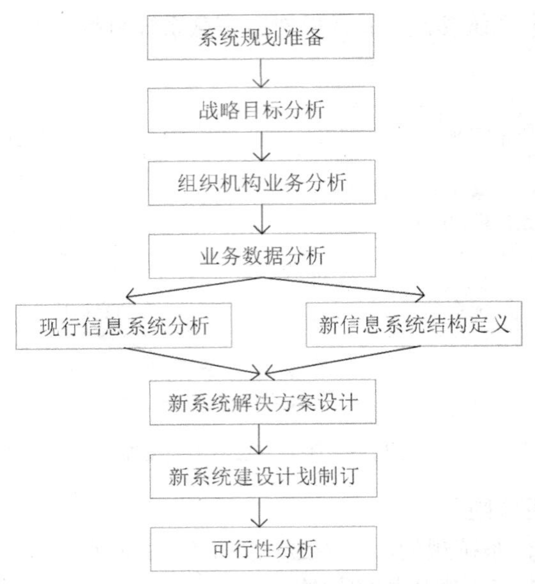

图 3-3　BSP 方法的系统规划实施步骤

（3）组织机构业务分析

组织机构的职能任务实施是通过各个部门的业务过程来实施完成的。在规划组织机构业务管理的信息化需求时，应对业务过程进行分析，找出待解决的业务问题，以便确定业务过程优化与重组的目标和方案。

（4）业务数据分析

在进行组织机构业务分析时，还需要对业务过程的数据进行分析。了解与掌握组织机构各部门的业务数据处理要求，以便在新信息系统规划中设计更优的数据架构方案。

（5）现行信息系统分析与新信息系统结构定义

在完成组织机构业务及其数据的分析后，还需要对组织机构现行信息系统的应用情况进行分析。了解现行信息系统存在的局限与新的业务处理要求，以便在新信息系统规划中设计更先进、更合理的系统架构方案。

（6）新系统解决方案设计

在了解与掌握新系统建设需求后，便可给出新系统解决方案。在新系统解决方案中，主要给出新系统总体技术框架和技术路线，同时说明新系统如何支撑组织机构战略目标实现、如何解决业务流程优化、如何提升组织机构工作效率等问题。

（7）新系统建设计划制订

在设计好新系统解决方案后，还需制订新系统建设计划。在新系统建设计划中，需规划项目建设周期、各阶段建设目标、各阶段建设任务、各阶段建设成果等，同时说明项目各阶段投入的人力资源、设备资源、建设经费预算等内容。

（8）可行性分析

系统规划所给出的新系统解决方案，还需要专家进行可行性分析，以便论证新系统解决方案是否具有可行性、是否还需要进行修改与完善。只有新系统解决方案具有可行性才能批准信息系统立项建设。

4. BSP 方法的优缺点

BSP 方法作为一种经典的系统规划方法被广泛应用，它能保证信息系统独立于组织机构的管理体制，即使将来组织机构的部门或管理体制发生变化，信息系统架构也不会受到太大的冲击。不过采用 BSP 方法进行系统规划，通常需要进行大量工作活动、花费大量时间，才能有效地完成系统规划工作。

3.2.2　BPR 方法

业务流程重组（Business Process Reengineering，BPR）方法是由美国企业管理专家迈克尔·哈默和詹姆斯·钱皮等人在 20 世纪 90 年代初期提出的一种围绕业务流程改造的系统规划方法。

1. BPR 方法的思想

BPR 方法强调以业务流程为改造对象中心、以关心客户的需求和满意度为目标，对现有业务流程进行不断地优化或重新设计。利用先进的制造技术、信息技术以及现代的管理手段，最大限度地实现技术上的功能集成和管理上的职能集成，以改善传统的职能型组织结构，建立全新的过程型组织结构，从而实现组织机构在成本、质量、服务和效率等方面的巨大改善。BPR 方法的实施流程如图 3-4 所示。

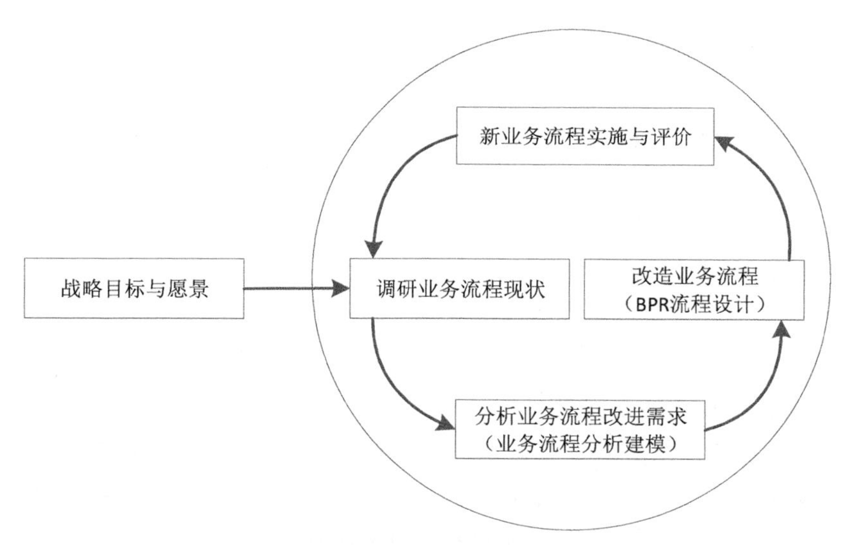

图 3-4　BPR 方法的实施流程

从 BPR 方法的实施流程来看，系统规划是一个持续改进的循环迭代过程。每次循环迭代都会重新考虑组织机构的战略目标与愿景，调研组织机构业务流程现状，分析当前业务流程改进需求，然后进行业务流程优化与重组设计，最终通过信息系统建设与应用来实现对新业务流程的支持。

2. BPR 方法的应用原则

在使用 BPR 方法进行系统规划时，需遵循如下应用原则。

（1）以客户为服务中心。客户可以是外部的企业、顾客等，也可以是内部的产品部门、设计部门等。每个人的工作质量由他的“客户”做出评价，而不是由“领导”评价。

（2）以业务流程为中心，而不是以专业职能部门为中心进行。业务流程是由一系列相关职能部门配合完成的，体现在为客户创造有益的服务。对业务流程运行不利的障碍将被铲除，职能部门的意义将被减弱，多余的部门和重叠的业务流程将被合并。

（3）以过程管理代替职能管理，取消不增值的管理环节。以事前管理代替事后监督，减少不必要的审核、检查和控制活动。

（4）取消不必要的信息处理环节，消除冗余信息集。以计算机协同处理为基础的并行过程取代串行反馈控制管理过程。利用信息技术实现过程自动化，尽可能“抛弃”手工管理过程。

上述原则指出了 BPR 的指导性方针，在实际操作中，还应考虑具体的业务环境和条件，灵活运用以上原则，以设计出理想的业务流程。

3. BPR 方法的实施步骤

BPR 方法的核心是重新设计和安排组织机构的整个生产、服务和经营过程，使之能更加高效地运行。通过对组织机构原来生产经营过程的各个方面、每个环节进行全面的调查研究和细致分析，对其中不合理、不必要的业务流程环节进行彻底的变革。BPR 方法的系统规划实施步骤如图 3-5 所示。

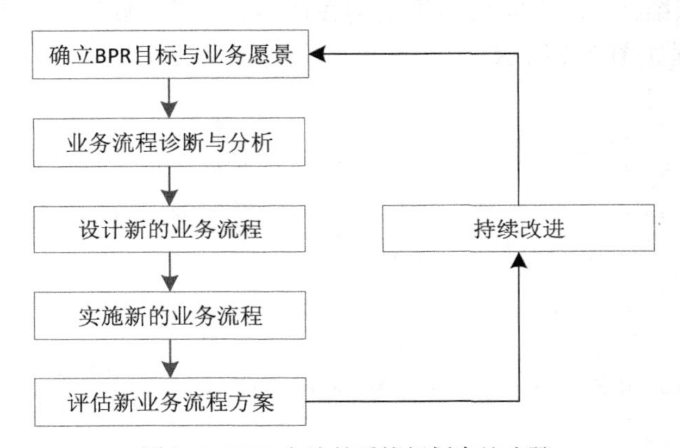

图 3-5　BPR 方法的系统规划实施步骤

（1）确立 BPR 目标与业务愿景

组织机构决策者应当从战略高度来分析组织机构的发展目标与业务愿景，然后确立业务过程目标。在此基础上，组织机构决策者需要确定哪些业务流程需要重组，设定清晰的流程重组目标、成立 BPR 项目领导小组并制订系统规划工作计划。

（2）业务流程诊断与分析

对现有业务流程和子流程进行建模分析，诊断现有流程，发现流程中的瓶颈，为业务流程重组定义基准。在实际工作中，采用建模技术方法描述现有流程，在此基础上寻找现有业务流程的局限，提出业务流程改进重组需求。

（3）设计新的业务流程

在分析原有流程的基础上，设计新的业务流程原型并且设计支持新流程的 IT 架构。为了设计出更加科学、合理的业务流程，必须群策群力、集思广益、鼓励创新。在设计新的流程改进方案时，可以考虑现有业务的重组优化、人工业务信息化处理、跨越部门的流程贯通、减少不必要的审核与控制。对于提出的多个流程改进方案，还要从成本、效益、技术条件和风险程度等方面进行评估，选取出可行性强的方案。

（4）实施新的业务流程

新的业务流程是否可靠、方便、完善，还有待于这一阶段的实际检验。在此阶段，业务流程工作方式的变革容易产生一些利益冲突，需要通过决策层、管理层、业务操作层之间的广泛沟通来消除矛盾。

（5）评估新业务流程方案

业务流程重组实施结束后，就可以根据项目开始时设定的目标对当前业务流程方案进行评估，评估该业务流程方案是否达到了预期目标。

（6）持续改进

一次 BPR 业务流程重组的实施并不代表组织机构信息化改革的任务完成，整个组织机构的发展目标需要持续的 BPR 流程改进才能实现。在社会快速发展和业务需求变化的情况下，组织机构不断地面临新的挑战，这就需要对业务流程重组方案不断地进行改进，以适应新形势的需要。

4. BPR 方法的优缺点

BPR 方法可以解决组织机构内部纵向条块独立管理所带来的局限性问题，有利于组织机构提高业务流程方面的效率，并提升质量、服务、成本等方面的竞争力。不过 BPR 方法若没有考虑组织机构实际情况，完全打破组织机构现有业务流程，则会存在较大的风险，容易遭遇多方面的阻力，最终可能会导致项目失败。

3.2.3 VCA 方法

价值链分析（Value Chain Analysis，VCA）方法是由美国哈佛商学院教授迈克尔 • 波特提出来的一种寻求确定企业竞争优势的方法。企业通常有较多资源、能力和竞争优势，当把它们作为一个整体来考虑时，又无法识别这些竞争优势体现在哪些方面。因此，可以把企业活动进行分解，通过考虑单个的活动本身及其相互之间的关系来确定企业的竞争优势。

1. VCA 方法的思想

VCA 方法通过分析企业中完整的业务活动链，从原料采购到生产、从市场销售到售后服务各环节的活动来评估企业的竞争力。针对一些业务环节活动进行改进，达到支持企业获得最大竞争优势与利润收益的目的。通过信息技术手段对这些关键业务环节改进提供支持，可发挥信息技术的使能作用、杠杆作用和乘数效应，从而增强企业的竞争能力。该方法因特别关注信息技术推动力，因此在信息系统规划中得到广泛应用。VCA 方法的实施思路如图 3-6 所示。

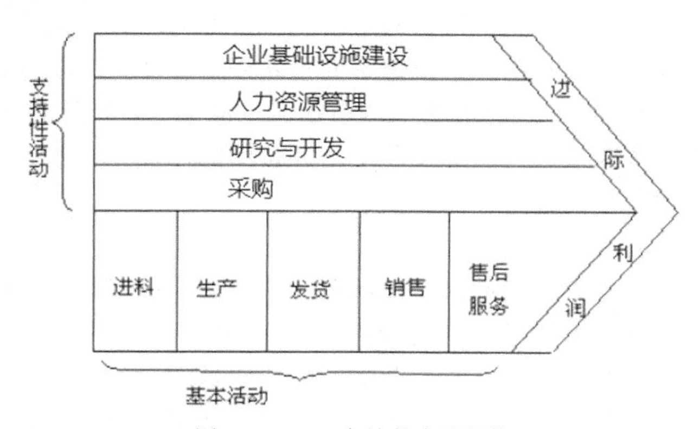

图 3-6 VCA 方法的实施思路

从图 3-6 可知，企业每种业务都是由多个环节活动来完成的。判断这些业务环节活动是否直接创造价值，可以将它们分类为基本活动和支持性活动。基本活动是指那些对最终产品或服务可以直接增加价值的业务活动，如进料、生产、发货、销售、售后服务等。支持性活动是指为产品生产提供支持的人力资源管理、研究与开发等业务活动。

（1）基本活动

企业典型的基本活动包括原料进货、生产操作、物流出货、经营销售、售后服务等。这些活动构成企业的物流、资金流、信息流等业务价值链。在这些业务价值链中，可以采用信息技术手段提高一些业务环节的工作效率或降低成本。如在企业的一些基本活动环节中，可以通过如下信息系统促进该环节的工作效率的提升，来实现产品价值的增加。

- 提供产品生产原材料内部物流服务的仓储系统。
- 提供产品生产线操作控制服务的计算机制造系统。
- 提供产品销售物流服务的配送系统。
- 提供产品销售和市场服务的订购系统。
- 提供产品售后服务的维修保养系统。

（2）支持性活动

企业典型的支持性活动包括企业基础设施建设、人力资源管理、产品研究与开发、采购管理等。这些支持性活动并不直接增加产品价值，但它们支撑企业业务活动运行。利用 IT 技术促进支持性活动改进，同样可以提高产品生产效率和竞争优势，并降低成本。如在企业支持性活动环节中，可以通过如下信息系统支撑来实现产品价值增加。

- 提供产品自动化生产服务的企业产品生产线控制系统。
- 提供员工管理服务的人力资源管理系统。
- 提供产品设计服务的计算机辅助设计系统。

2. VCA 方法的价值链分析

VCA 方法将企业从原材料采购到产品销售之间的业务环节分解成与企业战略相关的价值链活动，以便帮助企业理解成本的性质和差异产生的原因，从而可使企业评估与商业对手的竞争力，同时也可帮助企业确定提升产品价值的改进策略。在开展企业价值链分析时，可以从内部、纵向和横向 3 个角度展开分析。

（1）内部价值链分析

在企业内部，可将产品生产的各个业务环节定义为若干内部价值链活动。在企业内部价值链上，产品生产从原材料采购到出厂检验进行转移，并完成其价值的逐步积累与提升。在每个价值链活动上都要消耗成本并产生价值，而且它们有着广泛的联系，如生产作业活动和内部后勤活动的联系、质量控制活动与售后服务活动的联系、生产活动与维修活动的联系等。深入分析这些活动之间的联系，可减少那些不增加价值的作业，并通过协调与优化策略，提高运作效率、降低成本，从而提升产品价值。

（2）纵向价值链分析

企业产品从原材料经过生产到销售，它涉及与供应商、销售商之间的协作依存关系。因此，可以从企业、供应商、销售商的纵向价值链进行分析，从中可以找出为企业增强其竞争优势的机会。企业通过分析这些上下游企业的产品或服务的特点及其与本企业价值链的连接点，找出影响产品成本的节点进行业务改进，可以使企业与其上下游企业共同降低成本，提高这些相关企业的整体竞争优势。如企业可以通过向供应商提供其生产进度表，使供应商能将生产所需的元器件及时运输到企业，同时降低双方的库存成本。此外，在纵向价值链分析的基础上，企业可计算各作业活动的成本、收入及资产报酬率等，从而发现哪项活动较具竞争力、哪项活动价值较低，由此再决定往其上游或下游企业实施并购策略或将自身价值链中一些价值较低的作业活动出售或实行外包，逐步调整企业在行业价值链中的位置及其范围，从而实现价值链的重构，提高企业竞争力。

（3）横向价值链分析

企业进行竞争对手分析时，可采用横向价值链分析方式来分析竞争对手的成本。通过对比本企业与竞争对手的经营环境与成本预算，可以了解企业与竞争对手的优势与劣势，从而可采用不同的竞争策略。面对成本较高但实力雄厚的竞争对手，企业可采用低成本策略，扬长避短，争取成本优势，使得自身在竞争对手的压力下能够求得生存与发展。而面对成本较低的竞争对手，企业可运用差异性战略，注重提高质量，以优质服务吸引顾客，而非盲目地进行价格战，使自身在面临价格低廉的竞争对手的挑战时，仍能立于不败之地，保持自己的竞争优势。

3. VCA 方法的实施步骤

（1）将企业业务环节分解为与企业战略相关的价值链活动，分析引起价值变动的各项业务活动，并找出形成产品成本差异及其竞争差异的原因。

（2）利用分析结果，重新组合或改进价值链，以更好地控制成本动因，产生可持续的竞争优势，使价值链中各节点在激烈的市场竞争中获得优势。

（3）考虑信息系统如何支持价值链改进或重组，给出信息系统建设规划。

4. VCA 方法的优缺点

VCA 方法有利于企业确定自身的价值链环节，使企业特别关注和培养在价值链环节上的核心竞争力，并利用 IT 技术形成和巩固企业在行业内的竞争优势。不过 VCA 方法的应用涉及面较复杂，不但需要充分了解企业内部业务活动价值，还需要掌握企业外部业务活动价值的影响因素，才能有效地完成系统规划工作。此外，VCA 方法主要局限于在企业信息系统规划方面使用。

3.2.4 SST 方法

战略目标集转移（Strategy Set Transformation，SST）方法是威廉・金在 1978 年提出的一种将组织机构战略目标集（使命、目标、战略等）转变为信息系统战略目标的方法。

1. SST 方法的思想

SST 方法认为组织机构的战略目标是一个“信息集合”，由组织机构中的使命、目标、战略和其他影响战略的相关因素提炼而来。其中，影响战略的因素包括发展趋势、面临的机遇和挑战、管理的复杂性、改革面临的阻力、环境对组织目标的约束等。采用 SST 方法进行系统规划的基本思路是识别组织机构的战略目标，并将组织机构的战略目标对应转化成信息系统的建设目标。SST 方法的实施思路如图 3-7 所示。

2. SST 方法的实施步骤

（1）识别组织机构战略目标

1）组织使命是对组织机构存在价值的长远设想，它是组织机构最本质、最宏观的核心价值之一。

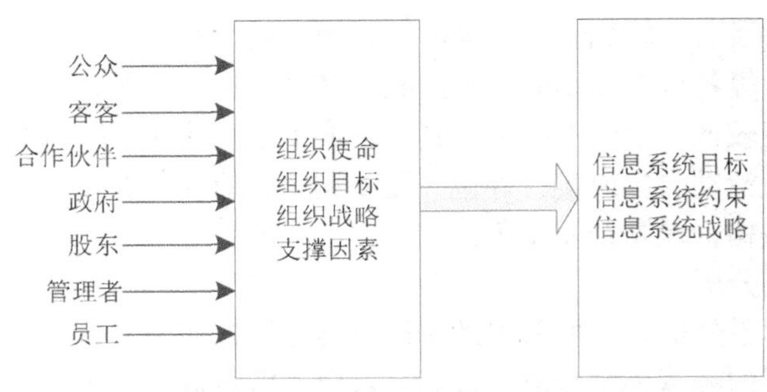

图 3-7　SST 方法实施思路

2）组织目标是组织机构在一定时限内应该达到的境地和标准。组织目标根据组织使命来决定，一般包括总目标、分目标及子目标。

3）组织战略是为了实现既定目标所采取的对策和举措。

4）支撑因素包括发展趋势、机遇和挑战、管理的复杂性、环境对组织目标的约束等。

（2）组织机构战略目标转化成信息系统建设目标

信息系统是为组织机构战略目标服务的，确定信息系统建设目标必须以组织机构战略目标为依据。首先根据组织机构战略目标确定信息系统目标；其次对应组织机构战略集的支撑因素识别相应信息系统约束，最后根据信息系统目标和约束提出信息系统战略。

3. SST 方法的优缺点

SST 方法能保证系统规划确定的信息系统目标比较全面、疏漏较少，但它仅在策略层面进行规划，缺少业务流程规划。

3.2.5　KSF 方法

关键成功因素（Key Success Factors，KSF）方法是哈佛大学教授威廉·泽尼于 1970 年提出的以关键因素为依据来确定信息系统需求的规划方法。

1. KSF 方法的思想

关键成功因素是指对组织机构的成功起关键作用的因素。KSF 方法就是通过分析找出使得组织机构成功的关键因素，然后围绕这些关键因素来确定信息系统的开发需求，并进行系统规划。KSF 方法的实施思路如图 3-8 所示。

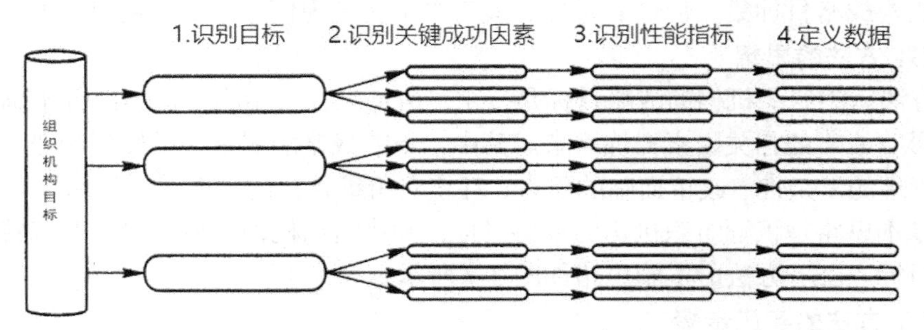

图 3-8　KSF 方法的实施思路

KSF 方法是一个由组织机构目标、识别目标、识别关键成功因素和识别性能指标等组成的指标体系。KSF 方法的意义在于为组织机构高层管理者能够成功履行自己的管理职责、为组织机构目标实现提供清晰的思路和有效的方法，即管理者可以根据组织机构目标确定关键成功因素，定义描述相应关键成功因素的关键绩效指标。紧紧围绕关键成功因素开展工作并根据关键绩效指标评价管理工作成效，从而形成一个以组织机构目标为设定值，以调控行为成效为检测结果的反馈控制系统。这样一来，管理者就可以借助信息系统观测关键绩效指标而得知关键成功因素的状态，再通过关键成功因素状态调控来控制子目标的实现，进而促成组织机构目标的最终实现。

2. KSF 方法的实施步骤

KSF 方法的实施主要包含以下几个步骤。

（1）确定组织机构战略目标。调查和了解组织机构战略目标，并将它们进一步分解为子目标。

（2）识别支撑战略目标实现的所有成功因素，也包括决定信息系统目标实现的成功因素。

（3）确定关键成功因素。对识别出来的成功因素进行分析与评估，找出支撑组织机构目标和信息系统目标实现的关键成功因素。

（4）明确各关键成功因素的性能指标和评估标准。评价关键成功因素是否实现，还需要定义相关的性能指标和数据。

（5）根据关键成功因素的性能指标和数据确定信息系统方案。

3. KSF 方法的优缺点

KSF 方法的优点是所开发的信息系统具有很强的针对性，能够明确支撑组织机构战略目标的实现。一些组织机构战略目标在一定时期后会有一定的调整，其目标的关键成功因素会出现变化，因此，需重新确定信息系统目标方案。

课堂讨论——本节重点与难点问题

1. 哪种方法适合于协作型企业的信息系统规划？
2. BSP 方法规划的起点和终点分别是什么？
3. BPR 方法适合于哪类组织机构的系统规划？
4. 如何分析组织机构的价值链？
5. 举例说明 SST 方法如何将组织机构目标转换为信息系统目标？
6. 举例说明 KSF 方法如何将关键成功因素定义为指标？

3.3　系统项目计划

在系统规划阶段，需要对信息系统建设给出初步的项目计划。项目计划是根据信息系统建设目标与任务要求，对信息系统建设所涉及的项目任务（如系统需求分析、系统设计、系统实现、系统测试、系统试运行等）做出总体初步工作计划。项目计划旨在消除或减少信息系统建设过程中的不确定性因素与项目风险，使项目工作任务有序、高效地顺利开展。项目计划主要包括工作任务分解、项目进度安排、项目成本估算与预算等内容。

扫码预习
3.3 视频二维码

3.3.1　工作任务分解

信息系统建设是一个复杂工程，特别是大型信息系统建设涉及大量工作内容。为了有序开展信息系统建设，需要按工程项目方式将信息系统建设工作分解为若干任务，每个任务又细分为若干活动，即采用分而治之的策略去完成项目建设。这些分解出来的任务与活动一起构成了项目的工作分解结构（Work Break down Structure，WBS）。WBS 是制订项目进度计划、风险管理计划、采购计划和确定资源需求与成本预算等方面的重要基础。

信息系统项目的 WBS 方法应用原则如下。

（1）将项目分解为若干工作任务，工作任务再细分为项目活动。

（2）每个工作任务原则上要求分解到不能再细分为止，每个项目活动可直接分派到个人去完成。

（3）每个项目活动要对应到人、时间和资金投入。

（4）每个项目活动应有可交付的成果物或工作结果呈现。

（5）每个项目活动需要有人员进行监督和检查。

（6）所有项目活动所完成的工作任务加在一起必须等于 100%的项目工作任务。

在信息系统项目管理中，只有将工作任务分解得足够细化，才能有利于安排人力和财力资源，从而把握项目的进度与实施项目监管。

信息系统项目的 WBS 可以采用如下方式进行工作任务分解。

（1）按产品的物理结构分解。

（2）按产品或系统的功能分解。

（3）按项目开发过程分解。

（4）按项目的地域分布分解。

（5）按项目的各个目标分解。

（6）按项目系统应用的职能部门分解。

例如，一个典型的办公软件系统项目可以按照开发过程将项目工作任务分解为“系统规划”“系统需求分析”“系统设计”“系统实现”“系统测试”“系统试运行”等阶段任务，每个阶段任务又细分为若干开发活动，其 WBS 任务分解如表 3-1 所示。

表 3-1 办公软件系统项目的 WBS 任务分解

办公软件系统项目的 WBS 任务分解
1. 系统规划
1.1 制订项目总体计划
1.2 项目解决方案编制
1.3 项目方案可行性分析
2. 系统需求分析
2.1 需求调研
2.2 需求建模分析
2.3 需求规格说明书评审
3. 系统设计
3.1 系统架构设计
3.2 系统详细设计
3.3 设计规格说明书评审
4. 系统实现
4.1 软件编程实现

续表

4.2　程序优化与文档编制
5. 系统测试
5.1　集成测试
5.2　系统功能测试
5.3　系统性能测试
6. 系统试运行
6.1　数据上线
6.2　业务试运行
7. 项目结题验收

WBS 在信息系统项目计划中具有如下作用。

（1）可以直观地、明确地说明项目任务范围。

（2）方便项目经理进行人员任务分工，并规定人员的相应职责。

（3）有助于对各任务活动的工期时间、资源用量、开销成本进行估算。

（4）为项目计划、成本预算、质量控制、风险管理奠定共同基础。

3.3.2　项目进度安排

在信息系统规划中，当项目任务分解完成后，即可开始每个任务活动的工期时间估算，随后便进行项目进度安排。

1. 任务活动的工期时间估算

为了使信息系统项目的开发活动便于管理，通常需要使用一些项目管理技术来估算任务活动的完成工期，主要技术方法如下。

（1）三点估计法

完成任务活动所需的时间通常是一个随机变量。在某种活动重复进行时，实际完成时间一般会表现出一定的统计规律。针对这种情况可以采用三点估计法来估算任务活动时间。项目经理或系统分析人员根据历史数据经验对某类任务活动的工期完成时间分别给出乐观时间、悲观时间和正常时间。其中乐观时间为活动最快完成所需时间（记为 a），悲观时间为活动因遇到不利因素最慢完成所需时间（记为 b），正常时间为在一般情况下完成活动所需时间（记为 m）。然后采用如下公式计算得到加权平均值 E。

$$平均时间：E=(a+4m+b)/6$$

例如，一个软件功能模块在正常情况下需要 7 天时间完成编程。如果一个程序员具有丰富的编程经验，只需要 6 天时间就可完成编程，但一个经验不足的程序员编写这个模块可能需要 14 天时间才能完成。按照以上公式计算，可得到该模块编程时间估算值 E 如下。

$$平均时间：E=(6+4\times7+14)/6=8（天）$$

在这种情况下，完成该软件功能模块编程任务的工期时间估算为 8 天。

（2）德尔菲法

德尔菲法是业界流行的专家评估技术。在没有历史数据的情况下，德尔菲法可以减少专家估算的主观性偏差。德尔菲法采用匿名方式发表意见与评估目标，即专家之间不互相讨论和联系，只能通过与组织者通信给出评估目标的估算结果。通过多轮次采集专家对同卷所提及问题的看法，经过反复征询、归纳、修改，最后汇总成专家基本一致的看法，作为评估结果。

德尔菲法用于项目任务活动工期估算的步骤如下。

1）组织者发给每位专家一份项目任务活动规格说明和记录表格，请专家估算每个活动的工期。

2）每位专家针对每个活动分别给出工期的最短值 a_i、最可能值 m_i、最长值 b_i。

3）组织者按照如下公式，计算每位专家估算工期的加权平均值 E_i。

$$E_i=（a_i+4m_i+b_i）/6$$

然后，再将所有专家估算工期的加权平均值按照如下公式计算期望值。

$$E=（E_1+\cdots+E_n）/n$$

4）组织者汇总各位专家的估算值与期望值的偏差，形成图表，再分发给各位专家，让专家比较自己同他人的不同意见，修改自己的意见和判断。

5）重复多次，最终获得一个多数人认可的项目任务活动工期估算值。

例如，某公司准备研发一个新技术产品，需要估算其中关键任务活动的工期。组织者邀请了 3 位专家独自对该任务活动的工期（天数）进行估算。经过 3 轮调查反馈，形成表 3-2 所示的任务活动的工期估算数据。

表 3-2　德尔菲法任务活动的工期估算数据

	第一次估算				第二次估算				第三次估算			
专家编号	最短工期	最可能工期	最长工期	加权平均值	最短工期	最可能工期	最长工期	加权平均值	最短工期	最可能工期	最长工期	加权平均值
1	56	72	90	72	60	73	80	72	65	74	82	74
2	68	80	102	82	70	80	90	80	72	78	85	78
3	48	68	76	66	58	70	78	69	62	72	78	71
期望值	73				74				74			

按照德尔菲法，经过 3 轮反馈数据的统计处理，可以确定该关键任务活动的工期为 74 天。

德尔菲法的优点如下。

1）能充分发挥各位专家的作用，集思广益，准确性高。

2）能把各位专家意见的分歧点表达出来，取各家之长。

3）能避免权威人士的意见影响他人的意见。

4）避免专家碍于情面，不愿意发表与其他人不同的意见或出于自尊而不愿意修改自己原来的意见。

德尔菲法的主要缺点是实施过程比较复杂，花费时间较多。因此，在应用德尔菲法时，应尽量减少反馈评估轮次，最好不超过 3 轮次。

（3）类比估算法

类比估算法是指通过比照已完成的类似任务活动的工期，估算出新任务活动的工期。类比估算法是依据专家经验对任务活动工期进行估算的技术方法。

类比估算法的应用步骤如下。

1）项目经理或系统分析人员收集以往类似项目的有关历史数据资料，以过去类似项目的参数值（持续时间、预算、规模、复杂性、参与人数等）为基础，并且依据自己的经验和判断，估算当前（未来）相同项目的总工期。

2）进一步对项目的任务工期进行估算，并继续向下对任务活动的工期进行估算。

类比估算法的优点与缺点如下。

方法简单易行，花费较少，此方法是估算项目工期的一种行之有效的方法。但它也有一定的局限性，要求项目经理或系统分析人员需要有以往类似项目经验。在实际应用中，不可能存在完全相同的两个项目，因此这种估算方法的准确性较差。

2. 项目进度安排

项目进度安排是指在系统规划中根据项目任务活动分解、任务活动顺序、各任务活动估算时间和所需资源分析，确定项目起止日期和任务活动具体开展时间的工作安排。项目进度安排目标是在确保项目质量的情况下尽量让多个任务活动并行开展，保证项目在规定的时间内能够完成。在项目工程中，为了实现项目进度管理，需要采用甘特图技术和 PERT 图技术进行任务安排。

（1）甘特图

甘特图（Gantt Chart）是一种采用条形图表示项目任务或活动安排的图形，它以条形图方式直观表示任务活动开展时间、结束时间，以及任务活动之间的依赖关系。甘特图还可表示项目期间计划和实际完成情况，便于项目管理者进行任务安排、评估工作进度。

例如，项目经理可以按照开发过程对一个典型的办公软件系统项目任务及其活动进行进度安排，其任务进度安排甘特图如图 3-9 所示。

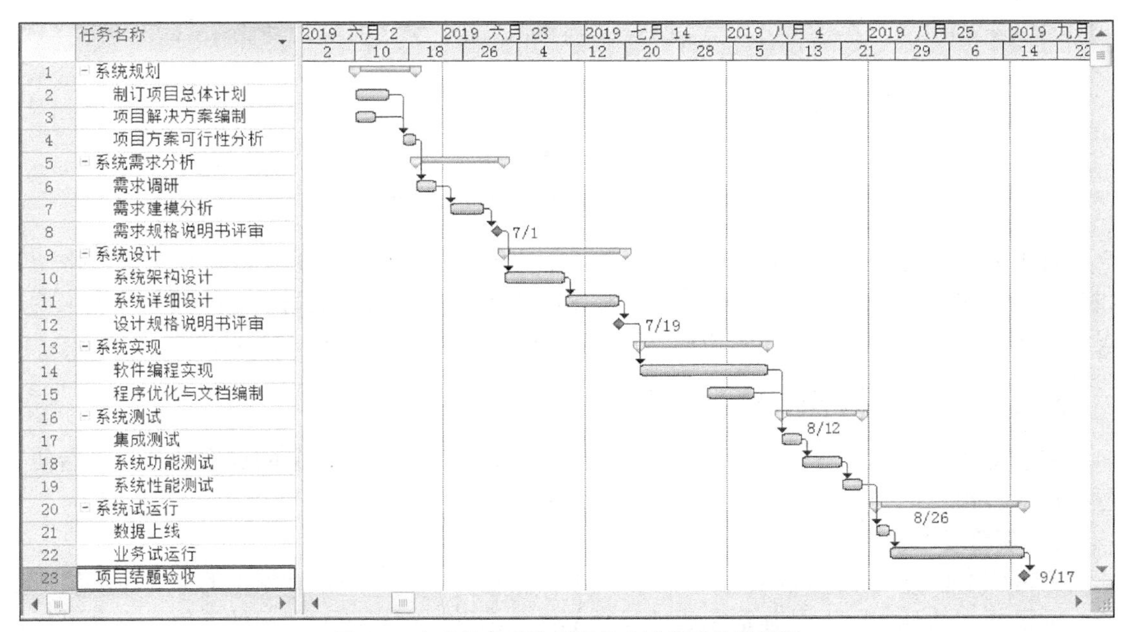

图 3-9　办公软件系统项目任务进度安排甘特图

（2）PERT 图

计划评审技术（Program Evaluation and Review Technique，PERT）图是一种利用网络图来表达项目中各项活动的进度和相互关系，从而进行任务网络分析和时间估计的图形。

PERT 图是以时间为中心，找出从开工到完工所需要时间的最长路线，并围绕关键路线对项目时间进行统筹规划、合理安排以及对各项工作的完成进度进行严格的控制，以达到用最少的时间和资源消耗来完成系统预定目标的一种计划与控制方法。

例如，将一个 ERP 系统项目分解为 9 个任务，可以按照开发过程将项目任务及其活动进行进度安排，其任务进度安排甘特图如图 3-10 所示。

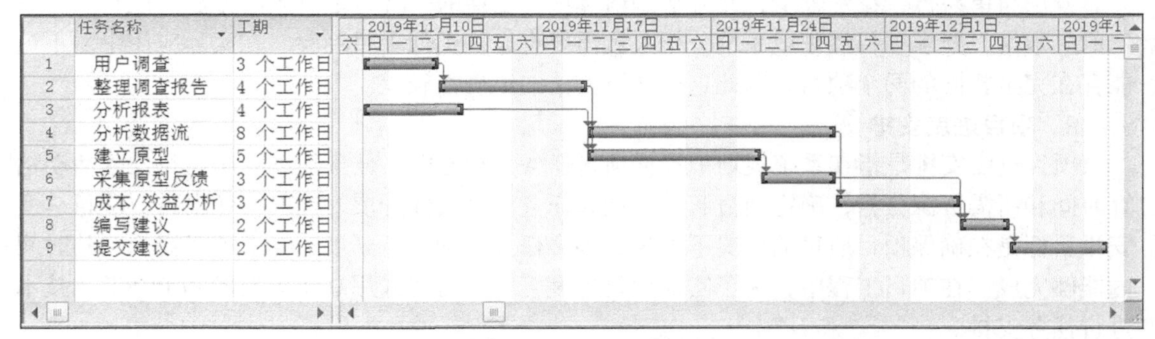

图 3-10　ERP 系统项目任务进度安排甘特图

当需要分析任务进度的关键路径（最长路径）时，采用 PERT 图更方便。为此，可以在项目计划工具中,将以上 ERP 系统项目任务进度安排的甘特图转换为该项目的 PERT 图,ERP 系统项目的 PERT 图如图 3-11 所示。

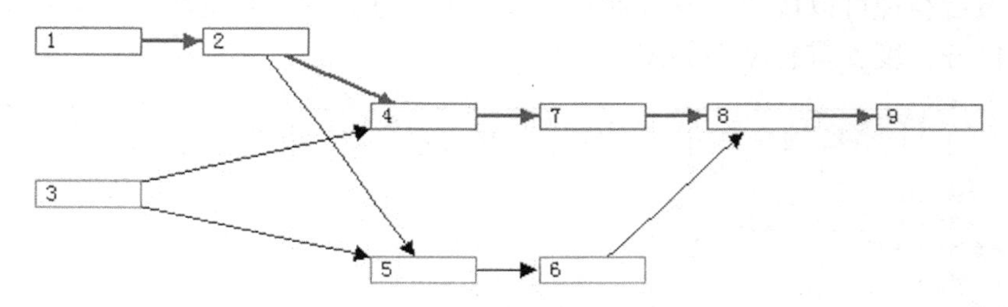

图 3-11　ERP 系统项目的 PERT 图

对于 PERT 图，可以在工具软件中自动显示出该项目任务节点的关键路径（最长路径），如图 3-11 中粗线箭头连接的任务节点路径，即 1-2-4-7-8-9。在关键路径上的任务节点工期延误将导致项目总工期延误，而非关键路径上的任务节点工期允许有一定的弹性。

3.3.3　项目成本估算与预算

在信息系统规划中，当项目任务分解完成后，即可开展项目任务的成本估算，随后便进行项目成本预算。

1．项目成本估算

项目成本估算是指完成项目工作所需要的费用估计，它是项目计划中的一个重要组成部分。项目成本估算实际上是确定完成项目全部任务活动所需资源的费用估计值，它既可以用货币单位表示，也可用工时、人月、人天等其他单位表示。

项目经理或系统分析人员采用成本估算方法对 WBS 中每个活动的成本进行估计，然后计算出整个项目的预估成本。主要的项目成本估算方法如下。

（1）类比估计法

类比估计法是指将以前类似项目的实际成本作为当前项目成本的估算方法。如此前开发一个网站系统记录了各项活动的开发成本，当新开发另一个网站系统时，可以采用类比估计法估算当前项目的成本。

（2）自底向上成本估计法

自底向上成本估计法是一种根据 WBS 的最小单元活动的市场成本，计算出当前项目成本的估算方法。如当前一个程序员每月工作成本为 1 万元，一个软件模块需要 2 个人在 1 个月完成，则该软件模块的成本估计为 2 万元。依此类推，可以将当前项目成本估算出来。

（3）德尔菲法

德尔菲法作为一种基于专家评估的技术方法，它不但可以用于项目工期估算，也可用于项目成本估算。项目组织者聘请多个领域的专家或有经验的项目经理，由他们分别对项目成本进行估算，并最后达成一致而获得最终的项目成本。

以上项目成本估算方法各有优缺点，在大型信息系统项目中，通常需要同时采用多种估算方法，并且比较它们估算的结果。如果采用不同方法估算的结果大相径庭，就说明没有收集到足够的成本信息，应该继续设法获取更多的成本信息，重新进行成本估算，直到多种方法估算的结果基本一致为止。

2. 项目成本预算

项目成本预算是指将项目成本估算结果在各具体的任务活动上进行经费分配的过程，目的是确定项目各活动的成本定额，并确定项目意外开支准备金的使用标准和使用规则，以及为后期项目成本控制管理提供标准和依据。

项目成本预算是一项确定项目成本控制标准的项目管理工作，它涉及项目的单元任务成本预算、成本定额，以及确定整个项目总预算的管理工作。

项目成本预算与项目成本估算的主要区别如下：项目成本估算一般用于项目立项，估算每项任务的成本，从而估算出项目总体费用；项目成本预算则用于项目计划，它是将项目成本估算总经费在各具体活动上再进行更精确的分配，以便后期作为项目成本控制管理的标准和依据。

例如，项目经理在完成一个软件开发项目成本估算后，为了在项目计划中明确给出资源和费用计划，需要进一步完成项目成本预算。软件开发项目成本预算的样例如表 3-3 所示。

表 3-3 软件开发项目成本预算样例

项目资源	资源使用量	单位成本	分项成本（万元）
1. 项目团队			
• 项目经理/系统分析人员	200 工时	500 元/工时	10
• 项目开发人员	2000 工时	300 元/工时	60
• 项目测试人员	1000 工时	200 元/工时	20
2. 项目硬件资源			
• PC（个人计算机）	10 台	3000 元/台	3
• 移动终端设备	10 个	1000 元/个	1
3. 项目软件资源			
• 商品软件	1 个	50 000 元/个	5
• 开发工具软件	1 个	10 000 元/个	1

续表

项目资源	资源使用量	单位成本	分项成本（万元）
4. 项目培训			
• 团队人员培训	10人	1000元/人	1
• 用户培训	10人	1000元/人	1
项目总成本	—	—	102

课堂讨论——本节重点与难点问题

1. 信息系统项目计划包含哪些内容？
2. 项目计划为什么需要在信息系统生命周期的不同阶段进行迭代修订？
3. 在开展项目计划时，为什么首先进行WBS工作？
4. 如何进行项目的WBS工作任务分解？
5. 哪类估计方法适合于缺少历史数据的新项目工期估算？
6. 在项目计划中，如何实现任务进度安排？

3.4 项目可行性分析

扫码预习

3.4 视频二维码

系统规划阶段所提出的信息系统解决方案及其项目计划是否可行，还需要通过专家对信息系统规划方案进行可行性分析。可行性分析，又称为可行性研究，它是指在信息系统项目实施前，通过专家采用一定的技术和准则，从技术、进度、经济、社会等方面对项目的必要性、可能性、合理性，以及项目经费投资与收益等要素进行分析和评估，得出信息系统规划方案是否可行的评估结论。只有当这些可行性评估方面都达到可行程度，系统规划阶段所提出的信息系统解决方案及其项目计划即可通过可行性分析，其信息系统才可以立项建设。

3.4.1 技术可行性分析

技术可行性分析是根据系统规划所提出的系统功能需求、非功能性需求以及系统实现的各项约束条件，分析评估信息系统解决方案所采用技术实现的可能性和合理性。在技术可行性分析中，主要分析评估信息系统解决方案是否可以解决如下问题。

（1）系统规划所选用的技术路线及其方案是否现实？在技术可行性分析中，需要考虑系统规划所选用的技术路线及其方案是否可以有效解决业务问题、是否支持系统建设目标达成、采用技术是否成熟。在信息系统建设中，应尽量采用成熟技术，因为采用成熟技术开发系统的风险小，有较多的应用案例可以参考，所开发的系统通常具有较好的可靠性和稳定性。

（2）组织机构或开发公司掌握所需的技术吗？开发信息系统必须掌握相应的技术。组织机构IT部门若没有掌握信息系统解决方案所采用的技术，那么与它合作的开发公司则必须掌握信息系统解决方案所需技术，否则该解决方案难以实施。

（3）组织机构或开发公司拥有所需的技术专家吗？即便组织机构或开发公司拥有所需的技术，但开发人员对技术的掌握程度还不足以支撑解决系统复杂工程问题，这就需要拥有相应的技术专家。如果缺少这样的技术专家，信息系统开发会面临较大风险，这样的技术路线与方案仍然不可行。

3.4.2　进度可行性分析

进度可行性分析是针对系统规划提出的信息系统建设计划时间约束条件，分析评估系统建设计划时间长度的合理性和可能性。在进度可行性分析中，主要分析评估系统建设任务、系统建设所采取的技术、系统建设拥有的项目资源等方面是否支持信息系统在规定的时间内完成开发。在项目开发中，信息系统交付有一定的时限性要求。只有在预定的时间节点上，将信息系统投入组织机构的业务运行流程，才能帮助组织机构抓住市场时机，使其产品或服务在市场上占有更大份额。如果系统规划阶段所提出的信息系统解决方案不能支持项目在约定进度的时间内完成信息系统建设，则该系统规划阶段所提出的信息系统解决方案不可行。

3.4.3　经济可行性分析

经济可行性分析是根据信息系统项目建设所需的经费与信息系统投入运行后所产生的经济效益，进行初步的投资回报率分析。由于在系统规划阶段，信息系统的用户需求和具体设计方案还难以确定，其系统建设成本和投资回报率只能大致估算。在系统规划阶段，经济可行性分析的重点是判断信息系统是否值得开发，主要通过比较建设成本和预计投资回报，得出经济可行性分析的结论：投资回报效益大于系统建设成本，系统开发对组织机构有价值，建议立项建设；投资回报效益与系统建设成本基本持平，但信息系统建设对组织机构具有战略价值，也建议立项建设；信息系统建设成本远大于投资回报效益，组织机构当前没有足够资金，则不宜立项建设。

3.4.4　社会可行性分析

社会可行性分析是根据国家政策、法律、安全、伦理道德等社会因素，分析评估信息系统建设的可能性和合规性。此外，社会可行性分析也评估信息系统建设的可操作性。在社会可行性分析中，主要考虑如下问题。

（1）系统规划所建设的信息系统及其投入运行是否符合国家政策与法律？信息系统的使用是否可以确保组织机构的信息安全与用户隐私保护？信息系统的使用是否遵从工程伦理道德规范？

（2）信息系统是否可以在用户实际业务处理中方便、有效地解决领域问题？信息系统是否可以提高用户工作效率、提升产品质量或服务质量？信息系统是否可以在组织机构不同部门广泛应用和在行业中广泛推广？

3.4.5　可行性分析报告

在完成信息系统项目可行性分析后，系统规划人员需要形成正式的信息系统建设项目可行性分析报告。可行性分析报告是在信息系统建设方案和项目计划的可行性分析基础上，对信息系统建设可行性分析进行总结，给出可行性分析结论，为组织机构决策者提供科学依据，并作为进一步开展工作的基础。因为不同组织机构的信息系统规模不同、采用的技术方案不同、解决的应用问题不同，所以其可行性分析报告的内容是不同的。但可行性分析报告大都包含表 3-4 所示内容。

表 3-4　可行性分析报告大纲内容

1. 引言	5. 进度可行性分析
1.1 编写目的	5.1 项目工期评估
1.2 背景	5.2 项目进度可行性分析
1.3 参考资料	6. 技术可行性分析
2. 现行组织系统概况	6.1 主要技术路线
2.1 组织目标和战略	6.2 项目技术可行性分析
2.2 业务概况	7. 社会可行性分析
2.3 存在的主要问题	7.1 社会法律政策可行性分析
3. 拟建的信息系统	7.2 社会公共环境可行性分析
3.1 新系统构想	7.3 操作可行性分析
3.2 初步建设方案	8. 结论
3.3 建设计划	8.1 可行性结论
3.4 对组织的意义和影响	8.2 结论的解释
4. 经济可行性分析	
4.1 支出	
4.2 收益	
4.3 支出/收益分析	

课堂讨论——本节重点与难点问题

1. 可行性分析在信息系统生命周期哪个阶段进行？
2. 可行性分析需要对信息系统规划方案的哪些方面进行评估？
3. 在信息系统建设中，是否采用先进技术便可使系统开发项目顺利成功？
4. 信息系统建设进度计划与哪些因素有关？
5. 在系统规划阶段能否分析出信息系统项目的精确投资回报率？
6. 为什么信息系统项目需要遵从工程伦理道德规范？

练　习　题

一、单选题

1. 下面哪项不属于系统规划的内容？（　　）

   A. 信息系统目标　B. 业务流程重组　C. 软件系统方案　D. 软件模块设计

2. 下面哪项不是系统规划方法？（　　）

   A. KSF　B. VCA　C. ERP　D. BSP

3. 下面哪项不是 VCA 规划方法中的基本活动？（　　）

   A. 技术研究　B. 生产　C. 销售　D. 售后服务

4. 下面哪种评估方法适合于任务工期估算？（　　）

   A. 三点估计法　B. 德尔菲法　C. 类比估算法　D. 以上都可以

5. 下面哪种可行性分析是企业最关心的？（　　）

A. 技术可行性　B. 进度可行性　C. 经济可行性　D. 社会可行性

二、判断题

1. 系统规划需要在项目立项后进行。(　　)
2. 信息系统建设目标必须支持组织机构目标达成。(　　)
3. 系统规划内容包括功能需求分析。(　　)
4. BSP 方法可以直接将组织机构目标转换为信息系统目标。(　　)
5. 在完成项目成本预算后就可以进行任务分工。(　　)

三、填空题

1. 系统规划涉及组织机构的信息系统目标、信息化现状分析、系统建设方案、__________等内容。

2. 系统规划步骤包括规划准备、初步调查、战略与现状分析、__________和确定总体架构等。

3. 业务流程重组强调以__________、以关心客户的需求和满意度为目标，对现有业务流程进行不断地优化或重新设计。

4. 企业价值链分析可以从内部价值链、纵向价值链和__________价值链角度进行分析。

5. 在项目成本估算中，既可以用货币单位表示，也可以采用工时、人月、__________等单位表示费用估计值。

四、设计题

1. 针对一个选课系统的项目计划，设计项目进度安排的甘特图。
2. 针对一个选课系统的项目计划，设计项目进度安排的 PERT 图。

第4章 系统需求分析

系统需求分析是软件开发最重要的环节之一，它将确定系统开发的内容与要求。它只有建立在正确的系统需求基础上，后续的系统设计与开发过程才有意义。系统需求分析包含需求采集、需求可视化建模、需求文档化、需求评审、需求变更等多个阶段，每个阶段均需输出相应的文档。本章介绍系统需求分析的需求采集方法、UML 系统需求建模方法，以及需求规格描述方法。

本章学习目标如下：

（1）掌握需求采集方法与需求确定方法；

（2）掌握利用 BPMN 建模业务需求的方法；

（3）掌握利用 UML 建模系统功能需求的方法；

（4）熟悉需求规格说明书的文档结构和掌握需求管理方法。

4.1 需求采集

需求采集是进行系统需求分析的第一步。需求采集的方法很多，包括研究现有文档与系统、与客户和相关人员面谈、调查表法、原型法、快速应用开发等。不同的方法有不同的侧重点与应用场景，下面进行详细介绍。

扫码预习

4.1-1 视频二维码

4.1.1 研究现有文档与系统

在开发目标软件系统之前，组织机构（如公司、企业、政府等）一定会有一些单据和报表等，如订货单、发货单、设备运行日志、生产日报、生产周报以及销售报表等，这些资料或者以纸质形式存在，或者以数据库形式存在，或者两者均有。这些文档与系统资料真实反映了组织业务过程中数据表现与流转的机制，系统分析人员应该从这些文档与系统资料中了解组织业务的真实运行情况，这比通过从别人所说的话了解更重要。在进行需求采集时，可以对如下文档与系统进行研究。

（1）组织机构图。组织机构图提供了系统相关的关键岗位与角色信息，并能反映它们之间的关系。在管理较为规范的组织中，每个岗位均有各自的职责，从组织机构图中能看出组织职责的分配情况，也即要求系统分析人员不仅要了解组织机构图的情况，还需要了解组织机构图中每个岗位的职责。

（2）系统规划文档。系统规划文档包括组织机构的使命与任务陈述、战略规划文档、年度/季度/月度销售计划、年度/季度/月度生产计划、年度/季度/月度采购计划、年度/季度/月度财务预算等。通过分析系统规划文档，可以从宏观层面把握组织机构的使命与未来发展方向，了解信息化技术路线与建设方案。

（3）工作规范文档。这类文档反映了管理上的各种制度与规范，如客服服务流程规范文件、财务报销规定、采购规定、设备入库管理规定、出差补贴规定等。

（4）业务单据。不同业务方向有不同的业务单据，如进销存业务有采购申请单、进货单、发货单、到货单、到货检验单、销售订单等，生产业务有生产任务单、看板、调度单、设备巡检单、设备使用单、测试申请单、测试记录表等，财务业务有报销单、发票等。

（5）报表。与业务单据类似，不同业务方向有不同的报表，如采购周报、库存月报、销售日报、销售月报、生产日报、生产月报、应收账月报等。

（6）描述问题的文档。这些文档包括办公室之间往来的函件、研究报告、建议单、客户反映问题的记录单等。

（7）组织业务相关的专业知识文档。这些专业知识文档与组织从事的领域相关，如化工企业相关的专业知识文档是化学工程知识文档，银行相关的专业知识文档是存贷知识文档、理财产品知识文档、投行知识文档等，对于这些知识文档也需要有一定程度的了解，这对理解组织业务和其他相关资料有帮助。

（8）现存相关软件系统。现有系统的相关分析内容包括系统相关的流程图、设计文档、程序文档、用户使用手册、界面、数据库表等。

在获得上述文档与系统资料后，系统分析人员应该进行深入学习与分析，掌握现有业务的运行情况。当然，不是组织所有的文档与系统资料都需要被分析，分析与所要开发的目标系统相关的文档与系统资料即可。除了了解组织现有业务的现状外，系统分析人员应该进一步思考以下问题。

- 现有业务有什么问题及其可能的原因？
- 组织中什么岗位对问题有所理解？
- 要开发的系统对解决问题有什么帮助？
- 有什么还不太清楚，需要通过其他需求采集方法进一步了解？

4.1.2 与客户和相关人员面谈

扫码预习

4.1-2 视频二维码

面谈是搜集需求信息与发现事实的常用方法。面谈是指需求分析人员与客户及项目相关人员进行面对面的谈话。谈话的目的是了解被访谈对象的业务及其对系统的期望、看法与意见。访谈对象有很多不同的类型，他们可以是客户、领域专家、客户的上下游合作伙伴等。客户又有很多不同岗位，不同岗位表达的需求不一样。如部门经理与部门员工对系统的需求不一样，生产调度员与仓库保管员对系统的需求也不一样。

面谈有两种基本形式：正式面谈和非正式面谈。正式面谈一般需要提前预约，有特定的参与对象，需求调查人员需要提前准备要面谈的问题。有些问题有预设答案，供被面谈对象进行选择与确认；有些问题是开放式的，无法提前准备可选答案。非正式面谈一般是正式面谈的补充，时间、地点、形式都不确定，更像非正式会议，一般没有预设的问题与目的。非正式面谈可以在工作时进行，也可以在吃饭或者休息时进行。虽然非正式面谈看起来没有刻意准备，但一般由于有令人放松的面谈环境，被访谈对象更可能说出自己真实的想法，或者提及需求调查人员没有想到的问题和事实。下面是一些典型的面谈问题。

（1）请问公司（部门）的组织结构是怎样的？

（2）您能描述一下您的岗位职责有哪些吗？

（3）请问收货过程是先计量、质检再开收货单吗？

（4）借款的审批流程是怎么样的，不同额度是不是有不同的审批流程？

（5）生产日报中产量的单位是什么？

（6）目前对客户关系的维护与管理措施有哪些？

（7）有没有业务相关的资料（包括表格、表单、文档、报表等）可以提供？

（8）目前的工作中您觉得存在什么样的问题？

（9）您对现在的系统满意吗？希望在哪些方面进行改进？

（10）您对整个系统的期望定位是什么？

（11）对我们将要开发的系统您有什么建议或期望？

问题（1）和（2）是关于公司或部门的组织结构调查，包括组织结构中岗位职责的调查；问题（3）和（4）是对业务流程的了解；问题（5）是向被访谈对象确认业务单据或材料中的具体细节内容；问题（6）是了解与确认具体业务；问题（7）是向被访谈对象获取业务相关资料；问题（8）～（11）是希望从被访谈对象处了解目前存在的问题及其对目标系统的期望，其中问题（10）的被访谈对象是公司领导层，获取公司领导层从宏观层面对系统的定位，这对设计系统具有重要指导意义。

面谈这种需求采集方法的优点是通过面对面的谈话与聊天，能比较深入地了解被访谈对象对问题的看法，并能够根据被访谈对象的回答动态地调整面谈内容，或者更深入地了解面谈问题。需求采集人员应该注意保持谦虚学习的面谈态度，不要引起被访谈对象的反感。面谈的缺点是往往需要提前预约，由于每个岗位的人员平时都在忙于处理自己的业务，面谈时间可能不一定能及时安排，且面谈后需要整理资料，另外还需要尽量得到被访谈对象的书面确认，这也需要一定时间，导致周期延长。

4.1.3 调查表法

调查表法是通过向被调查者发放预先设计的调查表格，要求被调查者填写后限时返回，然后整理分析的一种需求采集方法。通常，调查表法是面谈和其他需求采集方法的补充，但对于目标清晰、类型熟悉、业务相对简单的项目，调查表法是一种有效且低成本的需求采集方法。另外，当需要调查很多人的观点而他们又不在同一个地方的时候，调查表法显得很经济实用。

调查表中包括一系列问题，有些问题有备选答案（封闭式问题），有些问题没有备选答案（开放式问题）。从回答有效性角度来看，调查表中的问题应该尽量设计为有备选答案的封闭式问题，这样被调查者只需要选择即可。封闭式问题可以采用以下3种方式。

（1）单选/多选问题。被调查者需要从提供的备选答案中选择一个或多个答案。

（2）评价问题。这是一类特殊的单选问题，表达被调查者对问题的态度或观点，如强烈同意、同意、中立、不同意、强烈不同意、不知道。

（3）排序问题。对所提供的备选答案按优先级排序，可以是按序号、百分比等排序的排序方式。

调查表法是一种单向被动调查方法，调查者与被调查者之间没有互动与沟通，如果调查表设计得不够充分或恰当，就无法有效获取被调查者的真实想法。另外，若被调查者没有认真填写调查表，会降低调查结果的可信度，因此，在分析调查表的结果时，应该考虑到这些问题，并对调查结果进行一定程度的修正。

调查表还有一个优点是传输比较便捷，特别是通过网络进行传输。调查表可以通过电子邮件传递给被调查者，还可以通过即时消息通信软件与社交软件（如微信和QQ）以网页（包括针对PC的普通网页以及面向手机的H5网页）的形式进行在线填写，在被调查者提交后，自动存入后台的数据库，然后通过工具对调查结果进行自动统计分析，还能对发放多少份调查表与收到多少份调查表进行实时统计，对调查进程清晰掌控。在互联网普及，特别是智能手机普及的条件下，网页形式的在线调查表具有方便、及时、自动和不易丢失等优点，应多采用。

4.1.4 观察法

观察法是指观察目标系统相关的业务流程或某个岗位的业务活动的方法。观察法是一种了解业务流程与相关知识的方法。有经验的系统分析人员能从观察过程中发现一些不合理的问题。通常有3种观察法。

（1）旁观式观察。系统分析人员只是观察某个特定的业务活动而不打扰或干预业务活动，在条件允许的情况下，可以拍摄业务活动，便于后续进行回放分析。

（2）解释式观察。这种观察比旁观式观察更进一步，不仅系统分析人员可以观察，而且还能得到业务人员的解释，说明其所做业务的要素与关键点。

（3）参与式观察。系统分析人员参与到所观察的业务活动中，成为团队的一员，承担一部分业务工作，这样能更深入地体验与了解目标活动或业务。参与式观察是3种观察中最深入的一种。

由于观察和时间、地点与人物相关，为了保证观察的全面性，针对同一个业务或岗位，应该选择不同的时间、地点与人物进行观察，如在早上九点、上午十点半、下午三点、下午五点等一天中的不同时间进行观察，或选择节假日与普通日进行观察；同一个银行的柜台业务在不同支行可能也有差别；同一个岗位的不同人员甚至也可能存在业务差异。

还需要注意的是，在观察过程中，由于被观察对象知道自己处于被观察状态，可能故意表现得规范或很小心，隐藏了平时工作中的一些缺点或不认真的情况，这对观察的效果不利。为应对这种情况，在条件允许的情况下，可以进行隐蔽性拍摄，当然，这种方式必须得到公司批准，并确认不会引起道德问题与侵犯隐私问题。

4.1.5 头脑风暴法

扫码预习

4.1-3 视频二维码

头脑风暴法是一群人围绕一个特定主题进行自由思考与讨论以产生新观点的方法。头脑风暴法可以应用于不同领域与不同主题。对于需求采集，如果需求的多个利益相关者对于具体的需求不能达成一致意见，可以采用头脑风暴法进行探讨。

在头脑风暴中，由于团队讨论采用了没有拘束的规则，人们就能够更自由地思考，进入思想的新区域，从而产生很多新观点和问题解决方法。当参会者有了新观点和想法时，他们就大声说出来供大家讨论。所有的观点和想法被记录下来但不进行评估，只有头脑风暴会议结束的时候，才对这些观点和想法进行评估。

头脑风暴会议的参与人数一般以 8～15 人为宜。人数太少不利于交流信息、激发思维，人数太多则不容易掌握，并且每个人发言的机会相对减少，会影响会场气氛。根据头脑风暴法的原则，可规定几条纪律，要求参会者遵守。如要集中注意力积极投入，不消极旁观；不要私下议论，以免影响他人的思考；发言要针对目标，开门见山，不要客套，也不必做过多的解释；参会者之间要相互尊重、平等相待，切忌相互褒贬等。

需求采集与分析的头脑风暴法从对需求问题的准确阐明开始，必须在会前确定目标，使参会者明确了解会议需要解决什么需求问题，同时不要限制可能的需求范围。开展头脑风暴会议需要一个主持人，最好由对决策问题的背景比较了解并熟悉头脑风暴法的处理程序和方法的人担任。头脑风暴会议主持人的发言应能激起参会者的思维灵感，促使参会者踊跃参与回答会议提出的问题。

下面是一些典型的需求采集与分析的头脑风暴问题。

（1）系统应当支持什么特性？

（2）系统的输入数据和输出数据是什么？

（3）在业务或领域对象模型中需要什么类？

（4）在面谈过程中或调查表中需要提出什么问题？

（5）系统是否应该支持分布式部署？

（6）项目中的主要风险是什么？

（7）系统与哪些其他系统有接口关系？

在头脑风暴讨论结束后，可以投票表决会议中产生的想法的优先顺序。可以给每个参会者一定的投票权，为每个想法进行投票，这样就能够对想法进行排序，为需求采集与分析提供依据。

4.1.6 原型法

原型法是通过构造软件原型对待开发的系统进行可视化模拟，从而获得用户对需求的反馈的方法。原型法是一种比较现代且被广泛采用的需求采集与确定方法。原型本质上是一个演示系统，软件系统原型通过图形用户界面（Graphic User Interface，GUI）进行可视化，并且对各种用户事件（如鼠标点击、双击、右击等）做出模拟响应。在 GUI 上的内容是固定的，不是真正的基于事件的响应，也不是从服务器动态获取的。

当用户无法准确描述需求的时候，原型法是一种非常有效的需求采集与确定方法。实际上，原型法是基于原型的软件工程过程模型的一部分，以原型为媒介，不仅让需求分析人员与用户对需求的理解保持一致，而且对项目难点、工作量的评估也可起到重要支撑作用。

根据原型的后续使用价值，可以将原型分为以下两类。

（1）丢弃型原型。当需求采集与确定完成后，原型被丢弃。这类原型通常主要用于体现最模糊和最难理解的需求。

（2）进化型原型。在需求采集与确定完成后，原型仍然被保留用于后续的系统设计与开发，它从一个或多个基本需求出发，通过修改和追加的过程逐渐丰富，演化成为最终的系统，有效支持快速发布与迭代产品。有些原型制作工具甚至能够直接输出代码，后续开发可以直接使用。

原型法的优点很明显，但它也有适用范围的限制。由于主要通过 GUI 模拟系统，因此对那些难以通过界面模拟、存在大量运算和逻辑性强的系统，原型法就显得“无能为力”。

原型法需要原型设计与制作工具的支持。Axure 是一种流行的快速原型设计工具，让负责定义需求和规格、设计功能和界面的需求分析人员能够快速创建应用软件、Web 网站以及移动应用软件的界面图、流程图、原型及规格说明文档，并同时支持多人协作设计和版本控制管理。图 4-1 所示为 Axure 原型设计工具界面。读者可以访问 Axure 官方网站获得更多介绍信息，并下载安装试用。

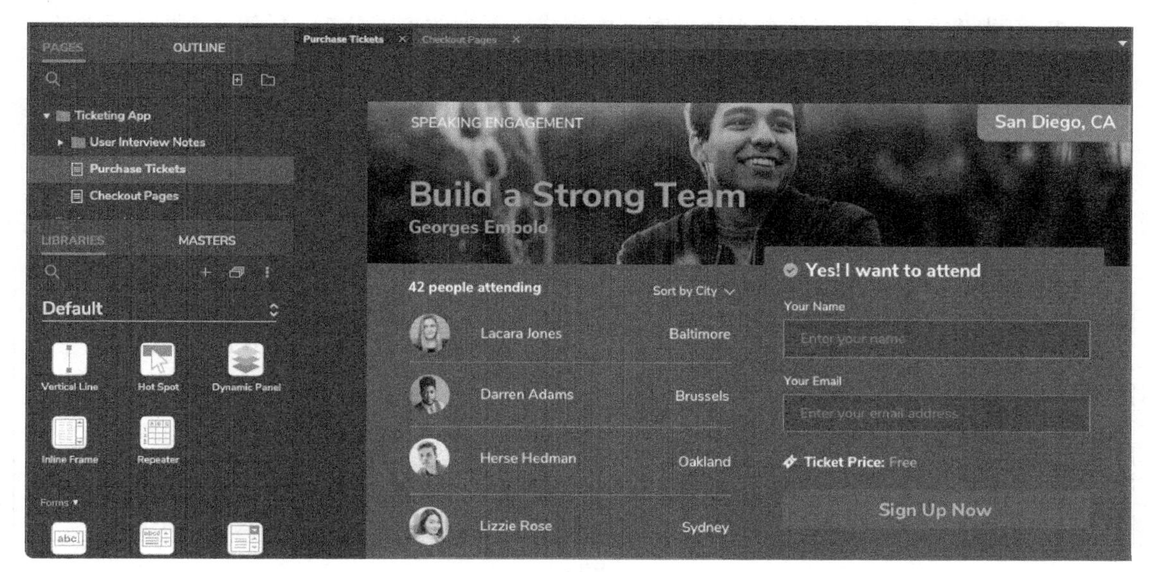

图 4-1　Axure 原型设计工具界面

4.1.7　快速应用开发法

快速应用开发（Rapid Application Development，RAD）法由计算机顾问和作家 James Martin 于 1991 年提出，它是一种试图快速生成系统的结构化开发方法，也是一种需求抽取方法。RAD 的目的是快速发布系统方案，对需求做出快速反应，而技术与质量上的完美相对发布速度来说是次要的。RAD 法融合了进化型原型法和头脑风暴法，其基本思想如下。

（1）让用户更主动地参与到项目分析、设计和构造活动中。

（2）将项目开发组织成一系列重点突出的研讨会，研讨会要让项目投资方、用户、系统分析人员、系统设计人员和开发人员一同参与。

（3）通过迭代的构造方法加速需求分析和设计阶段。

（4）让用户提前看到可工作的系统。

按照 Wood 和 Silver 在 1995 年提出的观点，RAD 组合了 5 个方面的技术。

（1）进化型原型：如 4.1.6 节所述的进化型原型。

（2）计算机辅助软件工程（Computer Aided Software Engineering，CASE）工具：支持通过设计模型生成代码的正向工程和通过代码反向生成设计模型的反向工程。

（3）拥有能使用先进工具的专业人员：RAD 开发小组应包括优秀的需求分析人员、系统设计人员和程序员。开发小组在严格的事件安排下和用户一起工作。

（4）交互式联合应用开发活动：将项目所有相关人员组织在一起进行与头脑风暴类似的活动与会议。

（5）时间表：即项目进度表，并按此项目进度表严格执行。

从整个软件工程过程角度看，RAD 的实施需要大量使用可复用构件来加快开发速度，能够很好地进行需求引导、采集与分析，但 RAD 也有不足之处。

（1）RAD 需要足够的人力资源，并投入相当多的精力。

（2）开发人员和用户必须在很短的时间内完成一系列的需求分析，任何一方配合不当都会导致 RAD 项目失败。

（3）RAD 不适用于技术风险很高的情况。当新应用要采用很多新技术或当新软件要求与已有的计算机程序有高互操作性时，这种情况就会发生。

（4）可能产生难以维护与扩展的软件。

（5）文档不足。

课堂讨论——本节重点与难点问题

1. 哪种需求采集方法适用于初期需求不明确的场景？
2. 在面谈过程中应该注意哪些礼仪细节？
3. 调查表法在什么场景中比较有效？
4. 快速应用开发与原型法有什么区别？
5. 除了 Axure，还有哪些原型制作工具？
6. 针对具体项目，如何确定需求采集的方法？

4.2 需求可视化建模

传统的需求描述方法主要是通过文字、图片和表格等表达用户和相关人员的原始需求。这类需求描述方法存在较多的局限，如需求表述模糊、相关需求冲突、前后需求不一致等。为了准确刻画系统需求，采用标准的、可视化的建模语言是十分必要的。通过标准的建模语言，如 UML 和 BPMN 建模语言，可以直观、准确地描述系统功能需求和业务流程模型。

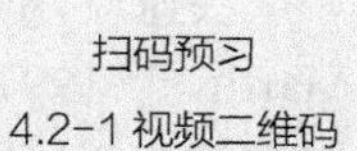

4.2.1 业务流程建模

业务流程建模是系统需求建模的基础，当系统分析人员充分理解业务流程模型后，便可清楚地分析用户需求与系统需求。在第 2 章的 2.3 节，我们已经介绍了 BPMN 的基本概念与建模元素。应用 BPMN 的建模元素，可以很详细地描述组织机构的业务流程过程，这对需求分析很重要。本节在 2.3 节的基础上介绍 BPMN 中的 3 种业务流程：普通流程（Process）、合作流程（Collaboration Process）、编排流程（Choreography Process 或 Choreography）。利用这 3 种类型的业务流程，可以表达更为复杂的业务流程。

1. 普通流程

普通流程又分为 3 种：不可执行的私有业务流程（Private Non-executable Business Processes）、可执行的私有业务流程（Private Executable Business Processes）、公开业务流程

（Public Processes）。

私有业务流程是指属于某个特定组织内部的流程，这些流程被称为工作流（Workflow）或 BPM 流程。可执行的私有业务流程是可以根据语义定义而自动执行的流程，如 Web Service 流程。不可执行的私有业务流程主要是用于业务流程描述与文档化的流程，不要求此流程可以自动执行。如果私有业务流程被包含在泳池里面，则此流程中的任何元素均不能超越泳池边界。

公开业务流程表达了私有业务流程与其他流程或参与者之间的交互。公开业务流程仅包含参与交互通信的活动和活动之间的次序，而不显示其他非交互的活动。因此，公开活动向外部世界显示交互的消息和消息之间的次序。图 4-2 所示的示例中，参与者病人 Patient 泳池中没有体现其流程细节，只在其边界线上展示了与医生 Doctor 相关流程之间的通信。

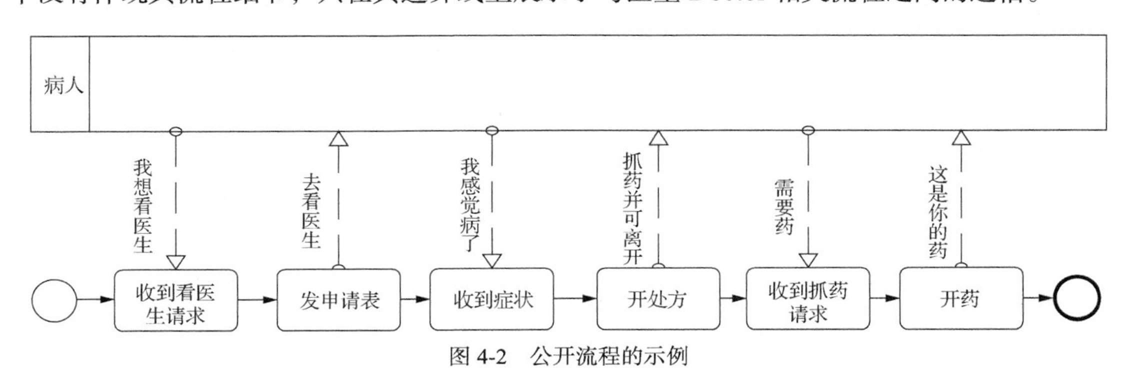

图 4-2　公开流程的示例

2. 合作流程

合作是指组织中两个参与者在业务流程中的合作。合作流程通常包含两个或更多泳池，每个泳池关联到一个合作流程中的参与者对象。两个泳池之间通过消息流表示两个相应参与者之间交换的消息。合作流程中的泳池可以是空泳池，里面没有任何活动元素，在这种情况下，泳池之间的消息流的起点与终点均连接在泳池边界线上，如图 4-3 所示。

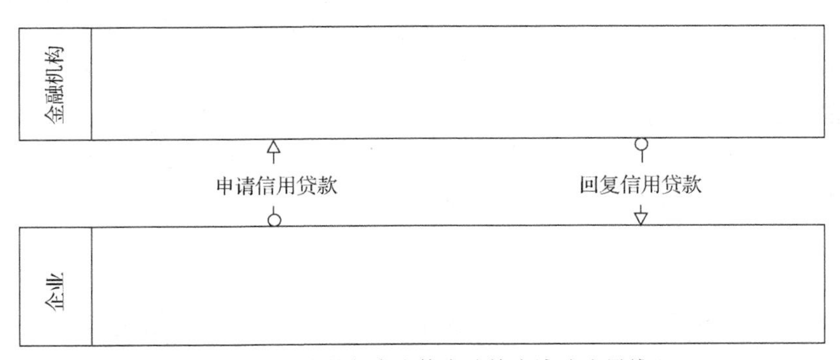

图 4-3　消息流的起点和终点连接在泳池边界线上

如果泳池中显示了流程的细节与过程，则两个泳池之间的消息流应该直接连接到流程活动上，如图 4-4 所示。

在合作流程中，可以用对话来表示一组具有顺序逻辑关联的交互消息。对话用两个泳池间两条相邻实线表示，且实线的中间插入了一个六边形，如图 4-5（a）所示。如果将对话展开，就是两个泳池间的多条交互消息，图 4-5（b）就是图 4-5（a）中对话的展开。

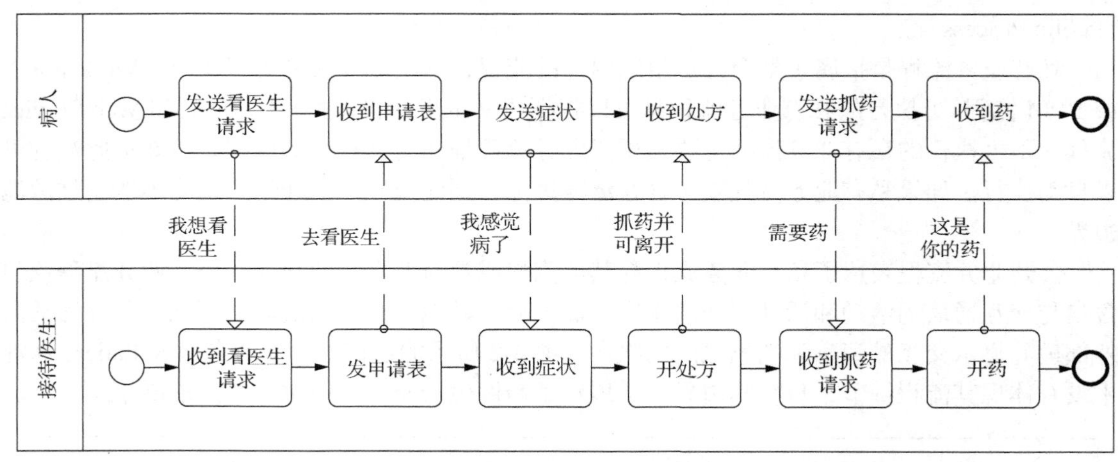

图 4-4　消息流连接到泳池内的流程活动上

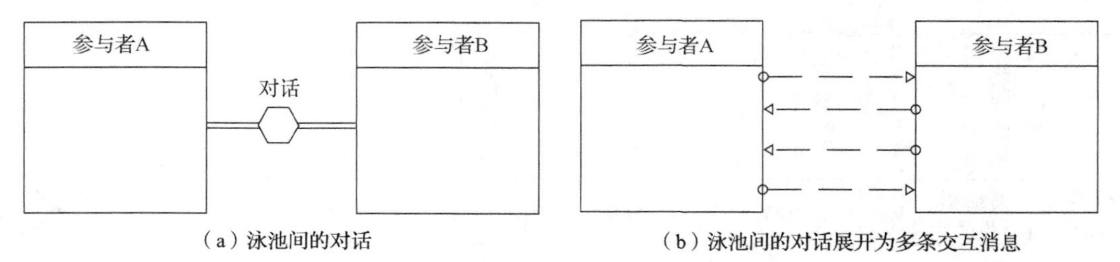

（a）泳池间的对话　　　　（b）泳池间的对话展开为多条交互消息

图 4-5　泳池之间的对话

3. 编排流程

与合作流程类似，编排流程也是描述多个参与者之间的交互，但编排流程取消了泳池的概念，由编排活动直接表现多个参与者之间的交互，提供了一种基于流程图的视图。在编排流程中，编排活动以圆角矩形来表示，矩形内部上方和下方是参与交互的两个参与者，浅色部分为活动的发起者，深色部分为活动的响应者。图 4-6 所示为编排流程的形式。图 4-7 所示为编排流程的示例，在此编排流程中，有 4 个编排活动，每个活动都涉及 2 个相同的参与者：病人（Patient）和医生（Dr. Office）。但每个编排活动处理的消息是不同的，且活动的发起者与响应者可能也不相同。如在第 1 个编排活动中，Patient 发起一个想看医生的请求消息给 Dr. Office，Dr. Office 处理这个消息，回复一个去看医生的消息给 Patient。在第 3 个编排活动中，Dr. Office 是消息的发起者，Patient 是消息的响应者。

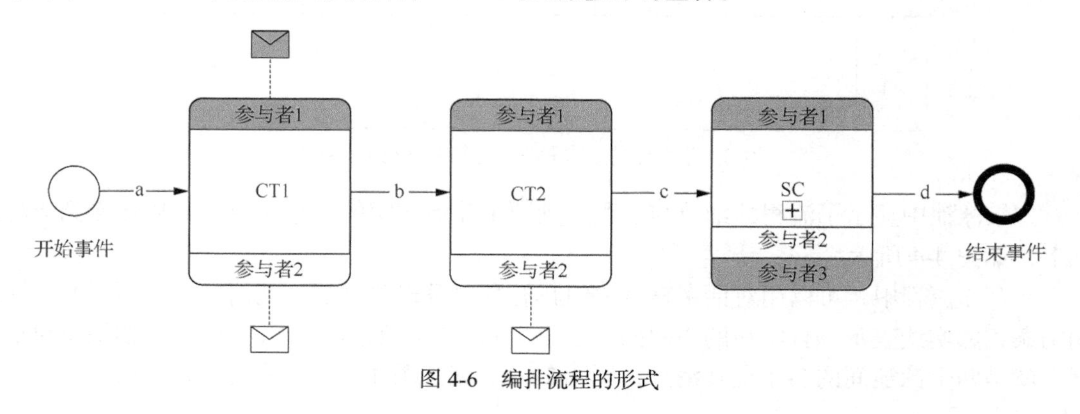

图 4-6　编排流程的形式

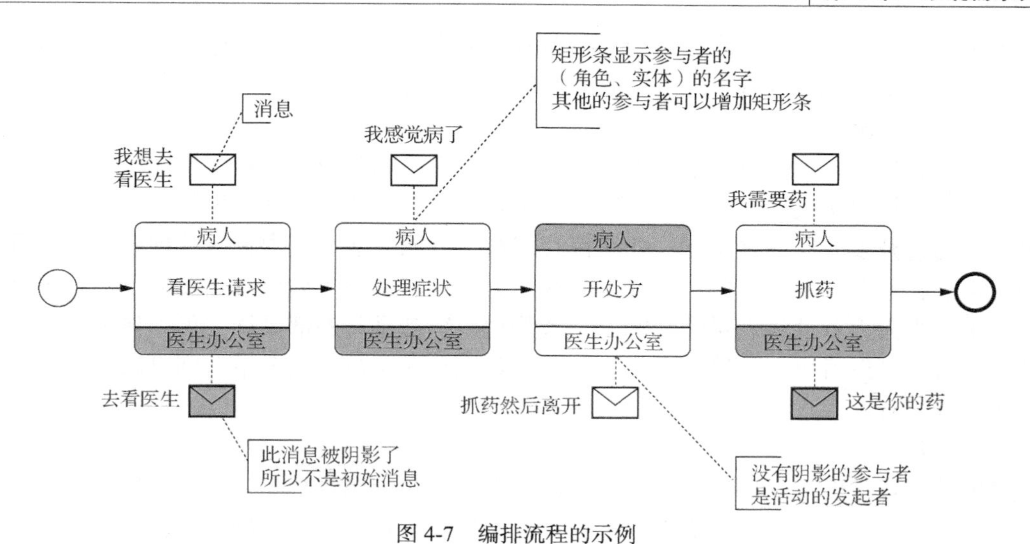

图 4-7　编排流程的示例

由于编排图和合作图比较类似，区分编排图与合作图的要点是编排图省略了交互的细节（编排活动中各个参与者具体的交互过程），它只关心谁和谁产生了交互，至于如何交互、分几步交互，它并不关心。

4.2.2　用例图建模

用例图用于建模系统功能需求，用例图由参与者与用例两种基本元素组成。系统的功能需求是有限的而且是有边界的，边界内的功能由用例表达，边界外的功能与用例无关。使用功能的对象由参与者表达。在描述系统的用例图时，要确定系统有哪些角色，每个不同的角色都可以表达为一个参与者。参与者会参与系统的一个或多个功能，每个不同的功能都可以表达为一个用例。由于一个功能可能会涉及不同的角色，因此一个用例可以与多个参与者发生关联。

1. 参与者

参与者与系统角色对应。典型的系统角色是组织中的岗位，如公司有总经理、生产副总经理、运营副总经理、财务总监、出纳、销售经理、销售员、仓库保管员等岗位，大学有校长、教学副校长、科研副校长、院长、系主任、教授、辅导员，以及各类辅助管理岗位等。只要某个岗位会使用目标系统的一个或多个功能，则这个岗位就会成为目标系统的参与者。

参与者与系统的交互可能是主动的，也可能是被动的。主动交互情况下，参与者发出请求，系统根据请求做出响应。被动情况下，系统发出请求，参与者做出响应。任何交互都会发生在某个用例上。从与系统交互的对象看，参与者可以分为 3 类。

（1）人

人是一类典型的参与者。在组织中，人可能会有一个或多个角色，角色又通常与岗位对应，每个岗位都有一定的职责，如大学的辅导员负责对学生的日常生活和学习进行关怀、督促、帮助以及问题处理。如果要开发大学生管理系统，则一定会涉及辅导员这个岗位。一个岗位一般情况下映射为一个参与者。一个自然人可以承担一个或多个角色，如果一个大学老师既是教授又是系主任，那这个老师既要承担作为教授的职责，又要承担作为系主任的职责，也就意味着这个大学老师会同时有两个参与者的身份。相反，一个角色的职责也可以由多个不同的自然人来承担，这些自然人会同时承担一个参与者的身份。

（2）外部系统

一般来讲，待开发的目标系统不会是孤立的，它可能会与其他系统发生数据交互、业务流程交互以及接口访问等关系。无论这些系统是已经存在的、正在开发的，还是待开发的，均可以作为待开发系统的参与者。如销售管理系统可能会使用人力资源管理系统的人员信息和岗位信息，又会将销售订单信息分享给客户关系管理系统，如果待开发的目标系统是销售管理系统，则人力资源管理系统和客户关系管理系统都是其外部系统，可以作为销售管理系统的参与者。可以看出，如果一个系统与其他系统存在接口访问关系，则可以将接口对应的系统作为参与者。

（3）设备

这里的设备主要指硬件设备，如传感器、摄像头和车辆等具有一定数据处理功能的物理设备。这些设备可能会为系统提供数据，也可能接收来自系统的数据并进行存储，还可能接收系统的数据进行处理后反馈给系统。如果一个设备被作为参与者，则此设备一定参与系统的某个功能，并在系统的控制下运行相关功能。设备与人类似，作为参与者指的是某一类设备，而不是某个具体设备。

上述 3 类参与者的分类可作为发现参与者的指导。系统分析人员分别从人、外部系统和设备 3 个方面去发现与定义系统的参与者，这 3 类参与者相互之间不会重叠，只要确保每一类参与者是正确与完备的，则所发现的整个系统的参与者就是正确与完备的。

参与者之间可能有一般与特殊的关系，称为泛化关系。如学生可以是一个参与者，本科生和硕士生可以分别是一个参与者，学生这个参与者与本科生和硕士生这两个参与者之间的关系就是一般与特殊的关系。泛化关系用从特殊参与者指向一般参与者的空心箭头表示。

2. 用例

用例是系统功能的体现，一个用例和一个或多个参与者交互。在需求采集过程中，系统功能由一些文字描述体现，为此，用简短的动名词或动宾短语来对特定用例（系统功能）命名，并通过用例规约表达用例的具体要求与实现过程。根据需求采集文档，有下面两种发现用例的方法。

（1）从参与者角度

参与者是系统功能分析首先确定的对象，如前所述，每个参与者都与系统有交互。可以通过以下问题来发现参与者对应的用例。

- 根据参与者的职责要求，参与者应该在系统中完成什么任务？
- 参与者的任务是由什么事件触发的，详细过程是什么？结束条件是什么？
- 一个任务需要多个参与者配合吗？如果需要，具体如何配合？
- 参与者需要完成的多个任务如何进行拆解与合并，以映射到不同的系统功能。

（2）从系统功能角度

需求采集文档描述了若干系统应该实现的功能，详细审查每个功能描述，检查该功能描述是否被从参与者角度发现的用例所覆盖。尽管从参与者角度能发现绝大部分用例，但有些功能容易被忽略，如系统的定时数据备份功能，这个功能是系统自动执行的，没有明显的参与者与这个功能关联，可是作为一个独立的任务它应该被作为一个用例对待，从参与者角度可能不会发现这个用例。一旦这个功能被作为用例，应该为它确定关联的参与者，如系统或者服务器。

用例所定义的功能不宜过大，也不宜过小。如学生管理系统不应该作为用例对待，其功能太大，应该是一个系统，包含若干用例。学生学号的维护也不应该作为用例对待，其功能太小，学号只是学生信息的一部分，一般将学生信息的维护作为独立用例。

用例功能的一次执行应该在较短时间内完成，如果用例功能的一次执行涉及的时间周期很长，甚至在不同时间段还需要不同的参与者执行，最好将这个用例根据时间段拆分为多个用例。

3. 用例之间的关系

（1）包含关系

系统功能具有粒度概念，有的功能范围大，有的功能范围小，这导致用例也具有类似的粒度概念。用例 A 包含用例 B 表示用例 B 是用例 A 的一部分，执行用例 A 就一定会执行用例 B，但用例 B 可以独立执行。用例 A 被称为基用例，用例 B 被称为包含用例，包含关系用从用例 A 指向用例 B 的虚线箭头表示，并在箭头上方标注<<include>>或<<包含>>标识。

如学生成绩管理系统包含维护学生成绩、录入学生成绩、录入平时成绩、录入期末成绩、确定平时成绩与期末成绩比例、保存录入成绩、提交学生成绩等多个功能，虽然每个功能相对较小，但也可以将每个功能均作为一个独立的用例，这些用例之间有粒度大小的区分，即具有包含关系。维护学生成绩用例包含确定平时成绩与期末成绩比例用例、录入学生成绩用例、保存录入成绩用例、提交学生成绩用例这 4 个用例，录入学生成绩用例包括录入平时成绩用例和录入期末成绩用例。

（2）扩展关系

用例之间的扩展关系是指一个用例扩展了另一个用例。用例 A 扩展了用例 B 有两层含义，一层含义是无论用例 A 执行与否，用例 B 均会执行；另一层含义是在某些条件下，用例 A 会执行。用例 A 是扩展用例，用例 B 是被扩展用例，扩展关系用从用例 A 指向用例 B 的实线箭头表示，并在箭头上方用<<extend>>或<<扩展>>标识。

如在机票预订系统中，在线支付可以作为一个用例，创建额外保险单可以作为另一个用例，只有当用户在支付的时候选择购买额外保险，系统才会创建额外保险单，而无论是否购买额外保险，都不会影响用户下单支付，即在线支付可以独立于购买额外保险执行，表明这两个用例之间是一种扩展关系，创建额外保险单用例扩展了在线支付用例。但是，如果一个公司决定免费为顾客提供额外保险，那么在线支付时就同时创建额外保险单，则在线支付与创建额外保险单之间就变成了包含关系，在线支付用例包含创建额外保险单用例。

用例之间的包含关系与扩展关系有时并不一定只有一种表达方式，如登录系统这个功能一般作为一个独立用例，它与系统中的业务功能用例之间的关系既可以写成包含关系，又可以写成扩展关系。图 4-8 是选课管理的用例图，如果只考虑课程管理员这个参与者，则有 3 个用例与之有关联：登录、录入课程、查看选课。这 3 个用例之间的关系可以有下面两种表达。

1）登录用例与录入课程和查看选课这两个用例是图 4-8 所示的包含关系。录入课程与查看选课包含登录，含义是在录入课程与查看选课时必须先登录系统。登录是录入课程的一部分，也是查看选课的一部分。

2）登录用例与录入课程和查看选课这两个用例是图 4-9 所示的扩展关系。录入课程与查看选课是登录的扩展，含义是课程管理员登录系统后，在某些时候执行录入课程功能，在另外某些时候执行查看选课功能。

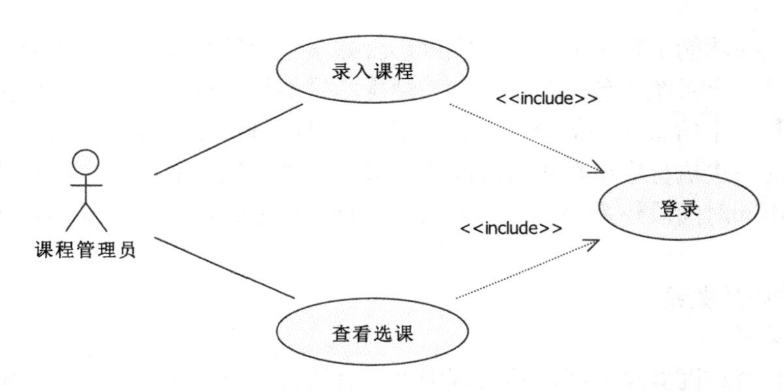

图 4-8　用包含关系表达业务功能用例与登录用例之间的关系

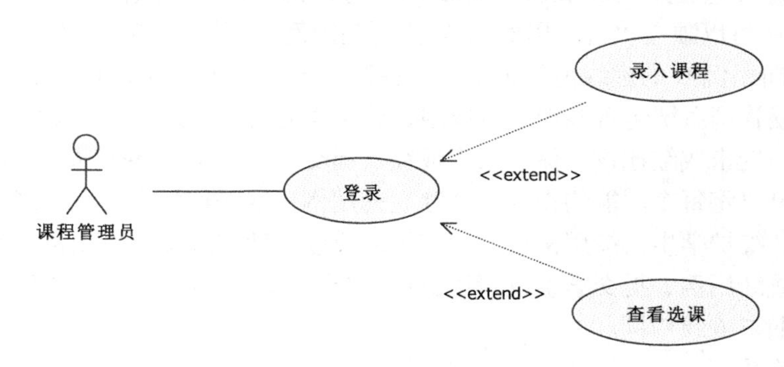

图 4-9　用扩展关系表达业务功能用例与登录用例之间的关系

针对课程管理员，登录用例与录入课程和查看选课这两个用例之间的关系既可以用包含关系表达，也可以用扩展关系表达，都具有合理性。继续考虑老师与学生这两个角色，老师需要查看选课功能，学生需要选课功能。因此，新增两个参与者：老师与学生。新增一个用例：选课。

图 4-10 所示为 3 个参与者情况下用包含关系表达业务功能用例与登录用例之间的关系，图 4-11 所示为 3 个参与者情况下用扩展关系表达业务功能用例与登录用例之间的关系。图 4-10 与图 4-8 类似，含义是在录入课程、选课以及查看选课时必须先登录系统。登录是录入课程的一部分，是选课的一部分，也是查看选课的一部分，这是合理的。然而，图 4-11 表达的含义就比较模糊，3 个参与者与登录用例有联系，因为都需要登录系统才能操作，但没有明确表示出录入课程、选课以及查看选课这 3 个用例与参与者之间的关联关系，只表达出了与图 4-9 类似的扩展关系，从图上看，任何一个参与者在登录系统后都均有可能执行录入课程、选课以及查看选课这 3 个用例，这与实际不符，因为每个参与者只与一部分用例相关联，如学生能够选课，所以这个用例图不合理。

4. 用例规约

在用例图中，对用例的描述只有名称说明，但对于系统的需求定义，仅有用例名称还不够，需要有详细的用例说明，这个详细的用例说明称为用例规约（Use Case Specification）。表 4-1 所示为用例规约模板。从表 4-1 可知，用例规约有用例名称、简要描述、参与者、前置条件、基本流程、备选流程和后置条件这几个要素。在描述一个具体用例的用例规约时，可以参照表 4-1 的要素，根据其含义与要求进行详细描述。

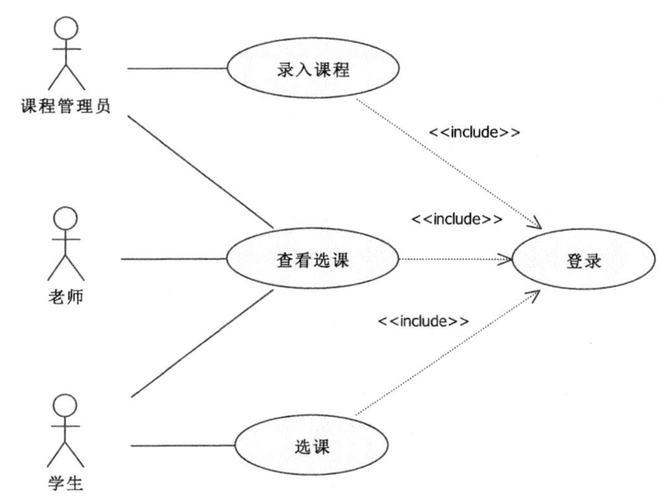

图 4-10　3 个参与者情况下用包含关系表达业务功能用例与登录用例之间的关系

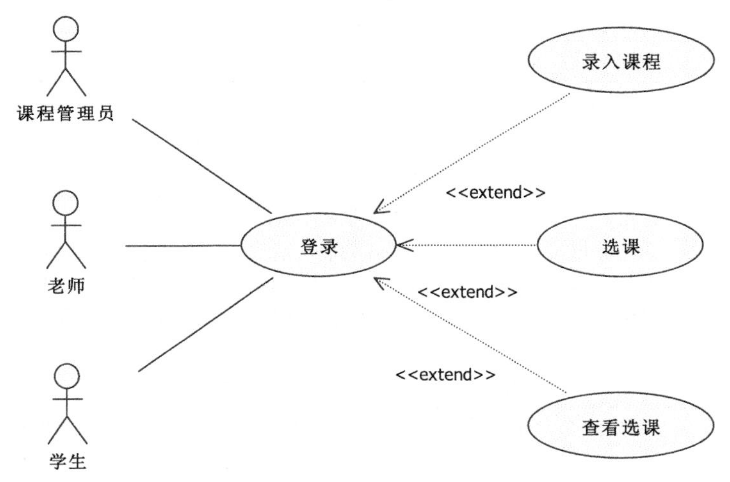

图 4-11　3 个参与者情况下用扩展关系表达业务功能用例与登录用例之间的关系

表 4-1　用例规约模板

要素	含义与要求
用例名称	通常用表示用例意图的动名词或动宾短语对用例进行命名
简要描述	对用例的简单描述，可以是一句话或几句话
参与者	列举参与用例的所有参与者
前置条件	用例发生需要满足的条件，如用户必须登录成功后才能使用系统功能
基本流程	详细描述用例在正常情况下的操作步骤，参与者与用例之间的每次交互，每个步骤与交互要描述清楚，说明涉及哪些实体、针对实体做了什么事以及这一步骤的结果。可以按照以下格式来描述基本流程。 1. 对每一个步骤进行数字编号，以标识步骤执行的顺序。 2. 对每一个步骤命名一个简单的标题，这样可以方便通过标题快速了解此步骤要干什么，在用例建模的早期，可以只描述步骤标题，以免过早地陷入用例描述的细节。 3. 对每一个步骤详细描述参与者和系统之间所发生的交互。一方面描述参与者向系统提交了什么信息，另一方面描述系统有什么响应，给参与者反馈了什么信息

续表

要素	含义与要求
备选流程	备选流程描述用例执行过程中异常的或偶尔发生的一些情况，备选流程和基本流程的组合一般能够覆盖用例所有可能发生的场景。在描述备选流程时，应该包括以下几个要素。 1. 起点：备选流程从基本流程的哪一个步骤开始。 2. 条件：在什么条件下会触发备选流程。 3. 动作：系统在备选流程下会采取哪些动作。 4. 恢复：备选流程结束之后，用例应如何继续执行。 备选流程的描述格式可以与基本流程的描述格式一致
后置条件	用例一旦执行后系统所处的状态

表 4-2 所示为录入课程用例的用例规约示例。

表 4-2　录入课程用例的用例规约示例

要素	含义与要求
用例名称	录入课程
简要描述	录入每个年级、每个专业学生可以选择学习的课程
参与者	课程管理员
前置条件	课程管理员登录系统，且课程信息与专业信息已确定
基本流程	1. 课程管理员选择专业和年级。 2. 系统查询数据库，列出所选专业和年级已录入的课程。 3. 点击新增按钮，弹出可选课程列表对话框，勾选某个课程名称前面的复选框来改变其选中状态，勾选表示为此专业和年级分配该课程，取消勾选表示撤销分配，可以同时选择多个课程。点击确定按钮，系统执行修改数据库操作，插入新选择的课程，关闭对话框，返回已录入课程界面。 4. 重新查询所选专业和年级已录入的课程，并刷新已录入课程界面
备选流程	系统规定一个专业的必修课总学分不能超过 100 分（一个可设置的阈值），在插入新选择的课程的时候，系统检查此专业的必修课总学分是否超过 100 分，如超过，则弹出对话框提示，不执行插入操作，否则正常执行
后置条件	学生可以选课

4.2.3 活动图建模

扫码预习
4.2-3 视频二维码

活动图表示系统的行为过程，由若干有执行顺序关系的动作组成。一个活动图对应一个用例。一般可以为一个用例画一个活动图，表示用例的详细执行过程。如果一个系统功能比用例小，但在多个地方复用，则可以为其单独定义一个活动图。活动图还可以表示算法，定义算法的计算步骤。

一个活动图有一个唯一的开始节点与结束节点。开始节点用实心圆表示，结束节点用空心圆内套一个小的实心圆表示。

1. 动作

动作是活动图的核心元素，是可执行的基本单元，用圆角矩形表示，在矩形内用文字标注动作的名称。在活动图中，动作具有原子性，不可以进一步被分解，一旦开始执行，动作就需要被完成。针对用例，可以从用例规约的基本流程和备选流程中发现动作。表 4-3 所示为从录入课程用例的用例规约发现的动作。

表 4-3　　从录入课程用例的用例规约发现的动作

序号	用例描述	动作
1	课程管理员选择专业和年级	查询专业 选择专业 查询年级 选择年级
2	系统查询数据库，列出所选专业和年级已录入的课程	查询已录入的课程
3	点击新增按钮，弹出可选课程列表对话框，勾选某个课程名称前面的复选框按钮来改变其选中状态，勾选中表示为此专业和年级分配该课程，取消勾选表示撤销分配，可以同时选择多个课程。点击确定按钮，系统执行修改数据库操作，插入新选择的课程，关闭对话框，返回已录入课程界面	查询可选课程 选择课程 插入课程
4	重新查询所选专业和年级已录入的课程，并刷新已录入课程界面	查询已录入的课程
5	系统规定一个专业的必修课总学分不能超过 100 分(一个可设置的阈值)，在插入新选择的课程的时候，系统检查此专业的必修课总学分是否超过 100 分，如超过，则弹出对话框提示，不执行插入操作，否则正常执行	验证必修课总学分 提示必修课总学分超出阈值

2. 控制流

控制流是指从一个动作到下一个动作控制的流程。在图形上，用从一个动作到下一个动作的实线箭头表示。一系列的动作和动作间的控制流构成了动作流。有 3 种常见的控制流：顺序控制流、分支控制流、并发控制流。

顺序控制流表示上一个动作执行后就执行下一个动作。图 4-12 所示为顺序控制流示例，在查询专业完成后就执行选择专业这个动作。

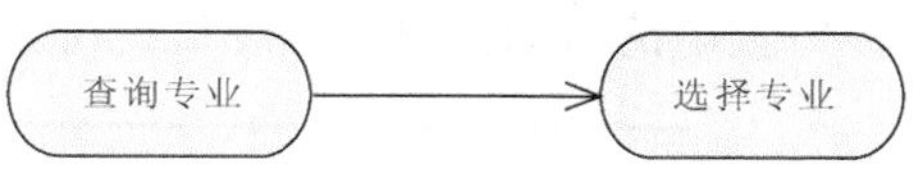

图 4-12　顺序控制流示例

分支控制流表示在上一个动作完成后，需要根据判断条件来选择不同的执行路径。用菱形表示判断条件，上一个动作用带箭头实线指向菱形，菱形与后续多个动作之间也用带箭头实线连接。图 4-13 所示为分支控制流示例，在验证必修课总学分动作后，通过判断条件来选择执行路径，如果必修课总学分小于等于 100 分，则执行后续的更新数据库和刷新已录入课程动作，否则执行拒绝更新数据库和提示超出阈值动作。

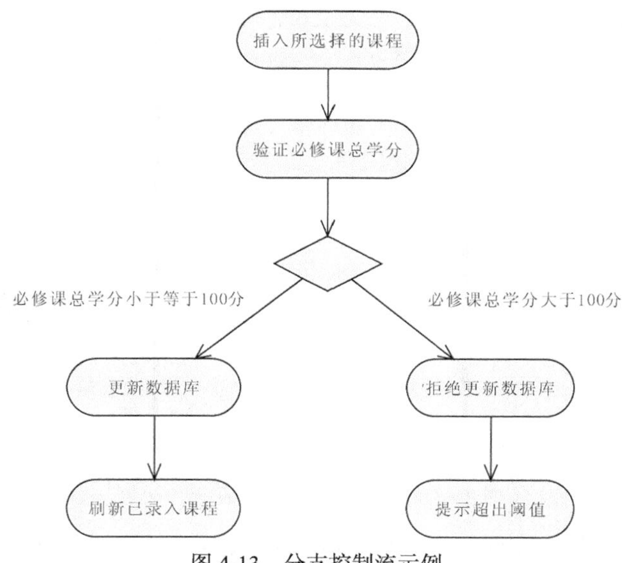

图 4-13　分支控制流示例

并发控制流表示上一个动作执行后并发执行后续多个动作。在录入课程用例中，如果必修课总学分超过 100 分，既需要弹出对话框提示，还需要语音播报提示，则会并发执行对话框提示与语音播报提示这两个动作，然后继续执行选择课程动作，如图 4-14 所示。并发控制流由粗横线或粗竖线表示，且成对出现。第一个粗横线或粗竖线指向的多个动作是并发执行的动作，在这些并发执行的动作执行完后，指向第二个粗横线或粗竖线，表示并发执行结束，后续执行第二个粗横线或粗竖线指向的动作。

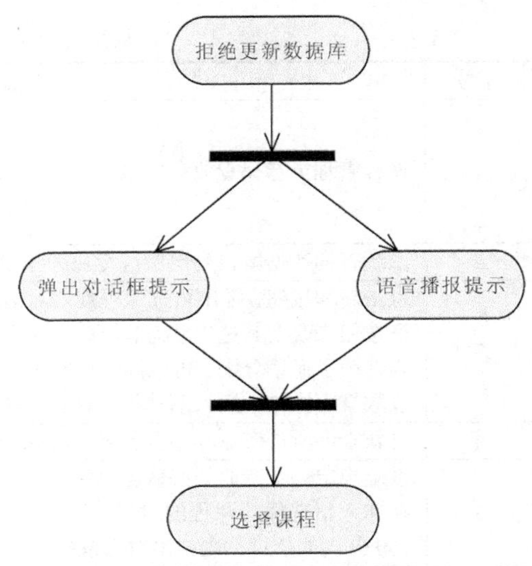

图 4-14　并发控制流示例

3. 泳道

在活动图中，如果需要确定活动的责任人，则可以通过泳道来实现。责任人可以是参与者，也可以是对象。泳道以类似于游泳池泳道形状的矩形表示，矩形的顶部是一个小矩形，用于填写泳道代表的责任对象。图 4-15 所示的活动图一共有 3 个泳道：采购经理、总经理与财务经理。采购经理负责的活动有填写付款申请、提交付款申请、修改付款申请，总经理负责审核付款申请活动，财务经理负责付款活动。

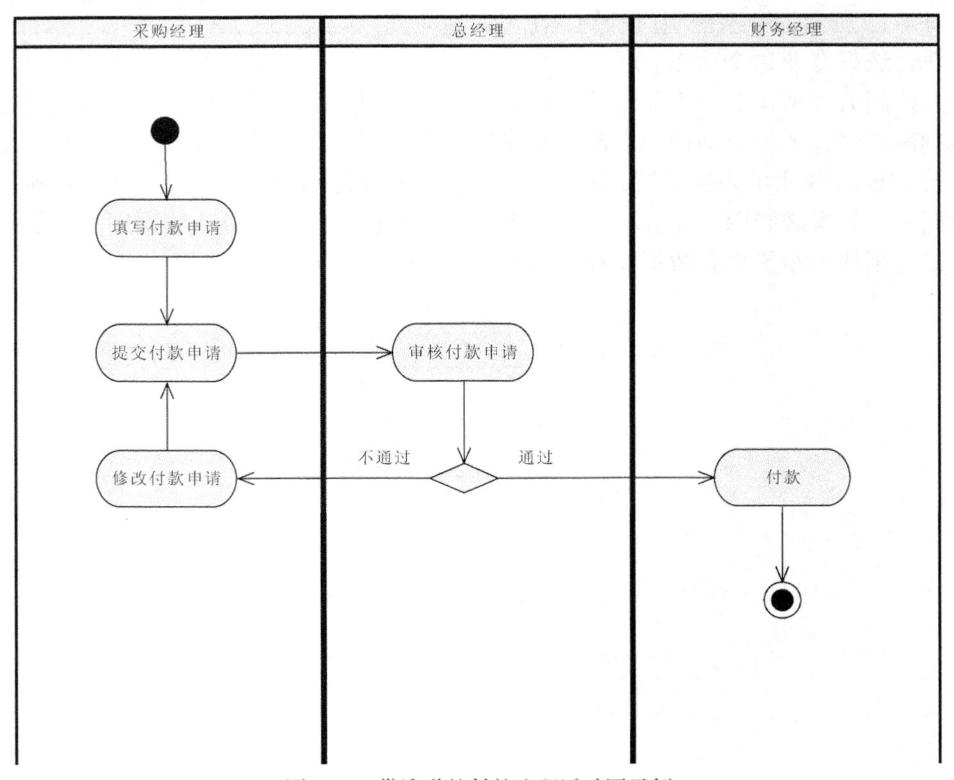

图 4-15　带泳道的付款流程活动图示例

需要注意在含有泳道的活动图中，每个活动都必须属于唯一一个泳道，控制流可以跨泳道。

4.2.4　类图建模

1. 类建模

（1）类的表示

扫码预习
4.2-4 视频二维码

通常用由两条水平线划分成 3 栏的实线矩形表示类。最上面的分栏标识类的名称，中间分栏标识类的属性，最下面的分栏标识类的操作。一个类只有一个类名，但一般有多个属性与操作。在中间分栏中，一个类属性占一行。类似，在最下面的分栏中，一个类操作占一行。在有的情况下，类属性与类操作可以省略，但必须标识出类名。图 4-16 所示为类的 3 栏表示法和学生类示例。在右边的学生类示例中，类名是学生，属性为学号与姓名（由于空间有限，只给出了两个属性作为参考），操作为重置学号与修改姓名（由于空间有限，只给出了两个操作作为参考）。

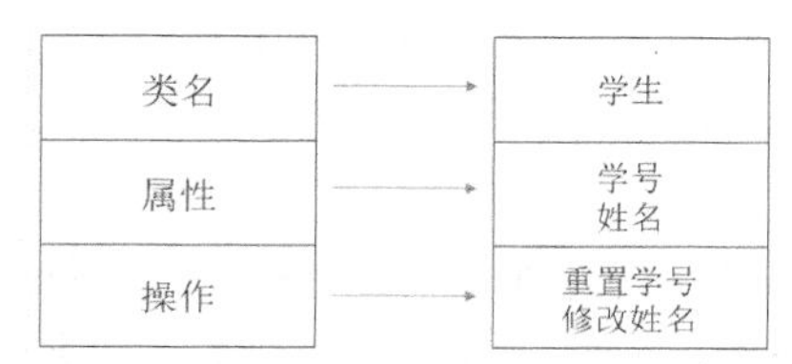

图 4-16　类的 3 栏表示法和学生类示例

（2）类的命名

类的命名应遵循以下规则。

1）类名通常来自系统的问题域，并且尽可能地明确表达要描述的事物，不会造成类的语义冲突，也不能使用毫无意义的字符和数字作为类的名称，如 12、a2 等。

2）类名通常是名词，如果用英文标识，则首字母大写，如老师这个类名的英文用 Teacher 表示。

3）如果类名有多个英文单词，则连接单词，且每个单词首字母大写，如用 CollegeTeacher 表示大学老师。

4）类名为正体形式说明此类可被实例化，类名为斜体形式说明此类为抽象类。如 Transportation 表示此类可以被实例化，可以生成对象；*Transportation* 表示此类为抽象类，无法被实例化。

5）类名必须在命名空间中唯一。

（3）类的属性

抽象为类的事物一般具有一定的性质，类的属性用于描述类的性质。如，人这个类有姓名、年龄、肤色、身高、学历等若干属性，通过这些属性能够明确地区分类中的每个对象实例。在 UML 中，类的属性的表示语法如下。

```
[可见性] 属性名称：[属性类型] [=初始值]
```

其中[ ]内的内容是可选的，可见性是指类的属性相对于其他类是否可见和是否可直接使用。可见性分为 4 种：公有的（public），用符号+表示；保护的（protected），用符号#表示；私有的（private），用符号-表示；包范围的（package），用符号～表示。公有的属性意味着不仅此属性的拥有类可以访问此属性，其他类也可以访问。保护的属性意味着只有此属性的拥有类和拥有类的子类可以访问此属性。私有的属性意味着只有此属性的拥有类可以访问此属性。包范围的属性意味着只有同一个包中的元素才能访问此属性。

属性类型表示属性的数据格式，可以为基本数据类型或复合数据类型。基本数据类型有 int、string、float 和 double 等。复合数据类型是自定义的数据类型，如一个其他类。图 4-17 所示为类属性的示例。类名为 Customer，属性 name 的类型为 string，可见性为公有的；属性 age 的类型为 int，可见性为私有的；属性 score 的类型为 float，可见性为包范围的，初始值为 0.5。

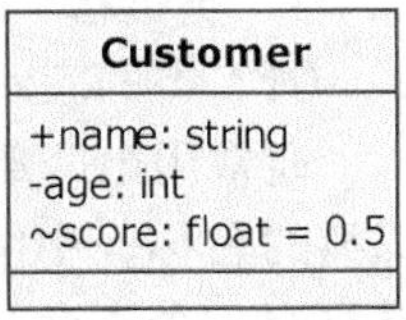

Customer
+name: string -age: int ~score: float = 0.5

图 4-17 类属性的示例

在确定类后，可以通过以下方法识别类的属性。

1）实体类的自然属性

实体类是抽象描述大自然中自然存在的物体的类，如人、桌子、筷子、房子、羊等。所有的动物、植物、物体等都可以是实体类。实体的自然特征可以作为类的属性，年龄、身高、生日、肤色等都是人的自然属性，长、宽、高、材质是桌子的自然属性。如果一个类是实体类，就很容易从实体的物理特征中发现其自然属性。

2）类的管理属性

任何一个类在系统中都是需要被管理的，这需要通过管理属性来表达。人虽然是实体类，但在人事管理系统中，人需要编号属性，以便于管理；可能还有职称属性，用于表示人在职业上的级别。在销售管理系统中，订单一般作为独立类而存在，它具有若干属性，包括订单号、价格、下单日期、状态等，这些属性均为管理属性。

一些常用的元素通常作为类的管理属性，如编号、名称、颜色、计量值、计量单位、时间、地点、状态、类型等。

3）表示类之间关系的属性

如果一个类与另一个类有关联、泛化等关系，则这些关系可能由独立类来表达，也可能由属性来表达，例如两个类之间的泛化关系可以通过在子类中引入超类的编号属性来表达。

（4）类的操作

可以用操作来表示类的行为。在 UML 中，类的操作的表示语法如下。

```
[可见性] 方法名称 [参数] [: 返回类型]
```

其中[ ]内的内容是可选的，可见性是指类的操作相对于其他类是否可见和是否可直接使用。与类的属性的可见性相同，操作的可见性同样分为 4 种：公有的（public），用符号+表示；保护的（protected），用符号#表示；私有的（private），用符号-表示；包范围的（package），用符号～表示。公有的操作意味着不仅此操作的拥有类可以使用此操作，其他类也可以使用。保护的操作意味着只有此操作的拥有类和拥有类的子类可以使用此操作。私有的操作意味着只有此操作的拥有类可以使用此操作。包范围的操作意味着只有同一个包中的元素才能使用此操作。

参数与返回类型都有其数据格式，可以为基本数据类型或复合数据类型。基本数据类型有 int、string、float 和 double 等。复合数据类型是自定义的数据类型，如一个其他类。

图 4-18 所示为类操作的示例。类名为 Teacher，操作 examineHomework 的输入参数为 int 类型的 classnum，返回类型为 void，可见性为公有的；操作 inputScore 的输入参数也是 int 类型的 classnum，返回类型为 boolean，可见性为私有的。

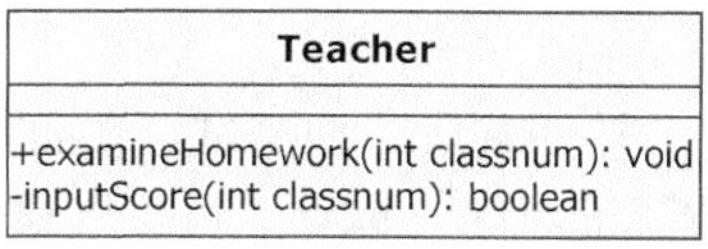

Teacher
+examineHomework(int classnum): void -inputScore(int classnum): boolean

图 4-18 类操作的示例

可以通过以下策略来发现类的操作。

1）分析类的每个属性，检查是否需要通过某种计算来获得此属性的值。如课程成绩单类有一个属性为平均成绩，它需要通过将所有学生成绩之和除以学生人数来获得，则可以设置一个计算平均成绩操作来完成此计算。

2）分析对象的状态。每个对象一般都有多个状态，这些状态可以相互转换，从一种状态到另一种状态的转换通常是由某种操作（行为）触发。此外，审视每种状态下对象可能存在的行为，也能为识别操作提供依据。

3）分析用例规约中描述的动作是否对应某个类的操作。

4）分析活动图的活动，一个活动一般对应一个类的操作。如在带有泳道的活动图中，泳道代表一个类，泳道中的活动均可以映射为这个类的操作。

5）分析顺序图中两个对象间的消息，在箭头上标注的消息可作为箭头指向对象的操作。

（5）识别类

有很多方法可以识别类，不同的分析人员会采用不同的识别方法。对同一个系统，两个分析人员基本不会得出一样的类模型，这既给类建模带来了不确定性，又表现出了灵活性。常用的类建模方法有 4 种：名词短语法、公共类模式法、用例驱动法、类-职责-协作者（CRC）方法。

1）名词短语法

名词短语法要求分析人员从需求文档中抽取出名词短语，然后根据需求场景和上下文含义将名词短语归为三类：相关类、无关类和模糊类。

相关类是指明显可以归为一个类的名词短语，这些名词短语在需求描述文档中频繁出现，有特定含义与属性，如学生成绩管理系统中的学生、课程、成绩单等都属于相关类。

无关类是指属于所分析系统之外、无法明确表达其在系统中的应用场景与意义的名词。尽管这些名词在需求描述文档中出现，但仅作为辅助表达而存在。如在学生成绩管理系统的需求描述文档中，“教师使用计算机输入成绩”这句话中“计算机”是个名词短语，但“计算机”在学生成绩管理系统中没有必要作为一个类来处理。事实上，如果去掉“使用计算机”这几个字，对系统需求的表达没有任何影响。

模糊类是指可能是相关类，也可能是无关类的名词短语。分析人员需要进一步分析才能确定是将其作为相关类还是无关类进行处理。常见的模糊类场景是名词短语是作为类存在还是作为类的属性存在，如学生的成绩一般情况下作为类的属性存在，但如果有多种成绩，则可能把成绩作为类来处理。

2）公共类模式法

公共类模式法使用通用的对象分类理论来识别类。Bahrami 于 1999 年提出了以下公共类分类。

- 概念类：概念是指人们对现实世界中各类事物的命名。很多名词都是概念，如老师、学生、成绩、级别、课程等。但并不是所有概念都可以作为类，一些概念可以作为类，另外一些是类的属性，还有一些与所分析的系统无关。

- 事件类：事件是指发生了某件事情，如测试、预订等。事件一般以动名词命名，它有自己的属性，如测试事件有测试的时间、地点、科目等属性。但并不是所有事件都作为类处理，如果一个事件没有自己的属性，则最好作为类的操作存在。
- 组织类：组织是由人或生物体形成的社会团体，如政府、学校、公司等。将组织作为类进行处理便于对组织的各种属性与行为进行描述。
- 人员类：这里的人员类指的是人员承担的角色，如总经理、采购员、快递员等。
- 地点类：指与物理位置相关的位置，如公园、广场、湖泊等。

公共类模式法是一种很实用的类识别方法。根据实际工程经验和文献方法，我们总结了以下的公共类分类。

- 实体类：实体类代表现实世界中存在的、可以触摸与感觉的物体，如桌子、计算机、笔、现金、取款机、书等。在一个系统中，一般都有若干实体类。有的系统（如进销存管理系统）为了管理方便，将管理模式相同的实体类都作为物料类进行统一管理。
- 概念类：概念类是指人们为了区分事物而命名的概念，如文章、电影、音乐、程序、学位、任务、运动项目等。概念类虽然是名词，但它们不是实体，无法触摸与感觉。
- 业务类：业务类是指系统中的业务功能被作为类进行处理，与事件类类似，如预订、租赁、支付、测试、采购等。虽然这些业务类看上去是动词，但可以理解为动名词，表示进行这种处理的业务。它们被作为类进行对待的原因是这类业务包含的信息较多，有自己的属性与操作需要独立表示。如果没有自己的属性与操作，则可以作为其他类的操作。
- 组织类：与前面提到的组织类类似，表示具有一定功能的社会团体。
- 岗位类：与前面提到的人员类类似，表示具有一定职责的岗位。

3）用例驱动法

用例驱动法是一种从用例中发现类的方法。用例图和用例规约都与发现类相关。用例图中的参与者都作为类进行处理，一个参与者对应一个类。用例规约表达了用例功能的具体实现。从用例规约中发现类可以采用名词短语法，从用例规约中提取名词短语，并区分其为相关类、无关类还是模糊类。此外，也可以采用公共类模式法分析用例规约中的内容，提取相应类。

用例驱动法与名词短语法的区别是识别类的来源基础不同，用例驱动法的来源基础是用例及其描述，名词短语法的来源基础是需求描述，不一定是面向对象的用例。由于用例驱动法的来源基础是用例，这要求用例图是正确的和完整的，否则导出的类可能不正确与不完整。

4）CRC方法

类-职责-协作者（Class Responsibility Collaborator，CRC）方法是通过一种特殊制作的卡片进行类似头脑风暴的类识别方法。CRC卡片由3个组成部分构成：上面栏是类名、左边栏是类的职责、右边栏是类的协作者。类的职责是当前类为满足其他类所需要执行的服务或操作。如果类要履行的职责需要其他类的协作，则其他类就作为协作者列在右边。CRC卡片如图4-19所示。

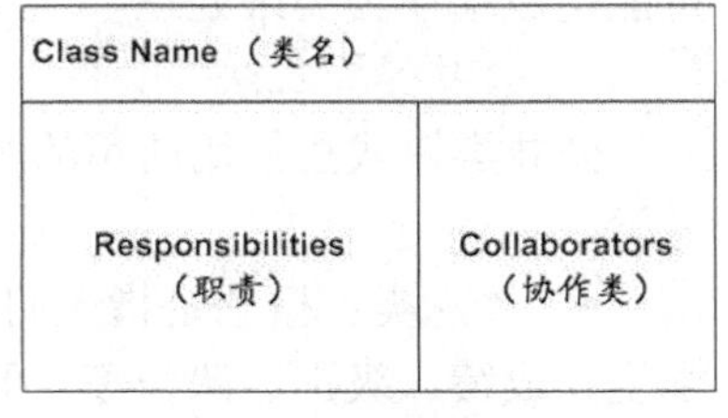

图4-19　CRC卡片

协作应该是指以下两者之一：信息请求或者任务执行请求。对类中的每一个职责标示协作者时，都应该考虑“这个类有能力完全自行执行这个职责吗”。如果不是，那么就应该查找另外一个类，这个类或者可以有能力弥补缺少的设计部分，或者它就应该执行这个职责。这样做经常会发现其他类需要一些新的职责，或者可能我们需要一两个新的类。

2. 类关系建模

（1）泛化关系

类 A 与类 B 之间的泛化关系表示类 A 是特殊类，类 B 是一般类。类 A 包含了类 B 的属性与操作，且有类 B 中不存在自己独有的属性与操作。泛化关系表示一般与特殊的关系，A 泛化了 B 可以用“A 是一种 B”的关系来表示，A 是子类，B 是父类。在面向对象思想中，泛化关系常被称为继承关系。

泛化关系包含两种数学性质。

1）非对称性。

如果类 A 泛化类 B，则类 B 一定不会泛化类 A，即类 A 如果是类 B 的子类，则类 B 一定是类 A 的超类，不会是类 A 的子类。例如，类 A 是猫，类 B 是动物，猫是一种动物，猫是动物的子类，动物是猫的超类，但动物不是一种猫，动物不是猫的子类。

2）传递性。

如果类 A 泛化类 B，类 B 泛化类 C，则类 A 泛化类 C。例如，类 A 是家猫，类 B 是猫，类 C 是动物，家猫是一种猫，猫是一种动物，则家猫是一种动物。

在 UML 中，用空心三角箭头表示泛化关系，箭头从子类指向超类，如图 4-20 所示。

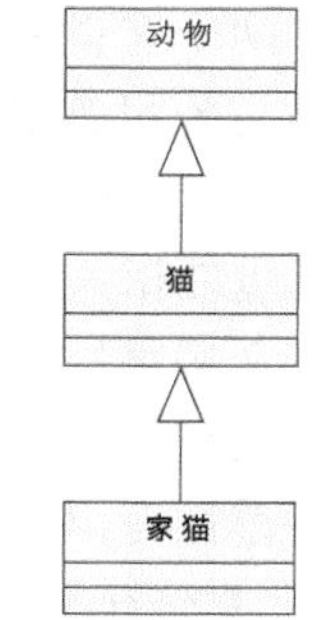

图 4-20　UML 泛化关系表示

（2）关联关系

类 A 与类 B 之间的关联关系表示类 A 与类 B 之间有某种联系，这种联系通常用动词表示。如，学生类与课程类之间具有“选择”这种关联关系，表示学生选择课程。

关联关系以两个类之间的一条实线来表示，实线可以是有方向的，也可以是没有方向的。如果没有方向，则表示从关联关系的任意一端都可以访问另一端。如果有方向，则表示只能从箭头的出发端访问箭头的指向端。在图 4-21 中，如果学生类与课程类之间的关联线没有箭头，则可以通过学生找到他选择的课程，反之也可以通过课程找到选择此课程的学生；如果学生类与课程类之间的关联线是从学生类指向课程类的有方向的箭头，则可以通过学生找到他选择的课程，但反过来无法从课程找到选择此课程的学生。

图 4-21　关联线有箭头的关联关系与关联线无箭头的关联关系

两个类之间的关联关系不一定只有一个，可以有多个。例如，老师类与学生类之间除了授课关联关系之外，还可以有指导关联关系，表示老师指导学生的论文。图 4-22 所示为两个类之间的多个关联关系。

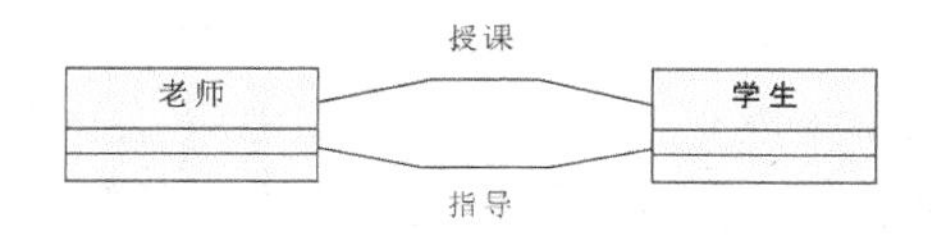

图 4-22　两个类之间的多个关联关系

两个类之间的关联被称为二元关联，但并不是所有的关联都是二元关联，一个类还可以关联到自身，这种关联被称为一元关联。在一元关联中，关联线的两端尽管都是连接到同一个类，但两端所对应的具体类对象不同。图 4-23（a）表示了一元关联，只有学生一个类，这个类与自身有一个辅导关联关系，表示一部分学生辅导另一部分学生。如果把它展开，则可以用图 4-23（b）来表示，即成绩好的学生辅导成绩差的学生，但由于成绩好的学生与成绩差的学生都归在学生类下，故通过学生类的一元关联来实现这种关联。

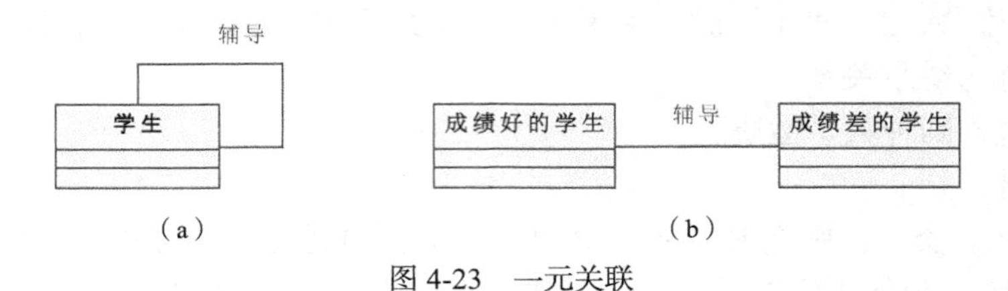

图 4-23　一元关联

除关联线之外，另外有 3 种要素用于进一步描述类关联关系：关联名、多重性与关联角色。

1）关联名

关联名指两个类之间关联的名称，通常位于关联线的中间上方位置。由于类名为名词，故连接两个名词的关联名通常用动词表示。如，学生类与课程类之间的关联名为“选择”，员工类与公司类之间的关联名为“工作”，快递员类与货物类之间的关联名为“运送”。

2）多重性

多重性指关联关系中一个类的实例可以与关联类的多少个实例相关联。关联线的两端均可以定义多重性。多重性的表达语法为“$x..y$”，其中 x 与 y 均是正整数，$0\leqslant x\leqslant y\leqslant n$，$n$ 表示无穷大正整数。在 $x=y$ 这种特殊情况下，只需要写一个数字（x 或 y）即可。根据 x 与 y 的取值，多重性有以下几种具体形式。

- 具体个数形式：如 $x=y=1$，表示只有唯一的一个实例与一个关联类实例相关联。
- 无穷多个形式：如 $x=y=n$，表示有无穷多个实例与一个关联类实例相关联。
- 范围形式：如 $0..n$（$x=0$，$y=n$）、$0..1$（$x=0$，$y=1$），表示有 x 到 y 个实例与一个关联类实例相关联。

3）关联角色

关联角色指关联关系的两端分别在关联关系中承担的角色。通常用名词为关联角色命名。

（3）聚合关系

类 A 与类 B 之间的聚合关系表示类 A 与类 B 之间是一种整体与部分的关系。如，汽车类与轮胎类之间是一种整体与部分的关系，汽车是整体，轮胎是部分；计算机类与显示器类之间也是一种整体与部分的关系，计算机是整体，显示器是部分。聚合关系用带菱形箭头的连线表示，从部分指向整体。

根据聚合语义的强弱，可以将聚合关系分为普通聚合关系和组合关系两种。在普通聚合关系中，部分与整体在个体上是独立的，可以不依赖于整体而存在。一个轮胎可以放在汽车 A 上，也可以放在汽车 B 上，放在汽车 A 上的时候，这个轮胎就是汽车 A 的一部分，放在汽车 B 上的时候，这个轮胎就是汽车 B 的一部分。轮胎不会因为汽车报废而一定报废。

组合关系是指强语义的聚合，表示部分与整体是不可分割的，如果整体不存在，则部分也不存在。如，大学类与学院类之间是一种组合关系，一个大学由若干个学院组成，学院是大学的一部分，但如果大学不存在了，则它的所有学院也都不复存在，即使将某个学院直接划分到另一个大学，此学院也非彼学院，这意味着随着整体的消失，部分也消失了。

为了区分弱语义的普通聚合关系与强语义的组合关系，在图形上用空心菱形箭头表示普通聚合关系，用实心菱形箭头表示组合关系，同样都是从部分指向整体。

课堂讨论——本节重点与难点问题

1. BPMN 的合作流程与编排流程有什么区别？
2. BPMN 与 UML 中活动图在表现业务流程方面有什么区别？
3. 用例图与活动图有什么关系？
4. 活动图与类图有什么关系？
5. 需求分析的类图中，类是否还可以细化与分解？
6. 用例图、活动图和类图分别描述系统的什么特征？

4.3　需求文档化

当建立系统需求模型后，还应对系统需求模型进行规范化的文档描述，即编写需求规格说明书。表 4-4 所示为需求规格说明书模板，它分为 7 个部分：引言、总体概述、功能性需求、非功能性需求、接口需求、其他需求和附录。不同组织机构可以参照标准确定自己的需求规格说明书模板。

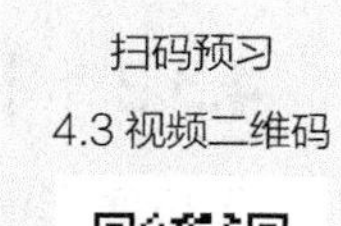

表 4-4　需求规格说明书模板

1. 引言	4.2 易用性需求
1.1 目的	4.3 适应性需求
1.2 文档约定	4.4 安全性需求
1.3 阅读人群和建议	4.5 可靠性需求
1.4 项目范围	5. 接口
2. 总体概述	5.1 用户接口
2.1 产品愿景	5.2 硬件接口
2.2 操作环境	5.3 软件接口
2.3 设计与实现约束	5.4 通信接口
3. 功能性需求	6. 其他需求
3.1 系统功能 1	附录 A　术语表
3.2 系统功能 2	附录 B　业务文档与表格
3.3 系统功能 *n*	附录 C　参考文献
4. 非功能性需求	附录 D　问题列表
4.1 性能需求	

4.3.1　功能性需求

功能性需求用于描述系统的具体功能需求，一般可以通过逻辑功能结构图来表达整个系统的所有待开发的功能，以及相互之间的关系。逻辑功能结构图通常用层次化结构表达，层次化的逻辑功能结构图示例如图4-24所示。具体的系统功能可以通过UML图来表达，特别是通过用例图和用例规约来表达。用例图用于确定有哪些参与者、用例以及它们之间的关系，用例规约详细描述了用例的输入/输出和处理过程。注意一定要使用用例规约，否则仅用用例名称无法确定用例具体如何实现功能。

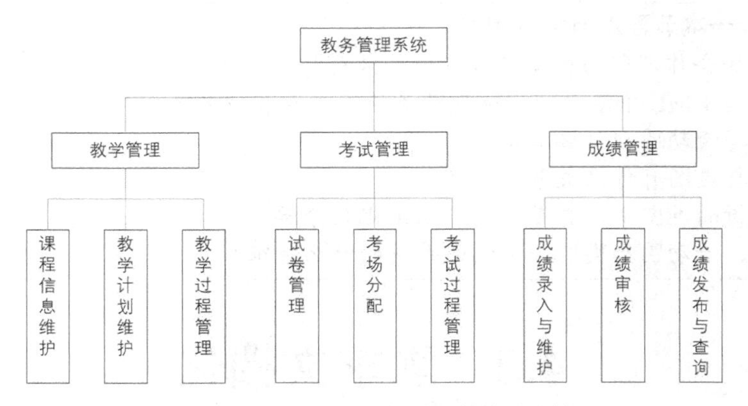

图4-24　层次化的逻辑功能结构图示例

4.3.2　非功能性需求

与功能性需求对应的是非功能性需求，包括性能需求、适应性需求、易用性需求、安全性需求和可靠性需求等。

性能需求包括系统支持的终端数量要求、并发用户数要求、在一定用户数量下系统功能的响应时间要求等。

适应性需求包括软件对不同类型终端（如对PC端、移动端）的适应要求、对不同操作系统的适应要求等。

易用性需求主要指用户界面易用性的要求，包括布局合理和易用，以及界面之间的逻辑合理等。

安全性需求主要指系统要求利用可靠的数据加密技术、访问控制技术和数据隔离技术等实现系统功能与数据的安全等级与具体指标的要求。

可靠性需求主要指对系统出现故障的时间与频率的要求。

4.3.3　接口需求

在系统需求描述中，还应给出系统的各类接口需求，如用户接口需求、软件接口需求、硬件接口需求和通信接口需求。

用户接口定义了用户使用软件时的接口需求，如系统用户是通过命令行界面还是GUI使用系统。

软件接口指待开发软件与其他系统之间的接口，要定义接口的功能，明确是向其他系统传输数据还是读入其他系统的数据，是调用其他系统的功能还是让其他系统调用本系统的功能。

硬件接口描述软件与硬件组件之间的接口，包括支持哪些设备、怎样支持设备，如是否支持打印机、扫描仪、外置存储器、游戏手柄等。

通信接口描述系统与其他系统之间的通信方式与协议，如是否支持有线局域网通信协议、蓝牙 4.0 协议、Wi-Fi 协议等。

课堂讨论——本节重点与难点问题

1. 需求采集输出的文档是否是需求规格说明书？
2. 所有组织是否必须使用同一个需求规格说明书模板？
3. 功能性需求与非功能性需求对项目难易程度的影响分别有多大？
4. 系统是否一定要有接口？
5. 需求规格说明书成型后会不会变化？
6. 可视化建模输出的模型如何嵌入需求规格说明书？

4.4　需求管理

需求管理主要包括两方面内容，一方面是对规范化整理后的需求进行重复排查、相似排查和矛盾排查等排查，另一方面是对需求的变更进行流程化和规范化管理，避免出现需求变更带来的项目失败风险。

扫码预习
4.4 视频二维码

4.4.1　需求依赖矩阵

在需求规格说明书中，对每个功能性需求与非功能性需求都要进行编号，并体现需求之间的层次性。为了进一步理清需求之间是否存在重复、相似、矛盾等现象，可以构建需求依赖矩阵。需求依赖矩阵的第一行与第一列都将需求按顺序进行排开，左上到右下对角线和对角线以上的部分不使用，在对角线的左下部分，如果某两个需求之间存在重复、相似、矛盾等现象，则在对应的格子中做出相应标注。表 4-5 所示为需求依赖矩阵示例，共有 4 个需求，分别列在第一行与第一列，表中阴影的格子不使用。需求 1 与需求 4 对应的格子注明为重复，表示需求 1 与需求 4 是重复的；需求 2 与需求 3 对应的格子注明为矛盾，表示需求 2 与需求 3 是矛盾的。

表 4-5　需求依赖矩阵示例

需求	需求 1	需求 2	需求 3	需求 4
需求 1				
需求 2				
需求 3		矛盾		
需求 4	重复			

4.4.2　需求变更

范围变更控制是指对有关项目范围的变更实施控制。这里的范围变更就是需求变更。主要的过程输出是需求变更、纠正行动与教训总结。再好的计划也不可能做到一成不变，因此变更是不可避免的，关键问题是如何对变更进行有效的控制。有效控制变更必须有规范的变更管理过程，在发生变更时遵循规范的变更管理过程来管理变更。通常对发生的变更需要识别其是否在既定的项目范围之内。如果是在项目范围之内，那么就需要评估变更所造成的影响，以及提出应对的措施，受影响的各方都应该清楚明了自己所受的影响；如果变更是在项目范围之外，那么就需要商务人员与用户方进行谈判，看是否增加费用，或是放弃变更。图 4-25 所示为变更控制流程。

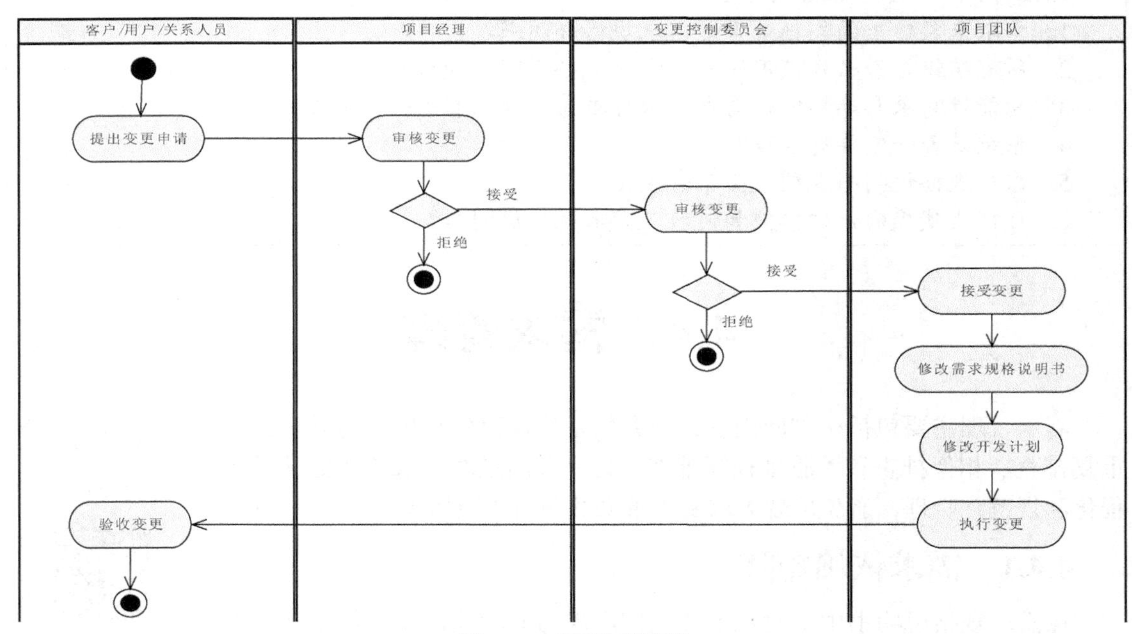

图 4-25　变更控制流程

在进行需求变更管理时，应遵循如下原则。

（1）建立需求基线，需求基线是需求变更的依据。在开发过程中，需求确定并经过评审后（用户参与评审），可以建立第一个需求基线。此后每次变更并经过评审后，都要重新确定新的需求基线。

（2）制订简单、有效的变更控制流程，并形成文档。在建立了需求基线后提出的所有变更都必须遵循这个变更控制流程进行控制。同时，这个变更控制流程具有一定的普遍性，对以后的项目开发和其他项目都有借鉴作用。

（3）成立项目变更控制委员会（Change Control Board，CCB）或相关职能的类似组织，负责裁定接受哪些变更。CCB 由项目所涉及的多方人员共同组成，应该包括用户方和开发方的决策人员在内。

（4）需求变更一定要先申请再评估，最后经与变更程度相当级别的评审确认。

（5）需求变更后，受影响的软件计划、产品、活动都要进行相应的变更，以保持和更新的需求一致。

课堂讨论——本节重点与难点问题

1. 需求依赖矩阵中哪种需求依赖是最容易发现的？
2. 需求变更对于项目的风险有多大？
3. 需求变更过程控制如何平衡控制质量与成本之间的矛盾？
4. 需求变更是否只在需求分析阶段出现还是在整个信息系统生命周期都会出现？

5. 针对频繁的需求变更，如何防范项目风险？
6. 在项目管理中，如何针对需求变更进行管理？

4.5　需求分析案例

本节以一个简化的银行 ATM 机系统为例进行需求分析，给出此系统的 UML 需求模型。在 UML 需求模型中，采用用例图建模系统功能需求，采用活动图建模用例处理流程，采用类图建模系统数据实体关系。

1. 用例图建模

图 4-26 所示为银行 ATM 机系统的用例图，从图中可以看出，此系统有两个参与者，一个是持有银行卡的用户，另一个是银行后台系统。持有银行卡的用户对应自然人角色，银行后台系统是一个系统，而非自然人，尽管它是整个系统的一部分，但它对 ATM 机系统来说是外在角色，故把它作为参与者。

图 4-26 中系统的用例有 5 个，分别对应 5 个主要功能：用户身份验证、余额查询、取款、存款和转账。2 个参与者均与 5 个用例有关联关系，且任何一个用例均是由用户这个参与者发起，并需要银行后台系统这个参与者的配合才能实现用例功能。余额查询、取款、存款和转账这 4 个用例均首先要执行用户身份验证，故这 4 个用例包含了用户身份验证用例，它们之间的关系是包含关系。

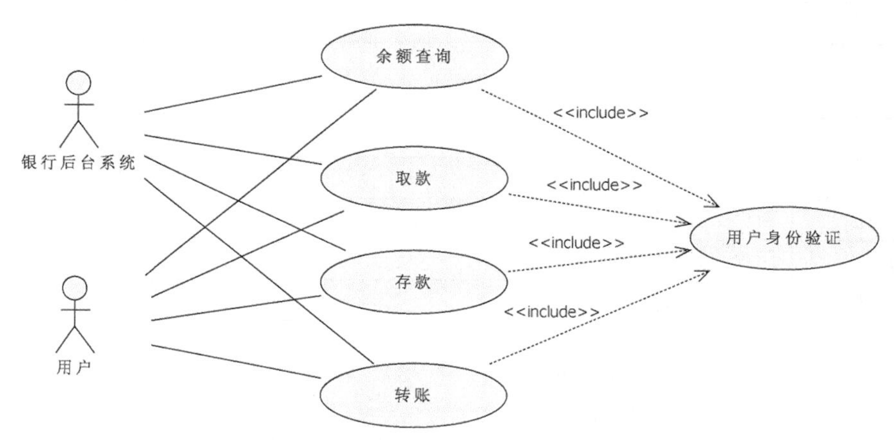

图 4-26　银行 ATM 机系统的用例图

针对每个用例，都需要使用用例规约来表述其详细过程，表 4-6 到表 4-10 分别给出了用户身份验证、余额查询、取款、存款和转账这 5 个用例的用例规约。

表 4-6　用户身份验证用例规约

要素	含义与要求
用例名称	用户身份验证
简要描述	用户插入银行卡并输入密码，系统验证银行卡和密码是否有效
参与者	用户、银行后台系统
前置条件	用户插入银行卡

续表

要素	含义与要求
基本流程	1. 用户插入银行卡； 2. ATM机验证银行卡是否有效； 3. 用户输入密码，ATM机与银行后台系统交互验证卡号与密码是否正确，如果正确则进入操作主界面
备选流程	1. 如果ATM机验证银行卡为无效，则退卡； 2. 如果输入3次密码均不正确，则退卡
后置条件	用户可以进行后续余额查询、取款、存款和转账操作

表4-7　余额查询用例规约

要素	含义与要求
用例名称	余额查询
简要描述	用户点击余额查询按钮，ATM机界面显示银行卡余额
参与者	用户、银行后台系统
前置条件	用户登录系统
基本流程	1. 用户点击余额查询按钮； 2. ATM机与银行后台系统通信，获取银行卡的余额； 3. 将余额显示在ATM机界面上
备选流程	无
后置条件	用户可以进行其他操作

表4-8　取款用例规约

要素	含义与要求
用例名称	取款
简要描述	用户点击取款按钮，在用户输入取款金额后执行取款
参与者	用户、银行后台系统
前置条件	用户登录系统
基本流程	1. 用户点击取款按钮； 2. ATM机显示取款界面； 3. 用户输入取款金额； 4. ATM机与银行后台系统通信，验证输入的取款金额是否超出了银行卡的余额，如果未超出则通知ATM机可以取款，如果超出则通知ATM机余额不足； 5. 验证输入的取款金额是否超出ATM机剩余现金数额，如果未超出则通知ATM机可以取款，如果超出则通知用户现金不足； 6. 在可取款的情况下，吐钞； 7. 吐钞完毕，通知银行后台系统吐钞成功，执行账户扣款，同时通知ATM机，执行现金余额扣款； 8. 返回操作主界面
备选流程	无
后置条件	用户可以进行其他操作

表 4-9 存款用例规约

要素	含义与要求
用例名称	存款
简要描述	用户点击存款按钮，在用户输入存款金额后执行存款
参与者	用户、银行后台系统
前置条件	用户登录系统
基本流程	1. 用户点击存款按钮； 2. ATM 机显示存款界面； 3. 用户输入存款金额； 4. ATM 机打开放置现金的卡槽； 5. 用户放入现金，点击确定按钮，ATM 机关闭现金卡槽； 6. ATM 机清点钞票数量，清点完毕后在界面上显示数量； 7. 用户点击确定按钮，ATM 机将钞票存入系统，同时通知银行后台系统在此银行卡账户上存款； 8. 提示用户存款成功
备选流程	1. 在 ATM 机清点钞票的时候，同时验证每张钞票的真伪和是否可识别，如果是假钞或无法识别，则退出该钞票； 2. 如果 ATM 机没有空间存储该数量的钞票，则退出钞票，提示存储空间不足
后置条件	用户可以进行其他操作

表 4-10 转账用例规约

要素	含义与要求
用例名称	转账
简要描述	用户点击转账按钮，在用户输入对方账号与转账金额后执行转账
参与者	用户、银行后台系统
前置条件	用户登录系统
基本流程	1. 用户点击转账按钮； 2. ATM 机显示输入对方账号界面； 3. 用户输入对方账号； 4. ATM 机将对方账号发送给银行后台系统验证账户有效性，如果有效则进入输入转账金额界面，如果无效则提示用户账户无效； 5. 用户在输入转账金额界面输入转账金额，并点击确定按钮； 6. 系统验证本银行卡账号的余额是否足够，如果足够则提示对方账号与转账金额，若用户确定则执行转账，若用户取消则返回操作主界面； 7. 转账完成，在本银行卡账户中扣除相应转账金额，并提示用户转账成功
备选流程	无
后置条件	用户可以进行其他操作

2. 活动图建模

在系统需求建模分析中，通常使用活动图建模系统功能用例的内部处理流程。针对每个用例，分别给出内部处理流程的活动图。图 4-27 到图 4-31 为银行 ATM 机系统 5 个典型用例的内部处理流程的活动图。

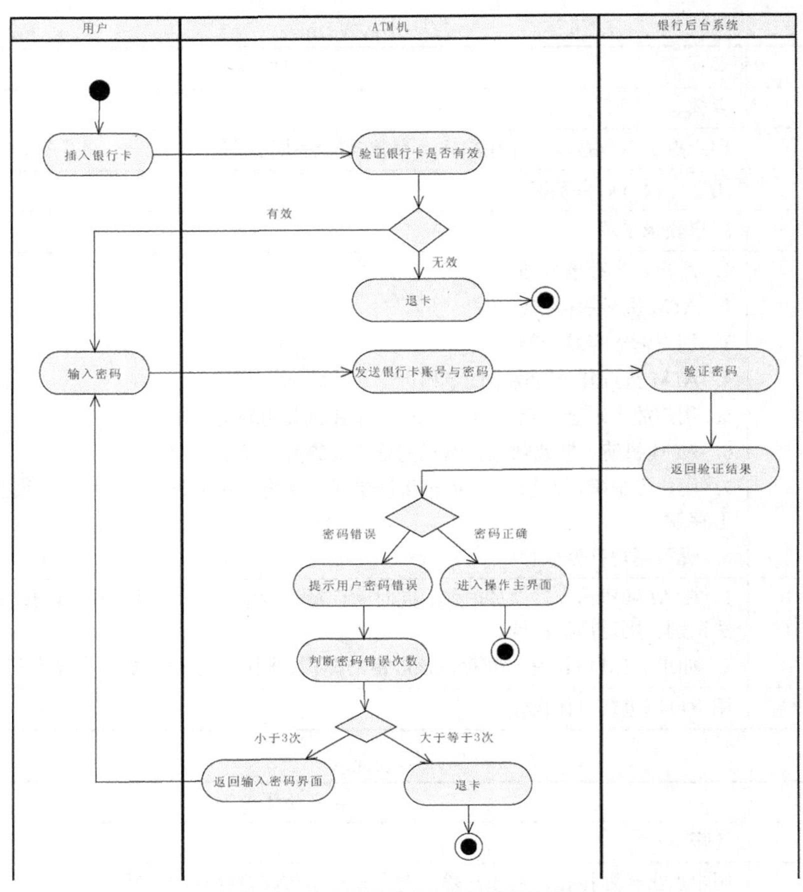

图 4-27　用户身份验证用例的活动图

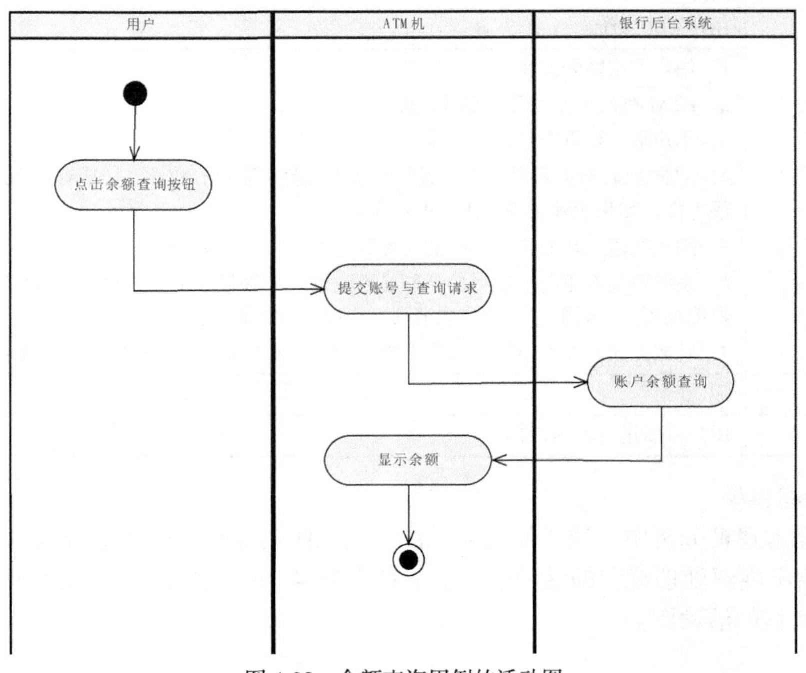

图 4-28　余额查询用例的活动图

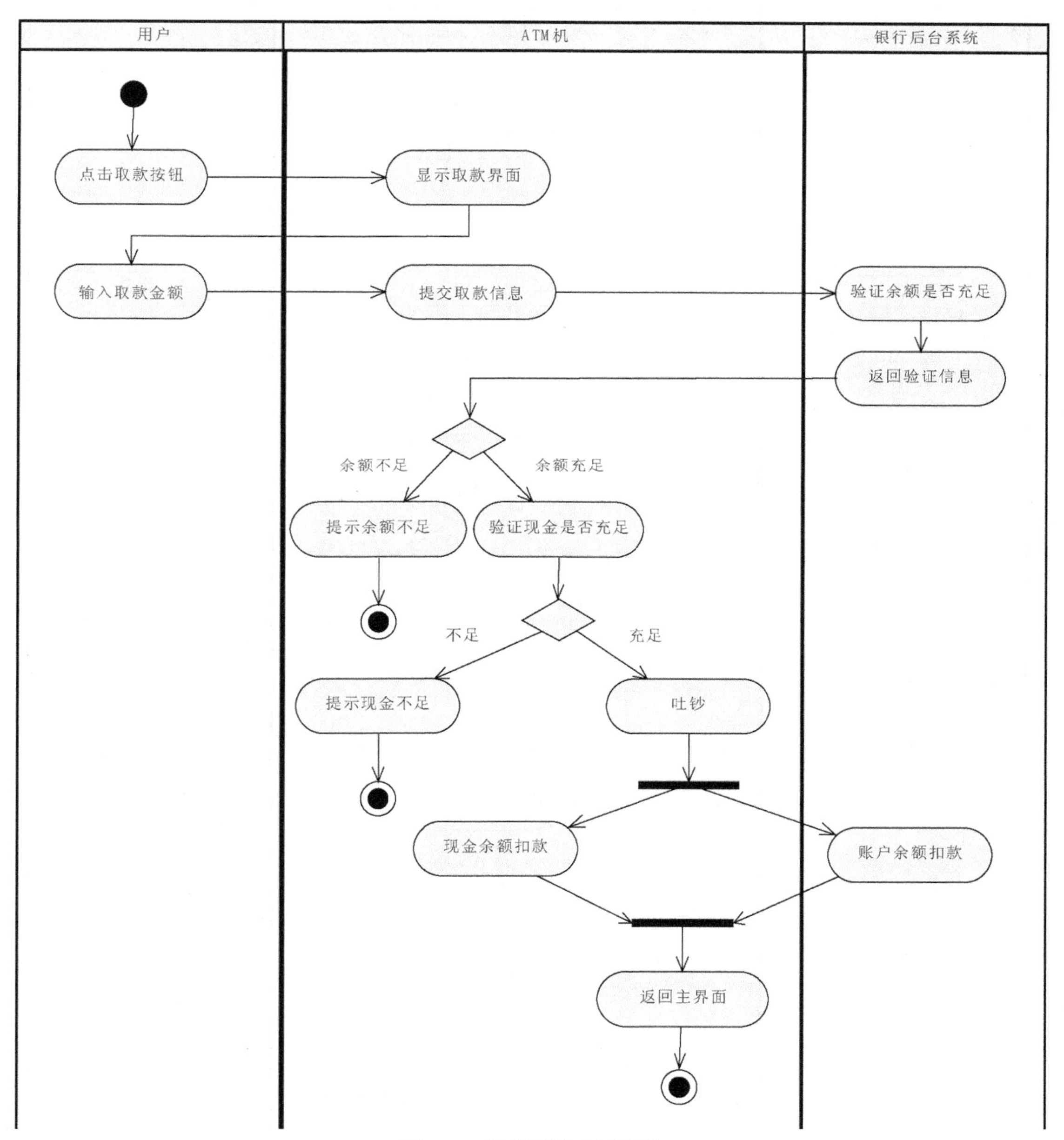

图 4-29　取款用例的活动图

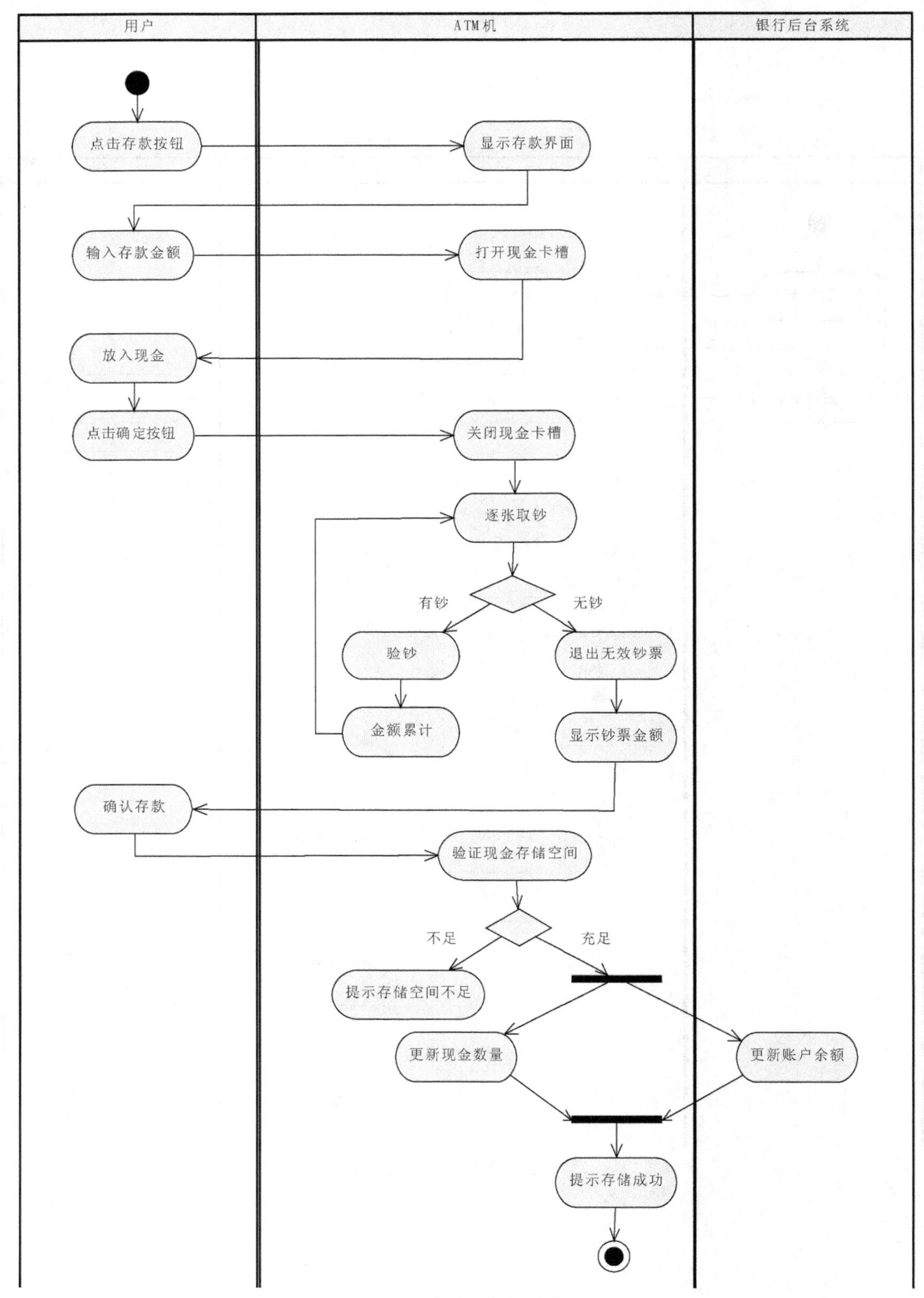

图 4-30　存款用例的活动图

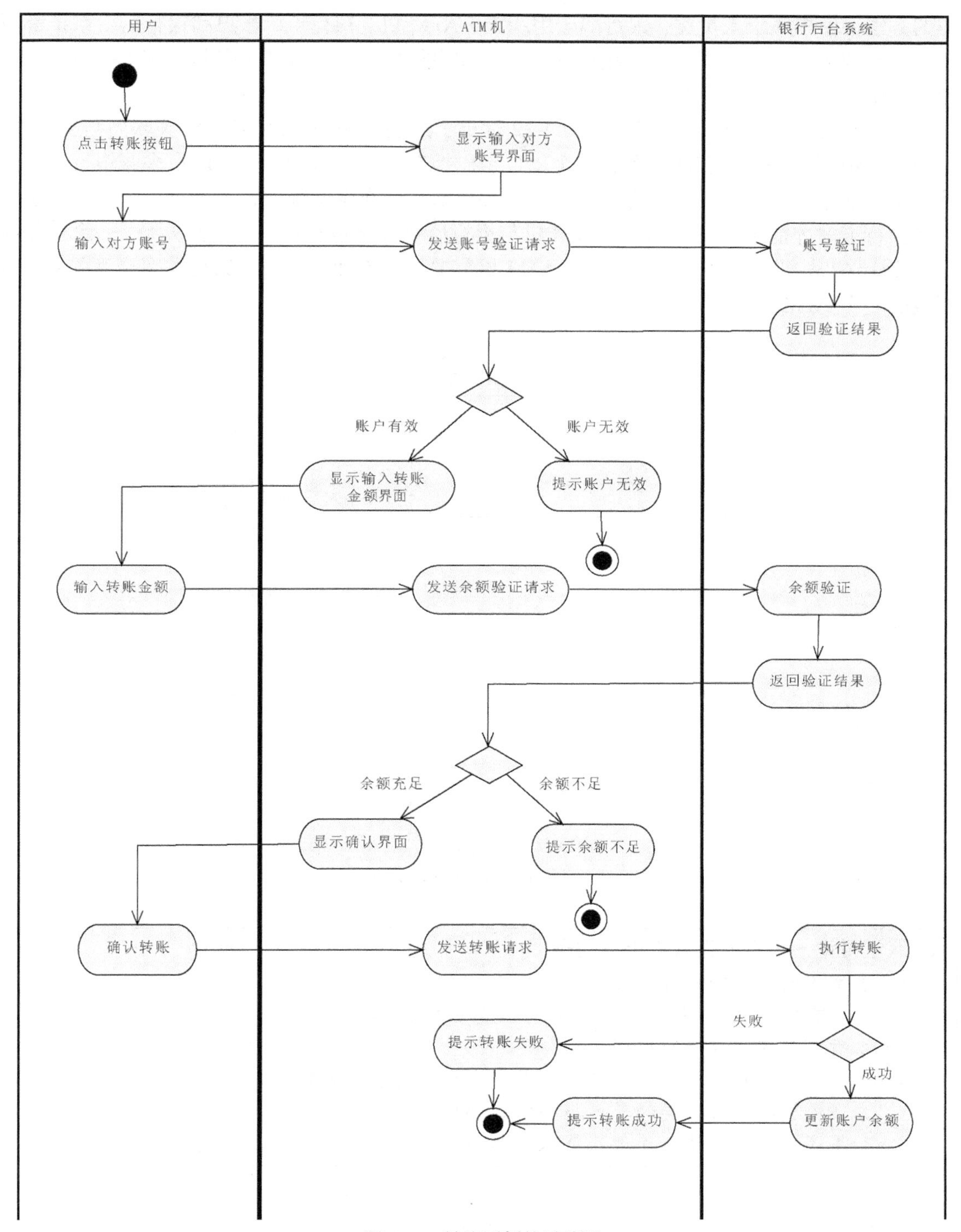

图 4-31　转账用例的活动图

3. 类图建模

为了描述银行 ATM 机系统的数据需求，可以建立该系统的类图，如图 4-32 所示。此类图包含用户、银行、ATM 机、银行后台系统、账户、银行卡 6 个类。根据 4.2.4 节中的识别类的方法，用户属于人员类，银行属于组织类，ATM 机、银行卡、账户和银行后台系统都属于实体类或概念类。可以看出，用例图中用户和银行后台系统这 2 个参与者都被抽象为类，活动图中的 3 个泳道对象都对应了类。

这 6 个类之间主要是关联关系，图 4-32 标出了这些关联关系，包括标出关联名与多重性，如用户与银行卡是一对多的关系，一个用户至少拥有一张银行卡，也可以有多张银行卡，虽然现实生活中一个人不一定拥有某个银行的银行卡，但在本系统中，只有当一个人拥有至少一张银行卡时才能称为一个用户。ATM 机与银行后台系统是多对一的交互关系，一个银行可能有多个 ATM 机，也可能没有，一个 ATM 机需要且只能和唯一一个银行发生交互关系，也即表明一个 ATM 机属于一个特定银行。

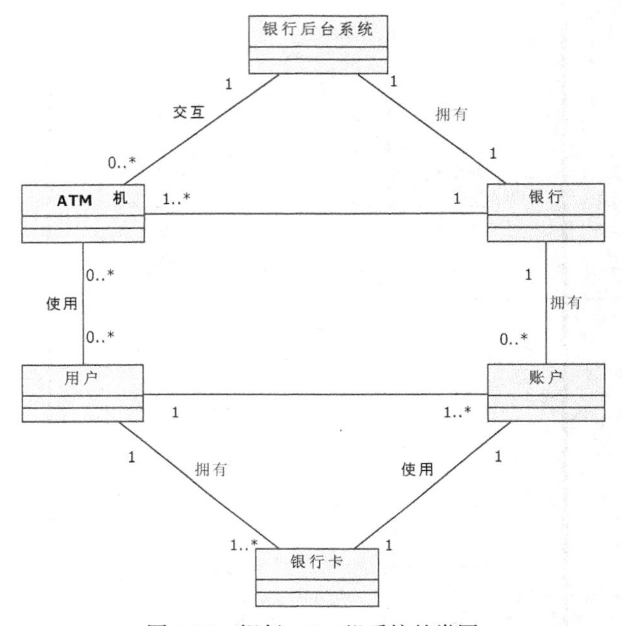

图 4-32　银行 ATM 机系统的类图

课堂讨论——本节重点与难点问题

1. 本案例的用例图是否还可以增加其他用例？
2. 若还有其他 ATM 机类型，则如何在建模中体现类型？
3. 本案例可能存在哪些扩展用例？
4. 本案例的活动图中是否存在可以进一步细化的复合活动？
5. 本案例类图中每个类的属性与操作有哪些？
6. 如果还需要考虑银行管理人员从 ATM 机取钱和维护 ATM 机，该增加哪些用例？

练　习　题

一、单选题

1. 下面哪种需求采集方法是通过触发问题的想法发挥作用的？（　　）

A. 调查表法　　B. 头脑风暴法　　C. 原型法　　D. 研究现有文档与系统

2. 下面哪种关系不出现在 UML 用例图中？（　　）

A. 包含　　B. 扩展　　C. 泛化　　D. 复合

3. 下面哪种关系在类图中表示一个类是另一个类的一部分？（　　）

A. 复合　　B. 扩展　　C. 泛化　　D. 关联

4. 活动图包含下面哪个元素？（　　）

A. 活动　　B. 分支　　C. 并发　　D. 以上都是

5. 以下哪种不是非功能性需求？（　　）

A. 录入成绩　　B. 安全性需求　　C. 可扩展性　　D. 可靠性需求

二、判断题

1. BPMN 的编排流程中没有泳池。(　　)
2. UML 用例之间的表示扩展关系的箭头是从扩展用例指向被扩展用例。(　　)
3. 活动图无法表达并发执行的活动。(　　)
4. 类图中两个类之间的泛化关系是指两个类之间的一般与特殊关系。(　　)
5. 需求变更管理需要有专门的变更过程控制。(　　)

三、填空题

1. 观察法分为旁观式观察、解释式观察、____________。
2. 调查表中的封闭式问题有 3 种形式：单选/多选问题、评价问题、____________。
3. 用例图包含的元素有用例、关联关系、____________。
4. 需求规格说明书中非常重要的三部分内容分别是功能性需求、____________、接口需求。
5. 一个类包含三方面要素：类名、属性、____________。

四、简答题

1. 什么是原型法，它对需求采集有何作用？
2. 调查与调查表有什么区别？
3. 用例规约中的基本流程与备选流程有什么区别？
4. 实体类是什么？在类建模中还需要区分哪些种类的类？
5. 参与者能有属性与操作吗？

五、设计题

针对一个在线点餐外卖系统，给出该系统分析模型设计。

1. 系统功能需求的用例图模型。
2. 点餐功能用例的活动图模型。
3. 系统数据需求的类图模型。

第5章 系统架构设计

在系统需求分析阶段，我们需要考虑系统要做什么，即系统需求是什么。而在系统设计阶段，我们的关注点则是系统如何设计、如何给出系统设计蓝图。系统设计一般分为系统总体设计和系统详细设计。本章将介绍系统总体设计，重点讲解系统架构原理、系统架构技术、系统架构设计等内容，同时给出软件架构的 UML 建模设计方法。

本章学习目标如下：

（1）了解系统设计过程、设计活动、设计方法；

（2）理解系统的架构组成、架构方法、架构设计；

（3）理解基于客户机/服务器的、基于构件的、面向服务的架构技术；

（4）理解可扩展性需求、性能需求、可用性需求等非功能需求如何影响架构设计；

（5）掌握软件架构的 UML 建模设计方法。

5.1 系统设计概述

在完成系统需求分析后，接下来就需要进行系统设计。系统设计是根据系统需求分析的结果，运用软件工程的思想与方法，设计出能满足系统需求目标的新系统构造方案的过程。在进行系统设计时，首先需要对系统设计过程、系统设计活动有基本了解，然后选择合适的系统设计方法，采用系统设计建模技术对系统进行总体设计和详细设计。

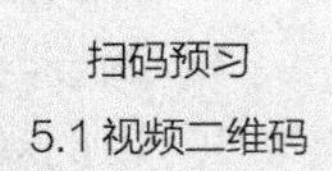

5.1.1 系统设计过程

系统设计过程一般分为系统总体设计和系统详细设计两个阶段。在系统总体设计阶段，需要确定系统的整体结构，包括系统拓扑架构、系统数据架构、系统应用架构、系统软件架构以及如何进行子系统的划分等。在系统详细设计阶段，对各个子系统进行更为详细的设计，主要包括用户界面设计、数据库设计、系统构件设计、程序流程设计、安全机制设计。系统设计过程如图 5-1 所示。

系统总体设计基于系统需求目标、需求规格说明，以及系统非功能需求约束等方面要素进行系统概要设计。在系统总体设计阶段，针对基础设施平台，设计系统拓扑架构；针对用户功能需求，设计系统应用架构；针对用户数据需求，设计系统数据架构；针对系统性能需求和其他质量需求，设计系统软件架构。同时，针对大型复杂系统的总体设计，还需要将系统分解为多个子系统，然后“分而治之”。

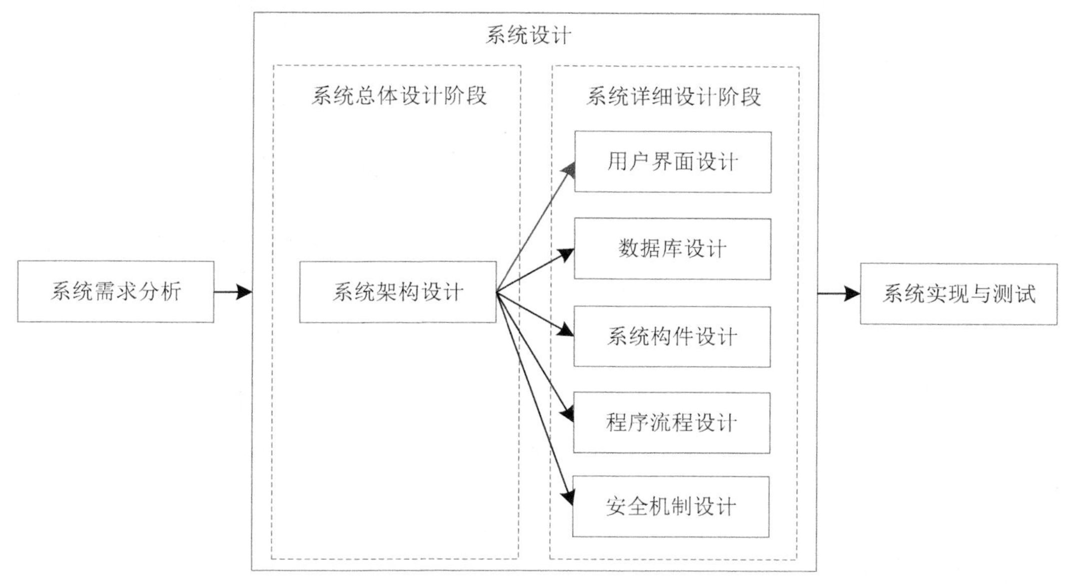

图 5-1　系统设计过程

系统详细设计是在系统总体设计基础上，对系统的用户界面、数据库、功能构件、程序流程等方面进行深入设计。这就好比设计大楼，在大楼的框架结构设计基础上，再对大楼的房间结构、门窗、水电气管道、楼层通道等进行设计。系统详细设计的目标就是给出系统构造的具体技术方案，从而为系统的软件编程实现提供设计规格说明。

在系统设计过程中，通常采用抽象与具化、综合与分解的工程方法。不论多大型的复杂系统，都可采用抽象设计方法，抓住系统本质，去粗取精，建立系统模型。随后采用"分而治之"设计策略，将系统分解为若干子系统，然后对各个子系统及其构件进行详细设计，通过逐步求精揭示设计细节。最后还需将各个子系统及其构件进行综合设计优化，从而得到最优系统。在系统设计过程中，从系统总体设计到系统详细设计，需要分阶段进行审查与评价，并通过反馈信息对各项设计内容进行修改和完善，以保证系统设计符合需求规格。整个系统设计过程是一个不断反馈与完善的开发过程。

5.1.2　系统设计活动

系统设计涉及大量开发活动，主要包括基础设施平台设计、系统架构设计、系统构件设计、程序流程设计、数据库设计、用户界面设计、安全机制设计等。系统设计活动如图 5-2 所示。

1. 基础设施平台设计

在系统总体设计时，必须考虑系统软件的运行环境，即基础设施平台。系统的基础设施平台一般包括计算机网络环境、计算机硬件环境、计算机系统软件环境。在基础设施平台设计中，除了考虑系统的网络结构、网络节点通信关系、硬件计算资源能力、硬件存储资源能力外，还需要考虑系统运行的软件环境，如操作系统软件、数据库系统软件、应用中间件等。

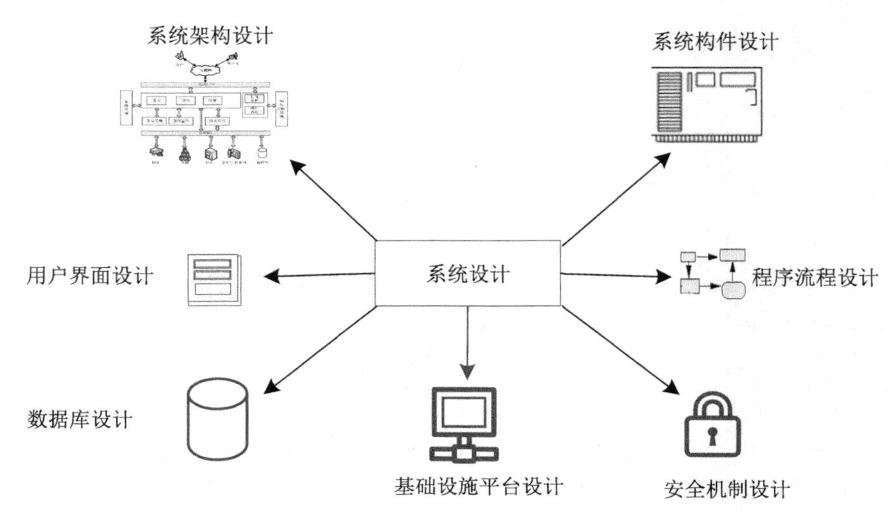

图 5-2　系统设计活动

2. 系统架构设计

在系统总体设计时，主要的设计活动就是系统架构设计，它决定了系统的部件组成关系、控制关系、分布关系以及通信关系。系统架构设计不但决定了系统的整体框架，同时还决定了系统运行性能、系统可用性、系统可靠性、系统可扩展性等非功能能力。因此，系统架构设计是系统设计最重要的设计活动之一。

3. 系统构件设计

系统构件是指系统的模块化构造块。每个系统构件均需实现一个特定的系统功能。系统构件之间通过接口集成可实现更大的功能构件或子系统。在系统构件设计中，基本设计活动包括构件功能逻辑设计、构件接口设计。

4. 程序流程设计

在系统详细设计中，通常还需要对算法程序流程和数据结构进行设计。当完成系统构件的算法程序流程和数据结构设计后，便可进行构件程序的编程实现。

5. 数据库设计

任何信息系统都离不开数据库的存取访问管理，数据库是信息系统重要的数据管理构件。数据库设计是根据系统功能需求和系统数据需求，对系统的数据库结构、数据存取访问方式和数据一致性约束进行设计的过程活动。数据库设计的基本活动包括系统数据架构设计、系统概念数据模型设计、系统逻辑数据模型设计、系统物理数据模型设计，以及数据业务约束规则设计等。

6. 用户界面设计

用户界面是用户与系统进行交互的操作媒介，并实现系统的输入与输出。用户界面设计分为界面结构设计、界面交互设计、界面布局设计、界面视觉设计。界面结构设计给出系统用户界面的组成骨架，即系统界面之间的结构关系。界面交互设计给出实现功能涉及的用户与系统界面之间的交互流程。界面布局设计给出界面元素的位置关系和界面信息组织方式。界面视觉设计是在界面布局设计的基础上，给出界面内容呈现风格，包括界面表达、色彩、字体等。

7. 安全机制设计

任何系统都离不开安全机制的保障。在系统设计中，安全机制需要提供系统的数据安全、操作访问安全以及用户隐私保护等功能。安全机制设计涉及用户角色管理、访问控制、权限管理、数据加密传输、数据加密存储等措施与手段。

总之，在系统设计阶段，不但要设计系统总体架构，还需要设计基本功能构件，以及设计支撑系统运行的基础设施环境。

5.1.3 设计方法与原则

在系统设计中，主要围绕 3 个目标进行设计：1）系统设计除了应满足客户所有明确需求外，还应满足系统利益相关者期望的所有隐含需求；2）系统设计应充分考虑系统未来应用运行的可靠性、安全性、可扩展性、可维护性等非功能特性；3）系统设计应当提供完整的系统构造蓝图，并能从系统功能、系统数据和系统特性等方面给出设计方案说明。

为了达到这些设计目标，系统设计人员必须采取有效的系统设计方法，并遵循合理的系统设计原则。

1. 系统设计方法

（1）抽象设计

系统设计难度随着业务系统的规模加大，其复杂性不断增大。抽象是管理、控制复杂性问题的基本方法。抽象设计方法是一种将注意力集中在某一个逻辑层次上思考问题，而忽略低层次细节的设计方法，它可以使设计者关注问题本质，不受繁杂细节的干扰。使用抽象技术便于人们用“问题域”自身的概念描述本质问题，而无须过早地转换为具体实现的方法问题。系统设计应当是在不同抽象层次上考虑、处理问题。首先在最高抽象层次上用面向问题域的语言叙述问题，并概括问题求解的形式，然后采用系统建模语言描述问题。最后，在最低抽象层次上给出可直接实现的问题解，即程序。

（2）逐步求精

逐步求精是与抽象设计密切相关的概念，它是一种自顶向下的设计策略，其主要思想是在系统总体设计的基础上，采用逐步求精的方法不断将一个大型系统分解为若干子系统，子系统又分解为构件模块，逐步确立过程细节，直到该过程能用程序语言描述的算法实现为止。因为求精的每一步都是用更为详细的设计描述代替上一层次的抽象描述，所以在整个设计过程中，产生的具有不同详细程度的各种描述组成了系统层次结构。层次结构的上一层是下一层的抽象，下一层是上一层的求精。抽象设计与逐步求精是互补的概念。抽象设计可以采用简单明确的模型对系统内部细节进行概括，逐步求精则在抽象设计的基础上设计细节处理。将抽象设计和逐步求精结合起来，有助于系统设计者呈现出大型复杂系统的设计模型。

（3）模块化设计

模块化设计是逐步求精设计方法的一种具体实现方式，它将系统分解成若干独立的功能模块，即构件。从而可以采用分而治之的策略，将复杂系统设计分解转换为若干简单的构件设计，这些构件集成在一起可以实现系统功能需求。此外，模块化设计有助于功能构件实现独立性、互换性和通用性，进一步实现系统的构件复用。通过构件的选择与组合可以构成不同的系统产品，以满足市场的不同需求。

（4）信息隐藏

为了实现构件复用，在进行构件设计时，需要将构件内部信息（方法、数据等）进行隐藏。信息隐藏的基本含义就是将构件的功能代码和数据进行封装，构件之间只能通过定义的标准接口进行交互访问。即便构件内部细节进行了修改，只要接口不变，相关其他构件就不受影响。这样，系统构件便容易实现通用性、可复用性和互换性，从而系统开发的效率和质量可以得到有效提高。

（5）功能独立

功能独立是良好系统设计的关键、模块化设计的前提。功能独立的构件容易实现开发。同样，功能独立的构件更容易进行维护和测试。因为修改设计或修改代码所引起的副作用被限制在单个模块内，减少了错误扩散，而且构件复用也成为可能。功能独立性可以通过构件功能逻辑代码的内聚性和耦合性来进行评估。内聚性反映构件的功能逻辑代码的相关程度，耦合性则反映构件之间的相互依赖程度。在系统设计中，良好的功能独立性体现为构件之间低耦合、构件功能逻辑代码高内聚。

2. 系统设计原则

（1）建立良好的系统架构，满足系统的可靠性、安全性、可扩展性、可维护性等非功能特性需求。

（2）系统设计应采取模型抽象、模块化设计的方法，将复杂系统分解为可控制的子系统及其构件进行开发。

（3）系统设计采用标准的建模语言方式直观、明确地表达设计思路，对系统架构、数据架构、系统构件、用户界面等设计内容采用可视化模型表示。

（4）系统设计应导出功能独立的构件及其接口。这些接口需降低构件之间以及构件与环境之间的复杂性。

（5）系统设计可导出数据结构，这些数据结构需满足类的实现，并应从可识别的数据模式中提取。

5.1.4 系统设计建模

在面向对象系统设计中，系统设计是在系统分析模型的基础上，对新建系统进行设计与具化的建模过程。它是对系统分析模型进行的深化和细化，同时考虑系统的实现环境和系统的可靠性、安全性、可扩展性、可维护性等非功能需求，分别给出系统总体设计模型和系统详细设计模型。系统分析与设计建模过程如图 5-3 所示。

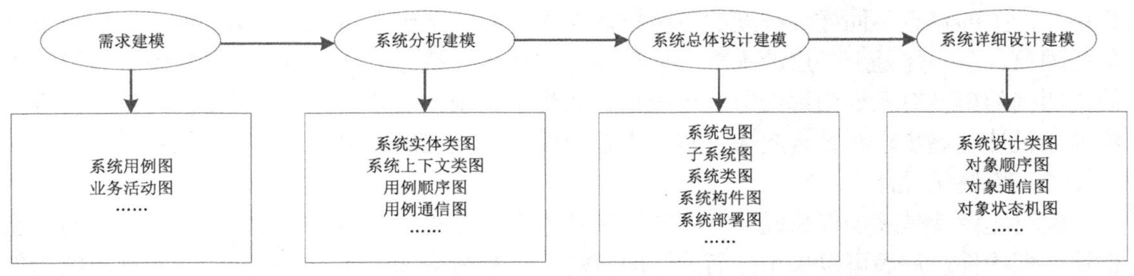

图 5-3　系统分析与设计建模过程

1. 系统总体设计建模

在系统总体设计中，可以从不同视角对系统架构进行设计。系统架构的逻辑结构视图可以采用系统包图、系统类图和子系统图来建模设计。系统架构的物理结构视图可以采用系统构件图、系统部署图来建模设计。系统架构的动态视图可以采用通信图来建模设计。此外，也可采用非 UML 模型的 IT 技术层次结构图建模系统层次架构。

2. 系统详细设计建模

在系统详细设计中，要针对系统架构的各个部分进行细化设计。如针对系统逻辑架构类图进一步设计，给出系统设计类图，以达到可以转换代码的程度。针对系统构件详细设计，给出构件功能的对象顺序图、对象状态机图等。此外，在系统详细设计中，还需要对用户界面、数据库物理结构、系统安全机制等方面进行设计。

课堂讨论——本节重点与难点问题

1. 在系统设计过程中，如何划分总体设计与详细设计？
2. 针对复杂系统，如何将其分解为子系统？
3. 在系统的基础设施平台设计中需要考虑哪些因素？
4. 抽象设计与逐步求精是什么关系？
5. 在面向对象开发中，系统设计模型与系统分析模型如何联系？
6. 类图在系统需求分析阶段、系统总体设计阶段、系统详细设计阶段如何区分？

5.2 系统架构基础

系统架构（又称系统体系架构）是指系统组成的结构模式，它由反映系统部件组成的关联关系、交互关系和约束机制进行描述。在系统总体设计中，主要针对系统架构进行设计，通常包括系统的拓扑架构、软件架构、数据架构和应用架构设计。

扫码预习
5.2 视频二维码

5.2.1 系统架构概述

系统架构反映了系统各个结构要素之间的组成结构关系，它从总体上对系统组成结构进行抽象描述。图 5-4 所示为物流分拣控制系统的系统架构模型，这个物流分拣控制系统通过扫描仓储传输带上的物品标签，获取该物品的目的地址，然后进行物品分拣处理。

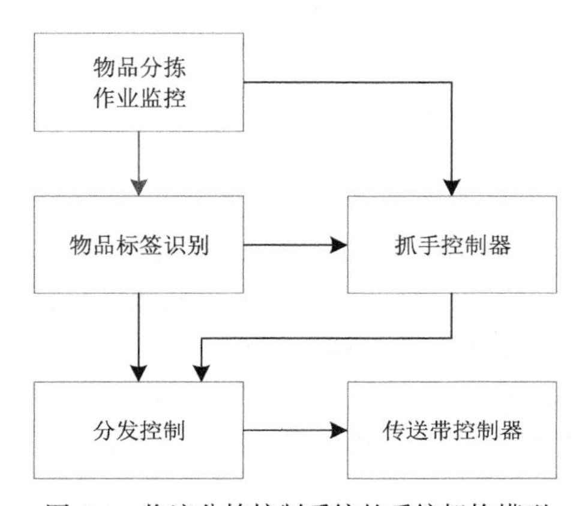

图 5-4 物流分拣控制系统的系统架构模型

该物流分拣控制系统由物品分拣作业监控构件、物品标签识别构件、分发控制构件、抓手控制器构件和传送带控制器构件组成。其中物品分拣作业监控构件对物品分拣作业进行监控处理，并将控制指令和数据信息传送到物品标签识别构件和抓手控制器构件。物品标签识别构件可以自动识别物品包装上的二维码标签或 RFID 标签，从而获取物品的配送地址信息。物品标签识别构件将控制指令发送给分发控制构件和抓手控制器构件，使它们在入口处将物品放置到相应的传送带上，并在出口处进行分发输出。分发控制构件对传送带控制器构件发送运行指令，控制传送带运行。该系统架构模型反映了物流分拣控制系统的构件组成和构件之间的控制关系。

针对复杂系统，其系统架构除了采用以上结构框图模型描述外，还可采用系统拓扑架构模型图、应用架构模型图、软件架构模型图表示系统架构。在系统总体设计中，基本设计任务就是从不同视角对系统架构模型进行设计。

1. 系统架构的重要性

系统架构通常由反映系统整体组成结构的各类模型图来抽象表示，它们从不同视角提供了系统架构的可视化表示。这些系统架构设计模型有助于信息系统的利益相关者围绕系统设计进行交流与讨论。同样，系统架构给出总体设计策略，这些策略对随后所有的系统开发工作有深远的影响。此外，系统架构决定了系统非功能特性，如系统可靠性、可用性、安全性、可扩展性，以及系统性能。因此，系统架构是信息系统最重要的设计内容之一。

2. 系统架构类型

单一的系统架构模型难以全面描述信息系统的各类结构信息。信息系统的复杂性决定了它的架构关系具有多样性。从不同视角描述系统的架构特征，才能更全面地反映系统架构。因此，系统架构可以分类为系统总体架构、系统应用架构、系统软件架构、系统数据架构、系统拓扑架构等。系统架构类型如图 5-5 所示。

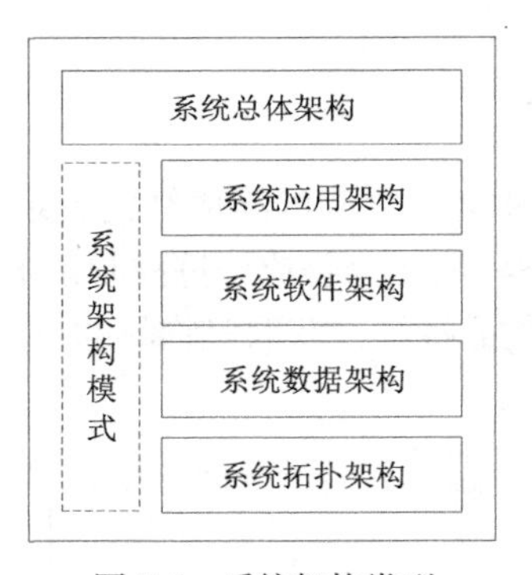

图 5-5 系统架构类型

系统总体架构是从全局抽象层面表示的系统整体结构，它反映系统所有组成元素的结构关系，既包括业务构件、人员构件、软件构件，也包括数据构件、软/硬件平台等元素。系统应用架构反映业务层面的系统应用功能结构。系统软件架构是从软件技术层面反映软件构件的结构组成与控制关系。系统数据架构反映信息资源层面的系统数据节点关系。系统拓扑架构反映基础设施层面的物理节点网络拓扑关系。此外，在系统设计中，根据应用需求，可选择一定的系统架构模式进行系统架构设计。

5.2.2 系统拓扑架构

信息系统基础设施平台一般包括计算机网络设备、计算机服务器设备、计算机存储设备等硬件设备，同时也包括系统软件和支撑软件，如操作系统软件、数据库系统软件、应用中间件等。基础设施平台通过计算机网络系统将这些软/硬件节点资源连接起来，构建支撑信息系统应用软件的运行环境。

在进行基础设施平台设计时，主要的设计工作就是设计系统拓扑架构。系统拓扑架构是指基础设施平台中各个设备节点的网络连接形式。典型的系统拓扑架构有总线拓扑、树状拓扑、网状拓扑、星形拓扑，以及混合型拓扑，如图 5-6 所示。

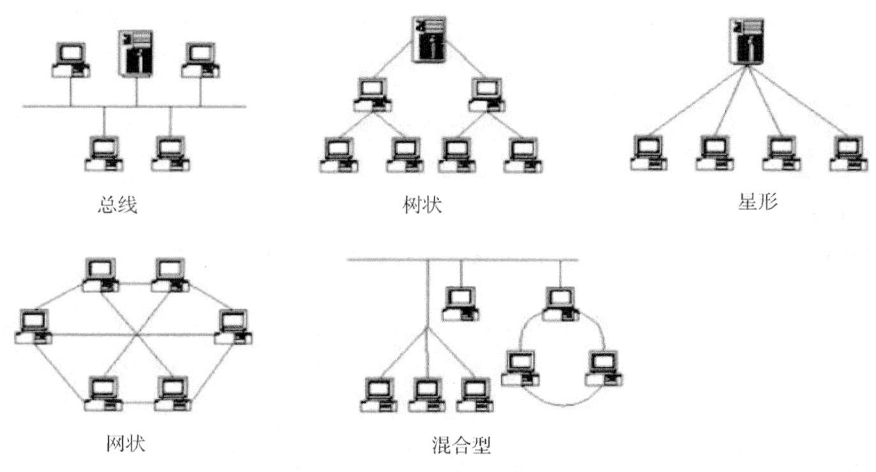

图 5-6　系统拓扑架构

1. 总线拓扑

总线拓扑是一种基于共享网络传输介质的多点连接拓扑架构，它是指将网络中所有的设备通过网络接口直接连接在共享网络传输介质上。这种系统拓扑架构适合于小型部门级的信息系统。

总线拓扑特点：结构简单、灵活，便于扩充；网络传输速度快、价格低、安装使用方便；共享资源能力强，非常便于广播式工作，即一个节点发送信息所有节点都可接收。但共享网络传输介质的负载能力有限，一个总线网络只能支持一定数量的节点计算机连接，网络可靠性依赖于共享的传输介质。

2. 树状拓扑

树状拓扑从总线拓扑演变而来，形状像一棵倒置的树，顶端是树根，树根以下带有分支，每个分支还可再带子分支。树状拓扑是在总线拓扑上加上分支形成的，其传输介质可有多条分支，但不形成闭合回路。节点设备按层次连接，数据交换主要在上下节点设备之间进行，相邻节点或同层节点之间一般不进行数据交换。这种系统拓扑架构适合于较大型部门级的信息系统。

树状拓扑特点：树状网是一种分层网，其结构可以对称，具有一定容错能力。一般一个分支节点故障不影响另一分支节点的工作。设备连接简单，维护方便，适用于需汇聚信息处理的应用要求。但各个节点对根节点的依赖性太大，可靠性不高，根节点故障会影响整个系统的运行。

3. 星形拓扑

星形拓扑架构是一种以中央节点为中心，把若干外围节点连接起来的辐射式互联结构，各节点与中央节点通过点与点方式连接，中央节点执行集中式通信控制策略。这种系统拓扑架构适合共享信息访问的部门级信息系统。

星形拓扑特点：适用于集中式的数据管理或事务处理中心，星形拓扑可以看成一层的树形拓扑架构，不需要多层 PC 的访问权争用，但中央节点负担较重。星形拓扑架构在网络布线中较为常见。

4. 网状拓扑

网状拓扑架构是一种节点之间交织连接的网络架构，节点之间的连接是任意的，没有规律。可以将多个子网或多个局域网连接起来构成更大的网状拓扑架构。这种系统拓扑架构适合网络通信可靠性要求较高的信息系统。

网状拓扑特点：具有较高的可靠性，但其结构复杂，实现起来费用较高，不易管理和维护，不常用于局域网。

5. 混合型拓扑

混合型拓扑架构是一种结构更复杂的网状拓扑架构，它混合了树状、星形等拓扑架构，适合于大型信息系统。

混合型拓扑特点：可以满足大型信息系统的网络拓展需要，既能解决星形网络在传输距离上的局限性问题，而同时又解决了总线网络在连接用户数量上的限制。这种网络拓扑架构同时兼顾了星形网络与总线网络的优点，在缺点方面得到了一定的弥补。

在信息系统拓扑架构设计中，根据业务分布地点、业务职能划分、业务处理方式、基础设施平台构建方式等方面的综合需求，设计系统的设备节点拓扑连接方式。如一个典型的企业信息系统，它既有内部的企业应用服务器、OA 服务器、数据库服务器、数据仓库、系统备份服务器等节点，也有对外提供服务访问的 Web 服务器、邮件服务器、流服务器、认证服务器、域名服务器等节点。同时，该信息系统还支持分公司通过因特网进行网络互联，以及客户、出差人员的外部访问。其系统网络拓扑架构设计如图 5-7 所示。

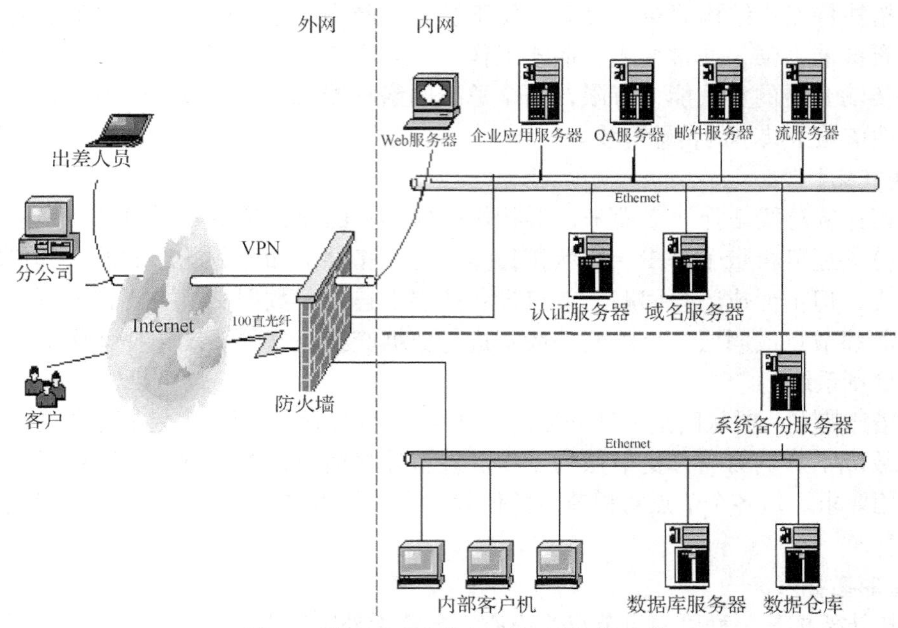

图 5-7　典型的企业信息系统网络拓扑架构

在上面的企业信息系统网络拓扑架构的设计中，不仅要考虑如何将基础设施平台的各个节点通过网络连接起来进行通信，还需要考虑企业信息系统的授权访问与数据安全机制。例如，在企业信息系统的内网与外网之间需要使用防火墙（Firewall）设备及其软件进行安全访问隔离。外部客户在访问企业信息系统时，只能访问对外提供的 Web 信息服务。分公司用户和出差人员通过公网访问企业信息系统业务功能时，被限制只能通过 VPN 方式访问。认证服务器对所有访问用户进行身份验证。只有通过身份认证的用户，才能允许访问企业信息系统的相应业务功能。

5.2.3　系统数据架构

系统数据架构是指在一个组织机构的信息系统中，各类数据资源的组织与存储结构。它不仅需要反映数据节点的分布关系，还需要考虑这些数据资源的存储方式，如文件存储、数据库存储或数据仓库存储。系统数据架构与系统拓扑架构、系统应用架构密切相关，但它是从数据资源角度反映信息系统的数据节点组成关系。系统数据架构按照用途，可以分为系统数据分层架构、系统数据治理架构和系统数据存储架构。

1. 系统数据分层架构

在信息系统中，可以按照不同处理要求，将数据资源组织到不同层次的数据管理系统中。如在一个典型的大数据分析平台系统中，系统数据被分别组织到操作型数据库、分布式文件系统、数据仓库中进行数据管理。该系统数据分层架构如图 5-8 所示。

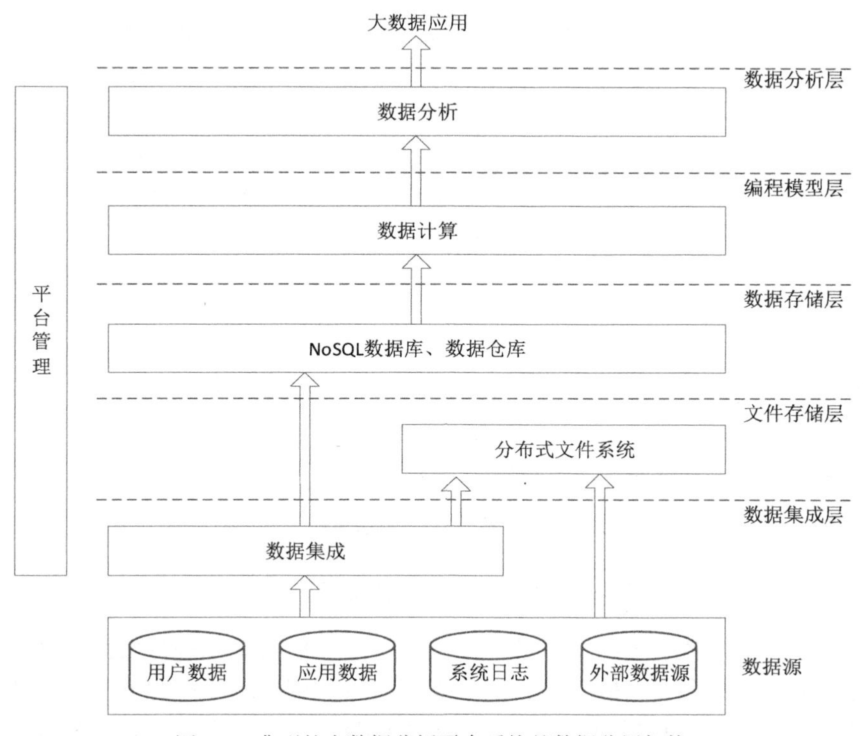

图 5-8　典型的大数据分析平台系统的数据分层架构

在大数据分析平台系统中，原始数据来自不同业务系统的应用数据、系统日志、用户数据，以及外部数据源。它们的数据结构形式可能是结构化数据库、半结构化页面文件，以及非结构化信息数据。在大数据分析平台系统的数据集成层，通过 ETL 工具，将需要采集的数据从不同数据源抽取放到文件存储层的分布式文件系统和数据存储层的 NoSQL 数据库、数据仓库中。

在大数据分析平台系统的文件存储层，通常采用分布式文件系统（HDFS）组织存储数据。该分布式文件系统将数据文件划分为若干数据块，将它们分布存储在不同数据节点中，实现高可用性、高吞吐量、大数据容量的数据访问应用。

在大数据分析平台系统的数据存储层，采用 NoSQL 数据库存储管理海量的大数据，并将分析型数据放入数据仓库，以便数据分析与挖掘工具对分析型数据进行分析计算、数据挖掘、数据可视化等处理。

在系统数据分层架构设计中，主要基于数据资源的处理属性，将它们组织到不同数据管理系统中，并在系统整体架构中体现数据处理所在的层次。

2. 系统数据治理架构

在信息系统中，一般按照业务管理的需求，将数据资源节点部署到不同业务部门服务器进行数据存储与访问管理。系统数据治理架构与组织机构的数据管理职能有直接关系。如某组织机构基于云服务平台的信息系统，采用分布式数据库部署方式实现信息数据管理。该系统数据治理架构如图 5-9 所示。

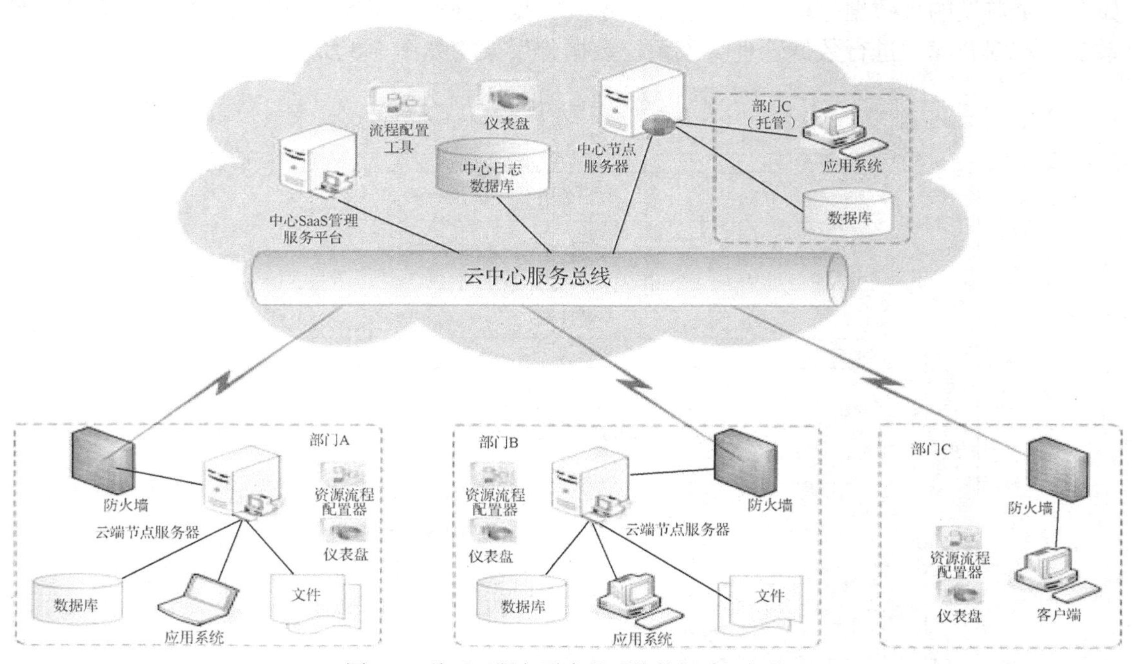

图 5-9　基于云服务平台的系统数据治理架构

在该信息系统中，各个部门的业务处理采用自己本地数据库进行数据管理。而组织机构共享数据交换则通过部署在云服务平台的数据库进行数据管理。在此类信息系统数据架构设计中，主要基于数据资源的管理属性划分系统数据节点，并将它们部署到相应部门服务器中进行数据管理。

3. 系统数据存储架构

在信息系统中，数据资源存储可以采用文件系统、数据库系统、数据仓库系统等方式进行数据存储。文件系统主要用于存储文件、文档，以及一些非结构化数据。数据库系统主要用于业务系统存储结构化数据。数据仓库系统则用于存储海量的、历史的分析型数据。在对这些数据系统进行存储架构设计时，需要充分考虑系统的非功能特性需求，特别是系统性能需求。例如，在支持高可用、高并发访问的数据库存储架构设计中，通常需要采用多台数据库服务器实现的分布式数据库集群平台，以及分库分区等方案来满足系统性能需求。

针对小规模数据的数据库应用系统，可以采用低成本的、架构简单的数据库存储方案。单应用单库的数据库存储方案如图 5-10 所示。

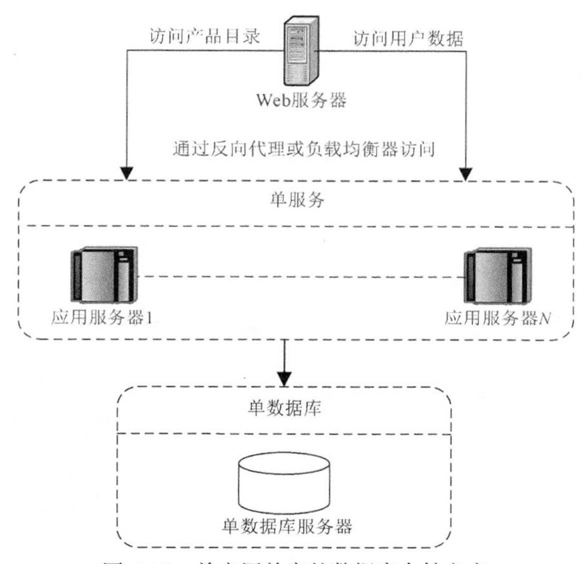

图 5-10 单应用单库的数据库存储方案

该数据库应用系统为用户提供基本的产品信息服务，系统采用基本 B/S 技术架构实现。系统由 Web 服务器、应用服务器、数据库服务器组成。在系统应用初期，用户访问规模和数据存取访问量都不是特别大。采用单一数据库服务器就可以满足性能要求。而应用服务器采用反向代理或负载均衡器实现高可用的信息系统应用服务处理。为此，应用系统采用这种单应用单库的数据库存储方案是一种比较合理的选择。

当业务需求对数据库访问性能提出更高要求的时候，就可以通过数据库读写分离的主从复制技术方案提高数据库处理能力。在数据库读写分离的主从复制技术方案中，一个应用服务器在主数据库服务器进行数据写操作，另一个应用服务器在从数据库服务器进行数据读取操作。当一个应用主要进行查询数据访问时，可以采用 1 主多从数据库服务器方案。图 5-11 给出了一个典型的单应用 1 主多从数据库存储方案。

在主从数据库存储方案中，数据库部署到多台数据库服务器中，其中一台作为主数据库服务器，其他数据库服务器作为从数据库服务器。当主数据库服务器写入数据后，可以通过内部机制数据同步写入从数据库服务器，实现主从数据库的数据复制，从而保证它们存储的数据始终保持一致。主从数据库存储方案可以实现应用数据的读写分离，从而提高系统访问数据的性能，满足大量用户并发访问需要，同时也通过主从数据库服务器的数据冗余存储提高数据库的高可用性。

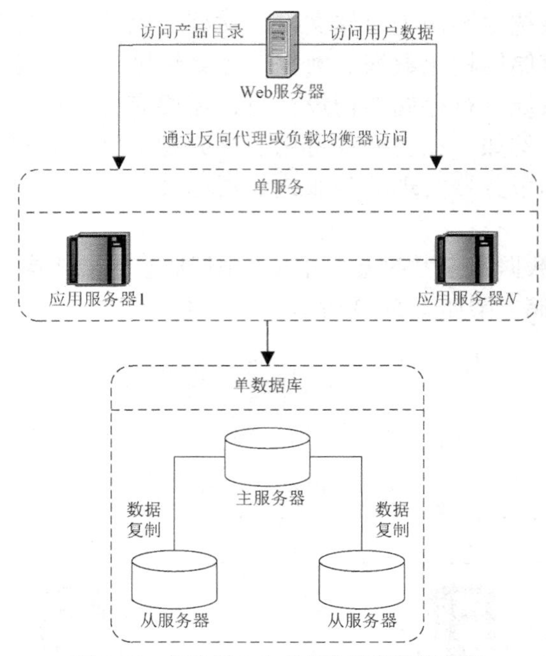

图 5-11　单应用 1 主多从数据库存储方案

随着业务发展，应用系统的用户数据存取访问增多和数据量快速增长。为了提供更好的数据库处理能力，可以将应用系统的数据库按业务进行分库管理，即将应用系统按不同业务分别采用独立的数据库进行数据管理，以提高每个业务的数据库处理能力。在本应用案例中，将产品目录服务和用户服务进行分库管理，其业务应用分库的主从数据库存储方案如图 5-12 所示。

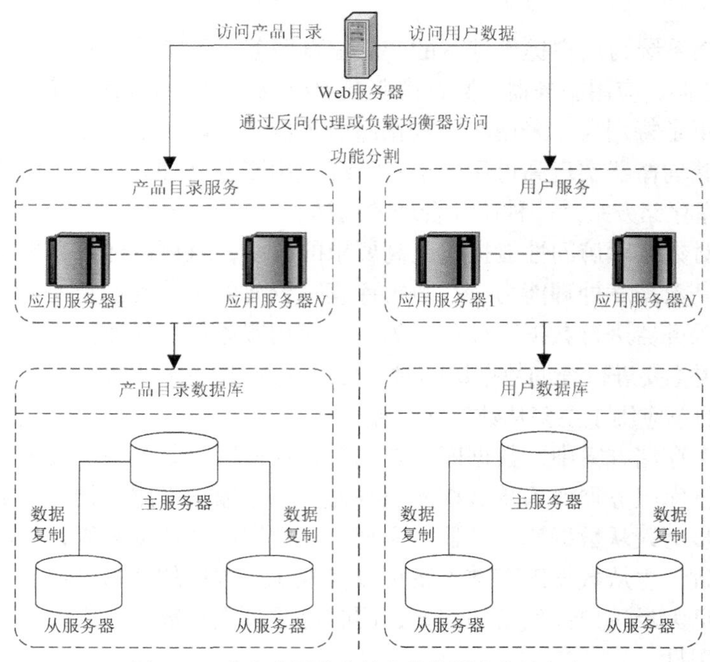

图 5-12　业务应用分库的主从数据库存储方案

在该方案中，每个业务应用分别采用独立的应用服务器集群和独立的数据库服务器进行数据管理。每个业务数据库依然使用读写分离的主从复制技术方案。通过业务分库的方式，使得在同一个应用系统中实现了更多的数据库存储，同时也就提供了更强大的数据访问性能，从而满足应用系统快速增长的数据库访问需求。

此外，还可根据不同业务应用数据的访问特点，采用不同的数据库存储方案进行应对。如以上产品目录数据库，也许通过读写分离的主从复制技术方案能够满足应用的数据访问性能要求，但是如果用户服务应用的用户数据量特别大，采用读写分离的主从复制技术方案还不能够应对数据存储和数据读写操作的访问压力，这时还可以对用户数据库表分片（分区）存储。同时每个分片数据库也使用主从复制的方式进行数据复制。图 5-13 给出一个典型的业务应用分库、主从读写分离、数据库分片存储方案。

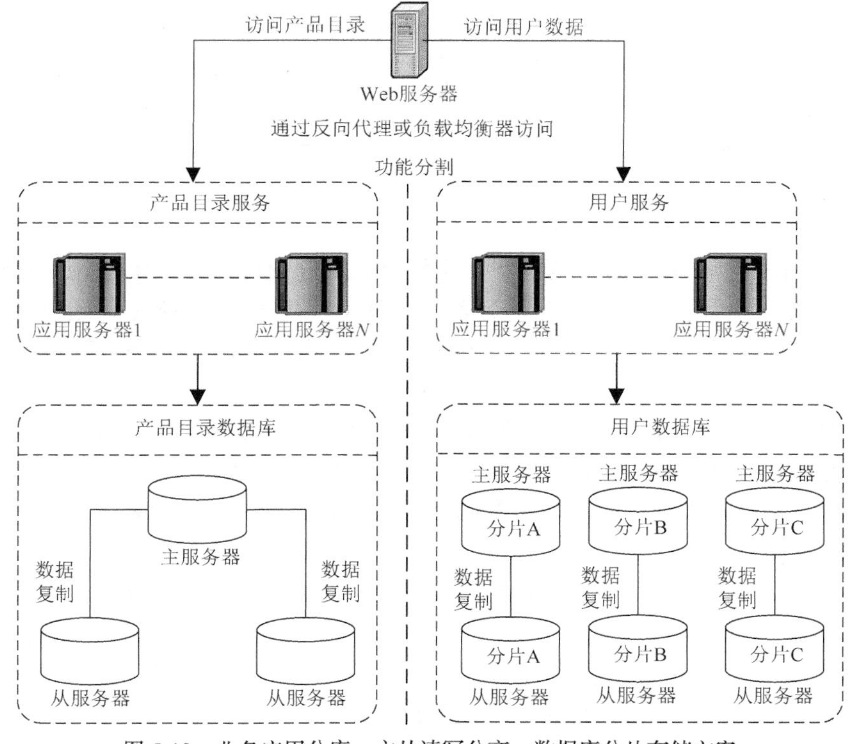

图 5-13　业务应用分库、主从读写分离、数据库分片存储方案

如果系统应用处理大量的非结构化数据，则可以选择 NoSQL 数据库存储方案。NoSQL 数据库可以提供更强大的数据存储能力和并发读写能力，但是 NoSQL 数据库因为 CAP 原理的约束可能会出现数据不一致的问题。解决数据不一致的问题，可以通过时间戳合并、客户端判断以及投票等机制实现最终一致性。

5.2.4　系统软件架构

软件架构是一种对软件系统结构、行为和属性的高层抽象，它由构件、连接件、端口、配置、角色等要素组成。

构件是指具有特定功能的、可复用的软件模块。连接件用于表示构件之间的交互，如过程调用、事件广播、交互协议等。配置用于对构件与连接件的拓扑逻辑、语义约束等进行说明。端口用于表示构件接口与外部环境的交互点。角色是指连接件的参与者，如事件广播的发布者与接受者。

软件架构不仅可以反映整个软件系统的构件组成及其结构关系，还可以体现满足非功能需求的设计决策。

在系统总体设计中，软件架构设计是指基于一定的设计原则和系统需求，从软件角度对组成系统的各部分进行划分和组织，形成系统多个结构视图的组成架构。软件架构包括该系统的各个构件、构件的外部可见属性及构件之间的关系。典型的软件架构如图 5-14 所示。

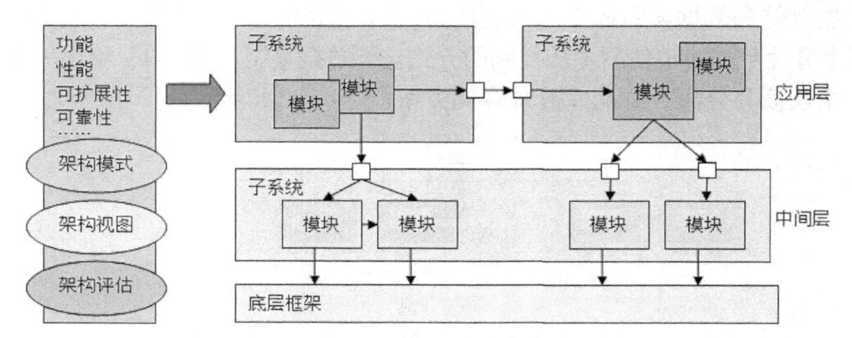

图 5-14　典型的软件架构

在图 5-14 所示的软件架构中，可以看到系统被划分设计为多个子系统。这些子系统被安排到不同层次，每个子系统又被分解为若干构件（模块）。子系统之间通过端口进行控制与信息交互，同样构件之间也通过端口进行控制与交互，从而建立整个软件的组成与控制结构。

软件架构用于给出软件系统总体设计的蓝图。基于软件系统总体设计的蓝图，开发人员便可进行构件详细设计和编程实现。这如同在建造大楼前，建筑师首先需要对大楼的结构和框架进行设计，然后对大楼层间、管道等结构进行设计。当完成建筑蓝图设计后，建筑单位便可以开始工程施工。

在软件系统总体设计中，软件架构除了应满足系统功能需求外，还应满足系统非功能需求，即达到如下质量目标。

- 可靠性。软件系统连续正常运行对于用户的商业经营和信息服务来说极为重要，因此要求软件系统必须具有高可靠性运行的质量属性。
- 安全性。软件系统所负责的商业交易数据价值极高，系统与数据的安全性对用户和组织机构来说都是非常重要的质量属性。
- 可伸缩性。软件系统必须能够在用户访问量、并发用户数发生变化的情况下，保持合理的运行性能和资源利用率。只有这样，才能满足实际应用的运行场景需要。
- 可定制化。同样的一套软件系统可以根据客户群的不同和用户个性化需求进行系统功能定制。
- 可扩展性。在新的应用需求出现时，软件系统应当允许加入新的构件，从而对现有系统进行功能和性能的扩展。
- 可维护性。软件系统的维护包括两方面内容，一是排除现有的错误，二是将新的软件需求反映到现有系统中去。支持可维护性的软件架构可以有效地降低软件修改或软件进化的难度。

5.2.5　系统应用架构

系统应用架构是指从应用功能视角所描述的系统架构。系统应用架构关注应用功能划分、应用功能集成和应用功能部署，例如，保险业务监管系统的应用架构如图 5-15 所示。

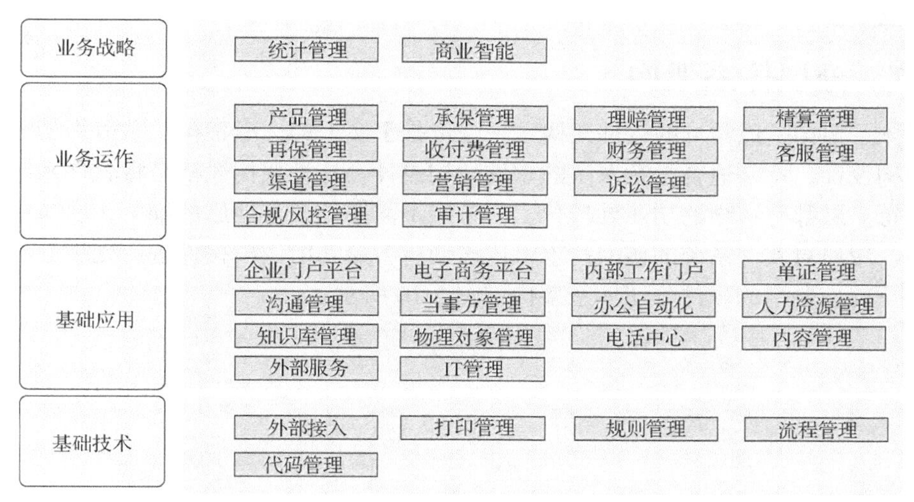

图 5-15　保险业务监管系统的应用架构

应用架构用于描述组织机构的业务功能结构。它分为以下两个不同的层次。

（1）组织机构信息化应用架构：在组织机构信息化全局层面，应用架构起到了统一规划、承上启下的作用，向上承接组织机构的战略发展方向和业务模式，向下规划和指导组织机构各个 IT 系统的定位和功能。在组织机构信息化建设中，应用架构是重要的 IT 规划设计内容，它包括组织机构的应用架构蓝图、架构标准/原则、系统的边界和定义、系统间的关联关系等方面的内容。

（2）单个系统的应用架构：在开发单个系统时，设计系统的应用功能结构，并考虑系统各个层次的功能结构组成，如前端展示层、业务处理逻辑层、数据访问层的功能模块结构。单个系统的应用架构设计一般属于部门应用系统架构范围，而不是组织机构应用架构的范畴，不过各个系统的应用架构设计需要遵循组织机构总体应用架构原则。

课堂讨论——本节重点与难点问题

1. 如何理解系统架构？系统架构对信息系统有何影响？
2. 为什么系统架构需要从多个视角进行描述？
3. 哪种系统拓扑架构适合电子商务平台系统？
4. 针对具有高可用性的信息系统，采用什么数据架构更合适？
5. 软件架构与系统架构有何不同？
6. 应用架构主要有哪些作用？

5.3　软件架构风格

不同应用领域系统所采用的软件架构有所不同，但同一应用领域系统的软件架构大体相似。这些相似的架构特征就形成了软件架构风格，它反映了领域中众多系统所共有的结构和语义特性，并指导如何将各个构件和子系统有效地组织成完整的系统。典型的软件架构风格主要有分层体系架构、以数据为中心体系架构、数据流体系架构、事件驱动体系架构、客户机/服务器体系架构、微核体系架构、微服务体系架构等。

扫码预习
5.3 视频二维码

5.3.1 分层体系架构

分层体系架构是最常见的软件架构之一，也是事实上的标准架构。它适用于大部分系统的软件架构设计，特别适合复杂系统的软件架构设计。这种架构风格是将软件系统分成若干个层次，每一层都有清晰的功能处理分工，各层不需要知道其他层的细节，层与层之间通过接口通信。用户对软件系统的访问请求将依次通过各层功能逻辑构件进行处理，不允许跳过其中任何一层。典型的软件分层体系架构如图 5-16 所示。

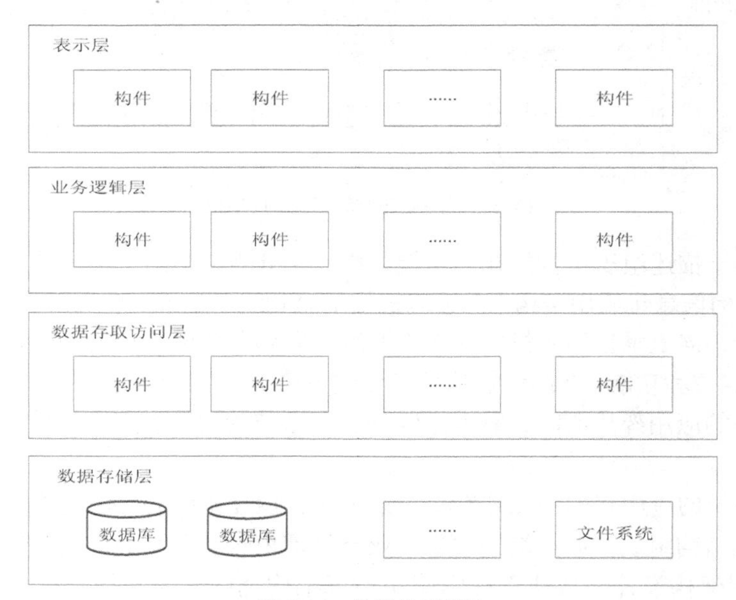

图 5-16 分层体系架构

分层体系架构各层的定义如下。

表示层：由用户界面及其展示功能逻辑构件组成，该层负责用户界面输入/输出和人机交互处理，将界面操作处理转换为业务逻辑层的功能构件调用去执行，也将业务逻辑层的处理结果在本层界面进行呈现。

业务逻辑层：由实现系统各个业务功能逻辑的构件组成，该层实现业务功能逻辑处理和数据加工处理。在业务功能逻辑处理中，将调用数据存取访问层的构件对数据进行查询访问处理，也可将表示层输入的数据通过数据存取访问层写入数据存储层。

数据存取访问层：由实现数据存取访问的功能构件组成。这些构件提供数据存取访问服务，并将数据持久化到数据库文件，因此，该层又称为持久化层。在面向对象系统中，本层还实现对象与关系表之间的映射，使数据访问程序可以通过对象的操作方法完成数据存取。

数据存储层：由数据库或文件系统组成，它们实现系统的数据组织与存储。

此外，有的软件系统还在业务逻辑层与表示层之间增加一个服务层，为不同终端表示层调用业务逻辑处理功能提供一些通用的功能服务。

分层体系架构在信息系统的软件开发中应用普遍，该软件架构具有如下优缺点。

优点：1）便于将复杂问题分层解决与实现，便于大型复杂系统设计抽象，其软件架构设计层次清晰；2）开发团队可以明确分工，每类人员负责系统不同层的开发，适合大多数软件公司的项目组织模式；3）支持构件复用，只要给相邻层提供相同接口，就可实现功能复用。

缺点：1）不是每个系统都可以很容易地设计出层次结构，系统层次划分设计还没有统一的方法；2）系统部署工作量较大，即使只修改某层次的一个构件，往往需要整个软件系统重新部署，不容易做到持续发布；3）若设计层次过多，会造成系统整体性能降低；4）当用户请求大量增加时，必须扩展每一层的处理能力。当某层的构件之间耦合紧密，系统扩展则较困难。

5.3.2　数据共享体系架构

数据共享体系架构是一种以数据存储服务器为中心，为客户软件提供数据共享、数据交换访问的软件架构风格。其中数据存储服务器（如数据库服务器、数据仓库服务器）存储当前系统的共享数据，专门的客户软件对数据存储服务器的共享数据进行增加、修改、删除等处理，其他客户软件对数据存储服务器的共享数据进行查询访问处理。数据共享体系架构如图 5-17 所示。

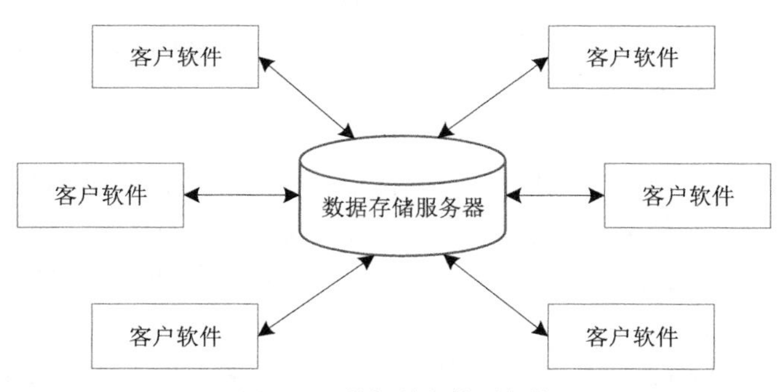

图 5-17　数据共享体系架构

在数据共享体系架构中，各个客户软件相互独立，它们通过数据存储服务器实现数据交换，即一个客户软件对共享数据进行了修改，其他客户软件可以获得数据变更信息。这种软件架构适合于需要实现多个业务系统共享数据的系统。

数据共享体系架构在以数据为中心的系统中应用普遍，该软件架构具有如下优缺点。

优点：1）体系架构简单，容易实现软件开发；2）可有效地实现大量数据共享，新客户软件加入系统无须考虑其他客户软件的存在；3）只要遵循共享数据访问接口，各个客户软件就可以独立运行。

缺点：1）当共享数据结构发生变化时，各客户软件都需要进行数据访问调整，通常比较麻烦；2）当客户软件大量增加时，共享数据存储将面临性能压力；3）数据存储服务器作为系统的中央单元，若没有考虑高可用性方案，它一旦出现故障将导致整个系统无法运行；4）共享数据存储难以实现分布式处理。

5.3.3 事件驱动体系架构

在软件系统中，事件是指当一个对象的状态发生变化时，给另一个对象发出的通知。事件驱动体系架构就是一种基于事件机制实现软件构件之间通信的软件架构，如图 5-18 所示。

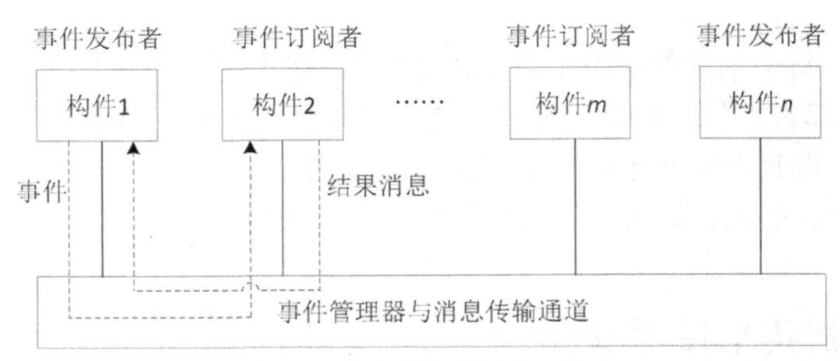

图 5-18 事件驱动体系架构

事件驱动体系架构定义了事件可传输于松散耦合的构件或服务之间。事件驱动机制由事件订阅者、事件发布者、事件管理器、消息传输通道组成。事件订阅者向事件管理器订阅事件，事件发布者向事件管理器发布事件。当事件管理器从事件发布者处接收到一个事件时，事件管理器把这个事件转送给相应的事件订阅者。事件订阅者接收到事件后，将对事件进行操作处理，并将结果消息通过消息传输通道原路返回给事件发布者。如果这个事件订阅者是不可用的，事件管理器将保留这个事件，一段间隔之后再次转送给该事件订阅者。这种事件传送方法在基于消息传输的系统中，就是指存储与转发。事件驱动体系架构具有如下优缺点。

优点：1）采用分布式的异步通信，构件之间高度解耦，支持软件构件复用，容易实现并发处理；2）通过注册可引入新的构件，而不影响现有构件，软件的扩展性好；3）因为事件的异步本质，软件不易产生“堵塞”；4）事件管理器可以独立地加载和卸载，容易部署。

缺点：1）涉及异步编程，程序开发相对复杂；2）难以支持原子性操作，因为事件通常会涉及多个构件，难以实现回滚操作；3）分布式特性和异步特性导致该架构较难测试；4）构件削弱了自身对系统的控制能力，某个构件事件触发时，并不能确定响应该事件的其他构件的执行时间；5）不能很好地解决构件之间的数据交换问题。

5.3.4 客户机/服务器体系架构

客户机／服务器体系架构是一种典型的分布系统体系架构，其软件分为客户端构件和服务端构件，通常客户端构件在客户机上运行，服务端构件在服务器上运行。一个服务端构件可同时为多个客户端构件提供服务。客户端构件向服务端构件发出服务请求，服务端构件将处理服务请求，并将处理结果信息返回给客户端构件。此后，服务器持续监听来自客户端的请求。客户机/服务器体系架构如图 5-19 所示。

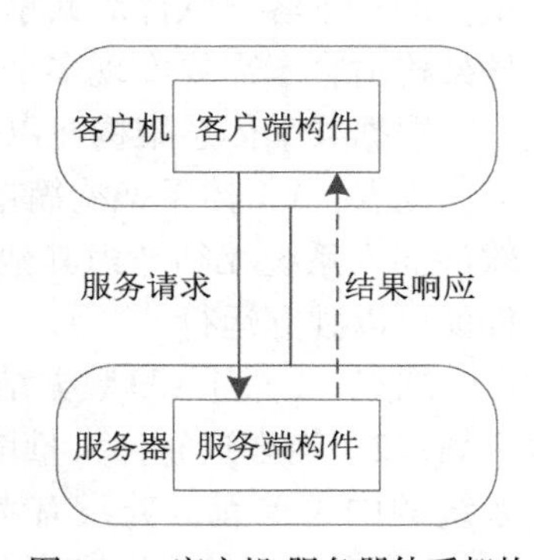

图 5-19 客户机/服务器体系架构

客户机/服务器体系架构具有如下优缺点。

优点：1）允许分布式计算处理和分布式数据处理，有利于提高系统处理能力；2）一个通用的服务功能可以提供给多个客户端构件访问使用，能有效地利用软/硬件资源，并实现服务器资源共享；3）在系统增加硬件资源的情况下，可以提升系统的处理能力。

缺点：1）客户端构件与服务端构件的通信依赖于网络，网络可能成为整个系统运行的瓶颈；2）当有大量客户机访问服务器时，服务器同样也可能成为性能瓶颈；3）当服务器存在单点失效问题时，系统的运行受服务器失效的影响。

5.3.5　微核体系架构

微核体系架构又称为"插件架构"。在微核体系架构系统中，系统由内核和若干插件组成。内核实现系统基本功能，以及负责插件加载与卸载。插件则是互相独立的功能构件。系统的内核相对较小，主要功能和业务逻辑都通过插件实现。在微核体系架构中，插件之间的通信应该减少到最少，避免出现互相依赖的问题。微核体系架构如图 5-20 所示。

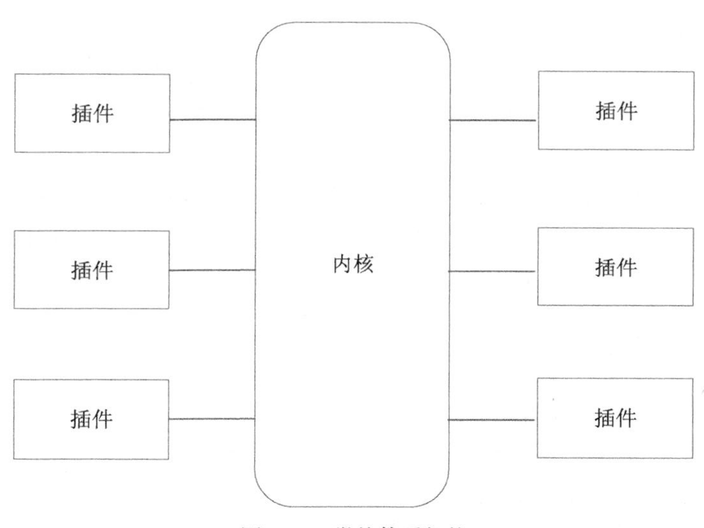

图 5-20　微核体系架构

微核体系架构具有如下优缺点。

优点：1）良好的功能扩展性，需要什么功能，开发一个插件即可；2）功能插件之间是隔离的，可以独立地加载和卸载，比较容易部署；3）可定制性高，能适应不同的开发需要；4）可以渐进式地开发，逐步增加功能。

缺点：1）伸缩性差，由于内核通常是一个独立单元，不容易做成分布式，难以提高系统性能；2）开发难度相对较高，因为涉及插件与内核的通信，以及内部的插件登记机制。

5.3.6　微服务体系架构

微服务体系架构是面向服务架构（Service-Oriented Architecture，SOA）的升级。它将单一应用软件划分成一组小型服务，服务之间相互协调与配合，为用户提供功能服务。每个服务运行在独立的进程中，服务之间采用轻量级通信机制进行消息交互。每个服务都围绕业务进行构建，并且能够独立部署到运行环境。这些服务都是分布式的，互相解耦，通过远程通信协议（如 REST、SOAP）进行交互。微服务体系架构如图 5-21 所示。

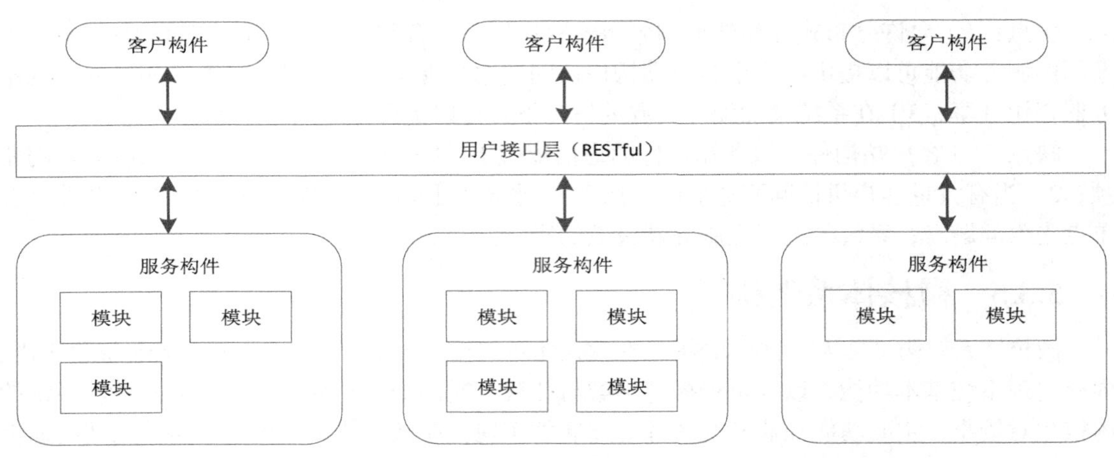

图 5-21 微服务体系架构

微服务体系架构具有如下优缺点。

优点：1）扩展性好，各个服务之间低耦合；2）容易部署，每个微服务可以单独部署；3）容易开发，每个构件都可以进行持续集成式开发，可以做到实时部署，不间断地升级；4）易于测试，可以单独测试每一个服务。

缺点：1）由于强调细粒度功能服务，系统功能服务可能会拆分得很细，这可能会导致系统依赖大量的微服务，变得很凌乱和笨重，性能也会不佳；2）一些通用服务可能被较多其他服务所依赖，整个架构就会变得复杂；3）分布式应用的本质使得这种架构实现数据一致性存在较大挑战。

课堂讨论——本节重点与难点问题

1. 如何选择不同风格的软件架构？
2. 分层体系架构与数据共享体系架构各有什么优缺点？
3. 事件驱动体系架构如何实现系统功能？
4. 三层客户机/服务器体系架构有何特点？
5. 微核体系架构适合哪类软件系统？
6. 微服务体系架构与 SOA 体系架构有哪些不同？

5.4 软件架构模式

与软件架构风格一样，软件架构模式也是一类在软件架构设计中施加的规则与语义约束，但软件架构模式涉及的范围要小一些，它集中在软件架构的某一方面而不是软件架构的整体。软件架构模式与软件架构风格一起建立整个软件系统架构的外在特性。

扫码预习
5.4-1 视频二维码

5.4.1 架构模式

在进行软件系统总体设计时，需要解决诸多设计问题，如“针对高可用性系统访问，如何设计系统架构？”“针对数据密集型应用系统，如何保证系统具有高并发访问能力？”“针对实时系统，如何确定系统构件之间的控制协议”等。针对这类设计问题，是否有通用的解决方案呢？这些解决方案是否能通过实际应用的验证？它们是否可以在软件系统中进行复用？以上问题都可以通过软件架构模式来回答。所谓软件架构模式，就是指针对特定需求问题及其环境给出通用的软件架构设计解决方案。该方案具有通用性、有效性和可复用性。在软件系统架构设计中使用架构模式方法具有如下意义：1）使得软件工程成熟的架构设计方案可以被复用，避免重复“发明车轮”的工作；2）架构模式还为软件重构提供了目标，为实现软件工程复用提供了技术支撑；3）基于架构模式方法设计软件系统，可以节省开发成本，提高软件开发效率；4）在软件系统设计中，使用架构模式方法，还可以提高设计系统的质量。

1. 架构模式分类

软件架构模式可进一步分类为结构模式、通信模式和事务模式。结构模式关注构件之间的组成关系，通信模式关注构件之间的通信关系，事务模式关注构件之间的事务关系。它们的具体介绍见 5.4.2 小节、5.4.3 小节、5.4.4 小节。

2. 架构模式描述

为了清晰、准确地描述架构模式，通常需要使用标准格式的架构模式模板来说明架构模式，如表 5-1 所示。

表 5-1　架构模式模板

项目	内容描述
模式名称	每一个模式都有自己的名称，以简短的、含义明确的名称描述架构模式本质
解决问题	描述该模式需要解决的设计问题
环境	描述问题所在环境，包括应用领域
解决方案	提供问题解决方案的详细说明
优缺点	描述本架构模式的优缺点
适用性	描述本架构模式的适用场景
相关模式	相关架构模式说明

3. 基于架构模式的设计

在进行系统架构设计时，为了确保软件系统的质量和开发效率，可采用基于模式的架构设计过程，如图 5-22 所示。

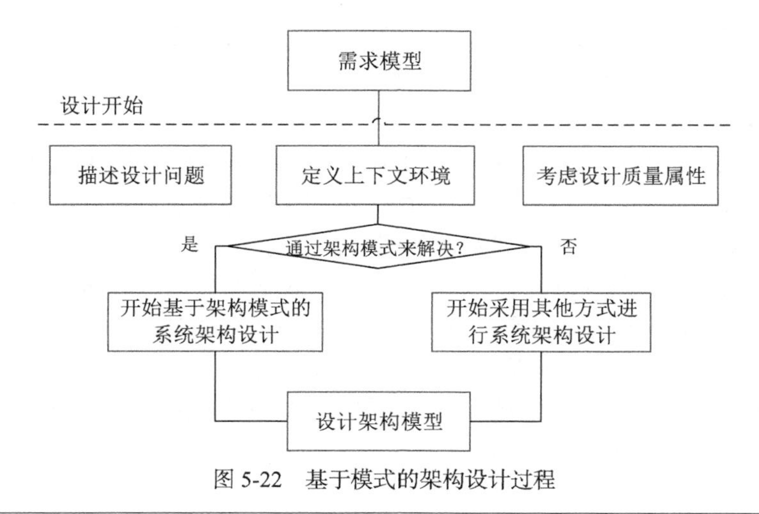

图 5-22　基于模式的架构设计过程

软件架构师首先分析需求模型，了解与掌握系统功能需求、非功能需求和系统约束，以及系统运行场景等内容。在系统设计开始时，从需求模型中抽取与描述待解决的设计问题、系统设计目标、系统质量属性，并定义系统上下文环境，确定影响系统质量的主要因素。针对所给出的设计分析，考虑是否通过架构模式来解决设计方案。如果采用架构模式来设计系统架构，接着便开始选择一种适合本应用的架构模式，并基于该模式方案进行系统架构模型设计。否则，采用其他设计方式自主地开展系统架构模型设计。

5.4.2 结构模式

在架构模式中，反映软件构件组成及其控制关系的结构模式主要有代理者模式、集中式控制模式、分布式控制模式、多层控制模式、抽象分层模式、多客户/单服务模式、多客户/多服务模式、多层客户/服务模式等。

1. 代理者模式

在代理者模式的软件架构中，需要代理者扮演客户端和服务端的中介角色。代理者使得客户端不再需要知道某个服务在哪里就可以获得这个服务，从而使得客户端可以方便地定位服务。代理者模式如图 5-23 所示，其模式说明如表 5-2 所示。

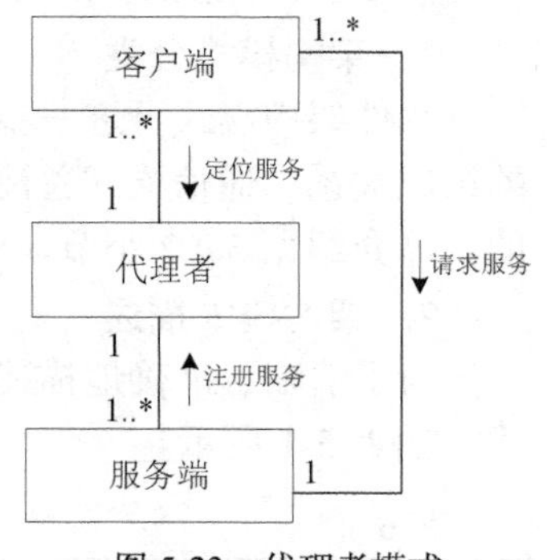

图 5-23　代理者模式

表 5-2　代理者模式说明

项目	内容描述
模式名称	代理者模式，别名“对象代理者模式”“对象请求代理者模式”
解决问题	在面向服务系统中，多个客户端与多个服务端通信。客户端在不知道服务的具体位置的情况下如何定位与访问服务
环境	面向服务的分布式应用系统
解决方案	服务端将服务向代理者注册，客户端发送服务请求给代理者，代理者扮演客户端和服务端的中介
优缺点	优点：客户端可以不需要知道服务的位置，服务可以方便地重新定位。 缺点：代理者会增加系统通信的额外开销，特别是高负载访问时，代理者可能会成为系统性能的瓶颈
适用性	适用于有多个客户端和多个服务端的分布式应用系统
相关模式	代理者转发模式、代理者句柄模式

在基于 Web 服务实现的软件架构中，Web 服务代理者使用统一描述、发现、集成（Universal Description，Discovery and Integration，UDDI）框架为服务请求者提供一种在 Web 上动态发现服务的机制。Web 服务代理者模式示例如图 5-24 所示。

在以上 Web 服务代理者模式示例中，首先一个 Web 服务请求者向一个 Web 服务代理者发送服务请求。Web 服务代理者收到请求后，将满足该请求的 Web 服务名称作为响应返回给 Web 服务请求者。Web 服务请求者向指定服务地址的 Web 服务提供者发送服务请求。Web 服务提供者收到请求后进行相应处理，并将处理结果作为响应返回给 Web 服务请求者，此次 Web 服务请求者的请求服务处理结束。

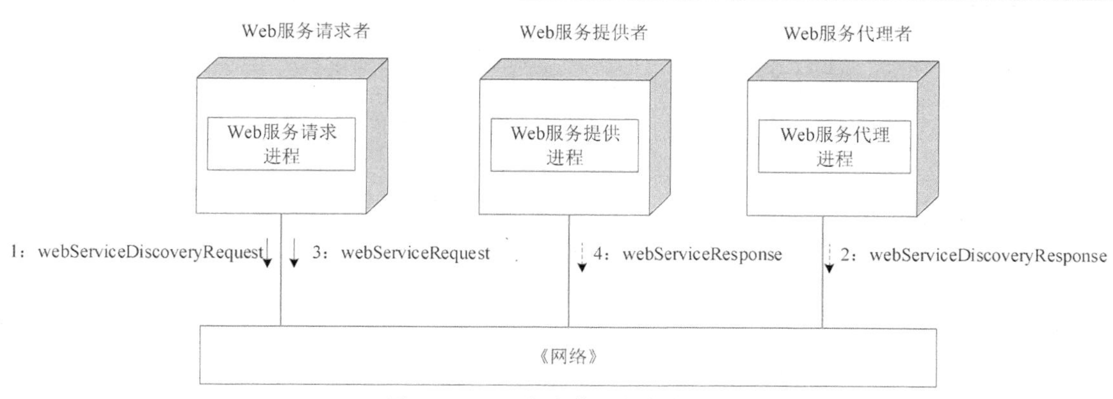

图 5-24　Web 服务代理者模式示例

2. 集中式控制模式

在集中式控制模式的软件架构中，控制构件按照特定对象状态机逻辑对系统全局行为进行控制操作。控制构件从与其交互的构件处接收发生的事件，如输入构件或用户界面构件的输入操作。控制构件根据输入事件引发的系统状态变迁，对相关构件实施控制操作，从而实现系统功能控制。集中式控制模式如图 5-25 所示，其模式说明如表 5-3 所示。

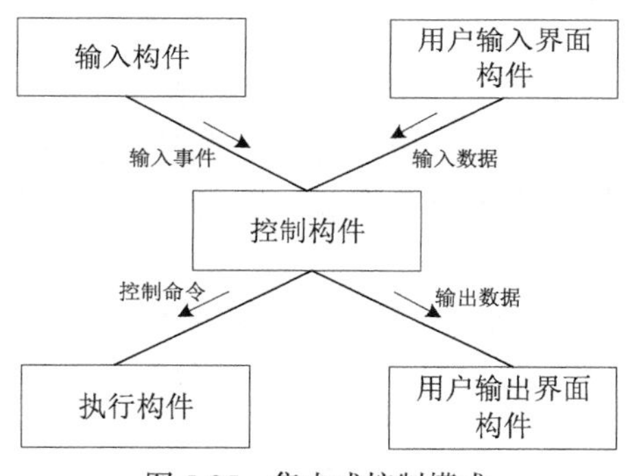

图 5-25　集中式控制模式

表 5-3　集中式控制模式说明

项目	内容描述
模式名称	集中式控制模式，别名“集中式控制器模式”“系统控制器模式”
解决问题	在控制系统中，操作动作与活动都与事件状态相关，并且需要按照集中控制和逻辑流程处理
环境	需集中式控制的应用系统
解决方案	通过控制构件集中对其他构件进行整体控制与逻辑流程处理
优缺点	优点：在一个控制构件中，可以封装所有状态相关的控制逻辑。 缺点：在高负载访问时，控制构件可能会成为系统性能的瓶颈
适用性	实时控制系统的状态相关控制应用
相关模式	分布式控制模式、多层控制模式

例如，在微波炉设备中，其控制系统的控制构件采用集中式控制模式对各个执行构件进行控制操作。集中式控制模式示例如图 5-26 所示。

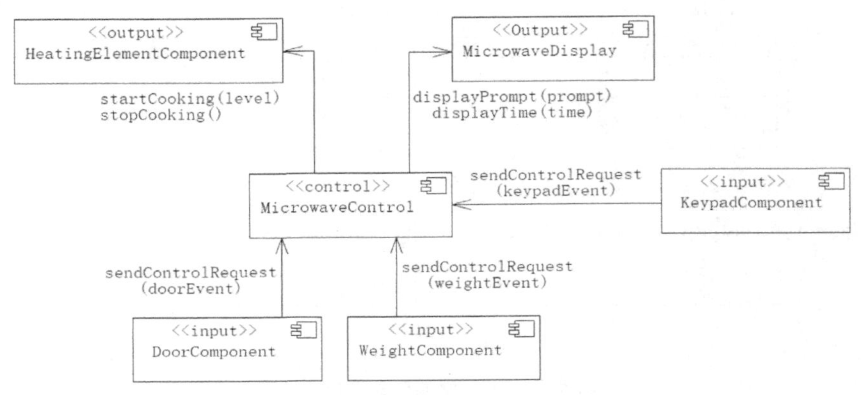

图 5-26　集中式控制模式示例

在以上微波炉控制系统的集中式控制模式中，微波炉控制构件（MicrowaveControl）是集中式控制构件，该构件控制其他构件工作。微波炉控制构件从门构件（DoorComponent）、重量构件（WeightComponent）、控制面板构件（KeypadComponent）接收输入的事件消息，然后根据控制状态机逻辑向加热构件（HeatingElementComponent）和微波炉显示构件（MicrowaveDisplay）输出控制信号。

3. 分布式控制模式

在分布式控制模式的软件架构中，系统控制分布在多个控制构件之中，不存在总控全局的单一构件。每个控制构件按照特定对象状态机逻辑对系统特定部分的行为进行控制操作。多个控制构件通过消息通信协作完成整个系统的控制处理。分布式控制模式如图 5-27 所示，其模式说明如表 5-4 所示。

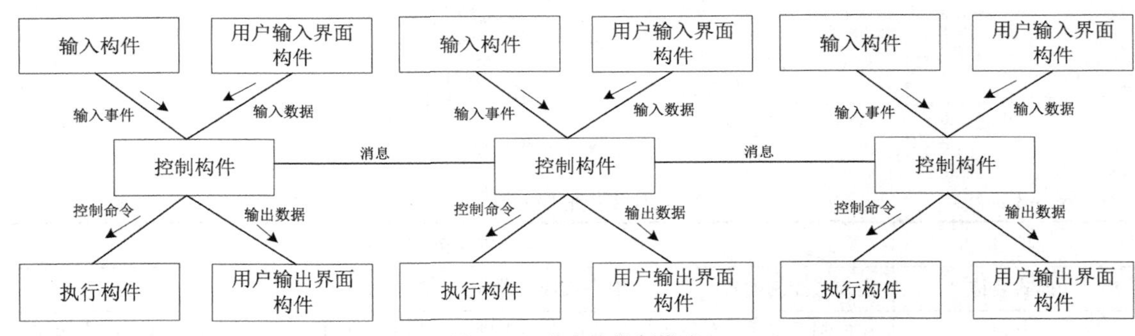

图 5-27　分布式控制模式

表 5-4　分布式控制模式说明

项目	内容描述
模式名称	分布式控制模式，别名“分布式控制器模式”
解决问题	在有多个节点的分布式应用系统中，需要在各节点进行本地化控制处理
环境	需分布式控制的应用系统
解决方案	采用多个控制构件，每个控制构件执行一个状态机来控制系统的特定部分，各个控制构件通过消息通信进行协调，实现系统整体控制
优缺点	优点：可以克服集中式控制模式的单点瓶颈问题，并可以实现多个构件并行处理。 缺点：没有一个总体协调者
适用性	分布式实时控制应用、分布式状态相关控制应用
相关模式	集中式控制模式、多层控制模式

例如，在一个植物工厂控制系统中，其控制系统对植物生长所需要的光照、温度、湿度等参数进行控制，其控制方式采用分布式控制模式对各个执行构件进行控制操作。分布式控制模式示例如图 5-28 所示。

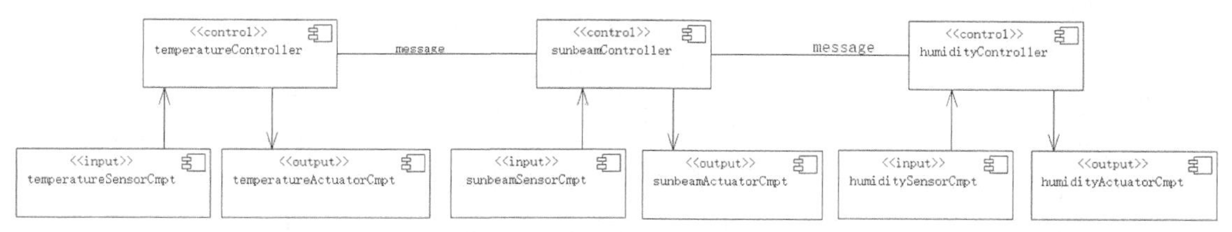

图 5-28 分布式控制模式示例

在以上植物工厂控制系统的分布式控制模式中，有温度控制构件（temperatureController）、光照控制构件（sunbeamController）、湿度控制构件（humidityController），它们分别对温度、光照、湿度传感器构件和执行构件进行控制。温度控制构件从温度传感器构件（temperatureSensorCmpt）接收输入的温度数据，然后根据温度控制设定值向温度执行构件（temperatureActuatorCmpt）输出控制信号对温度进行调整。同样，光照控制构件、湿度控制构件进行相似操作处理。为了达到对植物生长的环境控制，温度控制构件、光照控制构件、湿度控制构件之间还必须通过消息交互来协调植物生长环境的整体控制。

4. 多层控制模式

多层控制模式的软件架构与分布式控制模式一样，系统控制分布在多个控制构件之中，但增加了协调者层次。通过协调者构件控制所有控制构件实现对整个系统的控制。协调者构件提供全局控制，而每个控制构件按照特定对象状态机逻辑对系统特定部分的行为进行控制操作。协调者构件发布控制命令到各个控制构件执行控制操作，同时协调者构件也从控制构件处接收状态数据。多层控制模式如图 5-29 所示，其模式说明如表 5-5 所示。

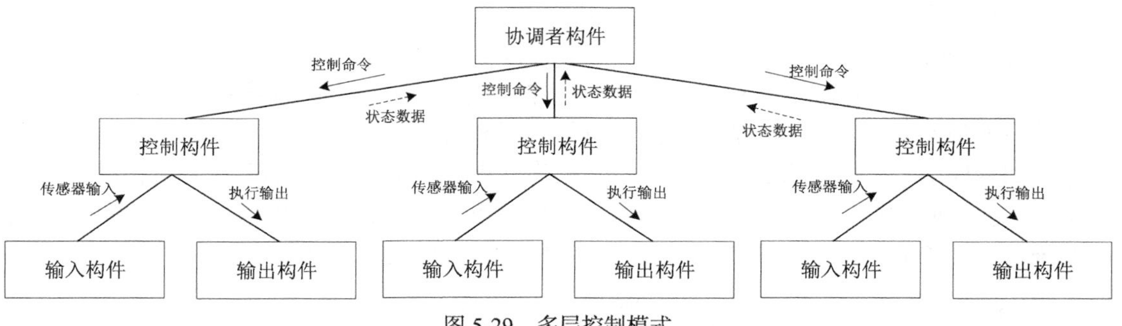

图 5-29 多层控制模式

表 5-5 多层控制模式说明

项目	内容描述
模式名称	多层控制模式，别名“层次化控制模式”
解决问题	在有多个节点的分布式应用系统中，需要在各节点进行本地化控制处理，并有协调者构件总体控制
环境	需分布式控制的应用系统
解决方案	采用多个控制构件，每个控制构件执行一个状态机来控制系统的特定部分，协调者构件与各个控制构件通过消息通信进行协调，实现系统整体控制

续表

项目	内容描述
优缺点	优点：具有集中式控制模式和分布式控制模式的优点，并可以实现多个构件并行处理。 缺点：协调者构件可能会成为系统性能的瓶颈
适用性	分布式实时控制应用、分布式状态相关控制应用
相关模式	集中式控制模式、分布式控制模式

例如，在一个植物工厂控制系统中，其控制系统对植物生长所需要的光照、温度、湿度等参数进行控制，其控制方式也可采用多层控制模式对各个执行构件进行控制操作。多层控制模式示例如图 5-30 所示。

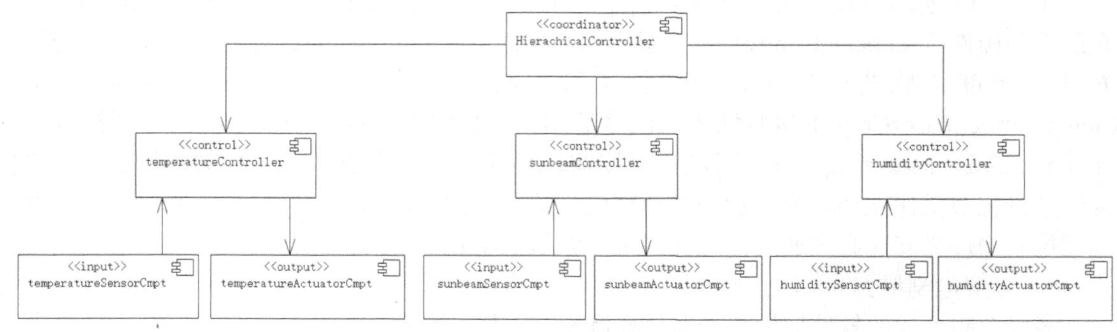

图 5-30　多层控制模式示例

在以上植物工厂控制系统的多层控制模式中，为了达到对植物生长的环境控制，温度控制构件、光照控制构件、湿度控制构件之间还必须通过协调者构件（HierachicalController）来协调植物生长环境的整体控制。温度控制构件、光照控制构件、湿度控制构件对植物生长环境条件控制方式与图 5-28 分布式控制模式示例一样。

5. 抽象分层模式

在抽象分层模式的软件架构中，复杂的软件构件关系被抽象到不同的功能层次。每个层次构件只能访问它的相邻下层服务，同时也只对相邻的上层提供服务。层次之间通过请求调用、返回响应消息方式进行交互。软件在下层构件服务的基础上，实现上层构件功能。抽象分层模式在不同类型的软件系统中都有应用，如操作系统、数据库管理系统、计算机网络软件系统等。抽象分层模式如图 5-31 所示，其模式说明如表 5-6 所示。

表 5-6　抽象分层模式说明

项目	内容描述
模式名称	抽象分层模式，别名“抽象层次模式”或“层次结构模式”
解决问题	在复杂软件系统中，需要设计一种便于功能与性能伸缩的系统
环境	便于功能与性能伸缩的应用系统
解决方案	采用分层结构，每个层次只解决特定的问题。低层的构件提供相邻上层服务，高层的构件只能访问相邻下层服务，简化系统结构关系
优缺点	优点：简化复杂软件系统构件之间的结构关系，可提高系统伸缩能力。 缺点：如果系统的抽象分层过多，可能会导致系统功能效率降低
适用性	操作系统、计算机网络软件系统、复杂软件系统
相关模式	多层客户/服务模式

例如，在 UNIX 操作系统中，软件系统采用分层架构组成，分别由内核、系统调用、Shell/实用程序/公共函数库、应用程序层次组成。抽象分层模式示例如图 5-32 所示。

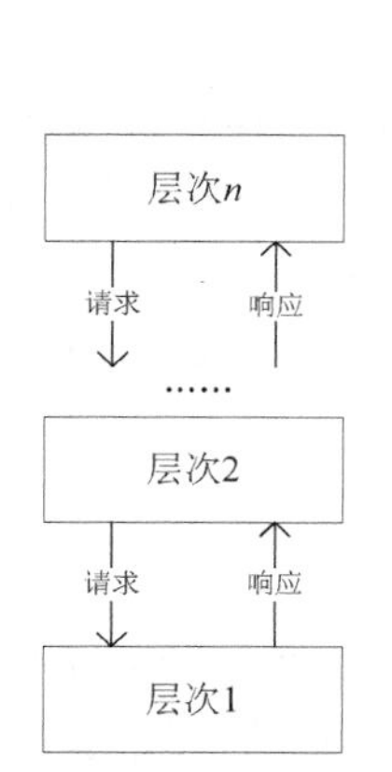

图 5-31　抽象分层模式

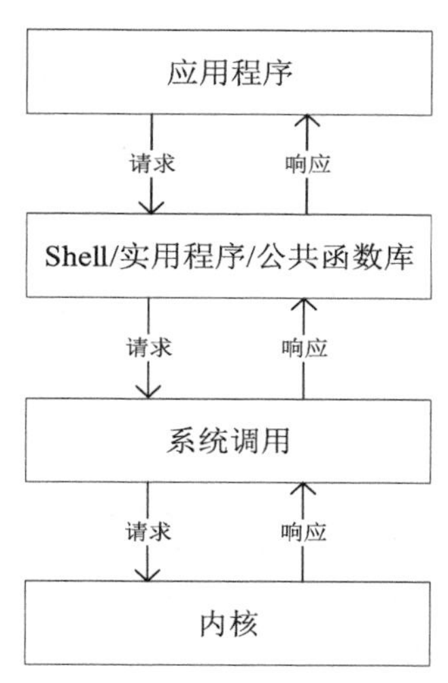

图 5-32　抽象分层模式示例

在 UNIX 操作系统的抽象分层模式中，内核是与计算机硬件相关的最低软件层次，它实现了操作系统基本核心功能，如进程管理、存储管理、设备管理、文件管理、网络管理等。用户不能直接执行内核中的程序，而只能通过上层软件构件调用“系统调用”层的接口指令，以规定的方法访问内核功能，以获得系统服务。在系统调用层之上是 Shell 程序、各种实用程序，以及公共函数库，它们对计算机的操作管理都需要经过系统调用提供的访问服务来实现。UNIX 操作系统最上层软件构件就是应用程序，应用程序主要通过公共函数库的调用实现对计算机的操作管理。

6. 多客户/单服务模式

在多客户/单服务模式的软件架构中，软件构件被部署到多个客户端节点和一个服务端节点。各客户端节点的软件构件通过网络连接访问服务端节点上运行的服务。该模式支持多个客户端构件向一个服务端构件提出服务请求，服务端构件将处理结果返回给提出服务请求的客户端构件。多客户/单服务模式如图 5-33 所示，其模式说明如表 5-7 所示。

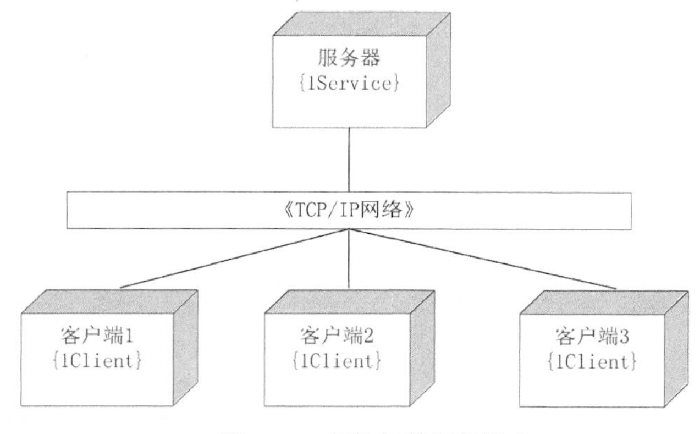

图 5-33　多客户/单服务模式

表 5-7　多客户/单服务模式说明

项目	内容描述
模式名称	多客户/单服务模式，别名“客户机/服务器模式”或“客户/服务模式”
解决问题	在分布式应用软件系统中，需要设计一种支持多个客户端连接访问单个服务端的应用
环境	分布式应用系统
解决方案	客户端通过网络提出服务请求，当服务端接收请求后，进行服务请求处理，并将处理结果返回给提出服务请求的客户端。一个服务端支持多个客户端连接访问
优缺点	优点：可以实现分布式应用处理，提高系统处理能力。 缺点：如果服务端连接客户端过多，可能会导致服务端或网络出现性能瓶颈
适用性	分布式应用系统
相关模式	多客户/多服务模式、多层客户/服务模式

例如，在银行 ATM 机系统中，每个银行网点都有多台 ATM 机客户端节点通过网络连接银行业务服务端系统，其软件系统采用多客户/单服务模式。多客户/单服务模式示例如图 5-34 所示。

在银行 ATM 机系统中，包含多个 ATM 机客户端子系统节点和一个银行业务服务端系统节点。每个 ATM 机客户端子系统通过读取银行卡识别客户身份，通过获取客户在 ATM 机界面的操作信息来处理客户请求，并将请求发送到银行业务服务端系统进行处理。银行业务服务端系统接收 ATM 机客户端子系统提出的服务请求后，进行服务请求（如账户验证、交易事务处理等）处理，并根据客户账户状态执行服务或拒绝服务。在银行 ATM 机系统中，支持多个 ATM 机客户端子系统对同一银行业务服务端系统提出服务请求，即单一服务允许多个客户端并发提出请求。

7. 多客户/多服务模式

在多客户/多服务模式的软件架构中，软件构件被部署到多个客户端节点和多个服务端节点上运行。客户端构件通过网络连接访问多个服务端节点上运行的服务。该模式支持多个客户端构件向多个服务端构件提出服务请求，服务端构件将处理结果返回给提出服务请求的客户端构件。多客户/多服务模式如图 5-35 所示，其模式说明如表 5-8 所示。

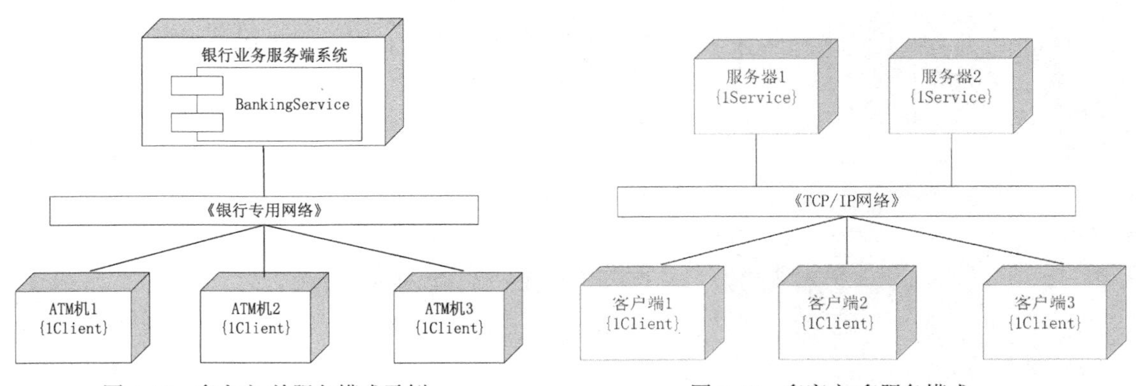

图 5-34　多客户/单服务模式示例　　图 5-35　多客户/多服务模式

表 5-8　　多客户/多服务模式说明

项目	内容描述
模式名称	多客户/多服务模式，别名“多客户机/多服务器模式”
解决问题	在分布式应用软件系统中，需要设计一种支持多个客户端连接访问多个服务端的应用
环境	分布式应用系统
解决方案	客户端通过网络提出服务请求，当服务端接收请求后，进行服务请求处理，并将处理结果返回给提出服务请求的客户端。一个服务端支持多个客户端连接访问，一个客户端还可以连接访问多个服务端
优缺点	优点：可以实现分布式应用处理，提高系统处理能力。 缺点：如果服务端连接客户端过多，可能会导致服务端或网络出现性能瓶颈
适用性	分布式应用系统
相关模式	多客户/单服务模式、多层客户/服务模式

例如，在支持多家银行互联互通的银行 ATM 机系统中，每个银行网点都有多台 ATM 机客户端子系统节点通过网络连接银行业务服务端系统，它们的软件系统采用多客户/多服务模式。多客户/多服务模式示例如图 5-36 所示。

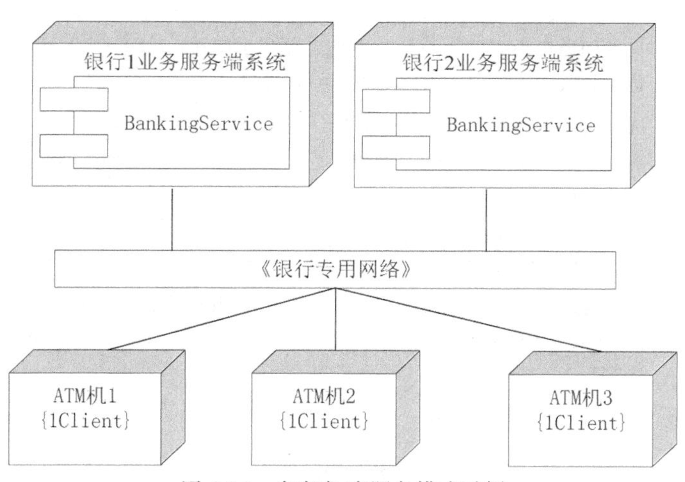

图 5-36　多客户/多服务模式示例

在银行 ATM 机系统中，包含多个 ATM 机客户端子系统节点和多个银行业务服务端系统节点。每个 ATM 机客户端子系统通过读取银行卡识别客户身份，通过获取客户在 ATM 机界面的操作信息来处理客户请求，并将请求发送到银行业务服务端系统进行处理。银行业务服务端系统接收 ATM 机客户端子系统提出的服务请求后，进行服务请求（如账户验证、交易事务处理等）处理，并根据客户账户状态执行服务或拒绝服务。在银行 ATM 机系统中，支持多个 ATM 机客户端子系统对多个银行业务服务端系统提出服务请求，如通过银行 1 的 ATM 机可以查询银行 2 的卡账户信息。

8. 多层客户/服务模式

在多层客户/服务模式的软件架构中，除了基本的客户端层次和服务端层次外，还有一个同时扮演客户端角色和服务端角色的中间层。中间层对它的服务层而言是客户端，但对其他客户端而言又是服务端。客户端、中间层、服务端的节点通过网络连接在一起，支持多个客户端构件向服务端构件提出服务请求，服务端构件将处理结果返回给提出服务请求的客户端构件。多层客户/服务模式如图 5-37 所示，其模式说明如表 5-9 所示。

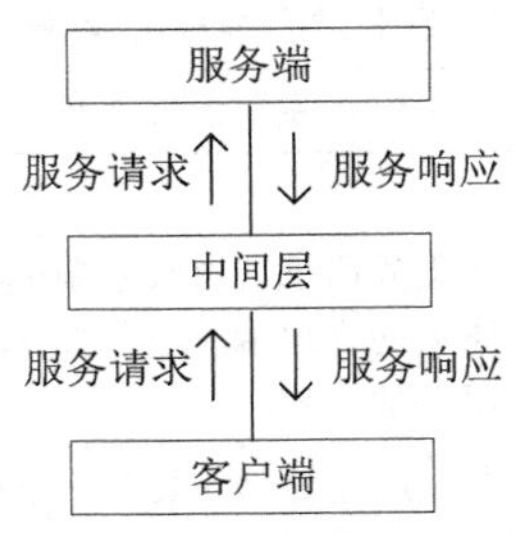

图 5-37　多层客户/服务模式

表 5-9　多层客户/服务模式说明

项目	内容描述
模式名称	多层客户/服务模式，别名“多层客户机/服务器模式”
解决问题	在分布式应用软件系统中，需要设计一种支持多层客户/服务模式的应用
环境	分布式应用系统
解决方案	客户端通过网络提出服务请求，当服务端接收请求后，进行服务请求处理，并将处理结果返回给提出服务请求的客户端。采用多层客户/服务模式，其中间层同时扮演客户端角色和服务端角色，可以有多个中间层
优缺点	优点：可以实现分布式应用处理，提高系统处理能力。 缺点：如果服务端连接客户端过多，可能会导致服务端或网络出现性能瓶颈
适用性	分布式应用系统
相关模式	多客户/单服务模式、多客户/多服务模式

例如，在一个具有 3 层客户/服务模式的银行 ATM 机系统中，银行服务层向 ATM 机客户端层提供服务，同时它又是数据库服务层的客户端。多层客户/服务模式示例如图 5-38 所示。

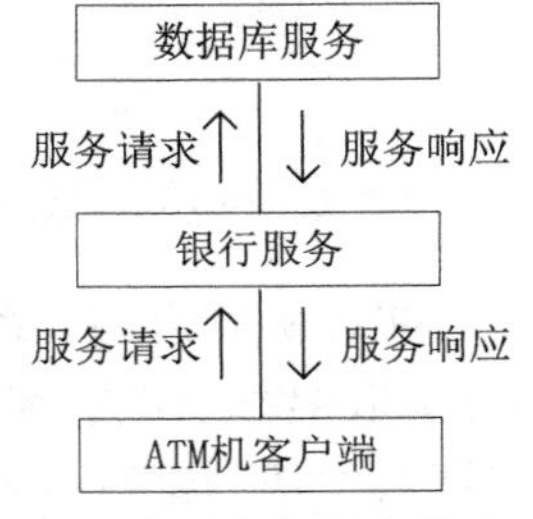

图 5-38　多层客户/服务模式示例

5.4.3　通信模式

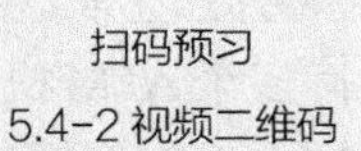

在软件架构模式中，软件构件之间除了有结构关系外，还存在通信交互关系。典型的软件构件通信模式有调用/返回模式、异步消息通信模式、同步消息通信模式、服务注册通信模式、服务代理转发通信模式、服务句柄代理转发通信模式、服务发现通信模式、广播/组播消息通信模式、订阅/通知消息通信模式等。下面对其中常见的几种进行介绍。

1. 调用/返回模式

在软件构件之间的对象交互中，一种常见的交互模式是调用/返回模式。其工作方式是，一个构件对象的操作方法去调用另一个构件对象的操作方法，当被调用构件对象的操作方法执行后，将处理结果返回给调用操作方法的构件对象。调用/返回模式如图 5-39 所示，其模式说明如表 5-10 所示。

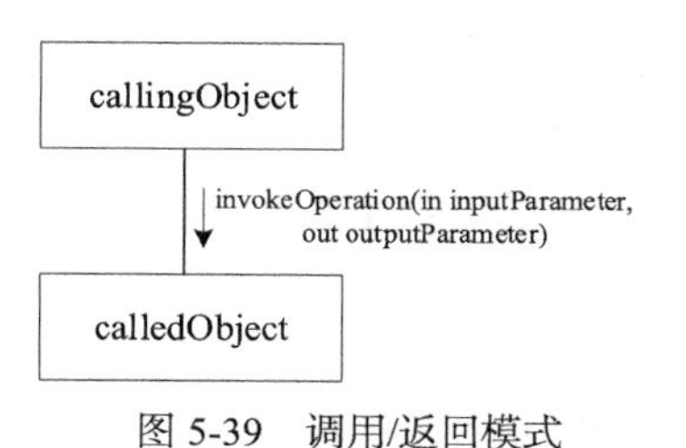

图 5-39　调用/返回模式

表 5-10　调用/返回模式说明

项目	内容描述
模式名称	调用/返回模式，别名“操作调用”“方法调用”
解决问题	在面向对象系统中，一个对象需要调用另一个对象的操作方法，实现对象之间的通信交互
环境	面向对象程序及应用系统
解决方案	在执行对象操作方法调用时，从调用对象处将输入参数传递到被调用对象的操作方法。当被调用对象的操作方法执行结束后，将控制和输出参数返回给调用对象
优缺点	优点：这个模式是在串行设计中对象之间唯一可能的通信形式。 缺点：如果这个模式的通信不合适，则需要采用并发或分布式解决方案
适用性	串行的面向对象体系架构
相关模式	使用消息传递而非操作调用的软件架构通信模式

例如，在银行服务子系统的软件架构中，考虑转账功能构件（TransferTransaction Manager）、取款功能构件（WithdrawalTransactionManager）与储蓄账户构件（SavingsAccount）、支票账户构件（CheckingAccount）的通信交互，储蓄账户构件对象和支票账户构件对象的记贷操作（credit）和记借操作（debit）均可被转账功能构件对象和取款功能构件对象所调用。调用/返回模式示例如图 5-40 所示。

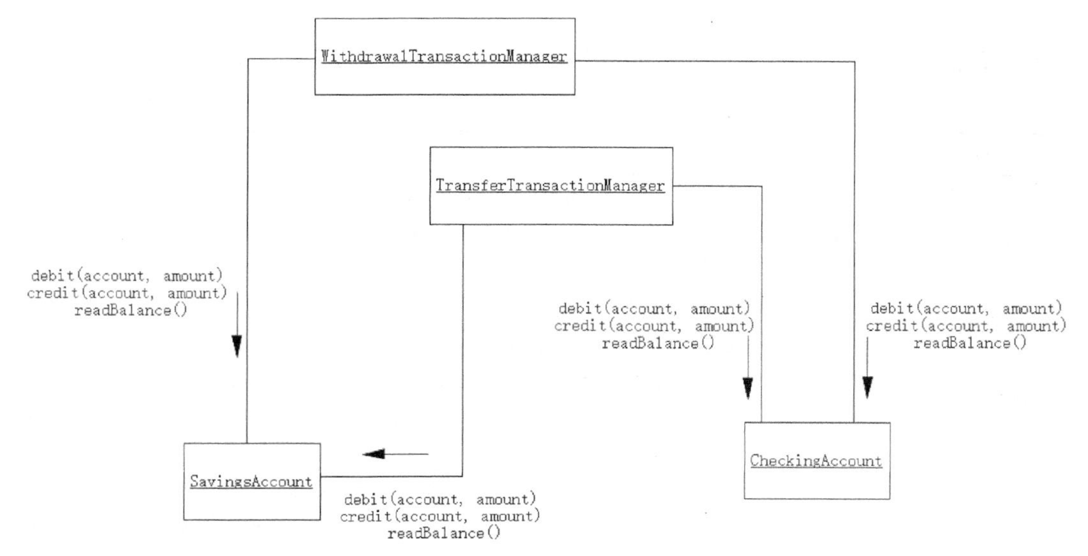

图 5-40　调用/返回模式示例

在以上储蓄账户构件对象和支票账户构件对象的记借操作、记贷操作和余额查询操作（readBalance）均可被转账功能构件对象和取款功能构件对象所调用。当这些操作被执行后，将返回状态和结果到调用对象，从而实现业务处理功能。

2. 异步消息通信模式

在软件构件的对象交互中，另一种交互模式就是异步消息通信模式。一个构件对象发送一个消息给另一个构件对象，其发送者不需要等待对方回复，可以继续执行其他操作。它们之间的关系就是一种生产者与消费者的关系。在异步消息通信模式中，当生产者构件发送一个消息后，若消费者构件正在处理其他事情，那么消息会进入一个先进先出的等待队列。当没有消息到达时，消费者构件可以“挂起”，等待消息到达后将其唤起继续进行工作处理。异步消息通信模式如图 5-41 所示。

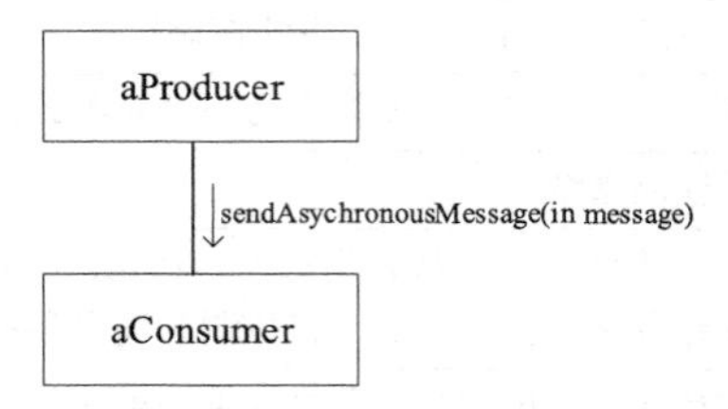

图 5-41　异步消息通信模式

在 UML 通信图中，采用开放箭头表示异步消息。构件对象之间的交互还可以有双向异步消息通信模式，如图 5-42 所示。

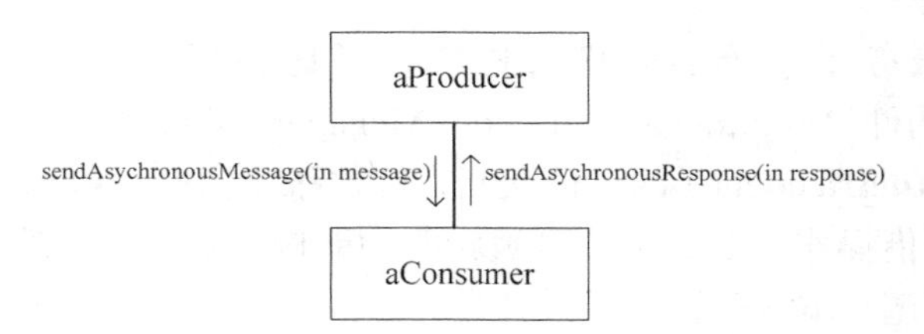

图 5-42　双向异步消息通信模式

异步消息通信模式说明和双向异步消息通信模式说明分别如表 5-11 和表 5-12 所示。

表 5-11　异步消息通信模式说明

项目	内容描述
模式名称	异步消息通信模式，别名“松耦合的消息通信模式”
解决问题	在并发或者分布式系统中，有需要相互通信的并发构件，其中生产者构件不需要等待消费者构件的消息回复
环境	并发或分布式系统
解决方案	在生产者构件和消费者构件之间使用消息队列。生产者构件发送消息给消费者构件，然后继续其他操作。消费者构件接收消息后进行处理。若消费者构件当前忙于处理其他事情，生产者构件发送过来的消息放入先进先出队列，等待消费者构件处理。若消费者构件没有消息需要处理，则消费者构件将被“挂起”
优缺点	优点：生产者构件不受消费者构件的处理速度影响，可以提高灵活性。 缺点：如果生产者构件发送消息的速度快于消费者构件处理消息的速度，消息队列将有溢出
适用性	分布式应用
相关模式	带回调的异步消息通信

表 5-12　　双向异步消息通信模式说明

项目	内容描述
模式名称	双向异步消息通信模式，别名“双向松耦合的消息通信模式”
解决问题	在并发或分布式系统中，有需要相互通信的并发构件，其中生产者构件不需要等待消费者构件的消息回复，尽管稍后它将收到回复。生产者构件在接收第一个回复之前能够发送多个请求
环境	并发或分布式系统
解决方案	在生产者构件和消费者构件之间使用两个消息队列。一个消息队列用于生产者构件发送消息到消费者构件，另一个消息队列用于消费者构件发送消息到生产者构件。消费者构件接收消息后进行处理。若消费者构件当前忙于处理其他事情，生产者构件发送过来的消息放入先进先出队列，等待消费者构件处理。若消费者构件没有消息需要处理，则消费者构件将被“挂起”。消费者构件给生产者构件返回消息将放入生产者构件的接收消息队列
优缺点	优点：生产者构件不受消费者构件的处理速度影响，同样消费者构件也不受生产者构件的处理速度影响。 缺点：如果生产者构件发送消息的速度快于消费者构件处理消息的速度，消息队列将有溢出。同样如果消费者构件发送消息的速度快于生产者构件处理消息的速度，消息队列也将有溢出
适用性	分布式应用
相关模式	带回调的异步消息通信

例如，在一个汽车自动泊车控制系统的软件架构中，其中运行监控构件（operation Supervisory）、到位传感器构件（arrivalSensor）、车辆控制构件（vehicleControl）之间的通信都为异步消息通信模式。异步消息通信模式示例如图 5-43 所示。

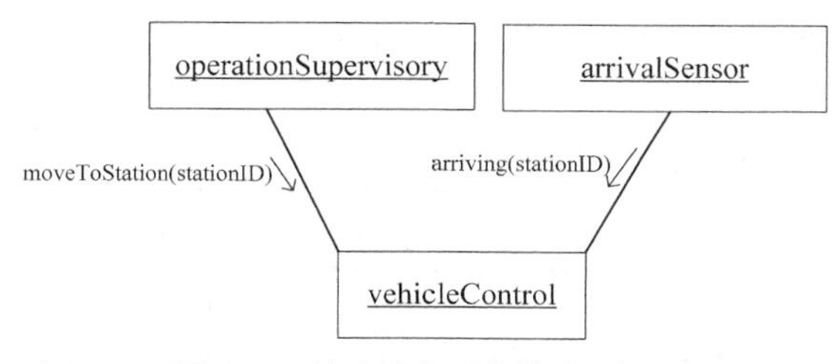

图 5-43　异步消息通信模式示例

在以上异步消息通信模式中，运行监控构件、到位传感器构件都向车辆控制构件发送异步消息。车辆控制构件有一个输入消息队列，可以从中接收到达的消息，然后进行处理。

3. 同步消息通信模式

在软件构件的对象交互中，还有一种交互模式是同步消息通信模式。一个构件对象发送消息给另一个构件对象，并且需要等待对方回复才可继续执行其他操作。若发送消息的对象没有收到接收消息对象的回复消息，它将会挂起。带回复的同步消息通信模式如图 5-44 所示。

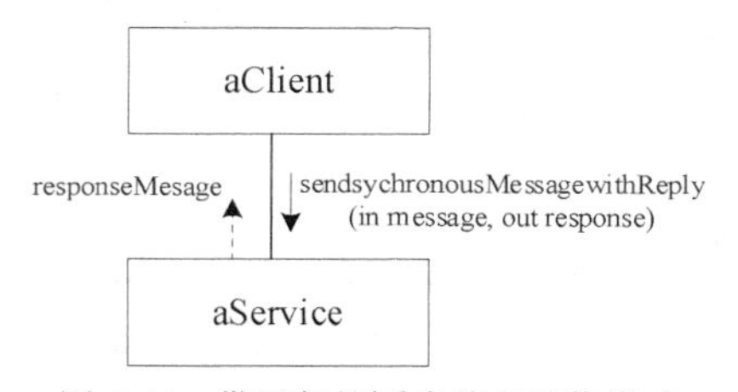

图 5-44　带回复的同步消息通信模式

在 UML 通信图中，采用实心三角箭头表示同步消息。构件之间的对象同步通信交互除了有带回复的同步消息通信模式外，还有不带回复的同步消息通信模式，如图 5-45 所示。

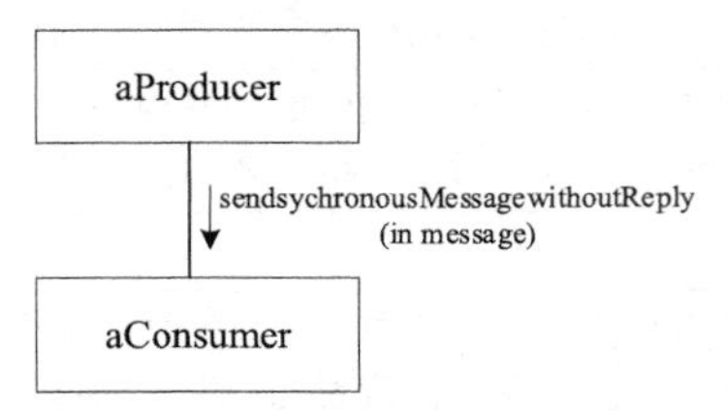

图 5-45　不带回复的同步消息通信模式

带回复的同步消息通信模式说明和不带回复的同步消息通信模式说明分别如表 5-13 和表 5-14 所示。

表 5-13　带回复的同步消息通信模式说明

项目	内容描述
模式名称	带回复的同步消息通信模式，别名“带回复的、紧耦合的消息通信模式”
解决问题	在并发或者分布式系统中，有多个客户端需要与服务端通信，并且需要等待服务端回复
环境	并发或分布式系统
解决方案	在客户端和服务端之间使用同步消息通信。客户端发送消息给服务端并且等待回复。由于有多个客户端请求服务，所以服务端使用消息队列。服务端以先进先出的方式处理消息。服务端发送回复消息给客户端。当客户端从服务端处接收到消息时，客户端被激活
优缺点	优点：客户端与服务端可以实现进程同步，能满足特定业务的处理需求。 缺点：如果有大量的客户端请求服务，服务端可能会成为瓶颈
适用性	分布式应用
相关模式	不带回复的同步消息通信模式

表 5-14　不带回复的同步消息通信模式说明

项目	内容描述
模式名称	不带回复的同步消息通信模式，别名“不带回复的、紧耦合的消息通信模式”
解决问题	在并发或者分布式系统中，并发构件需要相互通信，其中生产者构件需要等待消费者构件接收消息。生产者构件不想发送速度超过消费者构件的处理速度，生产者构件与消费者构件之间没有消息队列
环境	并发或分布式系统
解决方案	在生产者构件和消费者构件之间使用同步消息通信模式。生产者构件发送消息给消费者构件，并且等待接收消息。消费者构件接收消息并处理。如果没有消息，消费者构件就“挂起”。消费者构件接收消息，从而释放生产者构件
优缺点	优点：生产者构件可以确保消费者构件收到消息，并且生产者构件发送消息的速度不会超过消费者构件的处理速度。 缺点：如果消费者构件忙于处理其他事务，生产者构件可能被阻塞
适用性	分布式应用
相关模式	带回复的同步消息通信模式

例如，在银行服务系统的软件架构中，其中 ATM 机客户构件（ATM Client）、GUI 用户客户构件（GUI UserClient）与银行服务构件（BankingService）之间的消息通信采用带回复

的同步消息通信模式。带回复的同步消息通信模式示例如图 5-46 所示。

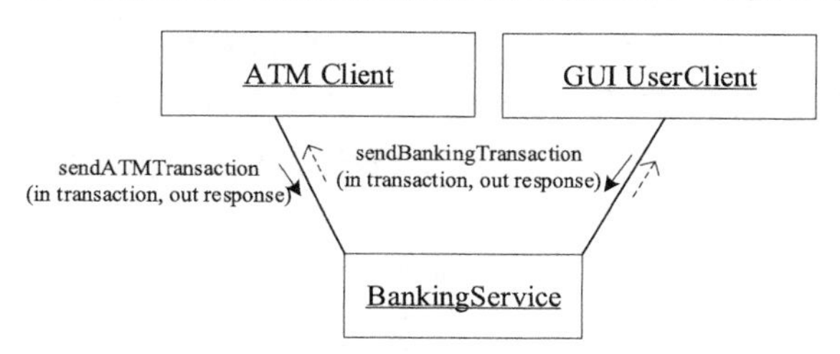

图 5-46　带回复的同步消息通信模式示例

在以上带回复的同步消息通信模式中，银行服务构件（BankingService）响应来自多个客户端的服务请求，这些客户端包括 ATM 机客户端和 GUI 用户客户端。银行服务构件有一个先进先出消息队列，用来存放来自多个客户端的同步请求。每个客户端构件在向银行服务端发送服务请求后，均等待服务端处理回复，以确保业务的正常处理。

4. 服务注册/服务代理转发/服务句柄代理转发/服务发现通信模式

（1）服务注册通信模式

在面向服务的软件架构中，可将服务设计为自治的、松耦合的、可复用的构件，并使各个服务能够分布在多个节点上运行。这些服务在服务代理的协助下能够被客户端发现和使用。服务代理扮演客户端和服务的中介，它使客户端不需要知道某个服务在哪里提供，以及如何获得这个服务。服务代理通过服务注册、代理转发、服务发现通信模式使得客户端方便地定位服务。服务提供者为了让服务可以被客户端定位和访问，首先要向服务代理注册服务信息，包括服务名称、服务描述，并提供服务位置。服务注册通信模式如图 5-47 所示。

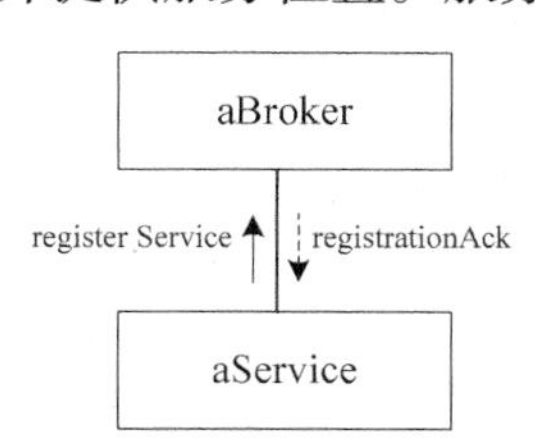

图 5-47　服务注册通信模式

在服务注册之后，当服务提供的位置发生变化时，服务提供者需要向服务代理重新注册服务信息，并提供服务的新位置。服务注册通信模式说明如表 5-15 所示。

表 5-15　服务注册通信模式说明

项目	内容描述
模式名称	服务注册通信模式，别名“代理者注册通信模式”
解决问题	在分布式应用系统中，有多个客户端需要与多个服务通信，客户端不知道服务的位置
环境	分布式应用系统
解决方案	服务提供者向服务代理注册服务信息，包括服务名称、服务描述，并提供服务位置。客户端发送服务请求给服务代理，服务代理扮演客户端与服务的中介
优缺点	优点：服务可以实现位置透明，客户端不需要知道服务的位置。 缺点：如果有大量的客户端请求服务，服务代理可能会成为瓶颈
适用性	分布式应用
相关模式	服务代理转发通信模式、服务发现通信模式

（2）服务代理转发通信模式

当客户端向服务代理发出服务请求之后，将消息转发给服务。服务接收请求后，进行服务处理，并将结果返回给服务代理。服务代理再将返回的服务响应结果转发给客户端。服务代理转发通信模式如图 5-48 所示。服务代理转发通信模式说明如表 5-16 所示。

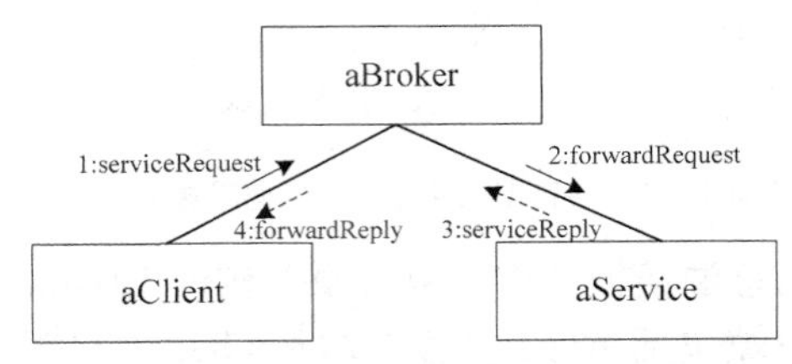

图 5-48　服务代理转发通信模式

表 5-16　服务代理转发通信模式说明

项目	内容描述
模式名称	服务代理转发通信模式，别名“白页代理转发通信模式”
解决问题	在分布式应用系统中，有多个客户端需要与多个服务通信，客户端不知道服务的位置
环境	分布式应用系统
解决方案	服务提供者向服务代理注册服务信息。客户端发送服务请求给服务代理。服务代理将服务请求转发给服务。服务处理请求后，将回复信息发送给服务代理。服务代理转发回复给客户端
优缺点	优点：服务可以实现位置透明，客户端不需要知道服务的位置。 缺点：由于在所有通信中都引入服务代理进行转发，通信开销增加。如果有大量的客户端请求服务，服务代理或网络可能会成为瓶颈
适用性	分布式应用
相关模式	服务句柄代理转发通信模式、服务发现通信模式

（3）服务句柄代理转发通信模式

为了减少构件之间的通信开销，同时保持服务代理提供服务的位置透明性，在客户端向服务代理发出请求后，服务代理返回一个用于客户端与服务之间直接通信的服务句柄，而不是转发每个消息。服务句柄代理转发通信模式如图 5-49 所示，其说明如表 5-17 所示。

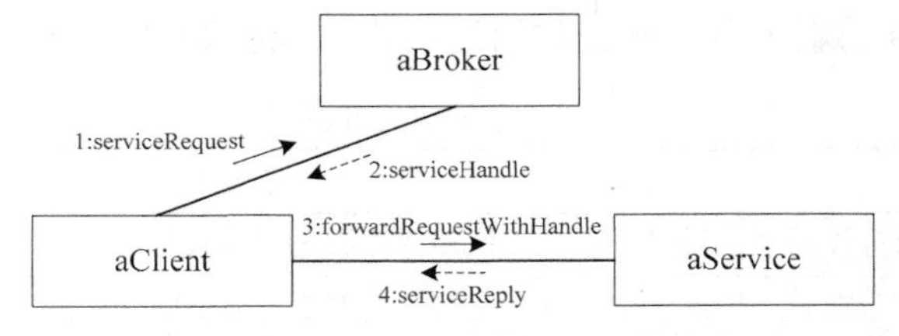

图 5-49　服务句柄代理转发通信模式

表 5-17　服务句柄代理转发通信模式说明

项目	内容描述
模式名称	服务句柄代理转发通信模式，别名“白页代理句柄转发通信模式”
解决问题	在分布式应用系统中，有多个客户端需要与多个服务通信，客户端不知道服务的位置
环境	分布式应用系统

续表

项目	内容描述
解决方案	服务提供者向服务代理注册服务信息。客户端发送服务请求给服务代理。服务代理将服务句柄返回给客户端。客户端使用服务句柄向服务发出请求。服务处理请求并将回复信息直接发送给客户端。客户端可以向服务发送多个服务请求，而不需要服务代理转发
优缺点	优点：服务可以实现位置透明，客户端不需要知道服务的位置。 缺点：在初始通信中因引入服务代理而带来一定的开销。如果有大量的客户端请求服务，服务代理或网络可能会成为瓶颈。客户端可能会持有过时的服务句柄
适用性	分布式应用
相关模式	服务代理转发通信模式、服务发现通信模式

（4）服务发现通信模式

前面的服务代理转发通信模式为客户端提供了服务提供者的位置定位服务，这是一种白页服务方式。此外，服务代理也可提供类似电话目录的黄页服务。在这种服务方式下，客户端请求的是服务类型而不是特定服务。客户端可以从服务代理处获得请求服务类型的服务列表，从中选取一个特定服务。服务代理返回该服务句柄用于客户端与服务之间直接通信。服务发现通信模式如图 5-50 所示，其说明如表 5-18 所示。

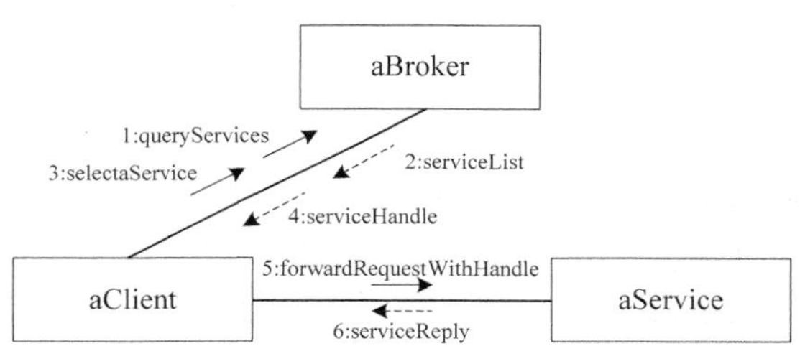

图 5-50　服务发现通信模式

表 5-18　服务发现通信模式说明

项目	内容描述
模式名称	服务发现通信模式，别名“黄页代理通信模式”
解决问题	在分布式应用系统中，有多个客户端需要与多个服务通信，客户端请求的是服务类型而不是特定服务
环境	分布式应用系统
解决方案	服务提供者向服务代理注册服务信息。客户端发送服务请求给服务代理。服务代理返回该类型的所有服务给客户端。客户端选择一个服务并且通过句柄或代理转发向服务发出请求。服务处理请求并进行回复处理
优缺点	优点：服务可以实现位置透明，客户端不需要知道服务的位置。此外，客户端也不需要知道特定服务名称而只需知道服务类型。 缺点：在初始通信中因引入服务代理而带来一定的开销。如果有大量的客户端请求服务，服务代理或网络可能会成为瓶颈。客户端可能会持有过时的服务句柄
适用性	分布式应用
相关模式	服务代理转发通信模式、服务句柄代理转发通信模式

例如，在基于 Web 服务实现的软件架构中，Web 服务代理使用统一描述、发现与集成框架（Universal Description，Discovery and Integration，UDDI）为客户端提供一种在 Web 上动

态发现服务的机制。Web 服务代理模式示例如图 5-51 所示。

在以上 Web 服务代理模式示例中，首先一个 Web 服务请求者向一个 Web 服务代理者发送服务请求；Web 服务代理收到请求后，将满足该请求的 Web 服务句柄作为响应返回给 Web 服务请求者；Web 服务请求者使用服务句柄向指定服务的 Web 服务提供者发送服务请求；Web 服务提供者收到请求后进行相应处理，并将处理结果作为响应返回给 Web 客户端，此次 Web 请求服务处理结束。

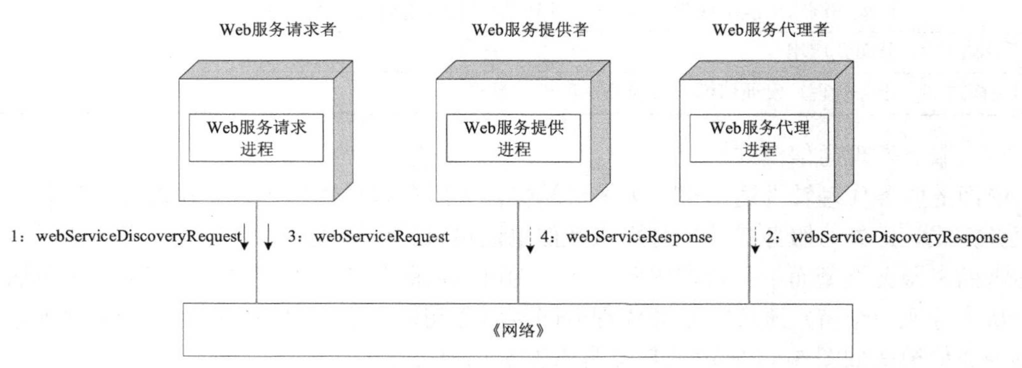

图 5-51　Web 服务代理模式示例

5. 广播/组播消息通信模式

（1）广播消息通信模式

在前面的软件架构模式中，只涉及一个源构件与一个目标构件之间的消息通信。有一些分布式应用则需要将一个构件消息同时发送到多个构件，即构件之间的消息广播或组播通信。分布式应用支持广播消息通信模式和组播消息通信模式。其中广播消息通信模式如图 5-52 所示。

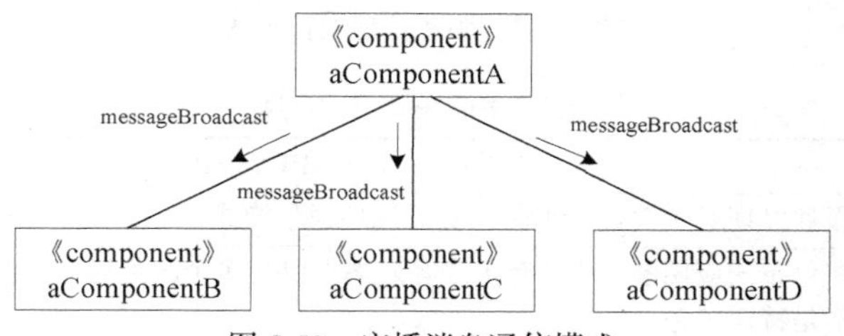

图 5-52　广播消息通信模式

在广播消息通信模式中，一个服务构件向所有客户端构件发送同一消息，客户端构件自行决定是否处理该消息。广播消息通信模式说明如表 5-19 所示。

表 5-19　广播消息通信模式说明

项目	内容描述
模式名称	广播消息通信模式，别名“广播通信模式”
解决问题	在分布式应用系统中，有多个客户端需要与多个服务通信。有时一个服务需要将消息发送给所有客户端
环境	分布式应用系统
解决方案	服务提供者采用广播方式向所有客户端发送相同信息，客户端各自决定处理该消息或丢弃该消息

续表

项目	内容描述
优缺点	优点：实现简单，服务提供者不管客户端是否需要该消息。 缺点：当客户端不需要该消息，会给客户端带来额外负载
适用性	分布式应用
相关模式	订阅/通知消息通信模式

（2）组播消息通信模式

组播消息通信模式又称为订阅/通知消息通信模式。它由客户端向服务提供者订阅服务消息。当服务端发出该类消息时，仅发送给所有订阅客户端。没有订阅该类服务消息的客户端不会收到消息。订阅/通知消息通信模式如图 5-53 所示，其说明如表 5-20 所示。

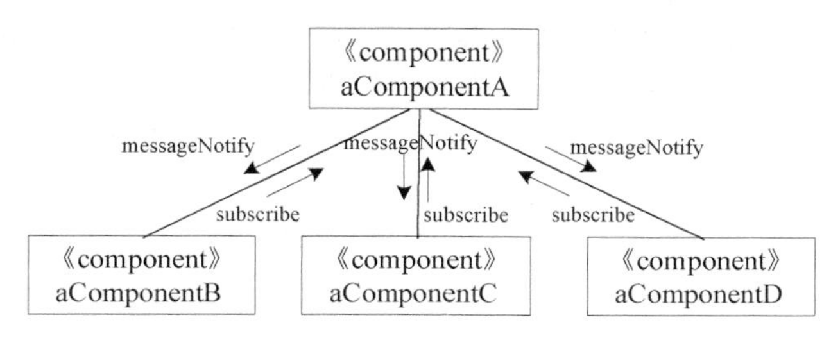

图 5-53　订阅/通知消息通信模式

表 5-20　订阅/通知消息通信模式说明

项目	内容描述
模式名称	订阅/通知消息通信模式，别名“选择性广播通信模式”
解决问题	在分布式应用系统中，有多个客户端需要与多个服务通信。客户端想要接收给定类型的消息
环境	分布式应用系统
解决方案	客户端订阅给定类型的消息，服务提供者发送此类消息到所有订阅它的客户端
优缺点	优点：可以实现选择性组播消息服务，客户端只接收订阅的消息服务。 缺点：当客户端订阅太多的服务消息，会给客户端带来额外负载
适用性	分布式应用
相关模式	广播消息通信模式

例如，在一个视频监控跟踪系统中，有 3 个卡口的视频监控跟踪构件（videoTrace1\ videoTrace2\ videoTrace3）向视频监控事件服务（alarmHandingService）订阅了移动侦测事件报警（alarmEvent）消息。当视频监控事件服务从视频监测构件（eventMonitor）处采集移动侦测事件报警信息后，将该类消息发布给所有订阅此类消息的视频监控跟踪构件，然后由这些构件进行视频监控跟踪处理。订阅/通知消息通信模式示例如图 5-54 所示。

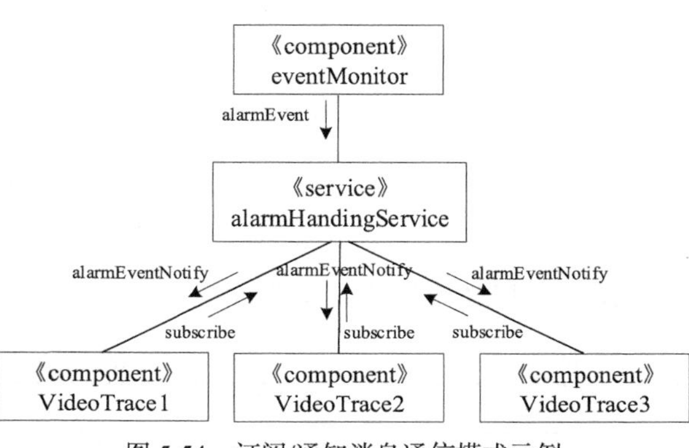

图 5-54　订阅/通知消息通信模式示例

5.4.4 事务模式

为解决分布式应用对数据操作的一致性和完整性问题，需要采用事务机制。从软件架构来看，事务是指客户端向服务端发出由两个或多个操作组成的服务请求，这些请求被封装在一起，实现一个特定的功能服务。为了确保事务对数据操作的正确性，要求事务具有原子性（Atomicity）、一致性（Consistency）、隔离性（Isolation）和持久性（Durability），即 ACID 特性。事务在客户端生成并且发送给服务端处理，服务端需要控制启动事务、提交事务或回滚事务。事务所封装的服务请求操作要么全部完成，要么全部取消，以确保数据操作的一致性。在软件架构中，可采用一些事务模式实现客户/服务的事务处理。

1. 两阶段提交协议模式

两阶段提交协议模式用于分布式系统中原子事务处理，即确保事务所封装的服务请求操作是不可分割的，它们要么都完成，要么都取消。在两阶段提交协议模式中，通过一个提交协调者构件（commitCoordinator）与多个服务构件进行通信协调，采用两个阶段消息通信实现提交事务操作（commit）。两阶段提交协议的第一阶段和第二阶段分别如图 5-55 所示。

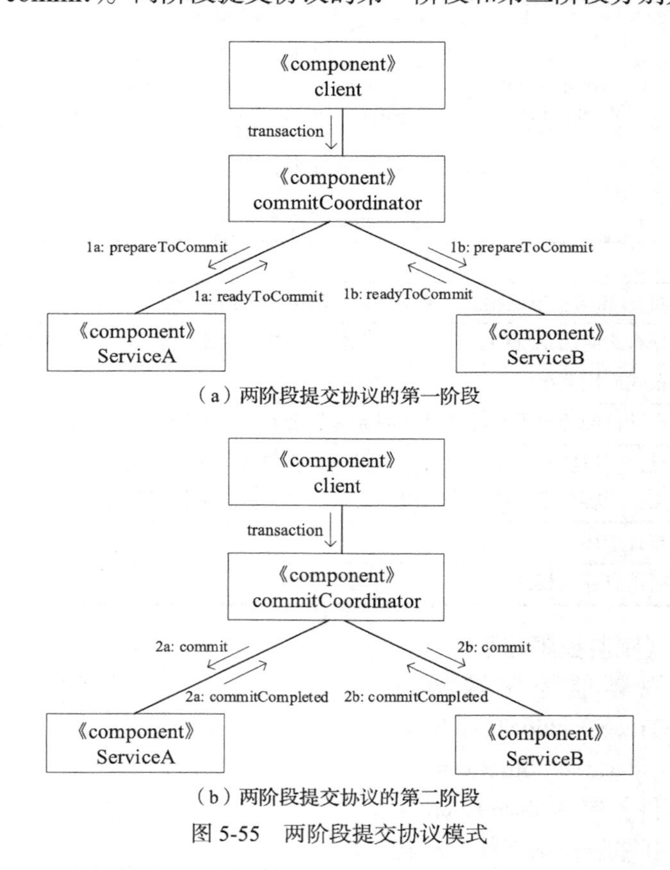

（a）两阶段提交协议的第一阶段

（b）两阶段提交协议的第二阶段

图 5-55 两阶段提交协议模式

两阶段提交协议模式说明如表 5-21 所示。

表 5-21 两阶段提交协议模式说明

项目	内容描述
模式名称	两阶段提交协议模式，别名“原子事务模式”

续表

项目	内容描述
解决问题	在分布式应用系统中，客户端产生事务，并将它们发送给服务提供者来处理。事务涉及多个服务操作，所有服务操作执行一个单一的逻辑功能，它们必须全部完成或全部取消
环境	分布式应用系统
解决方案	对于客户端提交的事务，通过提交协调者构件与多个服务进行交互协调处理。服务结果的提交通过执行两个阶段协议来完成。所有服务操作必须全部完成或全部取消
优缺点	优点：可以实现原子事务操作服务。 缺点：只对短事务有效
适用性	分布式事务处理应用
相关模式	复合事务模式、长事务模式

例如，在从银行 A 的一个账户转账到银行 B 的一个账户的业务功能处理中，可以采用两阶段提交协议模式实现转账事务处理，以确保银行数据的一致性。两阶段提交协议模式示例如图 5-56 所示。

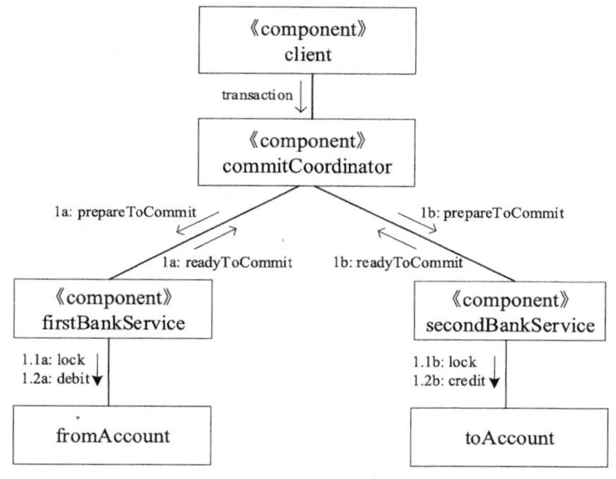

（a）两阶段提交协议的第一阶段

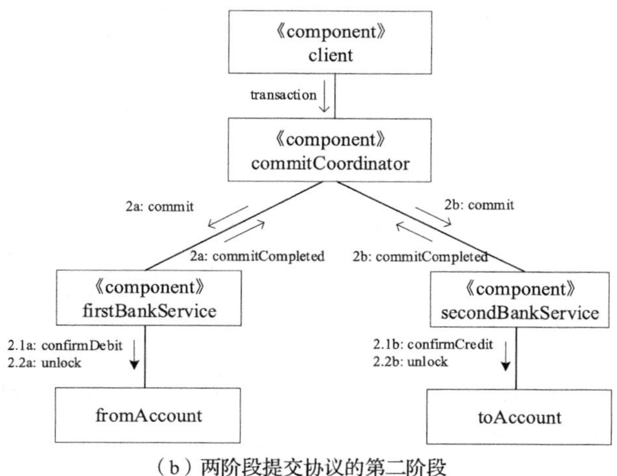

（b）两阶段提交协议的第二阶段

图 5-56　两阶段提交协议模式示例

在以上银行转账事务处理中，涉及两个服务：第一个银行的服务（firstBankService）和第二个银行的服务（secondBankService）。第一个银行的服务处理转出账户（fromAccount）数据操作，第二个银行的服务处理转入账户（toAccount）数据操作。通过执行两阶段提交协议实现银行转账事务处理。

在第一阶段，由提交协调者构件（commitCoordinator）将客户端事务的准备提交操作消息（1a: prepareToCommit 和 1b: prepareToCommit）分别发送给第一个银行服务与第二个银行服务，如图 5-56（a）所示。第一个银行服务对转出账户（fromAccount）执行加锁操作（1.1a: lock）和执行借方更新操作（1.2a: debit）。第二个银行服务对转入账户（toAccount）执行加锁操作（1.1b: lock）和执行贷方更新操作（1.2b: credit）。然后，它们分别发送提交准备好（readyToCommit）消息给提交协调者构件。如果一个银行服务无法执行更新，那么会发送一条拒绝提交（refuseToCommit）消息给提交协调者构件。提交协调者构件则会通知另一银行服务取消前面的操作，该转账业务终止执行。只有当所有服务都向提交协调者构件发送提交准备好消息后，提交协调者构件则进入两阶段提交协议的第二阶段执行，如图 5-56（b）所示。

在第二阶段，提交协调者构件分别发送提交（commit）消息给第一个银行服务和第二个银行服务。它们收到消息后，分别执行确认操作和解锁操作，并且将完成提交（commitCompleted）消息发送给提交协调者构件。如果一个银行服务操作失败，它将发送拒绝提交（refuseToCommit）消息给提交协调者构件。提交协调者构件则会发送终止（abort）消息给所有服务方，使它们都进行事务回滚处理。

2. 复合事务模式

在事务处理中，当一个事务可以被分解为若干更小的、独立的处理单元时，这种事务就是复合事务。例如，一个旅游团的出行预订业务由机票预订、酒店预订和租车预订组成。如果将出行预订作为一个复合事务，机票预订、酒店预订和租车预订则为它的子事务。复合事务模式示例如图 5-57 所示。

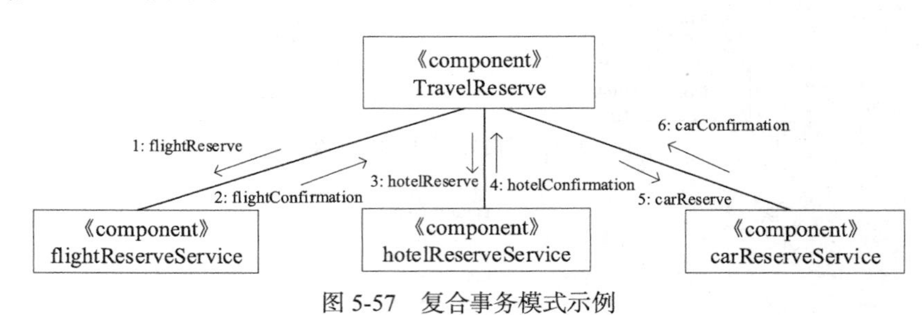

图 5-57　复合事务模式示例

复合事务模式说明如表 5-22 所示。

表 5-22　复合事务模式说明

项目	内容描述
模式名称	复合事务模式，别名“组合事务模式”
解决问题	在分布式应用系统中，客户端有一个事务可以被分解为更小的、独立的原子事务发送给服务提供者来处理。事务涉及多个服务操作，所有服务操作执行一个单一的逻辑功能，它们必须全部完成或全部取消
环境	分布式应用系统
解决方案	将复合事务分解为更小的、独立的原子事务，每个原子事务可以被独立地执行和进行回滚操作处理

续表

项目	内容描述
优缺点	优点：可以实现更加灵活的原子事务操作服务。 缺点：需要更加多的工作实现复合事务处理
适用性	分布式事务处理应用
相关模式	两阶段提交协议模式、长事务模式

3. 长事务模式

在事务处理中，若需要用户参与决策操作，则会出现较长时间的数据资源锁定处理，这在多用户事务处理中是不合适的，这样的事务称为长事务。为了解决长事务对数据资源长时间锁定的问题，可以将长事务分解为两个或多个独立的事务，用户参与决策操作则安排在这些连续事务之间。如将一个航空机票预订事务分解为航班查询事务、机票预订事务。长事务模式示例如图 5-58 所示。

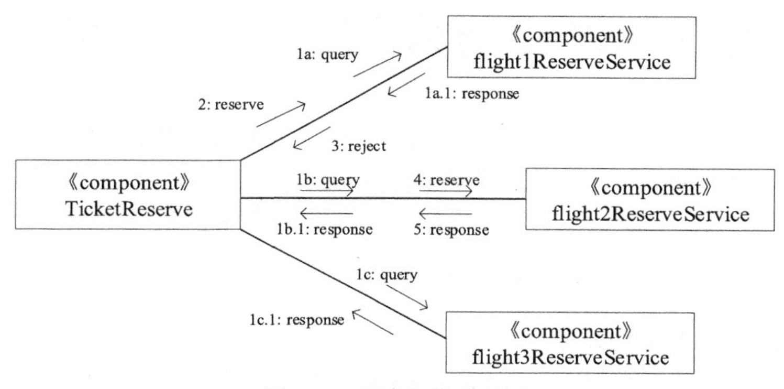

图 5-58 长事务模式示例

在以上机票预订事务中，首先执行航班查询事务，分别向 3 个航空公司预订服务发出查询服务请求（1a:query/1b:query/1c:query）。这 3 个服务都回复了空余的座位信息（1a.1: response/1b.1: response /1c.1: response）。客户在考虑决策后，首先向第一个航空公司预订服务发出预订请求（2: reserve），但由于余票刚被订完，被拒绝（3: reject）。客户再向第二个航空公司预订服务发送请求（4:reserve），由于有余票，服务被处理，返回订票被确认消息（5: response）。

长事务模式说明如表 5-23 所示。

表 5-23 长事务模式说明

项目	内容描述
模式名称	长事务模式，别名“用户参与决策的事务模式”
解决问题	在分布式应用系统中，客户端有一个长事务需求，它需用户参与，可能会导致数据资源被长时间锁定
环境	分布式应用系统
解决方案	将长事务分解为两个或多个独立的原子事务，使用户的决策发生在连续的原子事务之间
优缺点	优点：可以解决在用户决策时间中锁定数据资源访问的问题。 缺点：在长延迟情况下，事务因情况变化导致失败

续表

项目	内容描述
适用性	分布式事务处理应用
相关模式	两阶段提交协议模式、复合事务模式

课堂讨论——本节重点与难点问题

1. 软件架构模式与软件架构风格有何区别？
2. 代理者模式如何解决客户端透明访问服务的问题？
3. 集中式控制模式与分布式控制模式各有哪些优缺点？
4. 多层控制模式与抽象分层模式有何异同？
5. 多客户/多服务模式与多层客户/服务模式有何异同？
6. 哪种通信模式的软件架构适合高并发访问系统？

5.5 软件架构 UML 建模设计

在 UML 建模语言中，可以使用类图和包图建模描述软件架构的静态结构模型，也可以使用通信图或顺序图建模描述软件架构的动态交互行为模型，还可以使用构件图、部署图建模描述软件架构的物理结构模型。

扫码预习

5.5 视频二维码

5.5.1 软件架构 UML 建模设计

1. 软件架构的静态结构模型

软件架构的静态结构模型用于描述软件系统的程序组成结构。在面向对象系统设计中，可以采用 UML 类图模型将软件系统的程序组成结构可视化呈现出来。在 UML 类图模型中，可以描述系统由哪些类组成、类之间的约束关联，以及类的属性、操作方法。使用类图可以描述软件架构的静态结构模型。如在一个销售订单子系统的软件设计中，使用 UML 类图建模系统架构的静态结构模型如图 5-59 所示。

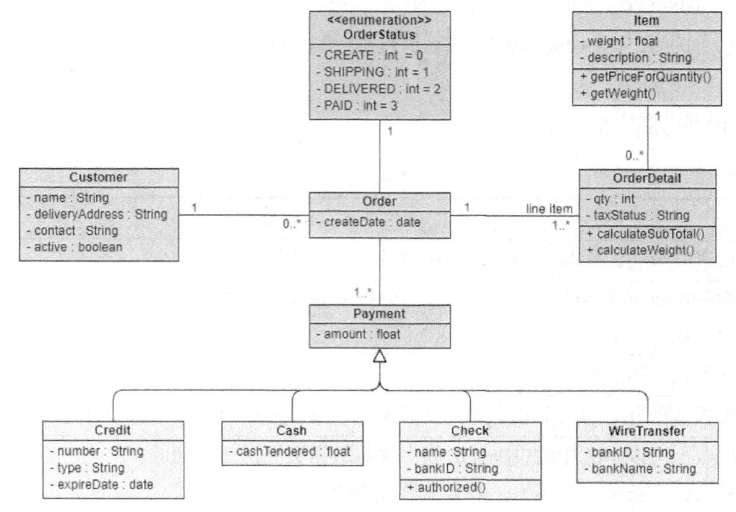

图 5-59　销售订单子系统的静态结构类图

在图 5-59 所示的类图中，可以看到销售订单子系统由客户类(Customer)、商品类(Item)、订单类（Order）、订单明细类（OrderDetail）、支付类（Payment）等类程序组成。

在复杂系统的软件设计中，仅采用一个类图来反映系统的软件静态结构是不现实的，需要将复杂系统划分设计为相互联系的若干子系统或构件。针对各个子系统或构件，分别给出它们的类图设计，并在高层设计中采用 UML 包图对系统的软件静态结构进行抽象设计。

在 UML 中，包是一种用类似于文件夹的图形符号，用于模型元素（类、构件、用例等）的组织。在系统中，每个元素都只能为一个包所有，一个包可嵌套在另一个包中。图 5-60 给出一个包嵌入两个工具类和一个包嵌套了子包的示例。

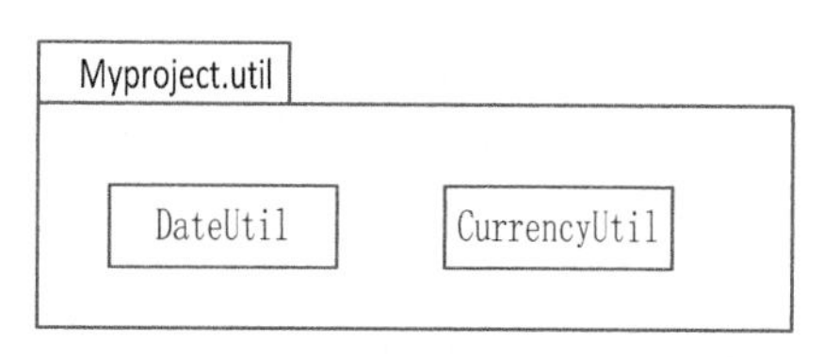

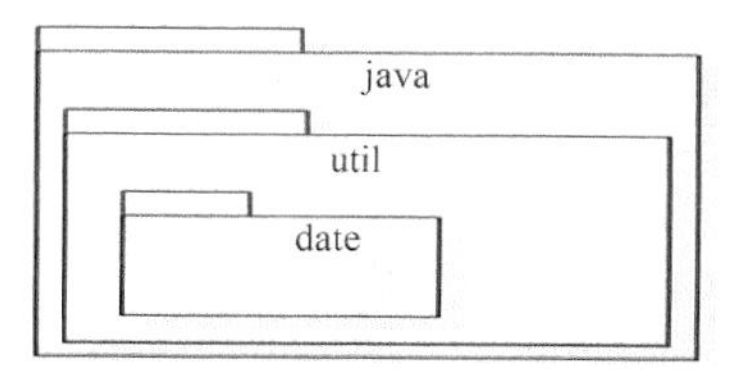

图 5-60　类与包示例

在面向对象系统设计中，包的主要作用如下：

（1）对功能相关的元素进行分组；

（2）定义模型中的“功能边界”；

（3）提供配置管理单元；

（4）在设计时，提供并行工作的单元；

（5）提供封装的命名空间，在一个包中所有对象的名称必须唯一。

包图则是描述包与包之间关系的模型图。在包图中，包之间有访问（access）关系、导入（import）关系、使用（use）关系等依赖关系，也可能有泛化（generalization）关系。

例如，在电子商务系统的静态结构模型设计中，可采用包图对系统的类元素集合进行分组结构设计。电子商务系统包图如图 5-61 所示。

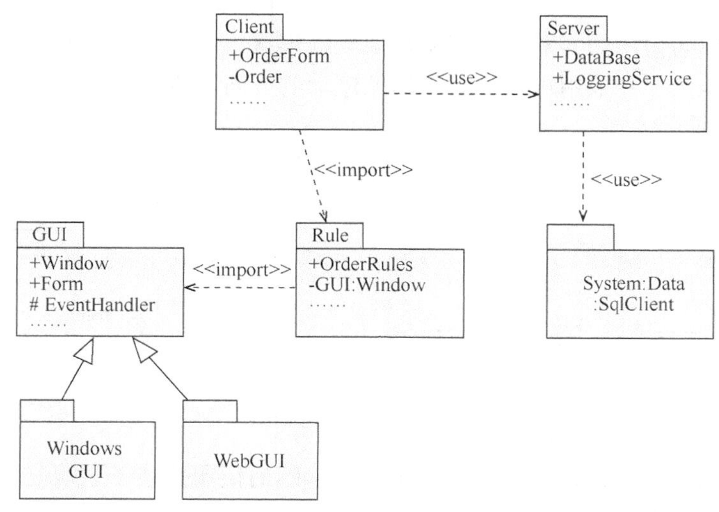

图 5-61　电子商务系统包图

在图 5-61 所示的电子商务系统包图中，每个包代表一个功能子系统。在一个包内集成了该子系统的类图。

在系统包图设计中，应遵循“最小化系统间的耦合关系”原则，即最小化包之间的依赖关系。同时，最小化每个包中可视化属性为 public、protected 的元素个数，最大化每个包中可视化属性为 private 的元素个数。此外，在系统设计建模时，应避免包之间的循环依赖，也不应出现包之间相互依赖的情况。在软件架构设计中，可以按照特定的架构模式设计包图模型。例如，在基于.NET 技术的软件架构设计中，可以采用图 5-62 所示的分层架构模式设计包图模型。

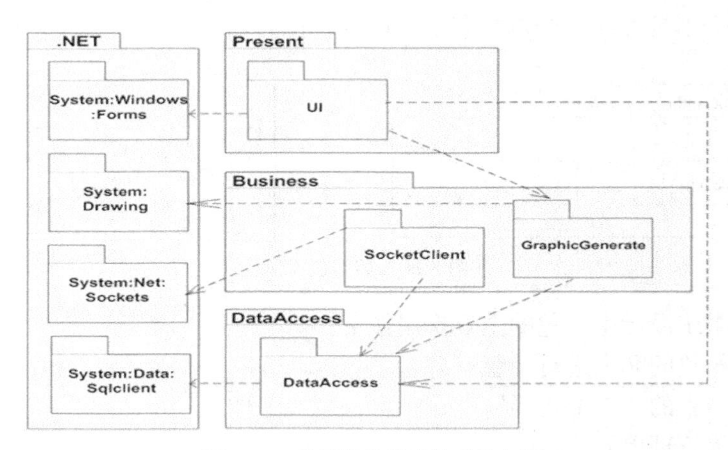

图 5-62　分层架构模式的系统包图

2. 软件架构的动态交互行为模型

软件架构的动态交互行为模型用于反映软件系统对象之间的交互行为。在 UML 软件建模设计中，可以采用 UML 通信图描述对象之间的协作通信，从而反映对象之间如何通过动态消息交互行为实现系统功能。

在 UML 2.0 之后，描述对象之间动态交互行为的协作图被改名为通信图，它是一种直接反映对象之间消息通信的交互图，侧重于描述对象之间的直接联系，反映对象之间交互的结构关系。在 UML 通信图中，对象之间采用关联线连接，表示它们之间存在交互关系。消息附加到这些关联线上，并采用短箭头指明消息流动的方向。消息的顺序通过编号表示。UML 通信图如图 5-63 所示。

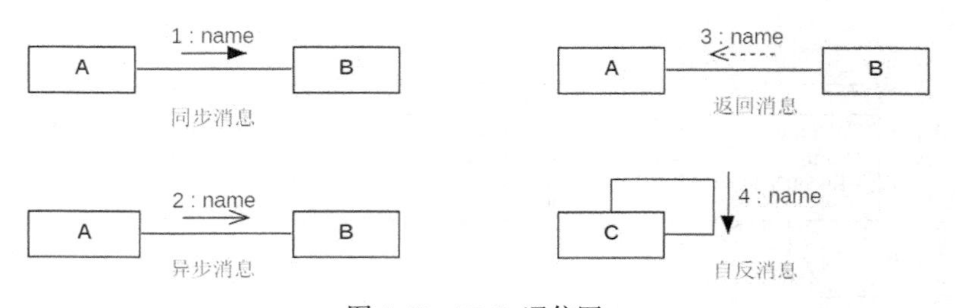

图 5-63　UML 通信图

在高层抽象的软件架构设计中，可以采用 UML 通信图描述子系统之间的消息通信，从而反映系统的各个子系统在运行时的交互行为关系。

例如，在一个图书商品销售系统的软件架构设计中，可采用图 5-64 所示的通信图反映该系统的各个子系统之间的动态交互行为模型。

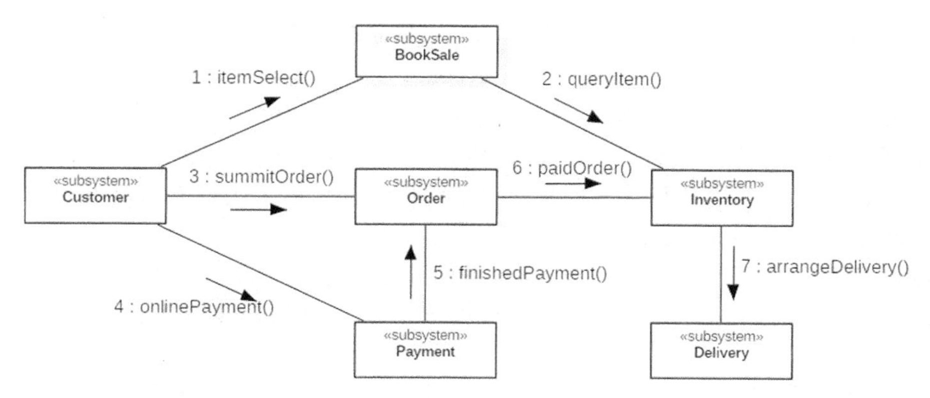

图 5-64　图书商品销售系统的 UML 通信图

在图 5-64 所示的通信图中，可以看到图书商品销售系统由图书商品子系统（BookSale）、订单子系统（Order）、支付子系统（Payment）、库存子系统（Inventory）、配送子系统（Delivery）、客户子系统（Customer）组成。它们之间通过一定的消息交互流程实现图书商品销售业务。

3. 软件架构的物理结构模型

软件架构的物理结构模型用于反映软件系统的结构实现方案。在面向对象系统设计中，软件架构采用 UML 构件图和 UML 部署图表示软件系统的结构实现方案。

构件是指软件系统中遵从一组接口且提供特定功能的程序模块。构件能够实现独立功能，它是软件系统的组成部分。在软件架构设计中，软件系统被划分设计为若干个子系统，每个子系统又进一步分解设计为若干构件。每个构件能够实现一定的功能，为其他构件提供访问接口，方便软件的构件复用。

在 UML 构件图模型中，可以描述软件系统的构件组成、构件之间的关系，从而反映出软件系统各功能程序实现的构件之间结构关系。构件图的基本目的是使开发人员能够从整体上了解软件系统的所有功能构件组成，也使开发人员知道如何对构件进行打包，以组织软件的程序文件。同时，非常重要的一点是有利于软件的构件复用。

例如，在一个商品销售系统的物理结构模型设计中，可采用图 5-65 所示的构件图反映该系统架构的物理结构模型。

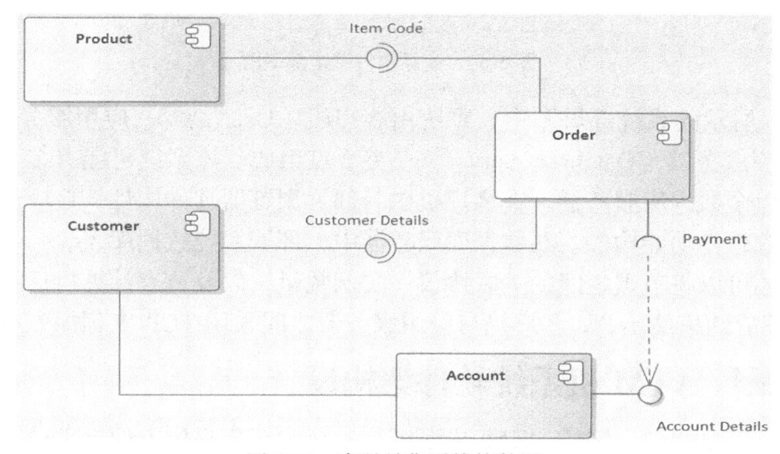

图 5-65　商品销售系统构件图

在图 5-65 所示的构件图中，可以看到商品销售系统由客户构件（Customer）、商品构件（Product）、订单构件（Order）、账户构件（Account）等组成。构件之间的依赖关系通过提供接口与请求接口来连接。如订单构件通过请求接口访问商品构件的提供接口（Item Code）获得商品编号、商品名称等信息。同样，订单构件通过请求接口访问客户构件的提供接口（Customer Details）获得客户信息。此外，订单构件的支付请求接口（Payment）依赖于账户构件的提供接口（Account Details）获取账户明细信息。

在 UML 系统建模设计中，还需要给出软件构件在运行节点的部署情况。这可以通过 UML 部署图来实现。UML 部署图用于描述系统拓扑架构，并展示软件构件如何部署到网络硬件节点中。

UML 部署图使用节点、关联线、构件、构造型等元素建立系统的物理结构模型。UML 部署图中的节点为系统的硬件设备，如各种服务器、存储设备、网络设备等。关联线表示节点之间的通信连接，用于将系统各个节点连接起来，给出系统拓扑架构。构件分为运行构件（可执行文件）和支撑构件（数据文件、配置文件等）。构造型用于定义元素的类型、约束等说明。如某商品销售系统的 UML 部署图模型设计如图 5-66 所示。

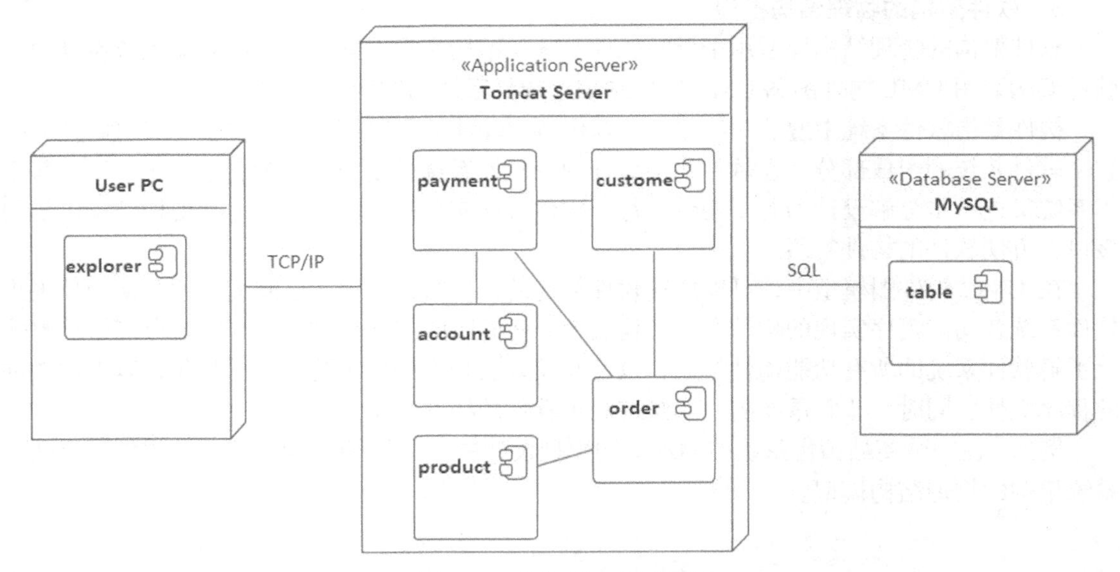

图 5-66　商品销售系统部署图

在图 5-66 所示的系统部署图中，系统由客户机（User PC）、应用服务器（Application Server）、数据库服务器（Database Server）三类节点组成。该系统可能有多个客户机、单个应用服务器和单个数据库服务器。在客户机中，部署浏览器软件构件。在应用服务器中，部署商品销售系统软件功能构件。在数据库服务器中，部署系统数据库表。为了进一步给出详细设计信息，还可以将节点之间的关联协议、实例数量，以及节点计算机运行系统环境信息通过 UML 标签或约束给出，如客户机与应用服务器之间采用 TCP/IP（协议）进行网络通信。

5.5.2　银行 ATM 机系统软件架构设计

在银行业务信息化中，银行 ATM 机系统是银行为客户提供方便自助业务的信息系统。它由 ATM 机前端硬件设备及其软件系统组成，并通过网络连接到银行服务系统，为客户提供取款、转账、查询等银行业务服务。在银行 ATM 机系统软件架构设计中，依据银行领域需求，采用客户机/服务器架构模式设计软件架构。以下将给出用例图模型设计、子系统划分设计、系统静态结构类图模型设计、系统动态交互图模型设计、系统构件图模型设计、系统部署图模型设计。

1. 银行 ATM 机系统用例图模型设计

在对银行 ATM 机系统进行基本需求分析后，可以使用 UML 对用户功能需求进行建模描述，给出系统功能用例图模型。银行 ATM 机系统用例图如图 5-67 所示。

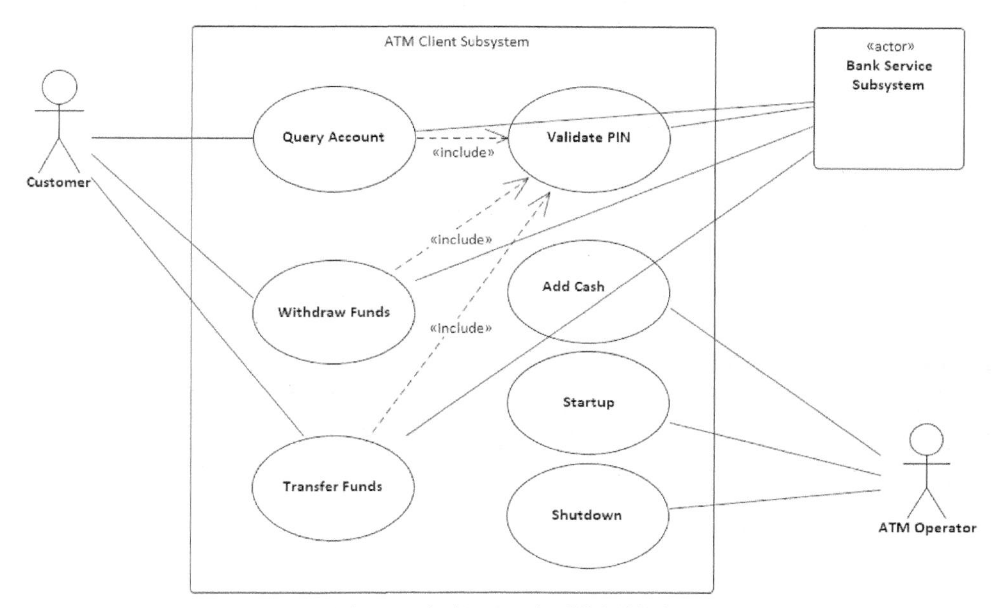

图 5-67 银行 ATM 机系统用例图

在银行 ATM 机系统中，有客户（Customer）和维护操作人员（Operator）两类角色使用系统。客户角色在系统中具有查询账户余额（Query Account）、取款（Withdraw Funds）、转账（Transfer Funds）等功能用例。维护操作人员角色在系统中具有添加钞票（Add Cash）、启动 ATM 机（Startup）、停止 ATM 机（Shutdown）等功能用例。此外，ATM 机客户端功能用例与银行服务子系统（Bank Service Subsystem）一起完成银行业务处理。

2. ATM 机系统子系统划分设计

基于银行领域需求，在银行 ATM 机系统设计中，按照多客户机/单服务器体系架构模式进行系统架构设计。系统划分为“ATM 机客户端子系统”和“银行服务子系统”两个软件子系统，同时 ATM 机客户端子系统还控制 ATM 机输入/输出设备。这里采用高层抽象的并发通信图描述它们之间的通信结构关系。银行 ATM 机子系统通信图如图 5-68 所示。

在银行 ATM 机系统中，ATM 机客户端子系统（ATMClient）与银行服务子系统（BankingService）进行通信实现客户自助银行业务服务。它们之间为多对一的客户机/服务器架构关系，即多个 ATM 机客户端子系统共享访问一个银行服务子系统。ATM 机客户端子系统提出业务请求 ATMTransaction()，银行服务子系统进行服务处理，并将处理结果 bankResponse( )返回客户端。ATM 机客户端子系统还接受客户（Customer）和维护操作人员（Operator）的操作控制。

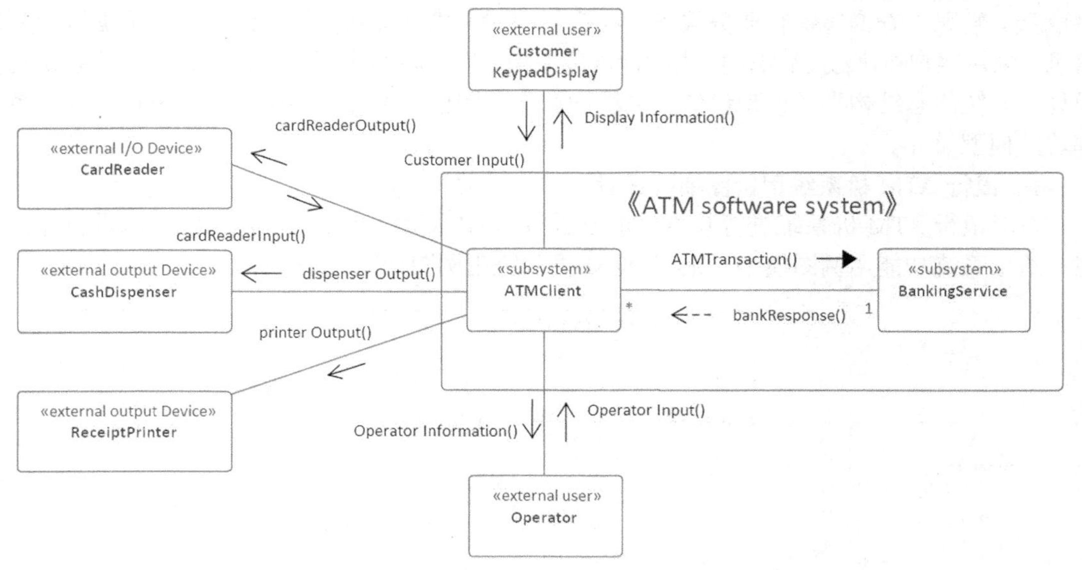

图 5-68　银行 ATM 机子系统通信图

3. 银行 ATM 机系统静态结构类图模型设计

针对银行 ATM 机系统用例图模型进行分析，从中发现与抽取出基本的实体类，并建立它们之间的类关联，最终形成描述系统静态结构组成的类图模型。图 5-69 给出了 ATM 机系统的实体类图模型。

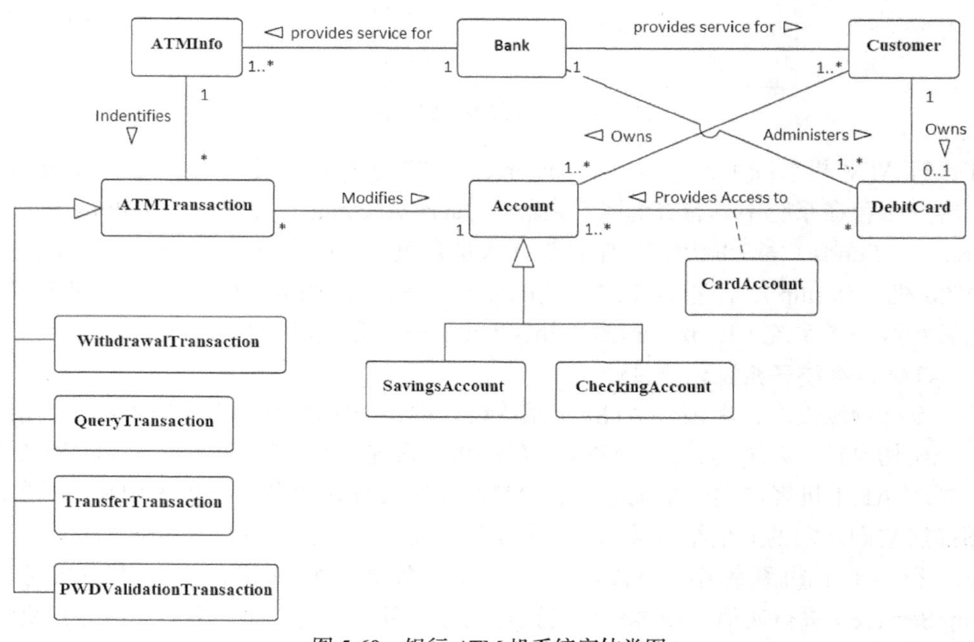

图 5-69　银行 ATM 机系统实体类图

在银行 ATM 机系统实体类图中，银行实体类（Bank）与客户实体类（Customer）、ATM 机信息实体类（ATMInfo）、借记卡实体类（DebitCard）之间存在一对多的关联。

客户实体类与账户实体类（Account）存在多对多的关联。银行账户可以分类为支票账户

(CheckingAccount)和储蓄账户(SavingsAccount)两个类型，它们具有一些公共属性，如账户号(accountNumber)、账户类型(accountType)、余额(balance)等。可以将这些公共属性放到账户实体类中，支票账户实体类和储蓄账户实体类作为子类可以继承父类的属性特征，并添加自己的专有属性。

ATM 机交易实体类(ATMTransaction)可以修改账户实体类中的信息。ATM 机交易实体类又可细分为取款交易实体类(WithdrawalTransaction)、转账交易实体类(Transfer Transaction)、查询交易实体类(QueryTransaction)，以及 PWD 密码验证交易实体类(PWDValidationTransaction)。ATM 机交易实体类作为父类，具有所有交易实体类的公共属性。取款交易实体类、转账交易实体类、查询交易实体类则继承父类的属性特征，并添加自己的专有属性。

此外，在银行 ATM 机系统实体类图中，还有一个卡账户实体类(CardAccount)作为借记卡实体类与账户实体类之间的关联类。

4. ATM 机系统动态交互图模型设计

在 ATM 机系统的子系统划分设计基础上，进一步设计各个子系统的结构。这里采用集成通信图分别对 ATM 机客户端子系统和银行服务子系统进行架构设计。

在 ATM 机客户端子系统设计中，需要考虑 ATM 机的输入/输出设备控制操作处理。为此，将这些输入/输出设备抽象为外部设备类，如读卡器类(CardReader)、凭条打印机类(ReceiptPrinter)、吐钞器类(CashDispenser)和键盘显示器类(KeypadDisplay)。在子系统内部，需要分别抽取出这些设备的访问接口类，如读卡器接口(CardReaderInterface)、吐钞器接口(CashDispenserInterface)。同时也需要抽取出客户交互类(CustomerInteraction)和维护操作员交互类(OperatorInteraction)。为了在客户端子系统保存银行卡的读取信息、用户交易信息、ATM 机现金信息，需在客户端子系统中分别定义银行卡实体类(ATMCard)、ATM 机交易实体类(ATMTransaction)、ATM 机现金实体类(ATMCash)。最后，还需定义 ATM 机控制类(ATMControl)用于业务逻辑流程控制处理。ATM 机客户端子系统的集成通信图如图 5-70 所示。

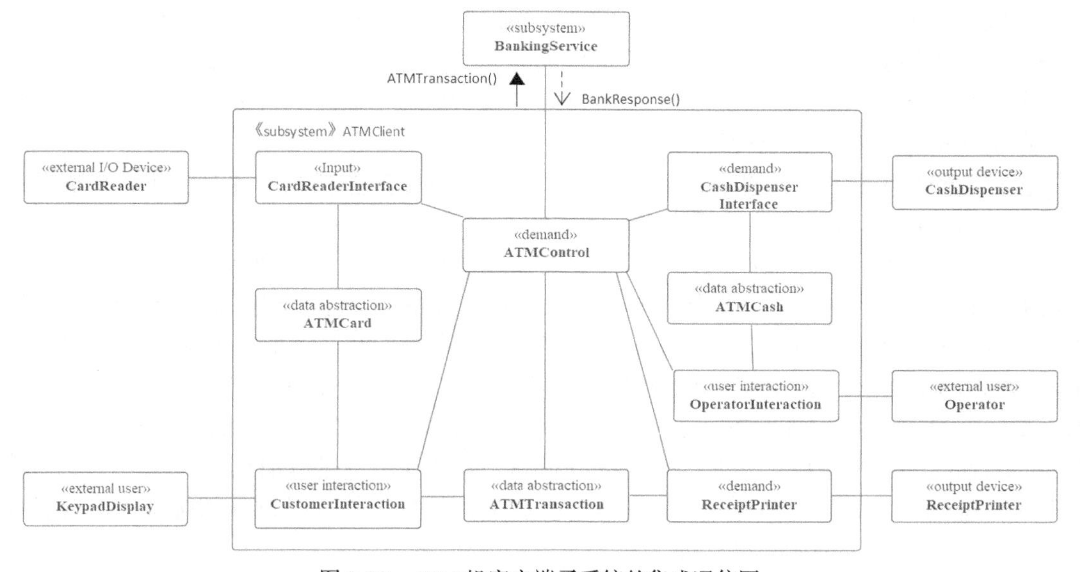

图 5-70 ATM 机客户端子系统的集成通信图

在银行服务子系统设计中，除了需要使用图 5-70 所抽取的实体类进行数据存取访问外，还需将 ATM 机客户端的每一种交易功能抽取到该交易管理器类进行业务逻辑处理，如取款交易管理器类（WithdrawalTransactionManager）封装取款交易业务逻辑、转账交易管理器类（TransferTransactionManager）封装转账交易业务逻辑、查询交易管理器类（QueryTransaction Manager）封装查询交易业务逻辑、PWD 密码验证交易管理器类（PWDValidationTransaction Manager）封装密码验证交易业务逻辑。此外，在银行服务子系统中，还需要有一个交易协调类（BankTransactionCoordinator）接收各个 ATM 机客户端子系统提交的交易服务请求，并将该请求委托给对应的交易管理器类进行业务处理。银行服务子系统的集成通信图如图 5-71 所示。

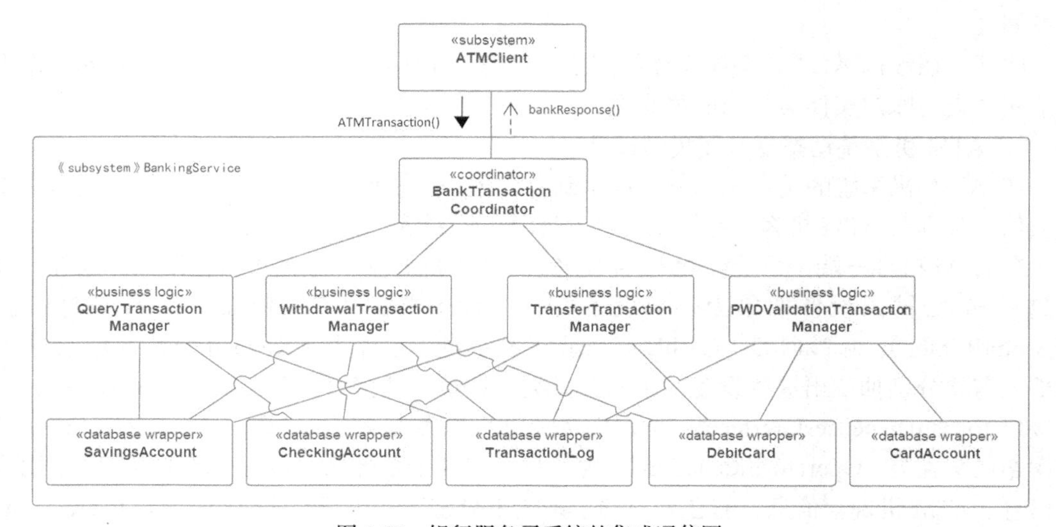

图 5-71 银行服务子系统的集成通信图

5. ATM 机系统构件图模型设计

ATM 机系统采用客户机/服务器架构模式设计，由客户端子系统构件和银行服务子系统构件组成。每个子系统设计为一个复合构件，以便它们可以在不同节点计算机中运行。银行服务子系统构件支持多个客户端子系统构件的并发服务请求处理。客户端子系统构件通过接口请求银行服务子系统构件进行交易服务处理，银行服务子系统构件处理交易请求后，将结果消息返回给客户端子系统构件。

客户端子系统构件进一步细化设计为若干功能构件，这些功能构件对应于客户端子系统的各设计类。ATM 机客户端子系统构件图如图 5-72 所示。

在 ATM 机客户端子系统构件设计中，各个功能构件作为一个物理容器，将实现该功能的相关类封装在一个构件中。如将读卡输入功能的 CardReader 读卡类、CardReader 读卡接口类、ATMCard 卡信息类封装在 CardReader 卡输入构件中。由此，ATM 机客户端子系统由卡输入构件（CardReader）、客户键盘显示界面构件（ATMKeypadDisplay）、维护操作构件 (Operator)、凭条打印构件（ReceiptPrinter）、吐钞输出构件（CashDispenser）、业务逻辑控制构件（ATMControl）组成。其中业务逻辑控制构件与其他构件进行消息通信，实现输入/输出处理，并进行交易业务逻辑流程控制。同时，业务逻辑控制构件通过外部接口与银行服务子系统进行消息通信，实现交易处理。

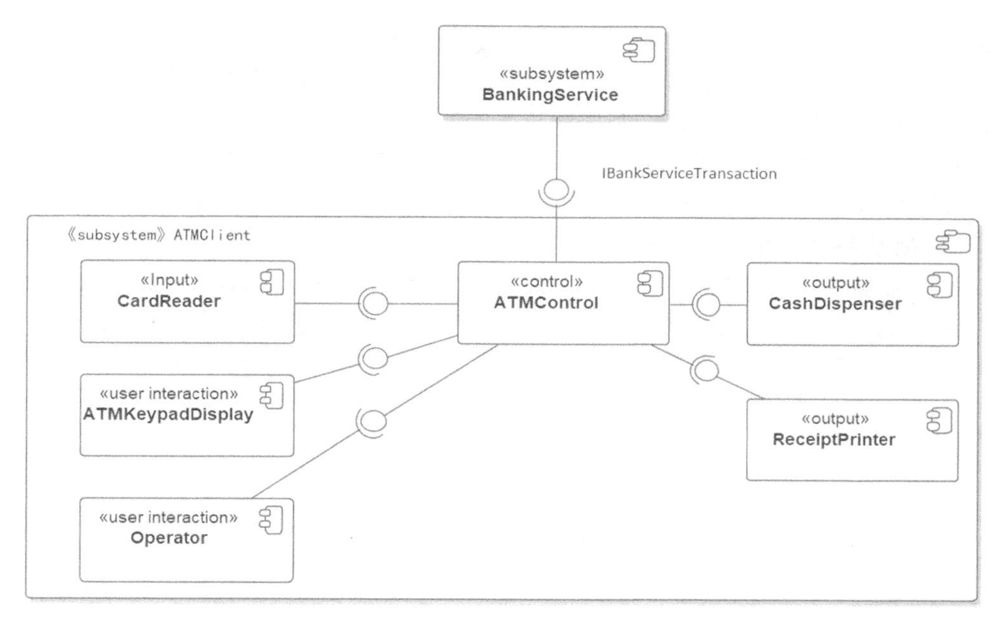

图 5-72　ATM 机客户端子系统构件图

银行服务子系统构件进一步细化设计为若干功能构件，这些功能构件对应封装银行服务子系统的设计类。银行服务子系统构件图如图 5-73 所示。

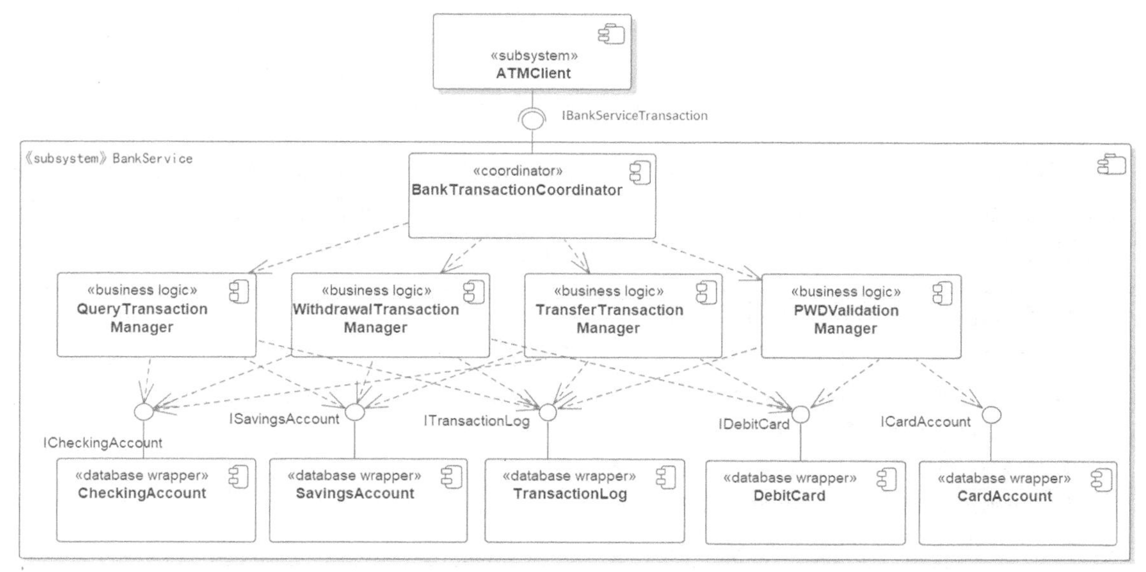

图 5-73　银行服务子系统构件图

在银行服务子系统构件设计中，各个功能构件作为一个物理容器，将实现该功能的相关类封装在一个构件中，如将银行交易协调功能的 BankTransactionCoordinator 类封装在协调控制构件（BankTransactionCoordinator）中。由此，银行服务子系统由协调控制构件（BankTransactionCoordinator）、查询交易管理构件（QueryTransactionManager）、取款交易管理构件（WithdrawalTransactionManager）、转账交易管理构件（TransferTransactionManager）、密码验证管理构件（PWDValidationManager）、支票账户数据库封装器构件（Checking

Account）、储蓄账户数据库封装器构件（SavingsAccount）、交易日志数据库封装器构件（TransactionLog）、借记卡数据库封装器构件（DebitCard）、卡账户数据库封装器构件（CardAccount）组成。其中协调控制构件与业务逻辑构件进行消息通信实现业务逻辑流程处理，各业务逻辑构件与数据库封装器构件进行通信，实现交易数据处理。同时，协调控制构件通过接口与 ATM 机客户端子系统进行消息通信，实现客户端交易请求处理与响应。

6. ATM 机系统部署图模型设计

ATM 机系统采用客户机/服务器架构模式设计，该系统由若干 ATM 机节点和一个服务器节点组成，它们之间通过银行网络进行通信。客户端子系统复合构件部署在 ATM 机中运行，银行服务子系统复合构件部署在服务器中运行。银行 ATM 机系统部署图如图 5-74 所示。

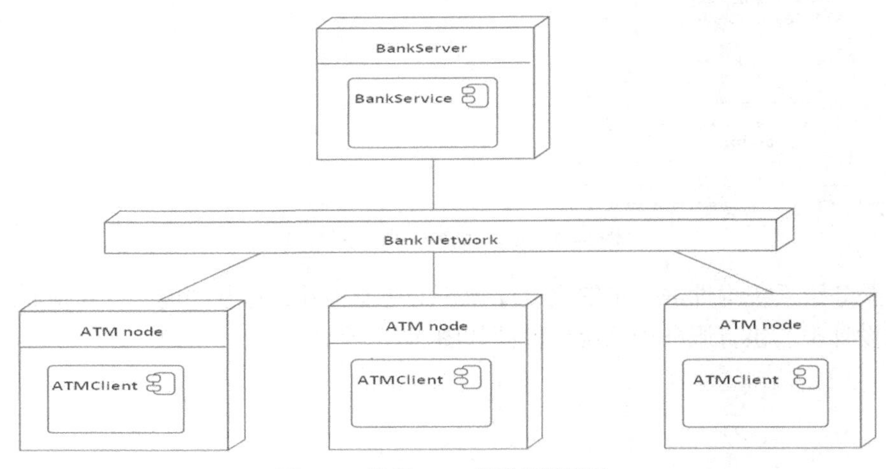

图 5-74　银行 ATM 机系统部署图

在银行 ATM 机系统中，各个 ATM 机节点各自独立运行，并通过网络与银行服务器节点通信，实现银行交易请求与响应处理。ATM 机系统采用客户机/服务器模式实现银行业务的分布式处理。服务器节点支持多个客户端节点的并发请求操作处理。

课堂讨论——本节重点与难点问题

1. 为什么类图模型可以建模软件的面向对象程序组成？
2. 包图在面向对象软件开发中如何应用？
3. 在 UML 中如何建模子系统之间的动态交互行为？
4. UML 构件图与 UML 类图如何关联？
5. UML 构件图与 UML 部署图有何区别？
6. 不同体系架构的部署图如何设计？

练　习　题

一、单选题

1. 在系统开发的哪个阶段进行架构设计？（　　）

   A. 系统需求分析 B. 系统总体设计　C. 系统详细设计 D. 系统开发实现

2. 下面哪种设计方法只应用在面向对象系统设计中？（　　）

A. 抽象设计　B. 逐步求精　C. 模块化设计　D. 信息隐蔽

3. 下面哪种 UML 模型图只用于系统总体设计建模？（　　）

A. 系统类图　B. 对象顺序图　C. 对象通信图　D. 系统部署图

4. 用户最关心下面哪种架构？（　　）

A. 应用架构　B. 软件架构　C. 数据架构　D. 拓扑架构

5. 下面哪种软件架构风格适合复杂软件系统？（　　）

A. 分层体系架构　B. 客户机/服务器体系架构

C. 微核体系架构　D. 数据共享体系架构

二、判断题

1. 类图模型在系统设计各阶段都需要涉及。（　　）
2. 系统数据架构是一类数据库模型。（　　）
3. 系统架构的本质就是软件架构。（　　）
4. 客户机/服务器体系架构适合 Web 应用。（　　）
5. 异步消息通信模式适合银行转账业务。（　　）

三、填空题

1. 系统架构通常包括系统拓扑架构、系统数据架构、系统软件架构和____________等。
2. 典型软件系统一般被划分为表示层、业务逻辑层、____________和数据存储层。
3. 客户/服务模式可以细分为____________、多客户/多服务模式、多层客户/服务模式。
4. 在面向服务的软件架构中，其通信模式主要有服务注册通信模式、____________、服务句柄代理转发通信模式、服务发现通信模式。
5. 软件对象之间的消息通信模式主要有同步消息通信模式和____________。

四、简答题

1. 系统设计过程涉及哪些主要开发活动？
2. 系统架构设计如何满足系统非功能需求？
3. 系统数据架构设计一般给出哪些内容？
4. 微服务与微服务体系架构有何异同？
5. 软件架构模式在系统开发中应如何选择？

五、设计题

针对一个在线点餐外卖系统，给出该系统的下列架构模型设计。

1. 系统架构的类图模型和包图模型。
2. 系统架构的动态交互行为通信图模型。
3. 系统架构的构件图模型和部署图模型。

第6章 软件建模设计

与面向对象系统分析一样，面向对象系统设计也是建模活动。面向对象系统设计包括系统总体设计和系统详细设计。系统总体设计主要完成系统体系结构设计。系统详细设计针对系统体系结构中的软件构件通过建模进行详细设计，设计每个软件构件的数据、方法、接口和通信机制。本章将介绍基于 UML 的软件建模设计，包括软件静态结构建模、软件动态交互建模、软件状态机建模和软件实现建模，并通过实例讲解软件建模设计。

本章学习目标如下：

（1）了解软件建模设计的目标、原则、内容和活动；

（2）理解软件静态结构视图，掌握类建模和高级类建模设计方法；

（3）理解软件动态交互视图，掌握顺序图和通信图的建模设计方法；

（4）理解软件状态机视图，掌握类行为的建模设计方法；

（5）理解软件实现视图，掌握构件图、部署图、包图的建模设计方法；

（6）熟悉 UML 建模工具，结合实例培养软件详细建模设计能力。

6.1 软件建模设计概述

扫码预习

6.1 视频二维码

面向对象系统分析和面向对象系统设计是无缝衔接的迭代过程。通过面向对象系统分析，建立了待开发系统的分析模型。面向对象系统设计在系统分析模型的基础上对其进行扩充、完善和细化，考虑和添加设计细节，将系统分析模型逐渐演进成系统设计模型。软件详细建模设计在系统体系结构设计之后进行。在系统分析模型和系统体系结构模型的基础上，软件详细建模设计针对系统体系结构中的每个软件构件进行详细建模设计和描述，包括设计每个软件构件的功能逻辑，每个软件构件内部的数据、方法和接口，以及软件构件之间的通信机制，目的是为后续的软件编程实现给出具体设计方案。

6.1.1 软件建模设计目标和原则

软件详细建模设计主要针对系统体系结构中的软件构件进行设计，通常称为构件设计或构件级设计。构件是软件系统中一种重要的功能构造块。UML 规范将构件定义为“系统中模块化的、可部署的和可替换的功能部件，该部件封装了程序实现并暴露一组接口”。一个软件构件完成一个特定的功能，将自身内部细节封装起来，对外暴露一组接口。构件之间的通信通过接口进行。构件是部署单元，能够部署在物理节点上，并且能够被具有相同接口的其他构件所替换。构件是系统功能的载体，从实现的角度解决系统数据、功能和行为等各方面的问题，因此在构件设计时，将详细定义每个构件内部的数据及结构、功能及处理逻辑，以及与外部的接口。高质量的构件设计必须实现系统分析模型中的所有明确需求和客户期望的所有隐含需求，同时必须对编程人员、测试人员和维护人员可读、可理解，从而提高软件系统的正确性、可用性、可测试性和可维护性。

面向对象方法强调迭代演进式的系统开发。在系统开发过程中，软件变更不可避免，而软件变更极易引入错误。为了使软件系统在变更发生时能够适应变更并且减少错误或副作用的传播，软件构件设计应该遵循面向对象方法中被广泛采用的基本原则。主要原则如下。

1. 开闭原则

开闭原则（The Open-Closed Principle，OCP）要求“软件构件对外延具有开放性，对修改具有封闭性”。在设计软件构件时，设计人员应该采用一种不需要修改软件构件自身内部的代码或逻辑就可以扩展其功能的方式。开闭原则是设计高质量软件构件需要遵循的最基本原则之一，也是高质量软件构件的最基本特征之一。

2. Liskov 替换原则

Liskov 替换原则（Liskov Substitution Principle，LSP）要求“子类可以替换它们的基类”。子类从基类导出，继承了基类的属性和行为。使用子类替换基类传递给使用该基类的其他构件时，使用该基类的构件应该仍能正确工作。但是继承允许重载，重载使得子类可能没有完全继承基类的属性和行为，因此 Liskov 替换原则要求子类必须遵守基类与使用该基类的其他构件之间的隐含约定。

3. 依赖倒置原则

依赖倒置原则（Dependency Inversion Principle，DIP）要求“依赖于抽象，而非具体实现”。设计软件构件时，设计人员应该尽可能使构件依赖于抽象类或接口，而不是依赖于其他具体构件，这样的系统设计更加容易扩展。如果一个构件过多地依赖其他构件，则会导致其可扩展性差。

4. 接口分离原则

接口分离原则（Interface Segregation Principle，ISP）认为“多个客户专用接口比一个通用接口要好”。如果提供者构件存在多个客户构件，那么提供者构件应该为每个主要的客户构件提供一个专用接口，而不是为所有客户构件提供通用接口。通过专用接口，提供者构件只将和该特定客户构件相关的操作放置在该接口中，而不相关的操作不应出现在该接口中。

5. 高内聚原则

内聚性指构件内部元素的紧密程度，用于衡量构件的独立性。在进行软件构件设计时，设计人员应该在构件中只封装相互关联密切以及与构件自身有密切关系的属性和行为，从而达到高内聚。一般来说，内聚性越高，构件越独立，也更加易于实现、测试和维护。

6. 低耦合原则

耦合性是和内聚性相对应的一个概念。耦合性指不同构件之间相互关联的程度。如果一个构件过多地依赖其他构件，则会增加其实现、测试和维护的难度，同时降低其可重用性和可移植性，因此软件构件设计应该尽可能保持低耦合。但是，构件必须和其他构件协作才能完成系统功能，因此耦合是必然存在的，设计人员应该通过公共接口实现构件之间的耦合，而不依赖构件的具体实现。

7. 可重用原则

为提高开发效率、减少错误、降低成本，设计人员应该充分考虑软件元素的可重用性。面向对象开发强调可重用性，这包括两方面含义：其一，尽量使用已有构件，如开发环境提供的类库或已有相似构件；其二，如果需要开发新构件，则在设计和实现新构件时考虑其将来的可重用性。设计和实现可重用构件比设计和实现普通构件的代价高，但是随着构件被重用次数的增加，分摊到它们的设计和实现成本就会大大降低。

6.1.2 软件建模设计内容

面向对象系统设计包括系统体系结构设计、用户界面设计、数据库设计和构件级设计。系统体系结构设计建立系统的总体框架，用户界面设计确定系统框架的前端，数据库设计确定系统框架的后端，构件级设计则对系统框架中的各软件构件进行详细建模和设计，构件级设计也常被称为系统详细设计。系统详细设计之前，已经建立了系统分析模型和系统体系结构模型。系统详细设计时，每次抽取系统体系结构中的一部分，基于之前建立的该部分的分析模型，进行扩充、完善和细化，从实现的角度对该部分进行详细建模设计，设计的结果用于程序实现。系统体系结构中的每个构件都需要进行详细建模设计。

面向对象软件工程中，构件是软件系统的功能构造块，可以嵌套子构件，因此一个构件由一组协作的类或子构件组成。软件构件设计主要关注构件中类的定义和细化，这包括两个层次：首先确定构件中的类并对每个类进行详细定义，包括定义类的所有属性和操作，以及该类与其他类相互通信的接口；其次对类中每个属性、每个操作和每个接口进行详细设计，详细说明每个属性的数据结构，从实现的角度详细设计每个操作的处理逻辑和算法细节，详细设计接口及其实现机制。为了完成以上目标，软件详细建模设计需要完成以下活动：细化类，对软件静态结构建模；分析对象之间的交互，对软件动态交互建模；分析类的行为，对软件状态机建模；对软件的实现进行细化和建模。

1. 软件静态结构建模

面向对象软件系统的基本构造块是类。软件静态结构模型使用类对应用领域中的各种概念以及与系统实现相关的各种内部概念进行建模，表示不同的实体（如人、事物、数据等）是如何彼此关联的，显示软件系统的静态结构。在详细设计阶段，主要使用类图对软件静态结构建模，定义和细化软件系统中的设计类，定义和细化类的属性和操作，以及与其他类之间的关系。类建模需要详细分析和设计系统的功能、数据和行为，因此类建模集成和包含了所有其他建模活动，是建模活动的演化核心。

2. 软件动态交互建模

运行中的软件系统包含大量对象，对象之间相互协作执行系统功能。软件动态交互模型用于展现对象之间的交互与协作，描述执行系统功能的各个对象之间相互传递消息的关系，通过对象之间的相互作用来描述系统动态行为。在详细设计阶段，通常使用顺序图或通信图建模并细化对象之间的动态交互。顺序图侧重表达执行系统功能的各个对象之间相互传递消息的时间顺序，而通信图侧重表达执行系统功能的各个对象之间如何协作完成该功能。通过顺序图或通信图对对象之间动态交互行为的分析和建模，能够发现类的操作。

3. 软件状态机建模

在详细设计阶段，对系统中重要且有明显状态变化的类，还需要为其创建并细化状态机图，对该类的对象在其生命周期内的动态行为进行详细建模。通常一个系统的详细设计模型中包含多张状态机图，每张状态机图建模一个类，详细描述该类的对象所拥有的状态，以及如何根据外部事件或消息的触发改变自己的状态。

4. 软件实现建模

在详细设计阶段还需要对系统的实现结构建模。软件详细建模设计通过对构件图和部署图进行细化，对系统的构件组织情况和运行时计算资源的物理配置情况进行详细建模，从而展现出系统中的类如何映射到构件和物理节点上。软件详细建模设计还可能需要进行包图的创建和细化，用于对模型自身的组织进行详细建模。包图通常也能反映出软件的结构。

6.1.3 软件建模设计活动

面向对象设计不是一个清晰、顺序的过程，而是一个迭代、演进的过程。由于采用同样的方法学和一致的建模表示法，面向对象分析和面向对象设计之间界限模糊，无缝衔接。从面向对象分析到面向对象设计是一个逐渐扩充和细化模型的过程，系统分析模型经过细化逐渐演进成系统设计模型，而在此过程中开发人员逐渐加深对系统需求的理解并扩充和完善系统分析模型。整个过程高度迭代，逐渐演进。面向对象系统的详细设计包含以下迭代活动。

（1）确定设计类。

1）确定与问题域相关的设计类。系统分析模型中的类称为分析类，与问题域相关，代表应用领域中的各种概念。系统详细设计时，细化这些分析类，补充它们的属性和操作，将它们演化成设计类。与分析类相比，设计类包含更详细的属性信息和操作信息，更加接近编程实现。对系统体系结构中的每个构件进行细化，也可以获得一些与问题域相关的设计类。

2）确定与系统实现相关的设计类。除了与问题域相关的设计类，还需要确定与系统实现相关的设计类，如图形用户界面类、操作系统类、数据管理类等。与实现相关的类属于设计范畴，系统分析模型通常不建模与实现相关的类，因此在详细设计阶段必须详细建模这些与实现相关的设计类。

（2）细化设计类，详细描述每个设计类的所有属性、操作和接口。

1）全面分析和细化对象或构件之间的动态交互，可采用顺序图或通信图对交互过程进行详细建模，并确定交互中的消息细节。

2）根据对象或构件之间的交互细节，为每个设计类和构件确定公共接口，作为外部可见的操作。

3）完善和细化设计类的属性，定义所有属性的名称、数据类型、数据结构、初始值等。通常需要若干次迭代才能完成所有属性的定义。

4）完善和细化设计类的操作，定义所有操作的名称、参数表、返回类型等，并详细描述每个操作内部的处理流程。通常也需要迭代若干次才能完成所有操作的定义及其内部流程的设计。

（3）详细设计与数据管理相关的类，通常包括对数据库的管理或对文件的管理。

（4）对系统中所有重要的且有明显状态变化的设计类，采用状态机图对其行为进行详细建模，详细表达该类对象所拥有的状态以及如何随时间在各状态之间转换。

（5）细化构件图和部署图。在详细设计阶段，对构件图和部署图进行细化，展示系统运行时计算资源的物理配置情况以及构件的详细部署情况，进而展现出系统中的类如何映射到构件和物理节点上。

（6）系统详细设计是一个迭代过程。设计过程中可能会改进方案或采用其他方案，还可能进行系统重构。

课堂讨论——本节重点与难点问题

1. 软件为什么需要建模？
2. 什么是软件详细设计？
3. 构件设计需要遵循什么基本原则？
4. 什么是可重用性？
5. 面向对象详细设计包含哪些内容？
6. 面向对象详细设计包含哪些活动？

6.2 UML 软件静态结构视图建模

软件静态结构视图用于表示软件系统中的数据结构、数据关系以及作用在这些数据上的操作，表示系统中不同的实体，如人、事物和数据等，是如何关联的。软件静态结构视图对应用领域中的各种概念以及与系统实现相关的各种内部概念建模，即对系统中的类以及它们之间的关系进行建模，主要使用类图（Class Diagram）来表示。软件设计阶段的类图称为设计类图。类建模的主要任务是定义系统中的类、类的属性和操作，以及与其他类的关系。类模型中三大链接类的技术包括关联、聚合和泛化。类建模集成了所有其他建模活动，是面向对象开发中系统演化的核心。

6.2.1 类

扫码预习

6.2-1 视频二维码

类（Class）是面向对象系统中最基本的构造块，是对具有相同属性与操作的对象的抽象描述。对系统的静态结构建模需要识别出系统中的实体，并将这些实体建模为类。这些类可以是与问题域相关的，也可以是与系统实现相关的。结构良好的类具有清晰的边界。整个系统的职责均衡分布于各个类中。类可以具有不同类型，一种常见的分类包括实体类、边界类和控制类。实体类表示系统存储和管理的永久信息及其相关行为，系统分析主要对实体类感兴趣。为了使系统正常工作，系统还需要定义边界类和控制类。边界类表示外部参与者与系统之间的交互，位于系统与外部的交界处，包括窗体、报表、系统硬件接口、与其他系统的接口等。控制类表示系统在运行过程中的控制逻辑，用于协调边界类和实体类。边界类和控制类通常在系统设计阶段逐步确定。

类建模不是一个清晰、顺序的过程，而是一个高度迭代、增量式的过程。类建模始于系统分析，此时的类模型中通常只包含实体类，称为分析类。随着迭代开发，分析类模型逐渐演化成设计类模型。在这个过程中，除了细化实体类，还会增加边界类和控制类。设计类模型在系统编码阶段演化成实现类。在整个迭代的类建模过程中，首先需要发现类，然后说明类。说明类需要对类进行命名，发现和说明类的属性，对类的操作的说明通常在系统行为分析之后进行，通过对系统动态行为的分析发现类的操作。

1. 发现类

对类进行建模首先需要发现系统中的类。常用的发现类的方法包括名词短语法、公共类模式法、用例驱动法、CRC 法等。不同软件项目、不同开发人员、不同开发阶段往往采取不同的发现类的方法，也可能是几种方法的混合。例如，开发人员可以首先根据领域常识和经验发现类的初始集合，同时结合公共类模式法提供辅助指导，然后根据系统的需求描述，采用名词短语法发现其他类，如果已经建立用例模型，则使用用例驱动法发现新的类，最后采用 CRC 法对当前发现的所有类进行集体讨论。

2. 说明类

发现类以后，就需要对类进行说明。首先定义类的名称，类的名称是必须有的，用于同其他类进行区分。还需要定义类的属性，说明类的静态特征。然后定义类的操作，说明类的动态特征，通常在系统行为分析之后进行。在系统详细设计阶段，会对所有设计类进行详细说明，包括所有属性的名称、数据类型、初始值等，所有操作的名称、参数表、返回类型等，以及操作的内部实现流程。系统详细设计后的类模型可用于编程实现。

每个类都必须有一个区别于其他类的名称，称为类名。类名用字符串表示，通常是名词或名词短语，并尽可能明确地表达所要描述的实体。类名首字母大写，类名为正体形式说明该类可以被实例化，类名为斜体形式说明该类为抽象类，不能被实例化。类的属性是类的静态特征，描述类所代表的对象的公共静态特征。属性名称是名词或名词短语，第一个单词首字母小写。利用属性值可以表示对象的状态。UML 中类的属性的表示语法如下（[ ]内的内容可选）。

[可见性] 属性名称 [：属性类型] [=初始值] [{属性字符串}]

类的操作是类的动态特征，也称为类的方法，描述类所代表的对象的公共动态特征。操作名称是动词或动词短语，第一个单词首字母小写。UML 中类的操作的表示语法如下（[ ]内的内容可选）。

[可见性] 操作名称 [(参数表)] [：返回类型] [{属性字符串}]

UML 提供了类的图形表示方式，类可表示为包含 3 个部分的矩形，分别为：类名、属性和操作。图 6-1 所示为 UML 中类的表示方法。类名是必须有的，类的属性和类的操作在分析设计中逐渐完善。

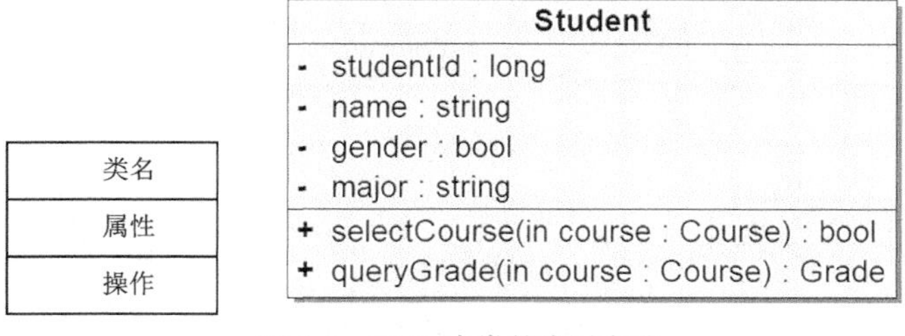

图 6-1 UML 中类的表示方法

6.2.2 关联

关联（Association）关系是类之间最常见的关系之一，表达类实例之间的结构关系，它们使对象之间的协作更加容易。在发现类的过程中可以发现一些关联关系，因为类的部分属性可能是与其他类的关联。通过对用例的预演也可以发现一些关联，因为用例的实现通常需要多个对象协作完成，通过对用例的预演，可以确定对象之间的协作路径，而这些协作路径通常可以通过关联关系支持。UML 中关联关系采用连接类的实线表示，关联关系示例如图 6-2

所示。关联关系还可以包含关联名、角色、关联重数等信息。关联重数表明一个目标类的多少个对象可以与源类的单个对象相关联，也称为多重性，常用的关联重数包括 0..1、0..*n*、1、1..*n*、*n* 等。

图 6-2 关联关系示例

1. **关联度**

关联关系所连接的类的个数称为关联度。最常见的关联度为 2，称为二元关联。图 6-2 中的示例，Student 类和 Course 类之间是二元关联。关联关系可以也定义在单个类上，即一个类关联到自身，称为一元关联、单个关联或自身关联。自身关联不代表类的实例与自身关联，而是代表类的一些实例与类的另一些实例关联。图 6-3 所示是一个自身关联，表明作为 Manager 的 Employee 实例和作为普通员工的 Employee 实例之间存在 manage 关联关系。

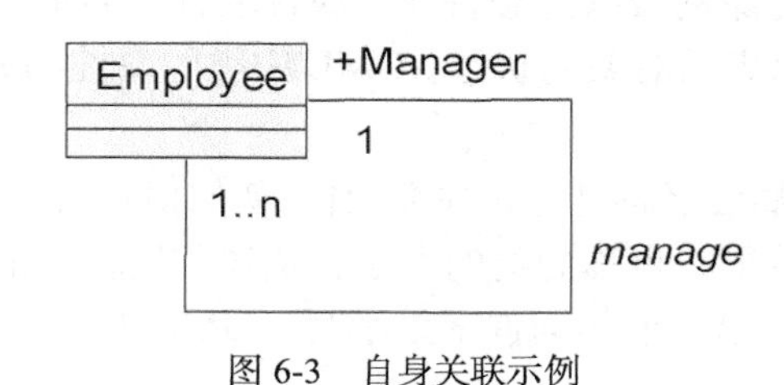

图 6-3 自身关联示例

2. **关联类**

如果关联关系具有属性，则可以使用关联类表示关联关系，用关联类中的属性表示关联关系的属性，并用虚线将关联类连接到关联线上。图 6-4 所示的关联类示例中，Job 类是一个关联类，表明 Company 类和 Person 类之间的关联关系的属性。

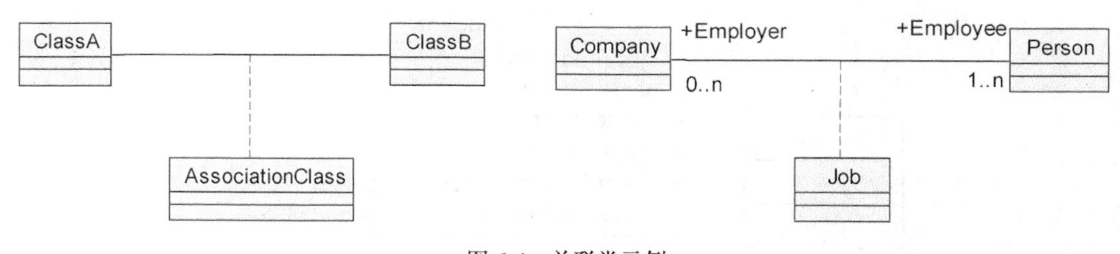

图 6-4 关联类示例

6.2.3 聚合

聚合（Aggregation）是面向对象方法中链接类的三大技术之一，另外两项技术是关联和泛化。在现有的软件工程实践中，关联和泛化获得了较大关注，而聚合获得的关注相对较少，通常将聚合建模为一种特殊的关联。这样做实际上低估了聚合的建模意义，聚合是控制大型软件复杂性的最强大的技术之一。

聚合关系，也称为聚集关系，从对象的角度描述类之间的整体与部分的关系，其中一个类作为整体描述较大的事物，另一个类作为部分描述较小的事物，整体由部分组成。UML 将聚合关系建模为一种受约束的关联关系，使用从部分指向整体的端点带有空心菱形的实线表示。如图 6-5 所示，Wheel 类的对象是 Bicycle 类的对象的一部分，因此它们之间存在部分与整体的关系，即聚合关系。

图 6-5　聚合关系示例

复合（Composition）关系，也称为组合关系，也是从对象的角度描述类之间的整体与部分的关系，但是部分的生命周期依赖整体的生命周期，是聚合的语义更强的形式。UML 也将复合关系建模为受约束的关联关系，使用从部分指向整体的端点带有实心菱形的实线表示。如图 6-6 所示，Department 类的对象是 University 类的对象的一部分，如果 University 对象不存在，则 Department 对象也不存在，因此它们之间存在部分与整体的关系，即复合关系。

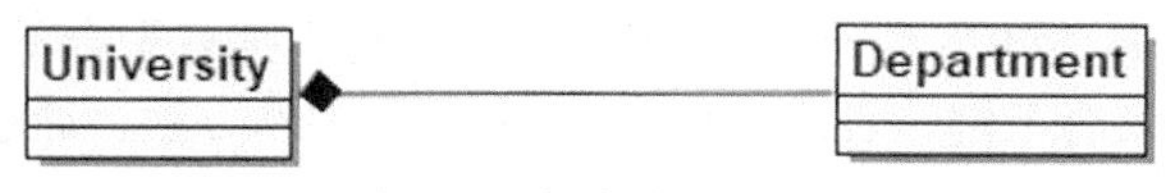

图 6-6　复合关系示例

UML 将聚合（包括复合）作为受约束的关联处理，在整体上低估了聚合的建模意义。通过建模对象之间的整体与部分的关系，聚合能够对面向对象系统的功能复用提供强有力的支持。聚合和泛化是目前面向对象系统中支持功能复用的两项最强大的技术。聚合可以包含如下 4 种从强到弱的语义。

- 专属聚合（ExclusiveOwns）
- 从属聚合（Owns）
- 拥有聚合（Has）
- 成员聚合（Member）

专属聚合和从属聚合属于前文所述的复合，而拥有聚合和成员聚合属于前文所述的聚合。判断聚合的语义主要依据以下 4 个条件。

- 存在依赖性：如果删除整体时，部分也被删除，则整体与部分之间具有存在依赖性。
- 传递性：如果对象 C 是对象 B 的一部分，并且对象 B 是对象 A 的一部分，则对象 C 是对象 A 的一部分，那么具有传递性。
- 非对称性：如果对象 B 是对象 A 的一部分，则对象 A 不是对象 B 的一部分，那么具有非对称性。
- 固定性：如果对象 B 是对象 A 的一部分，则对象 B 绝不是除对象 A 以外的任何其他对象的一部分，那么具有固定性。

1. 专属聚合

专属聚合是语义最强的聚合。专属聚合中部分与整体的关系满足 4 个条件：存在依赖性、传递性、非对称性、固定性。图 6-7 所示为专属聚合示例，表达了其在 UML 中的表示方法，通过构造型《ExclusiveOwns》表示专属聚合，通过约束{frozen}表示固定性。

图 6-7　专属聚合示例

2. 从属聚合

从属聚合的语义比专属聚合稍弱。从属聚合中部分与整体的关系满足 3 个条件：存在依赖性、传递性、非对称性。从属聚合不具有固定性。图 6-8 所示为从属聚合示例，表达了其在 UML 中的表示方法，通过构造型《Owns》表示从属聚合。

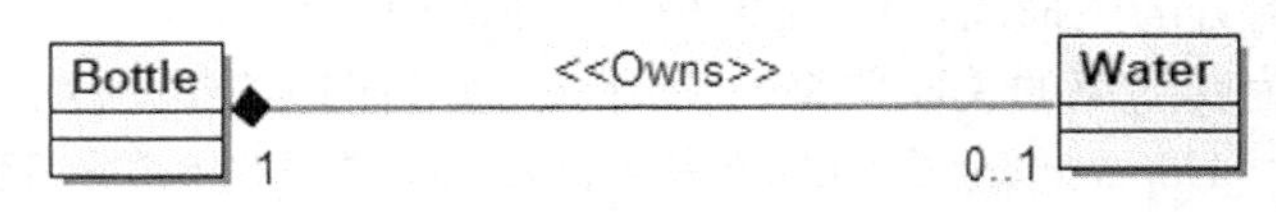

图 6-8　从属聚合示例

3. 拥有聚合

拥有聚合中部分与整体的关系满足传递性和非对称性。拥有聚合不具有存在依赖性和固定性。图 6-9 所示为拥有聚合示例，表达了其在 UML 中的表示方法，通过构造型《Has》表示拥有聚合。

图 6-9　拥有聚合示例

4. 成员聚合

成员聚合不具有存在依赖性、传递性、非对称性、固定性。成员聚合仅仅有目的地组合独立对象，表示一组独立对象作为一个高层复合对象来考虑，一个对象可以同时属于一个以上复合对象，因此成员聚合的多重性可以是多对多的。图 6-10 所示为成员聚合示例，表达了其在 UML 中的表示方法，通过构造型《Member》表示成员聚合。

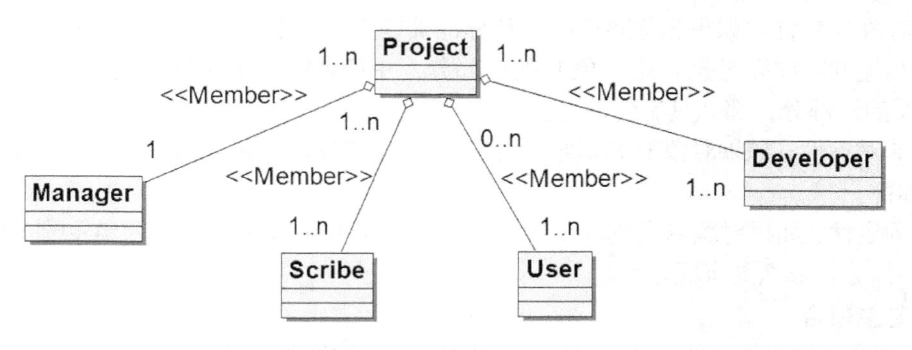

图 6-10　成员聚合示例

6.2.4　泛化

1. 泛化

一个或多个类的公共特征可以被抽象到一个更一般化的类中，称为泛化（Generalization）。泛化关系将一般类（也称为基类、超类、父类）与具体类（也称为派生类、子类）连接起来，描述类的一般和具体之间的关系，表明“是一种”的关系。具体类的描述建立在对一般类的描述的基础之上，并对其进行扩展。在具体类中不仅包含一般类所拥有的所有特性、成员和关系，还包含补充的信息。UML 中泛化关系使用从子类（具体类）指向超类（一般类）的带空心三角箭头的实线表示。泛化关系示例如图 6-11 所示。

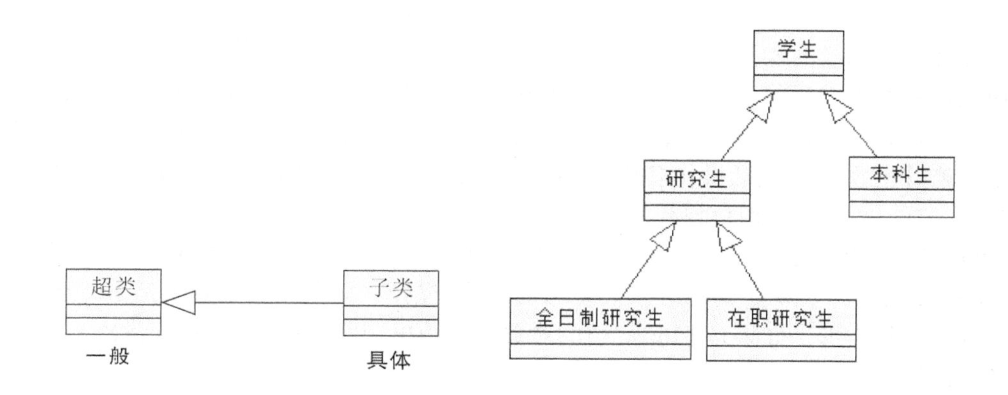

图 6-11　泛化关系示例

2. 泛化和继承

泛化和继承是相关的但又不完全相同。泛化关系是类之间的语义关系，用于描述类的一般和具体之间的关系，表明“是一种”的关系。继承是一种机制，通过继承，具体类可以自动获得一般类中定义的属性和操作。通过泛化引入新的类，将它们分为一般类和具体类，建立超类-子类关系，使得子类自动继承来自超类的属性和操作。泛化和继承可以有效减少系统模型中关联关系和聚合关系的数量，并实现复用。泛化和继承是面向对象方法中控制大型软件复杂性和实现复用最强有力的机制。发展继承层次结构时，不同类中共同的属性和操作被迁移到共同的超类中，而在子类中组合超类的特性，必要时用新的实现重载它们。如图 6-12 所示，子类中包含从超类中继承的属性和操作，以及专属自己的新增加的属性和操作。

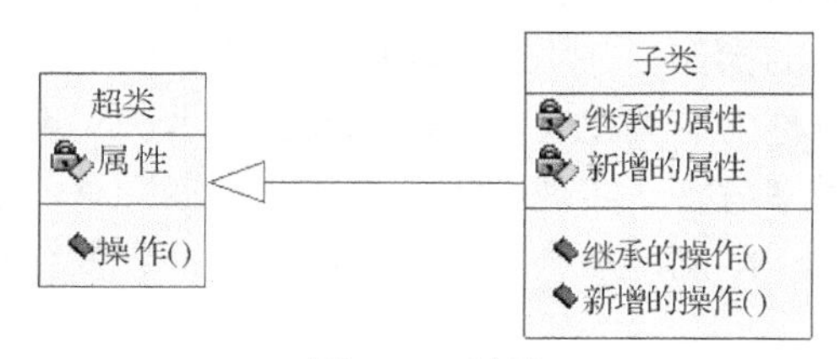

图 6-12　继承

3. 泛化的目的

泛化是一个强有力且实用的概念。泛化的目的包括继承、可替换性和多态性。

（1）继承

如果类之间存在泛化关系，则可以建立它们之间的继承层次，将共同部分抽象为超类，这样共同部分只被声明一次而可以被许多类共享。由于共同部分只被声明了一次，因此减小了系统模型的规模，也减少了为实现模型的更新而必须做的改变，以及更新引起的不一致。如果没有继承，那么每个类都是一个独立的单元，都要单独进行开发。

（2）可替换性

由于子类和超类存在泛化关系，因此在语义上子类对象是超类对象的一种。在可替换性原则下，子类对象是超类变量的合法值，代码中任何访问超类对象的地方都可以用子类对象来替换。如一个变量被声明为 Vehicle 类的对象，则 Bus 类的对象是它的合法值，因为 Vehicle 类和 Bus 类之间存在泛化关系，Bus 类是 Vehicle 类的子类。

（3）多态性

多态性是指同样的操作在不同的类中可以有不同实现。调用对象可以调用一个操作而不知道该操作的哪种实现将会被执行，但被调用的对象知道自己属于哪个类并执行自己对该操作的实现。多态性通常与继承联合使用。在超类中可以声明一个多态操作，但不定义实现，即只定义操作的型构（包括操作名称、参数表和返回类型），而在每个子类中必须给出该操作的具体实现，每个子类对该操作的实现可以不同。图 6-13 所示为继承和多态性示例，几何图形 Shape 类声明多态操作 draw，其子类 Rectangle 类、Ellipse 类和 LineSegment 类分别给出 draw 操作的不同实现。调用对象只需调用 draw 操作，被调用对象如果是 Rectangle 类的对象，则画出长方形；如果是 Ellipse 类的对象，则画出椭圆形；如果是 LineSegment 类的对象，则画出线段。

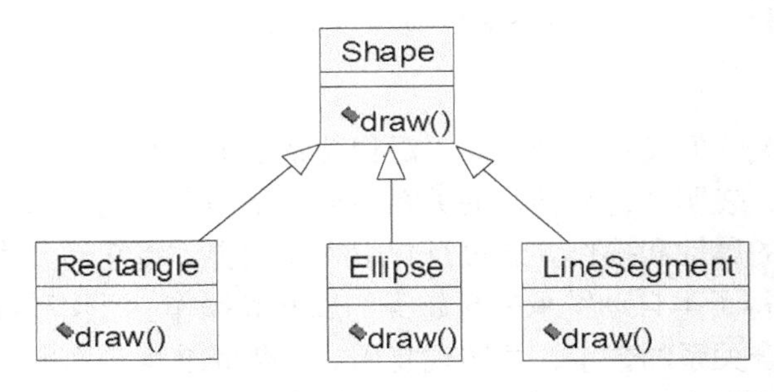

图 6-13　继承和多态性示例

4. 实现继承

实现继承是指在子类中组合超类的特性，并在必要时重载这些特性。重载时，可以在子类的操作中包含或者调用超类的操作，并用新的功能扩展它，也可以在子类中用新的操作完全替换超类的操作。实现继承也称为子类化、代码继承或类继承。实现继承涉及代码的继承，需要注意控制和限制，否则会带来危害。实现继承的方式有扩展继承、限制继承和方便继承，其中扩展继承是恰当的使用方式，限制继承会存在一些问题，而方便继承则应当避免。

（1）扩展继承

在扩展继承中，子类组合来自超类的特征，并增加新的特征，因此子类比超类具有更多特征，子类是超类的一种。这是实现继承的恰当方式。图 6-14 是扩展继承的一个示例，表示 Student 类对 Person 类进行了扩展继承，Graduate 类对 Student 类进行了扩展继承。需要特别注意的是，在扩展继承中，允许子类对继承来的特征进行重载，重载时应该只允许子类使特征更加特殊化，而不改变特征的含义，否则子类对象就不能再替换超类对象了，可替换性失效。

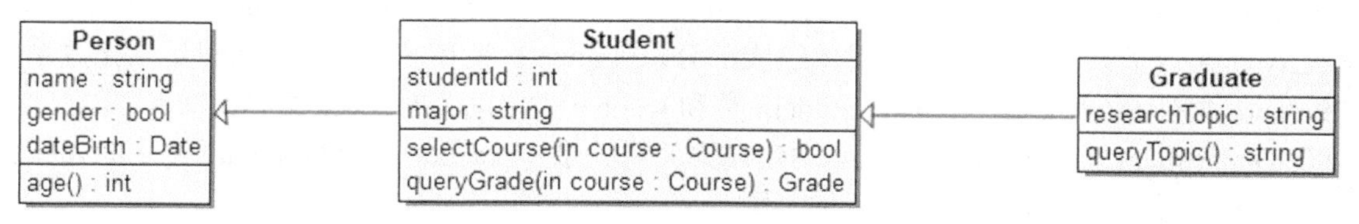

图 6-14　扩展继承示例

（2）限制继承

在限制继承中，子类组合来自超类的特征，并重载部分继承来的特征。重载导致子类没有包含超类的所有特征，会带来维护方面的问题，可替换性原则失效，因此限制继承是有问题的。如图 6-15 所示，Square 类继承了 Rectangle 类的 length 属性和 width 属性，并重载为 side 属性。由于 Square 类没有包含 Rectangle 类的所有特征，维护方面会有问题，Square 类的对象也不能替换 Rectangle 类的对象。

图 6-15　限制继承示例

（3）方便继承

如果两个或多个类具有相似的实现，但这些类之间并没有泛化关系，也就是说没有概念上的分类关系，方便继承会任意选择一个类作为其他类的超类。方便继承是不恰当的，因为子类没有包含超类的所有特征，子类和超类之间也不存在泛化关系，语义不正确，可替换性原则无效。如图 6-16 所示，由于实现的相似性，Rectangle 类继承了 Point 类，但它们之间不存在分类关系，应当避免采用这样的方式实现继承。

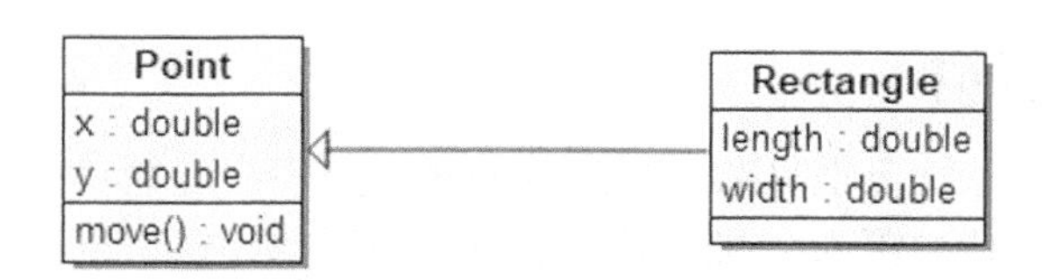

图 6-16　方便继承示例

6.2.5　类图

类图是面向对象设计的核心内容，用于对系统中的各种概念建模，标识系统中的不同实体，并描绘它们之间的关系，从而描述系统的静态结构。类图中包含系统定义的各种类、类的内部结构，以及类与类之间的关系。因此，类图中的模型元素包括类、接口和关系。作为示例，图 6-17 显示了一所大学中部分事物的类图。类图中包括大学类（University）、院系类（Department）、学生类（Student）、研究生类（Graduate）、教师类（Teacher）、院长类（Dean）

和课程类（Course）。University 类和 Department 类之间是复合关系，院系组成大学，并且院系的存在依赖大学的存在；Teacher 类和 Department 类之间是聚合关系，教师是院系的组成部分；Dean 类和 Teacher 类是泛化关系，Dean 类是 Teacher 类的一种；Student 类和 Department 类之间是聚合关系，学生也是院系的组成部分；Graduate 类和 Student 类之间是泛化关系，Graduate 类是 Student 类的一种；Student 类和 Course 类之间，Teacher 类和 Course 类之间，以及 Department 类和 Course 类之间均建模为关联关系；Teacher 类和 Graduate 类之间建模为关联关系，导师指导研究生的学习和科研。

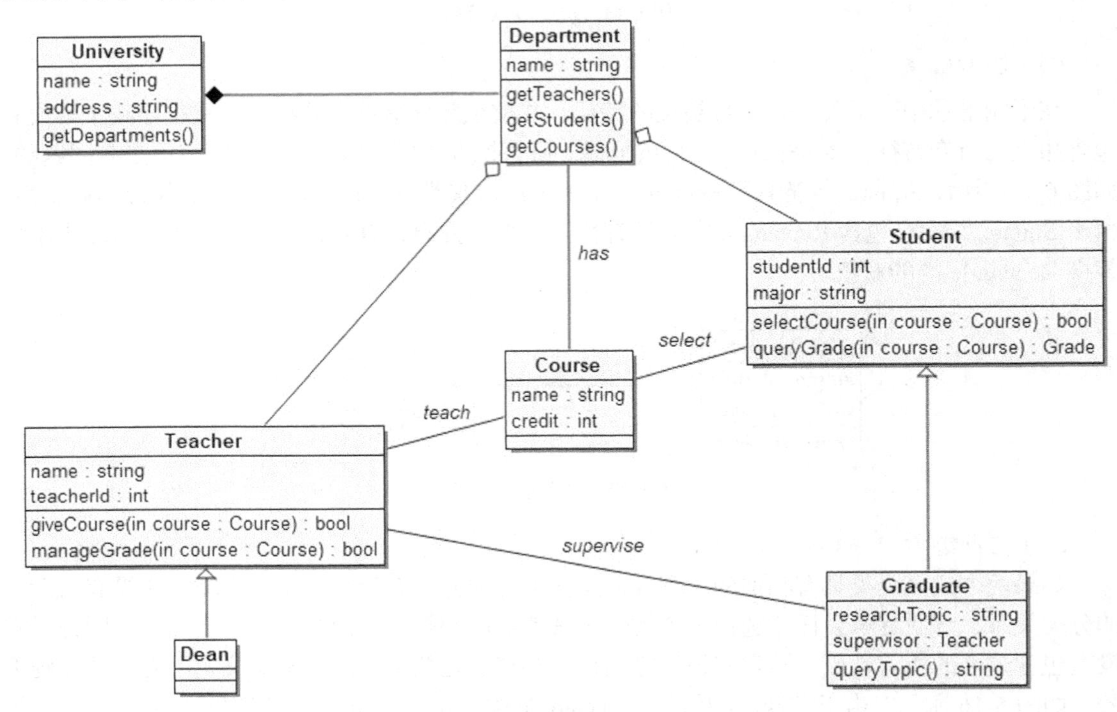

图 6-17　大学中部分事物的类图

6.2.6　高级类建模

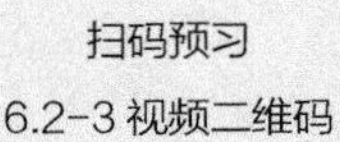

软件系统开发的实际情况很复杂。复杂的问题一般不会有简单的解决方案。随着系统详细设计的深入，需要对类进行更高级的建模，以表达更复杂的设计元素。本节讨论类建模的一些高级概念，包括可见性、导出信息、限定关联、关联类与具体化类。

1．可见性

为了完成系统功能，对象之间需要通过发送消息来进行协作。一条消息触发目标对象的一个操作，该操作通过访问自身对象的属性来服务调用对象的请求。这种情况下，这些操作必须对外部对象可见。在设计良好的面向对象系统中，类的操作大多是公共的，类的属性大多是私有的。一个对象仅能请求其他对象在其公共接口发布的操作，而不允许直接访问其他对象的属性。这是面向对象方法中最基本的封装原则。

类是一个封闭的命名空间。通过设置类中属性和操作的可见性，可以确定类内部的封装程度，决定其他类能否访问该类的元素。需要注意的是，可见性是针对类的，同类对象之间无法隐藏属性和操作。可见性包括属性可见性和操作可见性。应用于类的属性可见性和操作可见性的类型如下。

+ public 公共可见性：该属性或操作对任何类都可见。

- private 私有可见性：该属性或操作只对本类可见。

protected 保护可见性：该属性或操作对本类和子类可见。

~ package 包可见性：该属性或操作对处于同一个包中的类可见。

图 6-18 为 UML 中类的可见性的表示方法，并列出了相应的 Java 代码。

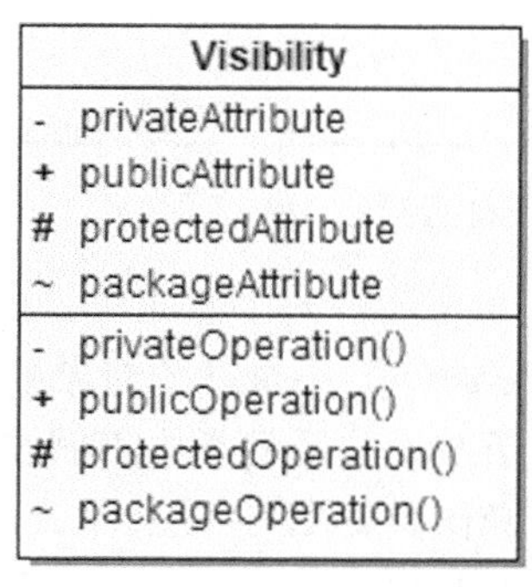


```
public class Visibility {
 private int privateAttribute;
 public int publicAttribute;
 protected int protectedAttribute;
 int packageAttribute;
 private void privateOperation()
 public void publicOperation()
 protected void protectedOperation()
 void packageOperation()
}
```

图 6-18　类的可见性

（1）保护可见性

保护可见性指类的属性或操作对本类和子类可见。保护可见性应用于继承的情况下，允许子类对象访问超类对象中的属性和操作。如图 6-19 所示，Ticket 类的 numTickets 属性、soldTickets 属性和 computeTicketsLeft 操作具有保护可见性，因此 Ticket 类对象的这些属性和操作能够被其子类 BonusTicket 类的对象所访问，但不能被其他类的对象所访问。

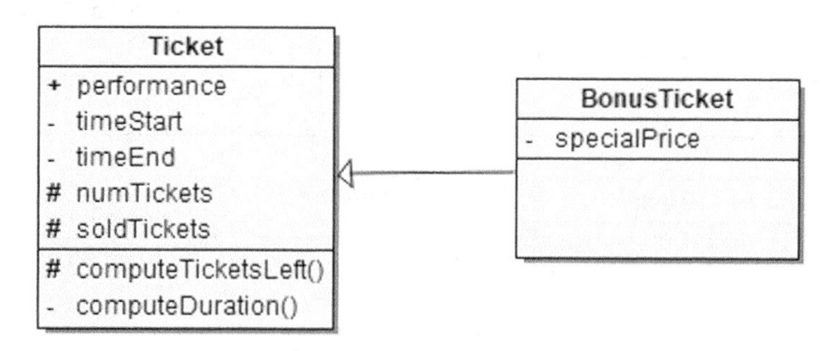

图 6-19　保护可见性示例

（2）包可见性

包可见性用于 Java 语言，是 Java 语言默认的可见性。包可见性用于同一包中的类，具有包可见性的属性和操作能够被处于同一包中的其他类的对象所访问，而其他包中的类的对象则不能访问这些属性和操作。如图 6-20 所示，Ticket 类和 BonusTicket 类处于同一包中，因此 BonusTicket 类的对象能够访问 Ticket 类的对象的 timeStart 属性、timeEnd 属性和 computeDuration 操作。

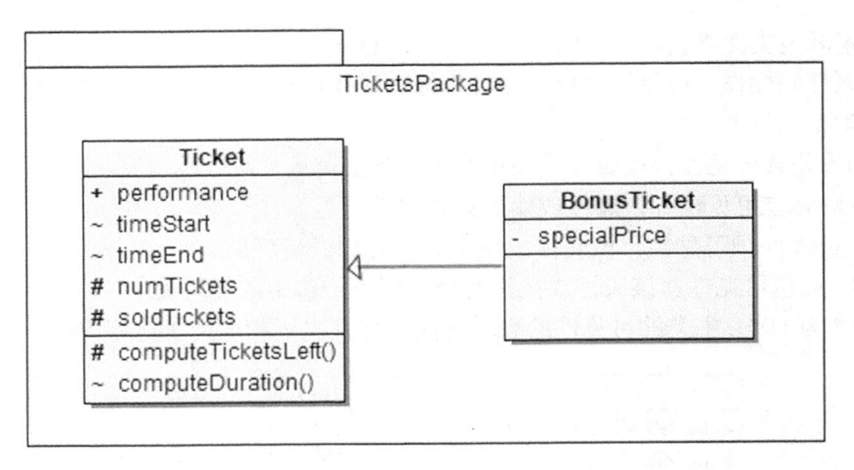

图 6-20　包可见性示例

（3）友元可见性

C++语言不支持可见性。当一个类的对象需要访问另一个类的对象的非公共属性或操作时，可以采用 C++语言支持的友元可见性，在授予友元关系的类中声明友元操作，这样授予友元关系的类的对象就可以访问友元类的对象的操作。如图 6-21 所示，BookShelf 类是授予友元关系的类，它声明 Book 类中的 putOnBookShelf 操作为友元操作，这样 BookShelf 类的对象就可以访问作为友元类的 Book 类的对象中具有私有可见性的 putOnBookShelf 操作了。友元操作不是授予友元关系的类的特征，而是友元类的特征。UML 中友元关系显示为一条虚线表示的依赖关系，从友元类指向授予友元关系的类，即从 Book 类指向 BookShelf 类，虚线上绑定<<friend>>构造型。

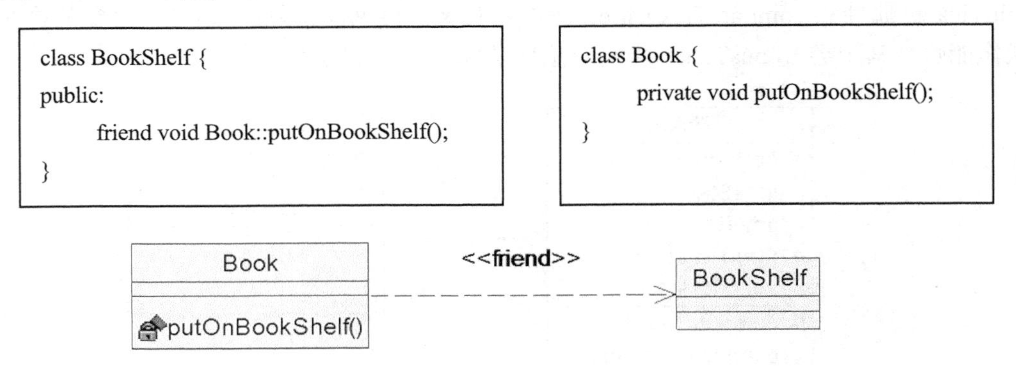

```
class BookShelf {
public:
        friend void Book::putOnBookShelf();
}
```

```
class Book {
        private void putOnBookShelf();
}
```


图 6-21　友元可见性示例

2. 导出信息

导出信息是指可以从其他元素计算得到的信息，是一种冗余信息，目的是增加可读性或实现最优化信息存取。导出信息包括导出属性和导出关联。导出属性是指可以由其他信息导出的属性，而导出关联通常出现在由两个关联连接起来的，但没有第三个关联来形成回路的三个类之间。UML 在导出属性名或导出关联名前面加上“/”来表示导出信息。

如图 6-22 所示，Borrower 类中的“/numLoans”属性是一个导出属性，其值可以由 Borrower 类和 Loan 类之间的关联连接获得。Borrower 类和 Book 类之间的“/has”关联是一个导出关联，可以由 Borrower 类和 Loan 类之间的关联，以及 Loan 类和 Book 类之间的关联导出。

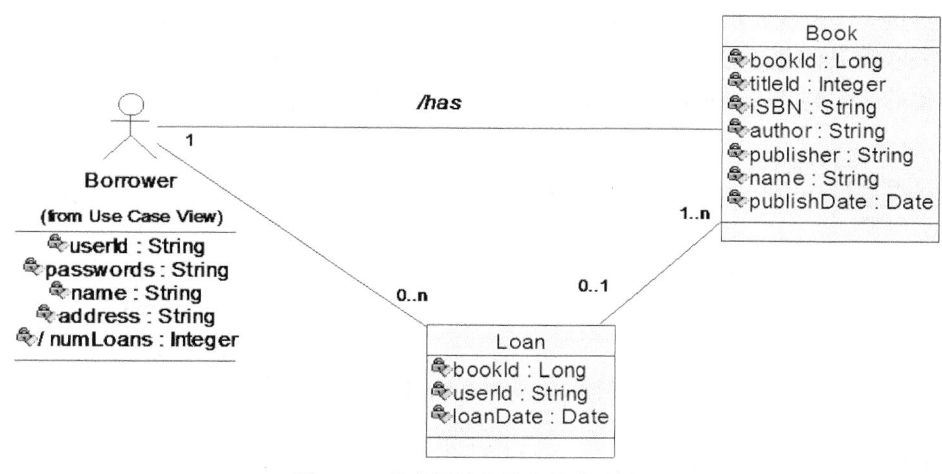

图 6-22　导出属性和导出关联示例

3. 限定关联

限定关联是一对多或多对多关联的另一种表示。限定关联在二元关联的一端增加一个属性框，属性框中包含一个或多个属性，用来唯一标识在关联的另一端出现的每一个对象，这个属性框称为限定符。通过限定符，可以唯一确定关联另一端的对象。限定关联是个有争议的概念。不使用限定关联也可以构造出完整且有表现力的类模型，但限定符引入的唯一性常常提供重要的语义信息。

如图 6-23 所示，Train 类和 Passenger 类之间存在多对多的二元关联。当使用 seatId 属性和 departure 属性作为限定符限定 Train 类时，组合索引码（trainId，seatId，departure）能够唯一确定 Passenger 对象，使得原本的多对多关联降为一对一关联。

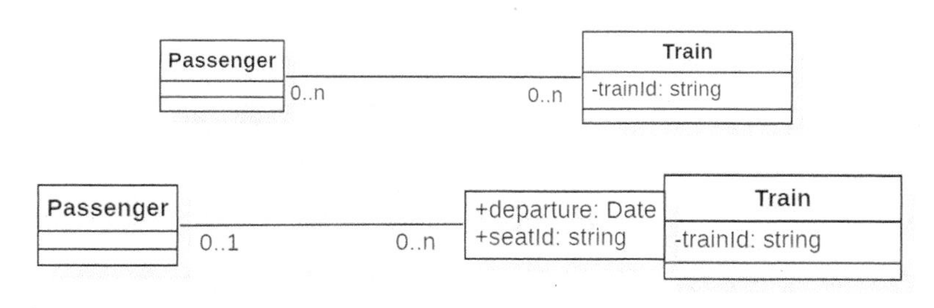

图 6-23　限定关联示例

4. 关联类与具体化类

关联关系可能具有属性，但是属性只能在类中定义。可以将关联关系建模成一个类，称为关联类，链接到关联关系上，由该关联类存储该关联关系的属性值。因此关联类既是一个关联也是一个类。关联类的使用需要满足一个约束，要求对于每一对链接起来的类的实例，只能存在关联类的一个实例。如果不能满足这个约束，就需要将关联具体化，使用一个普通类来代替关联类，这个具体化类与之前的两个类之间均具有二元关联。

图 6-24 所示为关联类和具体化类示例。如图 6-24（a）所示，Company 类和 Person 类之间存在雇佣关系，该关系具有属性，因此使用关联类 Job 类来表示这个关联。但是，一个雇员在同一个公司的工作岗位可能会发生变化，因此可能会出现一个雇员和一个公司之间的两

个工作实例，代表该雇员当前和以前在该公司的工作岗位。在这种情况下，无法使用关联类，需要将关联类具体化，使用一个普通的 Job 类来代替这个关联类。如图 6-24（b）所示，这个具体化的 Job 类和 Company 类、Person 类之间均存在二元关联。

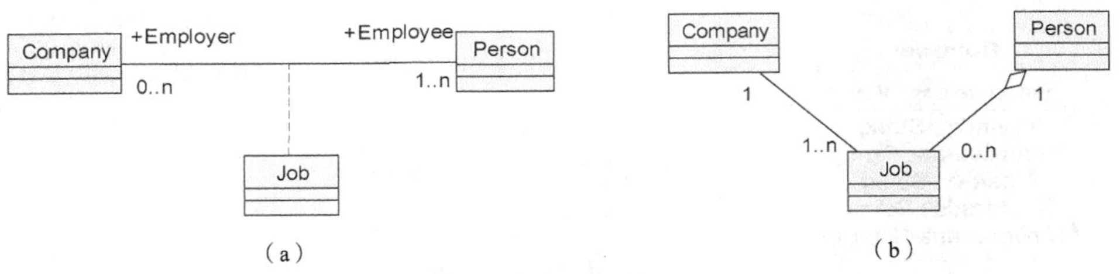

图 6-24　关联类和具体化类示例

6.2.7　接口与抽象类

1．接口

接口定义一组操作，但不定义操作的实现，用于描述类或构件的一个服务的操作集。接口没有属性（除了常量）、关联或状态，它们只有操作，且所有操作都隐含是公共的和抽象的。接口只定义操作，而不实现操作，但在实现该接口的类中，接口定义的所有这些操作都要被实现，表明该类提供该接口定义的服务。一个类可以实现多个接口，一个接口可以被多个类实现。如图 6-25 所示，Staff 类实现了 IDean 接口和 ITeacher 接口，TV 类和 Player 类实现了 IElectricalEquipment 接口。接口是一个设计概念，是基于设计发现的。接口为面向对象系统提供了强大的建模能力。通过抽象的方式使用接口，能够使系统更加容易理解、维护和演进。

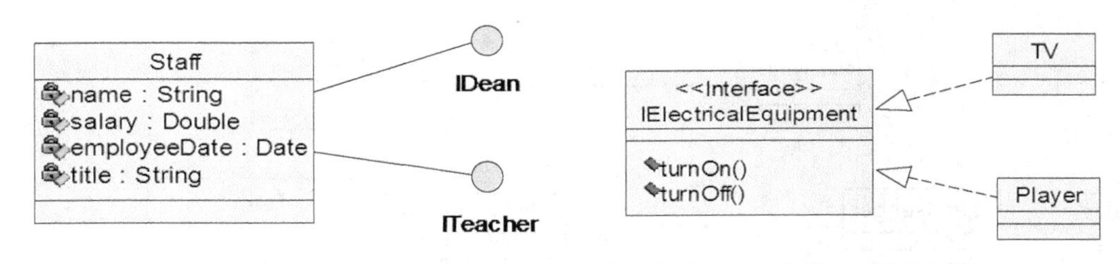

图 6-25　一个类实现多个接口与多个类实现一个接口

接口是一种特殊的类，所有的接口都是构造型为<<interface>>的类。接口可以进行一般化和具体化处理，即接口之间可以具有泛化关系，一个接口可以通过继承另一个接口的操作来扩展另一个接口。在 UML 中，接口的表示方式有 3 种，第一种是接口的图标表示，第二种是接口的修饰表示，第三种是接口的标签表示，如图 6-26 所示。

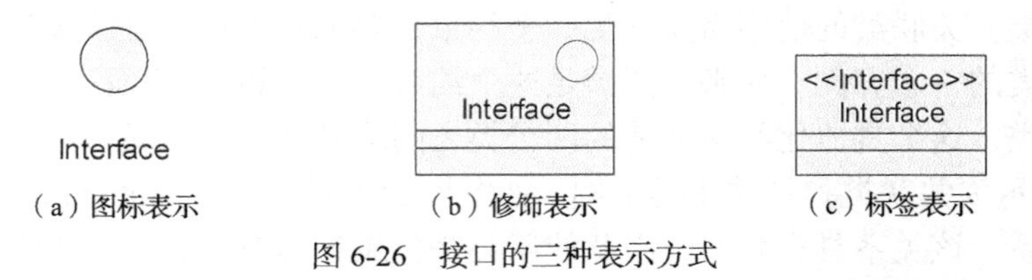

（a）图标表示　　（b）修饰表示　　（c）标签表示

图 6-26　接口的三种表示方式

一个类通过实现一个接口从而支持该接口所定义的操作，该类必须实现该接口定义的所有操作。接口通过一条实现关系线与实现它的类相连接。实现关系线有两种形式，如图 6-27 所示。如果接口使用标签表示，实现关系线是一条带空心三角箭头的虚线，箭头指向接口，虚线上可以加上构造型《implement》。如果接口使用图标表示，实现关系线则是一条实线，没有箭头，实线上也可以加上构造型《implement》。一个类使用一个接口，表明该类依赖该接口，使用从类指向接口的一条带箭头的虚线表示，虚线上可以加上构造型《use》。

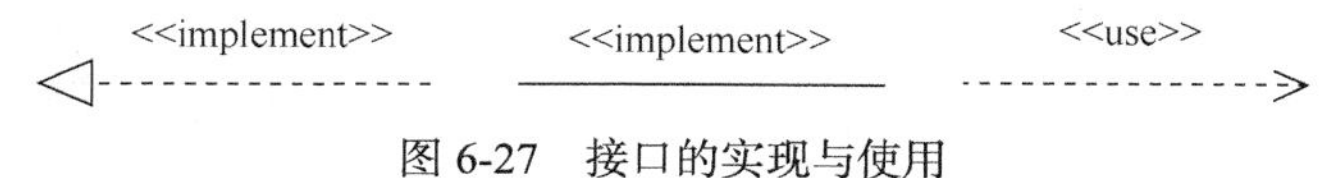

图 6-27　接口的实现与使用

图 6-28 所示为实现与使用接口的示例，描述它的两种表示方式，两种表示方式语义等价。图 6-28（a）采用接口的标签表示方式，图 6-28（b）采用接口的图标表示方式。IElectricalEquipment 接口定义了 turnOn 操作和 turnOff 操作，TV 类和 Player 类均实现了该接口，即实现了 turnOn 操作和 turnOff 操作，RemoteController 类使用了 IElectricalEquipment 接口。

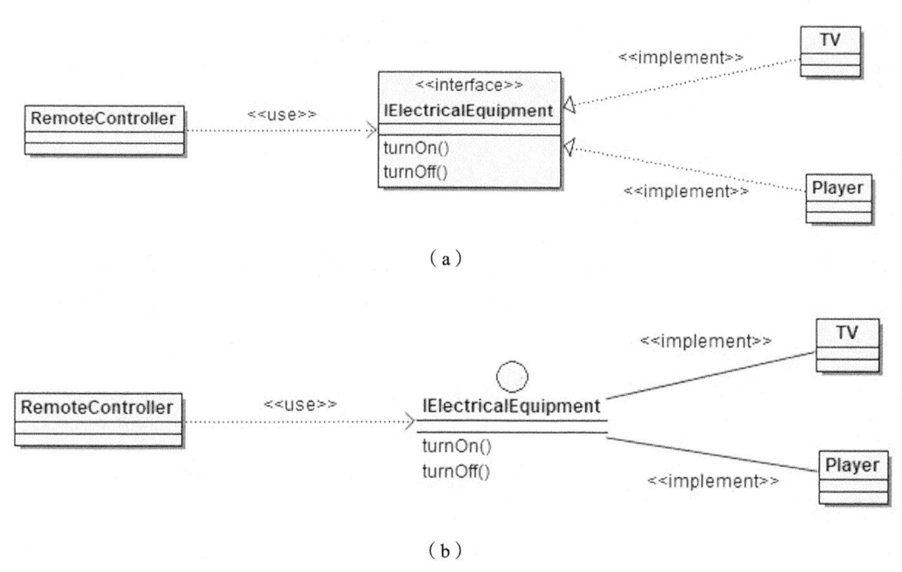

图 6-28　实现与使用接口的实例

2. 抽象类

抽象类是面向对象中一个重要的建模概念，是对继承概念的改进。抽象类是指不具有实例的类。抽象类具有一组抽象操作，拥有至少一个抽象操作的类必定是抽象类。抽象类的作用是为其他类描述它们的公共属性和行为，通常作为超类，没有直接的实例对象，但抽象类的子类可以实例化。UML 中抽象类的名称采用斜体形式表示，也可以使用{abstract}约束来表示。图 6-29 表示一个抽象类 Vehicle 类，它具有抽象操作 drive。Plane 类和 Bus 类是 Vehicle 类的子类，分别对抽象操作 drive 进行实现。Vehicle 类没有实例，Plane 类和 Bus 类都可以有实例。Vehicle 类作为 Plane 类和 Bus 类的超类，与 Driver 类关联。这种设计方式能够降低模型的复杂度并增加系统的可扩展性和可维护性。

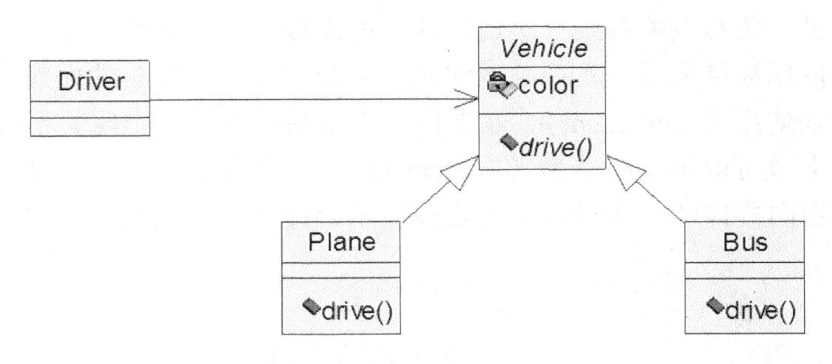

图 6-29　抽象类示例

3. 抽象类和接口

抽象类和接口都是面向对象方法中重要的建模概念。它们既具有相似性也具有区别，使用过程中要注意区分。抽象类是对一组具有相同属性和方法的逻辑上有关系的事物（事物之间具有概念上的分类关系）的一种抽象，而接口是对一组具有相同属性和方法的逻辑上不相关的事物（事物之间不具有概念上的分类关系，仅仅是实现上的相似）的一种抽象。抽象类具有属性和操作，且能提供一些操作的部分实现，而接口不具有属性，且不提供任何操作的实现。抽象类体现类之间的泛化关系，即“是一种”的关系，而接口仅体现类之间的契约关系。在不支持多重实现继承的软件工程环境下，如 Java 语言不支持多重实现继承，接口继承提供了一种达到多重实现继承的方法。

6.2.8　类内聚与类耦合

高内聚低耦合是软件设计的基本原则之一。面向对象系统的基本构造块是类，良好的面向对象系统详细设计必须确保在类内聚与类耦合之间达到平衡。类内聚是指类内部自确定的程度，度量类的独立性，内聚性越高，独立性越强，高度内聚的类只取得单一目标。系统详细设计时，内聚性意味着构件或者类只封装相互关联密切，以及与构件或者类自身关联密切的属性和操作。存在不同类型的内聚，高级别的内聚从高到低包括如下几种。

- 功能内聚：模块内的所有元素紧密配合完成同一个功能，是最高级别的内聚。
- 分层内聚：系统采用分层结构，高层能够访问低层服务，但低层不能访问高层服务。
- 通信内聚：模块内的所有元素都访问相同的数据。可能会包含访问相同数据的多个功能，因此内聚级别低于功能内聚。通信内聚通常用于数据的查询、访问和存储。

具有高级别内聚性的类或构件，更易于实现、测试和维护，内聚性越高越好，因此系统详细设计时，应尽量取得功能内聚、分层内聚和通信内聚。

类耦合是指类之间联系的程度，度量类之间的相互依赖性。耦合性越高，类的独立性就越弱，就越难于实现、测试和维护，因此耦合性越低越好。但是为了实现系统功能，对象之间必须相互协作，类耦合是必然存在的。内聚性和耦合性彼此关联，更高的内聚性会导致更低的耦合性，反之，更高的耦合性会导致更低的内聚性。系统设计时，应该在尽量保持高内聚的原则下允许必要的耦合并尽量降低耦合性。类耦合的常见形式如下。

（1）X 类包含 Y 类，或者 X 类的属性指向 Y 类的实例。如图 6-30 所示，Account 类的 bank 属性指向 Bank 类的实例，Account 类的 holder 属性指向 Customer 类的实例。

（2）X 类的操作引用 Y 类的实例，如 X 类的操作使用 Y 类的局部变量，或者 X 类的操作返回 Y 类的实例。如图 6-31 所示，Customer 类的 getAccounts 方法返回 Account 类的实例。

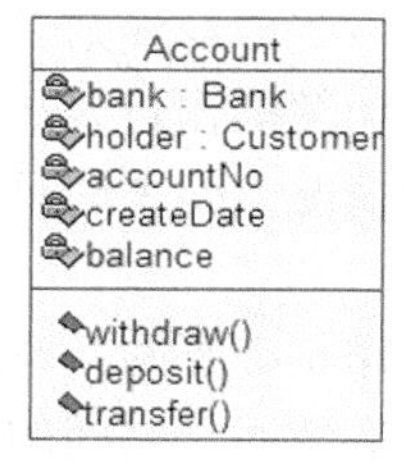

图 6-30　Account 类

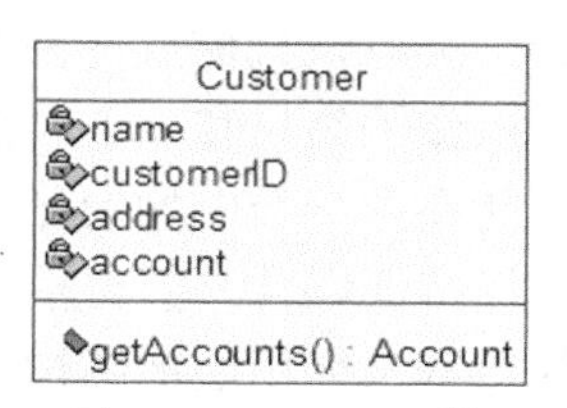

图 6-31　Customer 类

（3）X 类的操作的输入参数为 Y 类的实例。如图 6-32 所示，Department 类的 addTeacher 操作和 removeTeacher 操作的输入参数为 Teacher 类的实例。

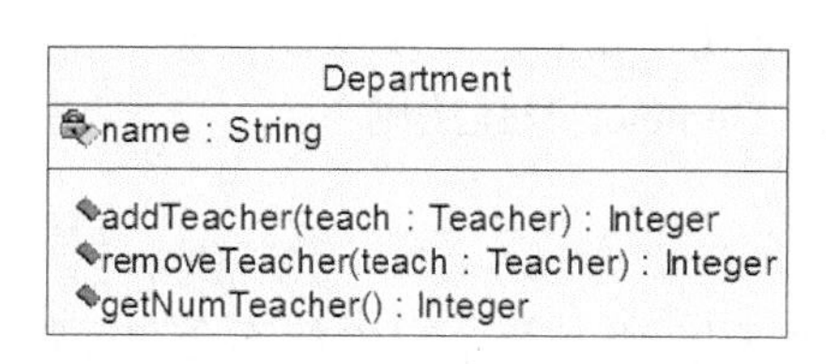

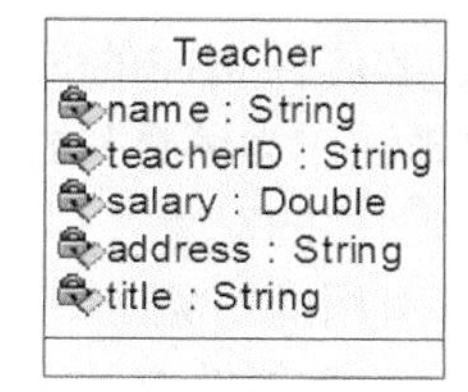

图 6-32　Department 类的操作的输入参数为 Teacher 类的实例

（4）X 类调用 Y 类的服务，即 X 类的实例向 Y 类的实例发送消息。如图 6-33 所示，LendBookControl 类的实例向 Book 类的实例发送消息。

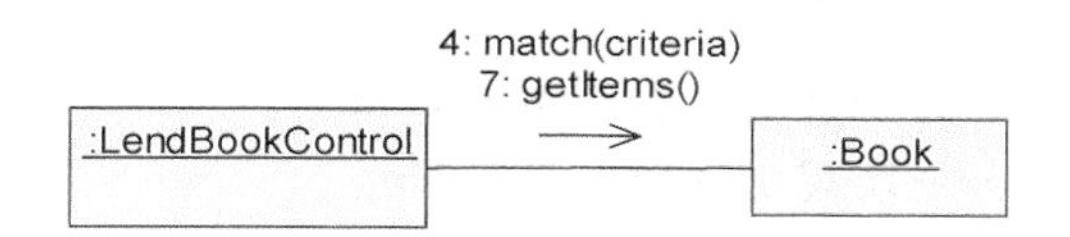

图 6-33　LendBookControl 类的实例向 Book 类的实例发送消息

（5）X 类是 Y 类的直接或间接子类。图 6-34 所示 Transferation 类是 Transaction 类的子类。

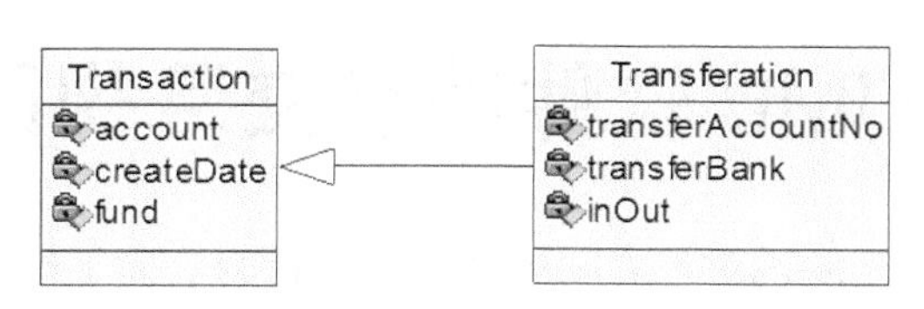

图 6-34　Transferation 类是 Transaction 类的子类

（6）Y 类是一个接口，而 X 类实现了该接口。如图 6-35 所示，TV 类和 Player 类实现了 IElectricalEquipment 接口，则 TV 类和 IElectricalEquipment 接口之间存在耦合，同样，Player 类和 IElectricalEquipment 接口之间也存在耦合。

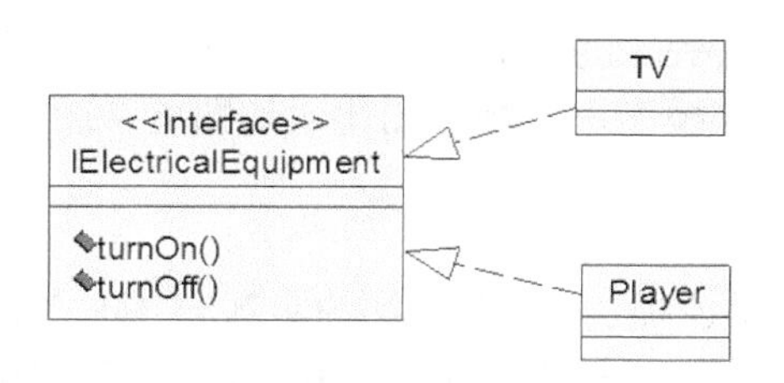

图 6-35　TV 类和 Player 类实现 IElectricalEquipment 接口

为了取得类内聚和类耦合之间的平衡，Riel 提出了一些启发规则，用来指导类的设计。这些启发规则要求每个类应该只捕获一种抽象；属性和相关操作封装在一个类中；类是高度内聚的，不存在一个操作子集只和一个属性子集相关的情况；类之间只通过公共接口产生依赖；系统功能应尽可能在各个类中均匀分配。

尽管类之间应该保持低耦合，但类耦合对于对象协作是必要的，系统功能的实现需要对象之间协作。现代软件普遍采用层次结构，层间耦合会导致对象之间的通信错综复杂，因此应尽量将耦合限制在层次内，即层内耦合，而最小化层间耦合。为了限制类间任意通信，Demeter 法则采用最少知识原则，指明在类操作中只允许将以下对象作为消息目标。

- 当前对象本身；
- 当前操作中作为参数的对象；
- 当前对象的属性指向的对象（本条规则如果进一步限制在类本身定义的属性上，而不允许继承来的属性作为消息目标，则为 Demeter 增强法则）；
- 当前操作创建的对象；
- 全局变量引用的对象。

应用 Demeter 法则能够有效降低类间耦合。由于每个对象都不会和远距离对象直接通信，需要在系统里产生大量小方法来传递对象间的这些间接调用，而这些小方法又与系统的业务逻辑无关，导致系统的不同模块之间通信效率降低，模块之间不易协调，系统设计局部化。

课堂讨论——本节重点与难点问题

1. 发现类的方法有哪些？
2. 类与类之间存在什么样的关系？聚合有哪些语义？
3. 泛化有什么么作用？如何实现类继承？
4. 类中的元素具有哪些可见性？
5. 接口和抽象类有什么区别和联系？
6. 什么是类内聚和类耦合？

6.3 UML 软件动态交互视图建模

软件动态交互视图用于展现对象之间的动态交互行为。为了执行一项系统功能，参与该功能的各个对象之间需要协作。软件动态交互视图描述了执行系统功能的各个对象之间相互传递消息的关系，显示了跨越多个对象的系统控制流程，通过不同对象间的相互作用来描述系统行为。软件动态交互视图可以使用顺序图或通信图来表示。顺序图（Sequence diagram），也称为序列图或时序图，表达执行系统功能的各个对象之间相互传递消息的顺序。通信图（Communication diagram），UML 1.x 中称为协作图，表示对象之间如何协作实现一项功能。顺序图和通信图语义等价，从不同角度展示系统对象之间的交互。在两种交互模型里，顺序图比通信图更常用。

扫码预习

6.3-1 视频二维码

6.3.1 对象定义

类用于对一种事物进行抽象描述，对象是类的实例。UML 使用矩形框表示对象，里面包含带有下划线的对象名和对象所属的类，其语法格式如下。

对象名：类名

图6-36展示了对象的3种图形表示方法。图中描述的是一个名为Zhang Ping的学生，对象名为zhangPing，所属类别为Student类。对象所属的类名可以省略，只使用对象名表示。当表示一个类的匿名对象时，对象名也可以省略，只使用带冒号的类名表示。

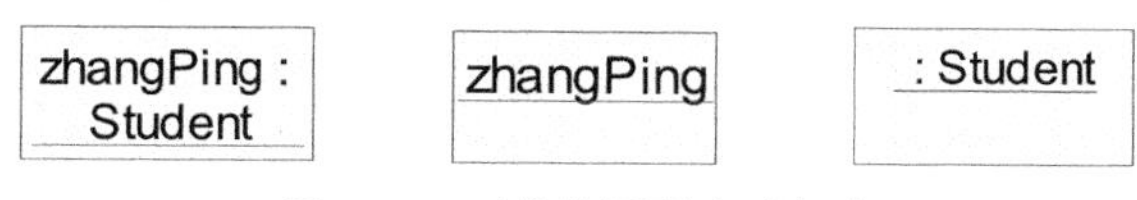

图6-36　对象的图形表示方法

6.3.2　顺序图

顺序图用于描述对象间的动态交互，是交互图的一种。顺序图常用来建模一个用例或者用例的一部分的详细流程，主要由一组对象和它们之间的消息组成，消息按照时间顺序布局，是对象之间传递消息的时间顺序的可视化表示。顺序图是一张自描述的二维图，在水平维度排列参与交互的对象，在垂直维度以时间顺序从上至下显示消息。顺序图中的主要元素包括对象、生命线、激活、消息等。

1. 对象

顺序图中的对象是参与交互的对象，可以是外部参与者，也可以是系统中的任何对象。启动交互的对象在左侧，从属对象在右侧。如果对象在交互开始时已经存在，则将其放置在顺序图的顶端。如果对象在交互过程中被创建，则将其放置在被创建的时间点上。

2. 生命线

生命线是对象底部中心的一条垂直虚线，表明该对象在一段时间内存在。生命线是一条时间线，从上至下表示时间的延续，线的长短取决于对象存在的时间。如果对象被终结，则其生命线终止。每个对象都有生命线，对象与生命线一起被称为对象的生命线。图6-37表示两个对象及其生命线。

3. 激活

激活表示对象执行操作的过程，也称为控制中心或控制焦点。激活用一个在对象生命线上的细长矩形框表示，矩形框的顶端与激活开始时间对齐，矩形框的底端与操作完成时间对齐，如图6-38所示。生命线仅仅表示对象存在，而激活表示对象执行操作。

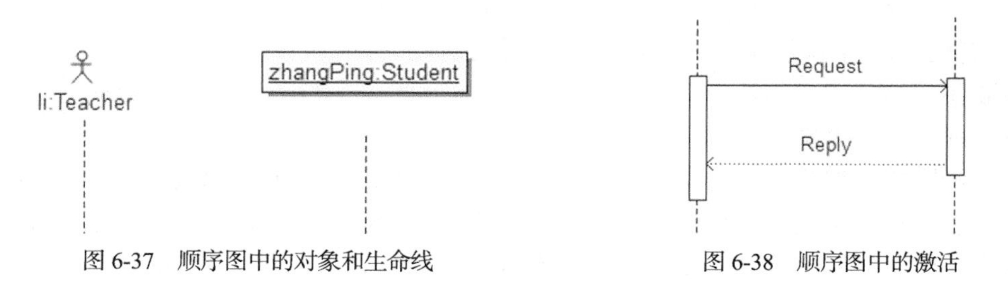

图6-37　顺序图中的对象和生命线

图6-38　顺序图中的激活

4. 消息

消息是顺序图中最重要的信息，表示对象之间的交互，按照发生时间从上至下布局在顺序图中。消息表示一个对象向其他对象发送信号，或者一个对象调用其他对象的操作。在顺序图中，消息表示为从一个对象的生命线指向另一个对象的生命线的箭头，箭头上附着消息名称。消息可以有不同的实现方式，包括同步消息、异步消息、返回消息、无触发对象消息、无接收对象消息和反身消息等。不同实现方式的消息具有不同形式，通过不同的箭头和线型来表示，如图 6-39 所示。

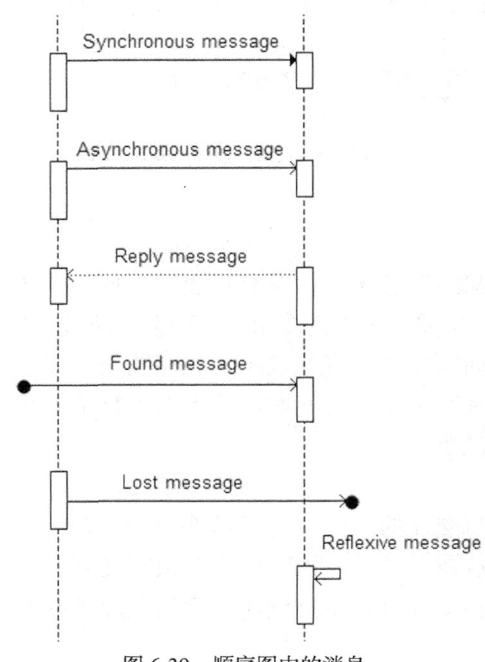

图 6-39 顺序图中的消息

5. 顺序图的创建

我们通过一个实例来说明顺序图的创建。假设在某课程管理系统中，教师查询学生成绩的基本流程如下。

1）教师通过查询界面输入学生学号请求查询学生成绩；

2）查询界面根据学生学号向查询控制请求学生成绩；

3）查询控制根据学生学号请求学生信息；

4）查询控制根据学生信息请求学生成绩；

5）查询控制将学生信息和学生成绩返回给查询界面；

6）查询界面将学生信息和学生成绩显示给教师。

该顺序图的创建过程如下。

（1）确定交互对象

首先可以确定需要教师对象（:Teacher）、学生对象（:Student）和成绩对象（:Grade）。教师需要与系统进行交互，因此需要一个查询界面（:QueryInterface），这是一个边界类对象。要获取学生信息和学生成绩，查询界面需要通过一个查询控制对象（:QueryControl）来控制该项业务逻辑，这是一个控制类对象。

（2）添加交互对象到顺序图

从左到右布置该工作流程中的所有参与者和对象，同时包含对象生命线。教师对象（:Teacher）是参与者，作为发起者放在顺序图的最左边。查询界面（:QueryInterface）是边界类对象，查询控制对象（:QueryControl）是控制类对象，学生对象（:Student）和成绩对象（:Grade）

是实体类对象。

（3）添加消息到顺序图

确定对象间交互的消息，按照时间顺序添加消息到顺序图中。创建完成的教师查询学生成绩的顺序图如图 6-40 所示，其中对象根据其类型采用图标方式显示。

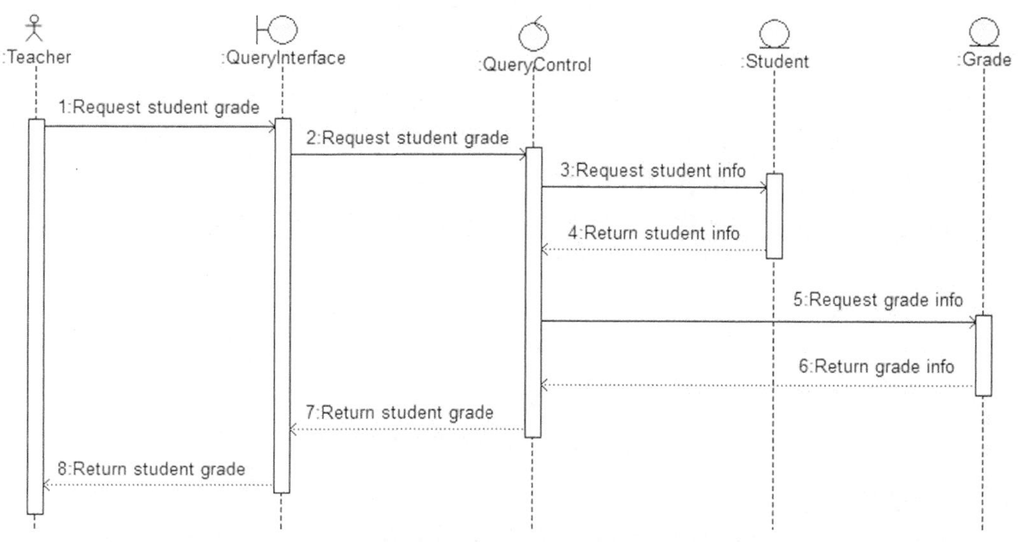

图 6-40　教师查询学生成绩的顺序图

6.3.3　通信图

通信图是表现对象之间协作关系的图，也是对交互的建模，是交互图的另一种。通信图用于对用例或者用例的一部分的建模，与顺序图语义等价，二者可相互转换。顺序图按照时间布图，而通信图按照空间布图。通信图由参与交互的对象和它们之间的链组成，强调对象间的连接关系，链上附着消息，消息的时间顺序使用序号表示。通信图的主要元素包括对象、链和消息。

1. 对象

通信图中的对象使用包围名称的矩形框来表示，也使用“对象名:类名”的形式。和顺序图不同，通信图中的对象底部没有生命线，并且存在多对象的形式，表示属于同一个类的多个对象，如图 6-41 所示。

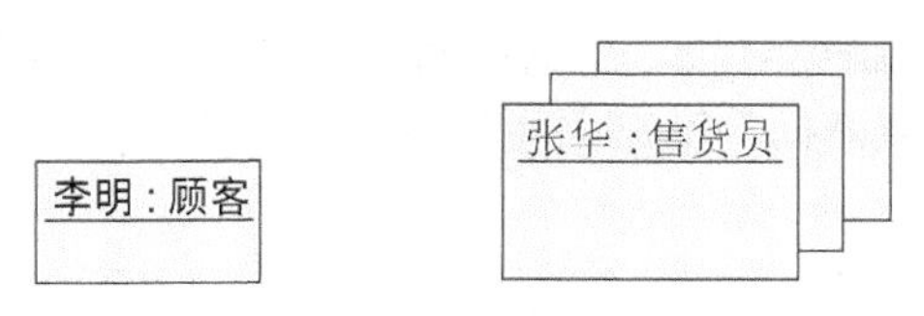

图 6-41　对象表示及多对象形式

2. 链

在通信图中，如果两个对象之间存在交互，则它们之间存在一条链，链的表示形式为连接交互对象的一条实线。如果对象与自身交互，则链是两端指向同一对象的一条弧。图 6-42 表示通信图中对象之间的链。

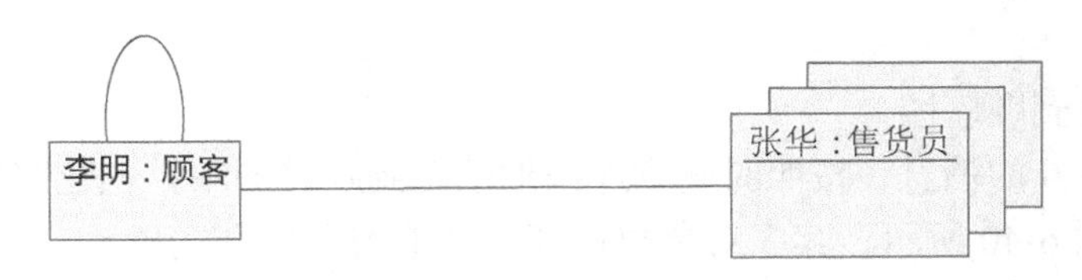

图 6-42　通信图中的链

3. 消息

在通信图中，对象间的动态交互同样通过一系列消息来描述。如图 6-43 所示，消息附在连接发送对象和接收对象的链上，一个链上可以附着多条消息。消息使用箭头来表示，箭头指向接收对象，箭头上附着消息的序号和名称。由于通信图中无法表示消息的顺序，因此消息中必须包含序号。消息的名称可以是字符串，也可以是类的操作名称。

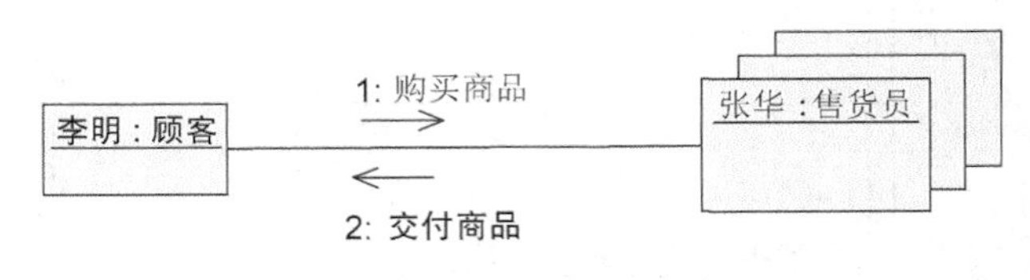

图 6-43　通信图中的消息

4. 通信图的创建

我们通过创建和 6.3.2 小节顺序图中同样的实例来说明通信图的创建，以便比较二者的异同。在某课程管理系统中，教师查询学生成绩的基本流程如下。

1）教师通过查询界面输入学生学号请求查询学生成绩；

2）查询界面根据学生学号向查询控制请求学生成绩；

3）查询控制根据学生学号请求学生信息；

4）查询控制根据学生信息请求学生成绩；

5）查询控制将学生信息和学生成绩返回给查询界面；

6）查询界面将学生信息和学生成绩显示给教师。

其通信图的创建过程如下。

（1）确定交互对象

首先可以确定需要教师对象（:Teacher）、学生对象（:Student）和成绩对象（:Grade）。教师需要与系统进行交互，因此需要一个查询界面（:QueryInterface），这是一个边界类对象。要获取学生信息和学生成绩，查询界面需要通过一个查询控制对象（:QueryControl）来控制该项业务逻辑，这是一个控制类对象。将这些对象添加到通信图中。通信图中参与交互的对象如图 6-44 所示，其中对象根据其类型采用图标方式表示。

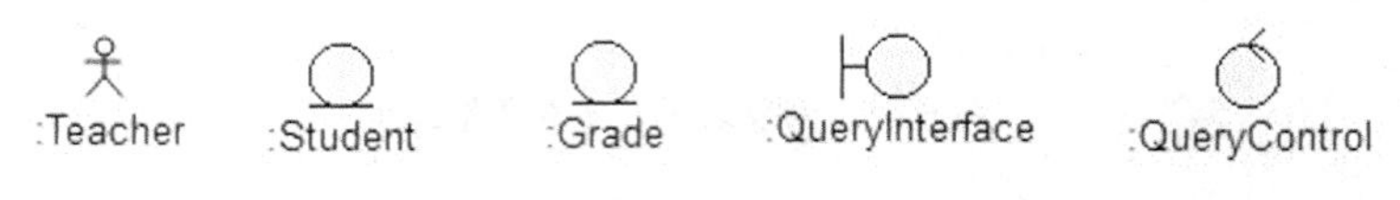

图 6-44　通信图中参与交互的对象

（2）确定对象之间的连接关系

根据对象之间可能存在的交互，确定对象之间的连接关系，使用链将这些对象连接起来。这一步骤表达出通信图中的对象在空间上的连接关系。

（3）添加消息及其序号到链上，细化和完成通信图。创建的教师查询学生成绩的通信图如图 6-45 所示。

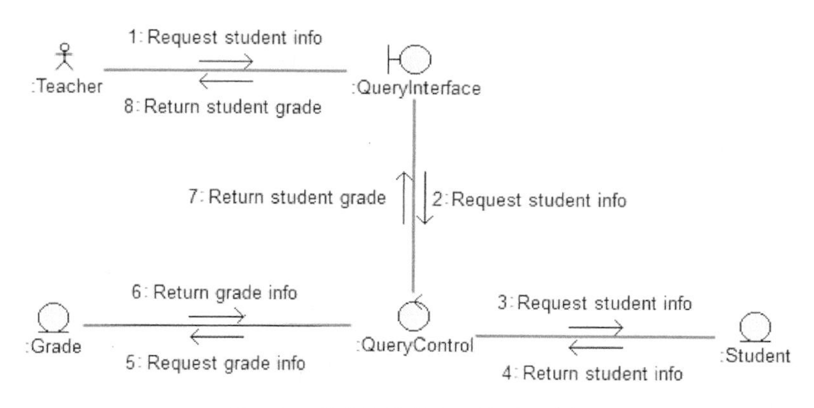

图 6-45　教师查询学生成绩的通信图

6.3.4　类的操作

类的操作（也称为类的方法）是类所提供的服务或可执行的操作，描述了类所代表的对象所具备的公共动态特征。类将自身的一部分操作声明为公共可见性，使得这部分操作能够被系统中的其他类所访问，这组操作就确定了该类的公共接口，作为该类为系统中的其他类提供的服务。只有通过类的公共接口，对象之间才能相互协作执行系统功能。通过顺序图和通信图对对象间的交互进行分析之后，就可以确定类的公共接口。根据交互细节，还可以确定公共接口中每个操作的名称、参数表和返回类型。在详细设计阶段，对这些操作提供详细的算法和流程定义。

1. 发现类的操作

分析对象之间的交互能够发现类的操作。顺序图和通信图中的每一条消息，都必须有目标对象的一个操作为其服务。分析如图 6-46 所示的预订图书的顺序图，Reservation 类需要提供 addReservation 操作，Borrower 类需要提供 isAllowed 操作和 addReservation 操作，Book 类需要提供 match 操作、checkAvailability 操作和 setStatus 操作，以此类推。如果所有用例的顺序图或通信图已经全部建好，那么公共操作的确定就是一项自动化工作。

但在实践中，即使为所有用例都创建了顺序图或通信图，也不可能发现所有的公共操作。另外，顺序图和通信图不能显示跨越用例边界的消息，因此不能发现跨越用例边界的操作。基于这些原因，还需要使用其他发现类的操作的方法。其中一个方法是可以根据类的职责确定类的操作，包括创建、读取、更新和删除操作。

2. 说明类的操作

UML 中类的操作的表示语法如下（[ ]内的内容可选）。

[可见性] 操作名称 [（参数表）] [：返回类型] [{属性字符串}]

操作名称、参数表和返回类型一起被称为操作型构，描述了使用该操作所必需的所有信息。通过对图 6-46 的分析，可以获得如图 6-47 所示的类的操作。

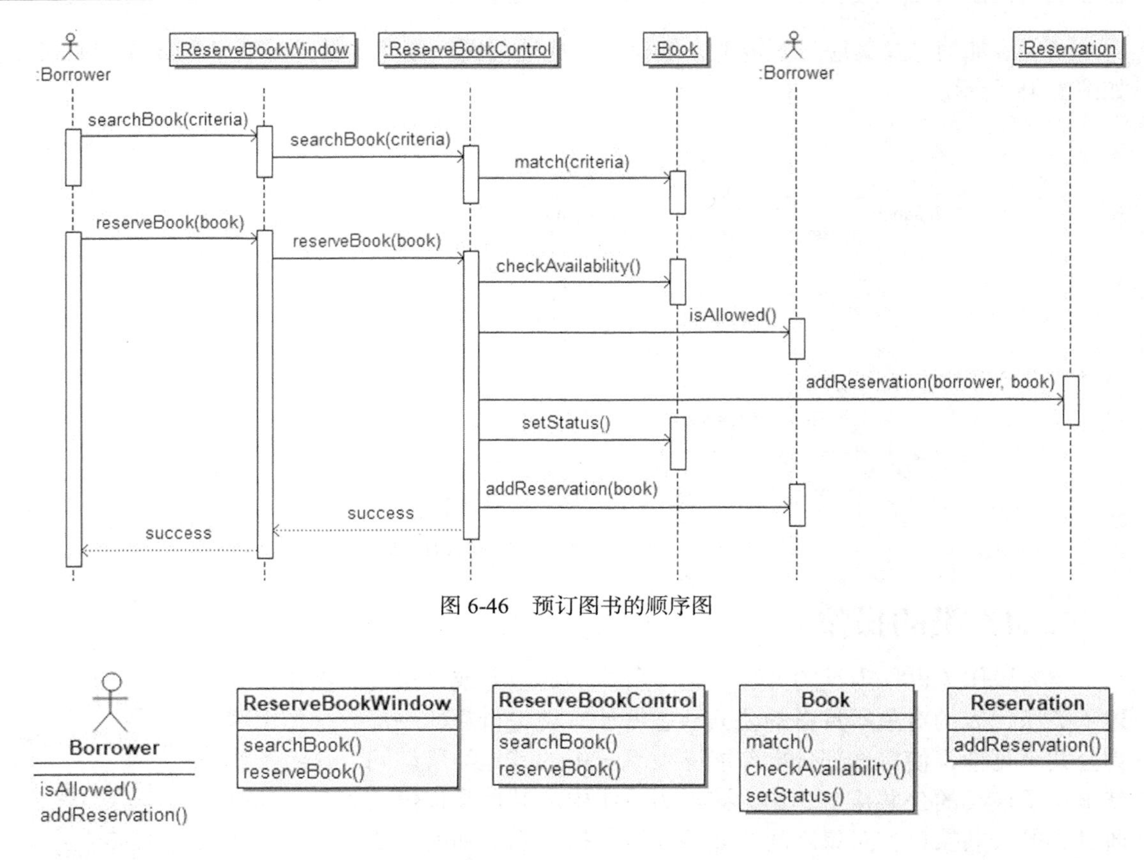

图 6-46　预订图书的顺序图

图 6-47　通过预订图书顺序图发现类的操作

6.3.5　高级交互建模

随着设计的深入和细化，需要一些更高级的交互建模技术，以便对设计细节进行说明。本小节主要介绍在交互过程中创建与销毁对象、交互操作符的使用和交互引用。

1．创建与销毁对象

如果对象在交互之前已经存在，则将对象放置在顺序图顶端。如果对象是在交互过程中被创建的，则应将其放置在被创建的时间点上。顺序图允许在交互过程中创建对象。创建对象时，由创建者（发送者）发送一条实例化消息给被创建者（接收者）。UML 顺序图中创建对象采用带箭头的消息表示，箭头指向被创建对象的框。如图 6-48 所示，b:ClassB 对象在交互过程中被创建，a:ClassA 对象通过 create 消息创建 b:ClassB 对象，消息箭头指向 b:ClassB 对象的框。对象也可能在交互过程中被终结，顺序图允许在交互过程中销毁对象。UML 顺序图中销毁对象是在对象的生命线上画个“×”，表示对象生命在此终结。“×”的位置在导致对象被销毁的信息上，或者在对象自我终结的地方。如图 6-48 所示，a:ClassA 对象通过发送 destroy 消息销毁 b:ClassB 对象，而 c:ClassB 对象自我终结。

2．交互操作符的使用

顺序的交互序列可以通过一系列消息来建模。但在实际系统中，常常存在根据不同条件执行不同交互序列，或者循环执行某段交互序列，或者并发执行多段不同交互序列的情况。顺序图中可以采用交互操作符来建模这种高层控制。UML 2.x 中预定义了多种交互操作符，包括循环交互操作符（loop）、并行交互操作符（para）、条件交互操作符（alt）、可选交互操作符（opt）等。一段交互序列称为交互片段。通过交互操作符可以将交互片段组合在一起，形成组合片段，也称为复合片段。

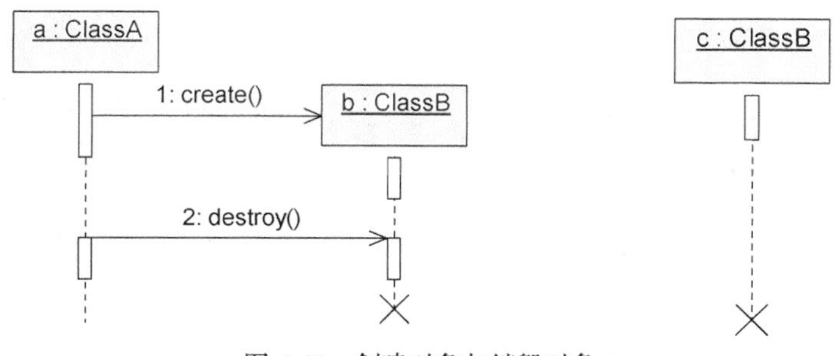

图 6-48　创建对象与销毁对象

（1）loop

经过 loop 组合的片段称为 loop 循环片段。在 loop 循环片段中有一个循环监护条件，每次迭代之前如果监护条件成立，则重复执行该片段，否则退出循环。图 6-49 所示为 loop 循环片段的示例。

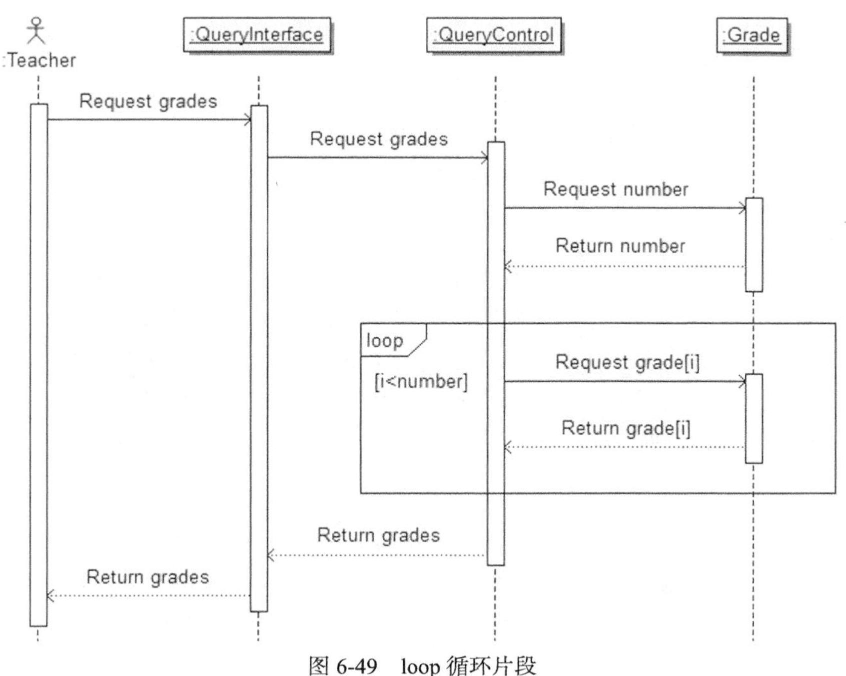

图 6-49　loop 循环片段

（2）para

经过 para 组合的片段称为 para 并行片段。在 para 并行片段中，交互的主体被分成几个分区，每个分区里有一个交互序列，当控制流进入 para 并行片段时，并发执行所有的分区。每个分区内的消息顺序执行，而并行分区之间的相对次序是任意的。

（3）alt

经过 alt 组合的片段称为 alt 条件片段，表达 if...then...else 条件逻辑，用于建模条件分支行为。在 alt 条件片段中，交互的主体被分成几个分区，每个分区有一个监护条件，表示满足该监护条件时执行该交互序列。如果一个分区的监护条件为真，则执行这个分区中的交互序列，如果所有监护条件都为假，则执行具有监护条件 else 的分区。图 6-50 展示了 alt 条件片段。

（4）opt

经过 opt 组合的片段称为 opt 可选片段，表达 if...then 条件逻辑。如果监护条件为真，那么执行该片段。图 6-50 展示了 opt 可选片段。

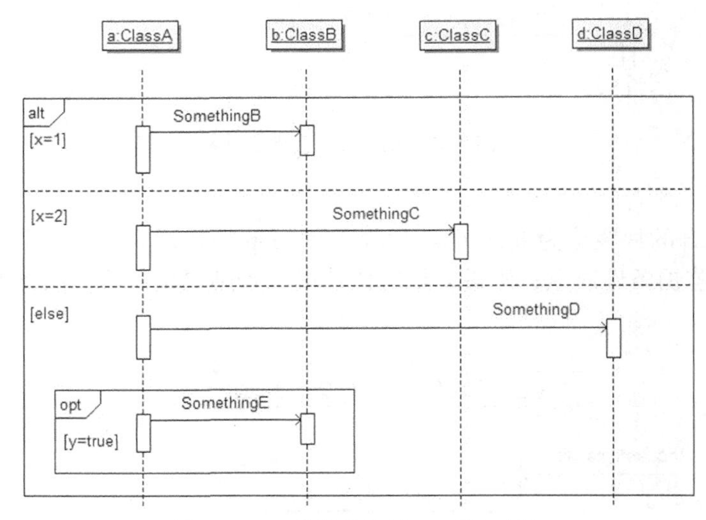

图 6-50　alt 条件片段和 opt 可选片段

3. 交互引用

尽管顺序图是自解释的，太复杂的顺序图仍然难以理解。为了简化和便于复用，可以采用交互引用，即一个交互（由一张顺序图建模）可以引用另一个交互（由另一张顺序图建模）。外围交互用标签 sd 标注，被引用的交互用标签 ref 标注。通过交互引用，能够提取并复用公共行为。图 6-51 所示为交互引用示例，其中 Login 是在一张单独的顺序图中定义的交互，被外围交互（外围顺序图）所引用。

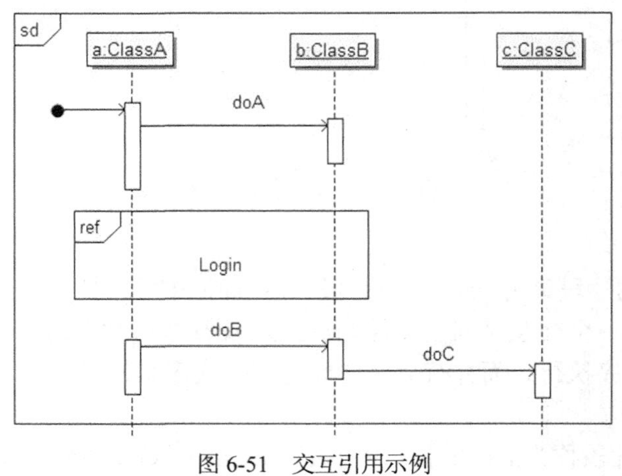

图 6-51　交互引用示例

课堂讨论——本节重点与难点问题

1. 什么是顺序图？它的作用是什么？
2. 什么是通信图？它的作用是什么？
3. 顺序图和通信图有什么区别和联系？
4. 如何通过交互图确定类的操作？
5. 顺序图中有哪些交互操作符？
6. 什么是交互引用？什么情况下会用到交互引用？

6.4　UML 软件状态机视图建模

软件状态机视图用于对类的行为进行详细建模。在状态机视图里，类的对象被视为由于事件触发而做出相应动作来与其他对象进行通信的独立实体。状态机视图以对象为中心描述对象随时间变化的动态行为。状态机视图使用状态机图（State machine diagram）来表示。状态机图在 UML 1.x 中被称为状态图（State chart diagram）。状态机视图中通常包含多张状态机图，每张状态机图对系统中的一个类建模。

状态机图对类进行建模，描述类的对象在其生命周期内的动态行为，展现类的对象所拥有的状态，以及如何根据外部事件的触发在各个状态之间转换。状态机图主要由所建模的类的对象的状态和这些状态之间的转换组成，如图 6-52 所示。状态的转换通常通过事件触发，也允许没有事件触发的转换。状态机图有一个初始状态和一个或多个终止状态。除了状态和转换，状态机图中还包括事件、监护条件、判定（分支与合并）、同步（分叉与汇合）等。

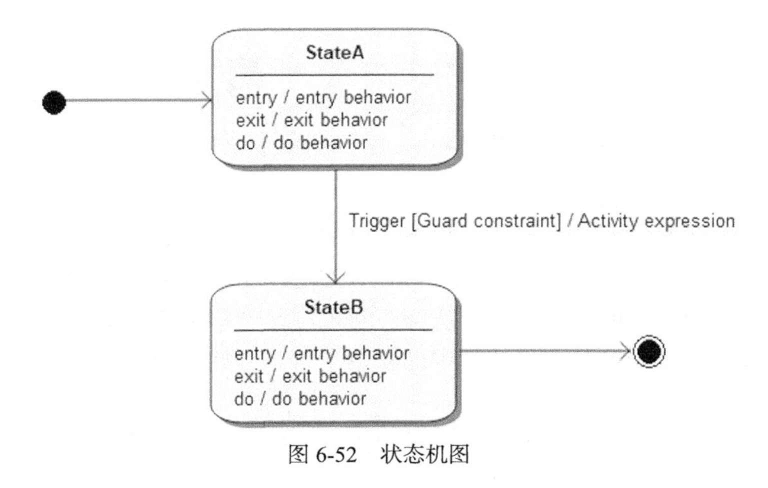

图 6-52　状态机图

6.4.1　状态

状态表明类的对象在其生命周期中的一种状况，通常由对象的一组属性值确定。一个对象在一段有限的时间内保持一个状态，由于事件触发而做出反应，转换到另一个状态。同一个类的多个对象，如果处于相同状态，则对同一事件的反应是一致的。同一个对象，如果处于不同状态，则对同一事件的反应是不同的。在对类建模时，不是类的对象的任何状态都值得关注，而只需关注明显影响对象行为的属性，以及由这些属性确定的对象状态。

UML 中状态用圆角矩形表示，状态中可以包含状态名、入口动作、出口动作、内部活动等描述。状态名表示对象状态的名称，通常采用直观、易懂、能充分表达语义的短语，其中每个单词的首字母要大写。状态可以有入口动作、出口动作和内部活动，也可以没有。如图 6-53 所示，入口动作用 entry 标识，表明对象进入该状态时所执行的动作，通常是初始化；出口动作用 exit 标识，表明对象退出该状态时所执行的动作；内部活动用 do 标识，当对象进入该状态后，内部活动在入口动作完成后开始执行，如果内部活动结束，则该状态完成，通常一个从该状态出发的转换被激发。

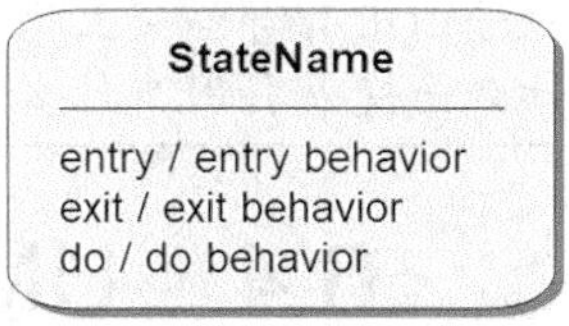

StateName

entry / entry behavior
exit / exit behavior
do / do behavior

图 6-53 状态的入口动作、出口动作和内部活动

状态的类型包括初始状态、终止状态、简单状态、嵌套状态和历史状态。

（1）初始状态

初始状态代表状态机图的起始位置。每个状态机图都应该有且只有一个初始状态。初始状态只能作为转换的源，而不能作为转换的目标。UML 中用实心圆表示初始状态，如图 6-54 所示。

（2）终止状态

终止状态代表状态机图的终点，表明对象的生命周期在此结束。一个状态机图可以有一个或者多个终止状态，特殊情况下也可以没有终止状态。对象终结在终止状态，因此终止状态上没有任何转换，终止状态只能作为转换的目标，而不能作为转换的源。UML 中用含有实心圆的空心圆表示终止状态，如图 6-55 所示。

图 6-54 初始状态

图 6-55 终止状态

（3）简单状态和嵌套状态

内部不包含子状态的状态称为简单状态。内部嵌套有子状态的状态，称为嵌套状态，也称为复合状态或组成状态。图 6-56 中的 Working 状态表示一个嵌套状态，其中嵌套 Washing 子状态、Rinsing 子状态和 Spinning 子状态。当控制流转移进入嵌套状态时，除非转移直接以某子状态为目标，否则控制流将从其中的初始子状态开始执行。

（4）历史状态

嵌套状态中可能包含历史状态。历史状态代表上次离开嵌套状态时对象所处的子状态，以便在对象返回该嵌套状态时，能够从上次离开时的子状态继续执行。图 6-56 中的Ⓗ状态表示历史状态，代表洗衣过程中突然断电时洗衣机所处的子状态，可能是 Washing 子状态、Rinsing 子状态或 Spinning 子状态中的某一个。历史状态用于记住从嵌套状态退出时对象所处的子状态，当再次进入该嵌套状态时，可直接进入这个子状态，而不必从该嵌套状态的初始子状态开始执行。

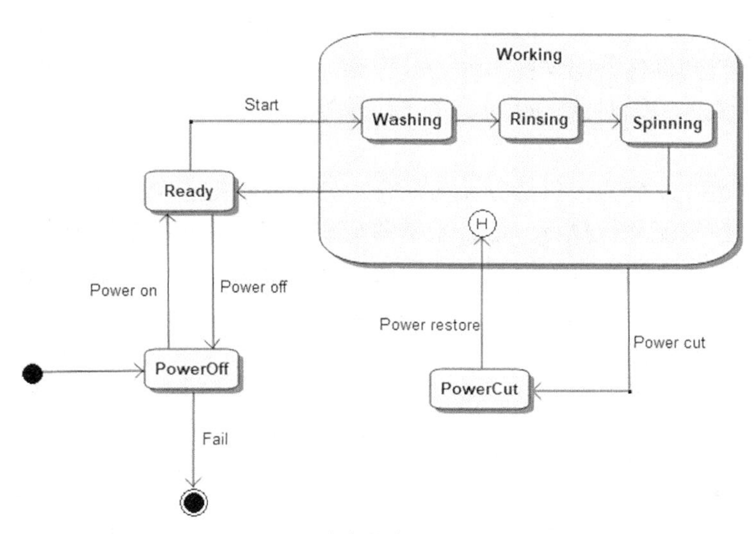

图 6-56　嵌套状态和历史状态

6.4.2　转换

转换表示对象从一个状态进入另一个状态。转换的激发通常需要外部事件的触发，并且满足一定监护条件，转换过程中对象还会执行指定的动作。转换激发之前的状态称为源状态，转换激发之后的状态称为目标状态。简单转换只有一个源状态和一个目标状态，而复合转换有多个源状态或多个目标状态，如判定或同步。UML 中转换用带箭头的直线表示，箭头指向目标状态，如图 6-57 所示。转换上可以标注与此转换相关的选项，包括事件及其参数、监护条件和动作。只有在事件触发并且监护条件为真的情况下，转换才会发生，转换发生时对象执行动作。如果转换上没有标注事件，则表明此转换自动进行，称为完成转换或无触发转换。

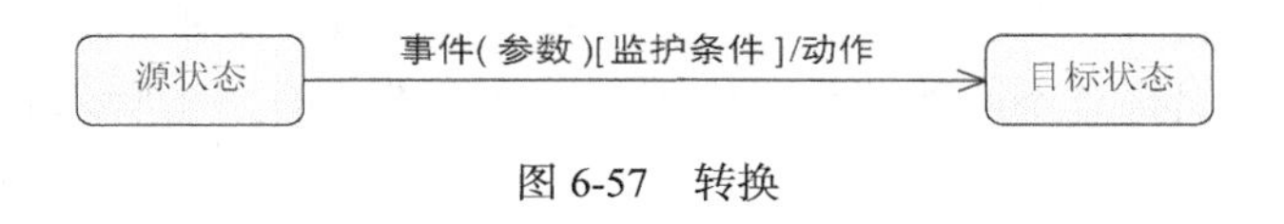

图 6-57　转换

（1）事件

对象状态的转换通常需要外部事件的触发，这些事件称为触发器事件。由于受到触发器事件的触发，对象会进行特定动作，并转换到另一种状态。触发器事件主要包括信号事件、调用事件、改变事件和时间事件等。如果触发器事件有参数，那么这些参数可以被转换使用，也可以被监护条件和动作使用。允许没有触发器事件的转换，由状态结束时状态中的内部活动隐式触发。

（2）监护条件

转换可能具有监护条件。如果具有监护条件，当触发器事件发生时，监护条件被赋值。如果监护条件的值为真，转换可以被激发，否则转换不能被激发。如果转换没有监护条件，则监护条件的值默认为真。

（3）动作

转换过程中，对象可能执行动作。动作是一个简短的计算处理过程或一组可执行语句，是原子性的，不可中断的。动作的执行时间非常短，执行过程中不能再插入其他事件。如果动作执行期间接收到事件，则这些事件会被保存，直到动作结束。动作可以是赋值操作、调用操作、创建对象、销毁对象、返回、发送信号等。

（4）同步

同步用来表达并发行为，包括分叉与汇合。分叉表示把一个控制流分成两个或多个控制流，几个分叉的控制流并行执行。汇合表示两个或者多个并发的控制流在此处同步，先完成的控制流在此等待，直到所有的控制流都到达后，汇合成一条控制流继续执行。在 UML 中，同步用一条横的或竖的粗线段来表示，如图 6-58 所示。分叉具有一个转入和多个并发转出，而汇合具有多个并发转入和一个转出。

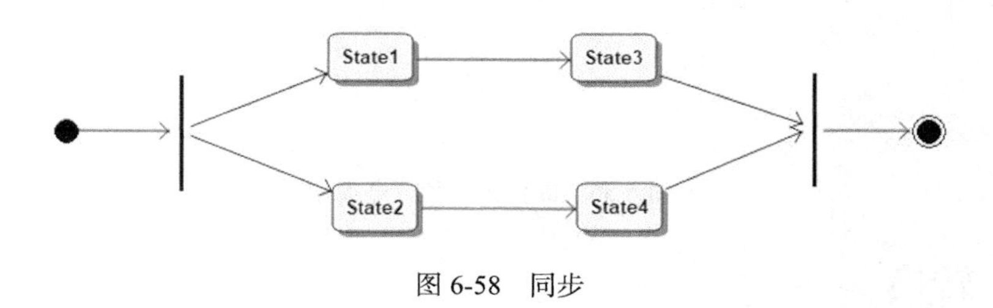

图 6-58　同步

（5）判定

判定用来表达条件行为，包括分支与合并，分支是条件行为的开始，合并是条件行为的结束。状态机图中有需要根据给定条件进行判断，根据不同判断结果进行不同转换的情况。如一个对象被某事件触发，根据监护条件的不同，对象进行不同的状态转换并执行不同的动作。这种情况下，通常使用监护条件来覆盖每种可能，按照监护条件的取值使控制流产生分支，每次只有一条分支执行。对判定建模时，要注意覆盖所有可能，并且同时只有一个监护条件的值为真。如果同时有多个监护条件的值为真，系统会随机选择一个转换激发，具有不确定性。如果存在没有被覆盖的可能性，则系统在这种可能性下无法激发任何转换。在 UML 中，判定用空心菱形表示，代表条件行为的开始或结束，如图 6-59 所示。分支具有一个转入和多个转出，每个转出都有不同的监护条件覆盖，而合并具有多个转入和一个转出，不需要监护条件。

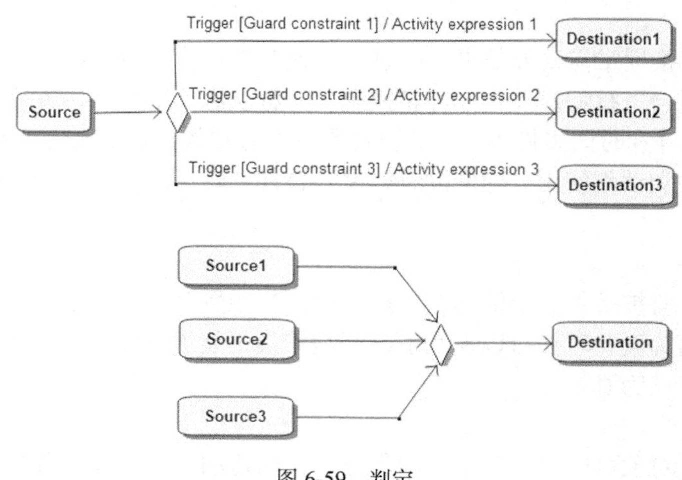

图 6-59　判定

6.4.3　状态机图

状态机图通常依附于类，用来对系统中重要的类进行建模，表明该类的对象的详细行为。我们以一个学生选课管理系统为例，说明如何建立其状态机图。

（1）确定需要创建状态机图的类

首先确定需要对哪些类使用状态机图进行建模。不需要为系统中所有的类创建状态机图，只有系统中重要的且在其生命周期中具有明显状态变化的类才需要通过状态机图进一步建模。对于学生选课管理系统来说，需要为 Student 类建模其状态机图，详细描述其行为。

（2）分析确定类可能拥有的状态

对于 Student 类的对象来说，在选课管理系统里，主要状态包括：初始状态、终止状态、新创建状态（New）、可选课状态（CanSelect）、不可选课状态（CannotSelect）、分数达到要求的毕业状态（Graduation）和分数未达到要求的结业状态（Completion）。

（3）确定状态之间的转换及相关事件、监护条件和动作，完成状态机图

新生入学时，该选课管理系统会为每个新生创建一个账号，之后学生就可以去选课了。每个学生的选课数目具有上限，达到上限则不能再选课。如果取消部分已选的课，则可以继续选课。每门课学完会得到相应的学分，课程学完并修满学分，学生就可以毕业。课程未学完或者未修满学分，则视为结业。

最后创建的 Student 类的状态机图如图 6-60 所示。

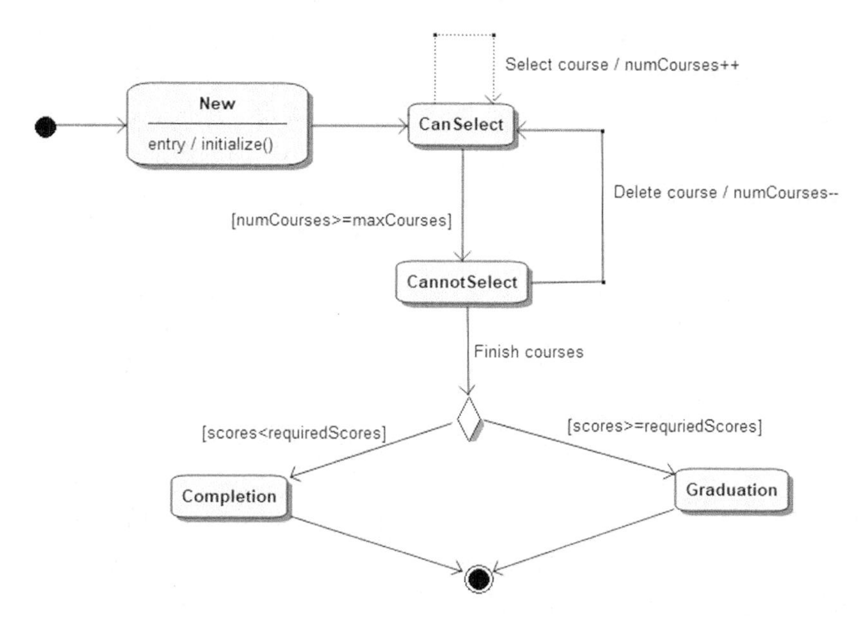

图 6-60　Student 类的状态机图

课堂讨论——本节重点与难点问题

1. 什么是状态机图？
2. 状态机图的作用是什么？
3. 什么是状态？状态里包含哪些内容？

4. 什么是转换？转换需要什么条件？
5. 状态机图如何建模条件行为？
6. 状态机图如何建模同步？

6.5　UML 软件实现视图建模

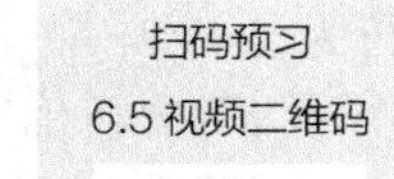

软件实现视图用于对软件系统的实现结构建模，包括系统的构件组织情况和运行节点的配置情况等。实现视图展示了将系统中的类映射成构件和物理节点的机制。实现视图还可用于对模型的组织进行建模，展示模型元素构成的包以及包的组织情况。实现视图包括构件图、部署图和包图。构件图通过构件和构件间的接口和依赖关系来表示系统的实现结构。部署图表示系统运行时计算资源的物理配置以及构件在计算资源上的部署。包图由包与包之间的关系组成。

6.5.1　构件与构件图

1．构件

系统详细设计主要针对系统中的各个软件构件进行设计。软件构件（Component）是系统中模块化的、可部署的和可替换的功能部件。每个软件构件实现一个明确的系统功能，内部封装类的代码实现，对外暴露一组可供访问的接口，具有高度内聚性。软件构件是独立的部署单元，可以部署在运行节点上，但不允许部分部署。构件中可以嵌套其他构件，构件本身可以由一些协作的构件或类组成，最终包含类的代码实现。源代码、可执行文件、库、数据库等都是构件。UML 1.x 中，构件使用左边带有两个小矩形的矩形表示，构件的名称位于矩形内部，如图 6-61（a）所示。UML 2.x 中，构件使用矩形表示，内部使用标签或者图标，构件的名称位于矩形内部，如图 6-61（b）～（d）所示。

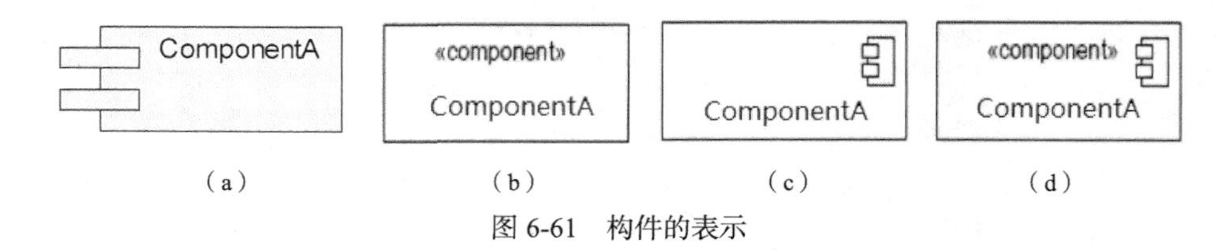

图 6-61　构件的表示

构件可以具有不同类型，例如 ActiveX、Applet、Application、DLL、EXE 等，以及自定义类型。不同类型的构件通过构造型来表示。如图 6-62 所示，构造型《Applet》表示类型为 Applet 的构件，构造型《Application》表示类型为 Application 的构件。

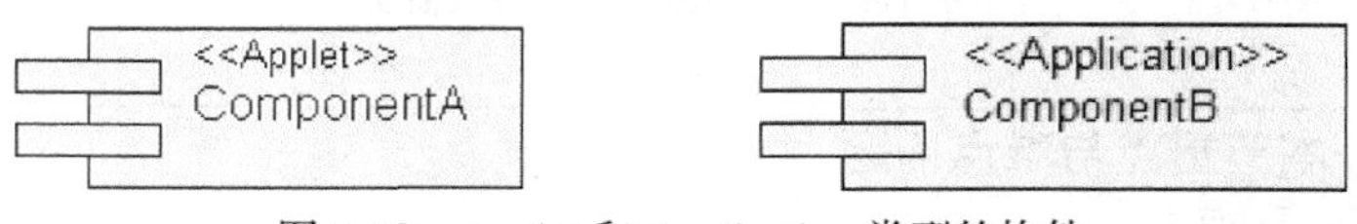

图 6-62　Applet 和 Application 类型的构件

2. **构件图**

构件图（Component diagram）是用来表示系统中构件与构件之间、构件与接口之间关系的图。构件图根据系统的代码构件及其关系显示系统代码的整体实现结构。基于构件的开发是现代软件开发最常用的方式之一，构件图从实现的角度为软件开发人员提供了一种为系统解决方案建模的形式，便于早期决策和开发各方的交流沟通。使用构件图可以清楚地描绘出系统的结构和功能，系统包括哪些子系统，子系统包括哪些类和构件，以及它们之间的关系。

（1）构件和构件之间的关系

构件图中构件和构件之间的关系表现为依赖关系。UML 中构件和构件之间的依赖关系表示为从依赖构件到被依赖构件的虚线箭头。构件和构件之间的依赖关系存在不同情况。类和源代码之间存在依赖关系，如类 HelloWorld.class 依赖源代码 HelloWorld.java，如图 6-63 所示。

图 6-63　类和源代码之间的依赖关系

两个构件的类之间如果存在泛化关系，则两个构件之间存在依赖关系。如图 6-64 所示，ClassB 类是 ClassA 类的子类，则包含 ClassB 类的 ComponentB 构件依赖于包含 ClassA 类的 ComponentA 构件。

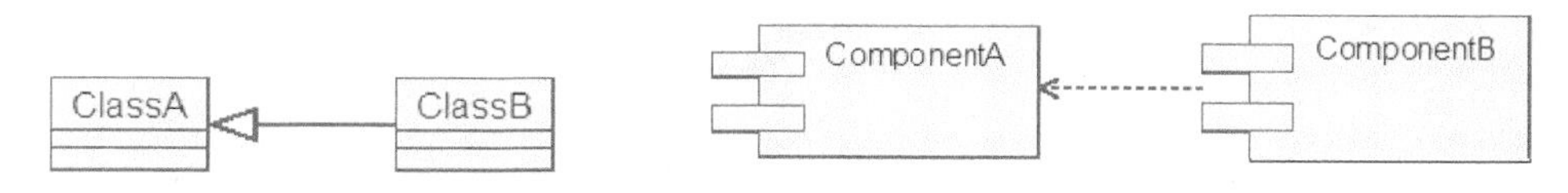

图 6-64　类之间的泛化关系和构件之间的依赖关系

两个构件的类之间如果存在依赖关系，则两个构件之间存在依赖关系。如图 6-65 所示，ClassB 类依赖于 ClassA 类，则包含 ClassB 类的 ComponentB 构件依赖于包含 ClassA 类的 ComponentA 构件。

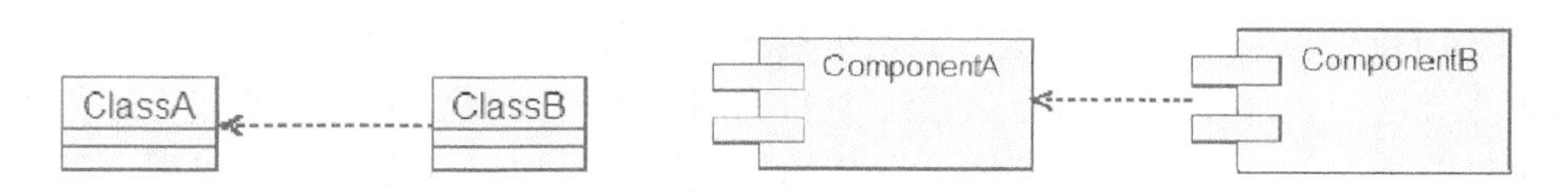

图 6-65　类之间的依赖关系和构件之间的依赖关系

（2）构件和接口之间的关系

构件和构件之间通过良好定义的接口进行协作。构件图中构件和接口之间的关系表现为依赖关系或实现关系。实现关系指一个构件实现了一个接口，实现接口用小球表示，使用实线将接口连接到构件上，该接口被称为提供接口。依赖关系指一个构件使用了一个接口，使用接口用球窝表示，使用实线将球窝连接到构件上，该接口被称为请求接口。也可以将提供接口和请求接口写在构件内部。图 6-66 展示了 UML 中构件与接口之间的实现关系和依赖关系的两种表示方法，ComponentA 构件实现了 ProvidedInterface 接口，使用了 RequiredInterface 接口。

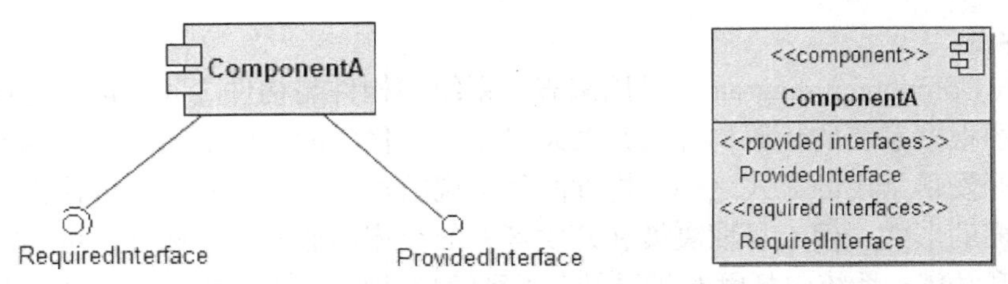

图 6-66　构件和接口之间的实现关系和依赖关系

3. 构件图建模

图 6-67 所示为一个销售管理系统的构件图。该系统包含收银子系统（CashierSubsystem）、销售子系统（SalesSubsystem）、财务子系统（FinanceSubsystem）和数据库（Database）4 个构件。收银子系统依赖销售接口 ISales，销售子系统实现销售接口 ISales 并依赖财务接口 IFinance，财务子系统实现财务接口 IFinance，数据库构件实现数据访问接口 IData，其他 3 个构件都依赖数据访问接口 IData 来访问数据库。

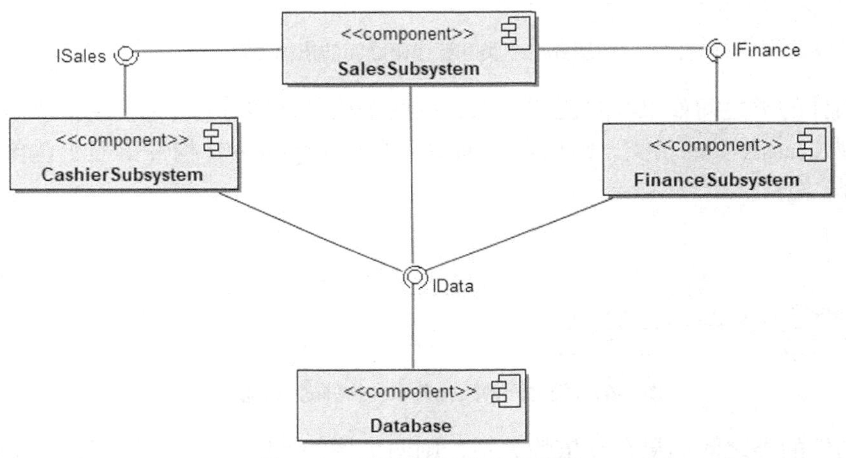

图 6-67　销售管理系统的构件图

6.5.2　节点与部署图

部署图（Deployment diagram）用于表示系统中硬件节点的配置情况，以及软件构件如何部署到硬件节点中。部署图能够显示系统中的不同软件构件在哪个硬件节点上运行，以及彼此之间如何进行通信。部署图建模的是系统的物理运行情况，开发人员可以根据部署图来实际部署系统。部署图在系统体系结构设计时建立，在详细设计中被细化。

部署图中包含两种基本模型元素：节点和节点之间的连接。节点是人工制品和构件可以在上面部署的硬件资源，用立方体表示。节点之间的连接用实线表示，代表它们之间存在通信路径，可以通过命名或者构造型定义网络结构或类型。部署图的示例如图 6-68 所示，存在 3 个节点，分别是 Web browser、Web server 和 Corporate database。Web browser 节点和 Web server 节点之间通过 HTTP 通信，Web server 节点和 Corporate database 节点之间通过 JDBC 通信。

节点上可以部署构件或人工制品。人工制品是软件开发过程中或系统部署运行中使用或生成的物理信息块的规格说明，如模型文件、源文件、脚本、二进制可执行文件、数据库等。

节点和部署在上面的构件或人工制品一起，被称作一个部署单元，也称为分布单元。通常将构件或人工制品符号放在节点符号内部表示部署，也可以通过构件或人工制品到节点的《deploy》依赖来表示部署。图 6-69 所示为 SalesSubsystem 构件和 FinanceSubsystem 构件部署在 Web server 节点上。

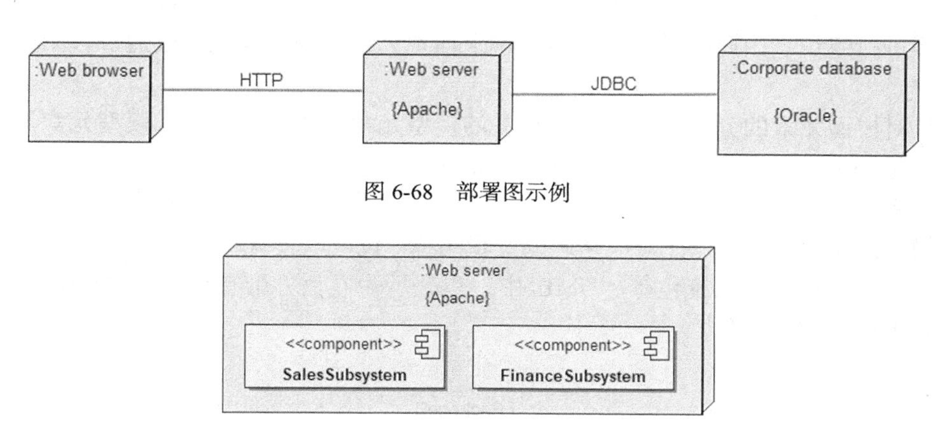

图 6-68 部署图示例

图 6-69 构件在节点上的部署

图 6-70 所示为某考勤系统的部署图，包含服务器、PC 客户端、移动客户端、读卡器、摄像头 5 种硬件节点。服务器节点是系统的核心节点，部署了考勤系统的服务器构件、刷卡认证构件、人脸识别构件和数据库构件。PC 客户端和移动客户端分别部署了考勤系统的客户端构件。PC 客户端通过有线局域网与服务器进行通信，移动客户端通过无线局域网与服务器进行通信。服务器和读卡器之间、服务器和摄像头之间都通过有线局域网连接，读取卡片信息或人脸信息，进行身份认证和考勤。

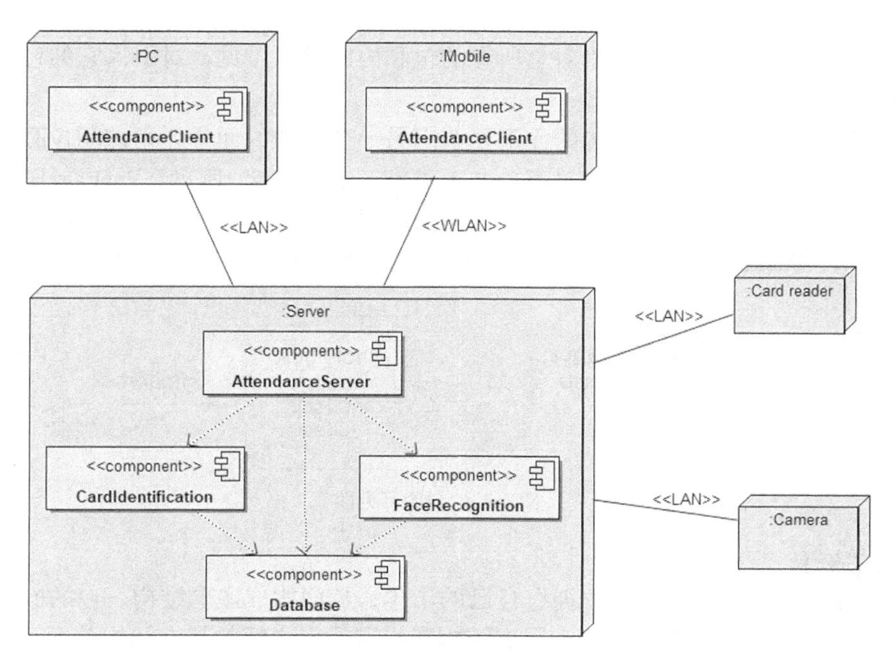

图 6-70 考勤系统的部署图

6.5.3 子系统与包图

类是面向对象系统的基本构造块。复杂系统中往往包含成千上万个类，类与类之间存在错综复杂的关系。为了简化和便于理解，采用包来对模型元素分组，包可以用在任何 UML 模型中。包图是表明包与包之间关系的图，用于对模型的组织进行建模。可以根据软件的结构对模型进行组织，因此子系统可以通过包来体现，系统的结构也可以通过包图来体现。

1. 包

包是对模型元素的分组，表示一组相关的模型元素。所有的 UML 模型元素都能用包来组织。包是一个命名空间，如果一个模型元素在一个包内被声明，则这个包拥有这个模型元素。整个系统是最高层次的包，包中可以嵌套子包，从而形成层次的拥有关系。这个层次反映的是模型的组织情况，往往对应系统的逻辑结构。包可以具有不同类型，通过构造型指定，如模型包、子系统包、系统包等。UML 中，包表示为左上方带有小矩形的矩形，如图 6-71 所示，矩形中是包的名称。

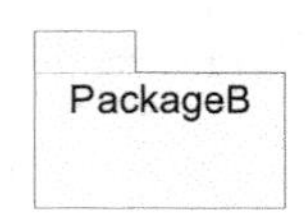

图 6-71　UML 中包的表示

2. 包的可见性

包是一个命名空间，可以通过指定内部元素的可见性来控制外部元素对本包内元素的访问权限。包中元素的可见性包括如下几种。

- private 私有可见性：该元素对它所在的包和内嵌的包可见，对包外元素不可见。

protected 被保护可见性：该元素对它所在的包和内嵌的包可见，对它所在包的后代包可见，对其他包不可见。

+ public 公共可见性：该元素对它所在的包和内嵌的包可见，对引入它的包和它们的后代包可见。

包是不透明的。如果一个包内的元素要访问另一个包内的元素，则访问包必须引入提供者包，且被访问元素在提供者包中具有公共可见性。如图 6-72 所示，PackageB 包不能访问 PackageA 包中的元素，无论是公共元素、私有元素还是被保护元素，均不能被访问。通过引入操作 import，PackageB 包可以访问 PackageA 包中的公共元素 ClassC 类。

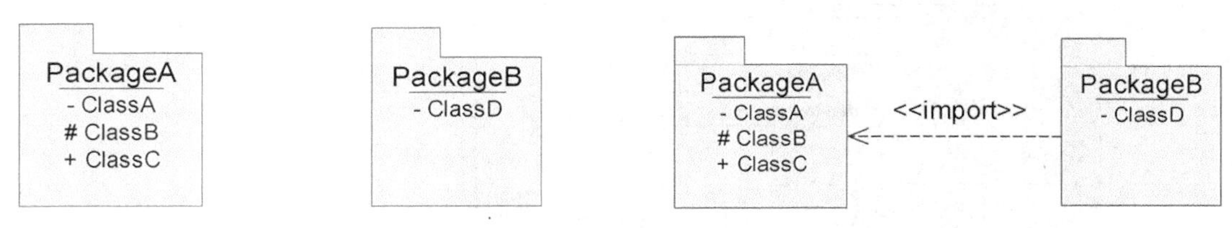

图 6-72　包的可见性

3. 包的嵌套

包可以拥有子包，子包又可以拥有自己的子包，从而构成嵌套结构。包的嵌套如图 6-73 所示。包的嵌套可以表现出包的组织层次结构和模型元素之间的静态结构关系。包的嵌套一般不宜过深，层数一般以 2～3 层为宜。

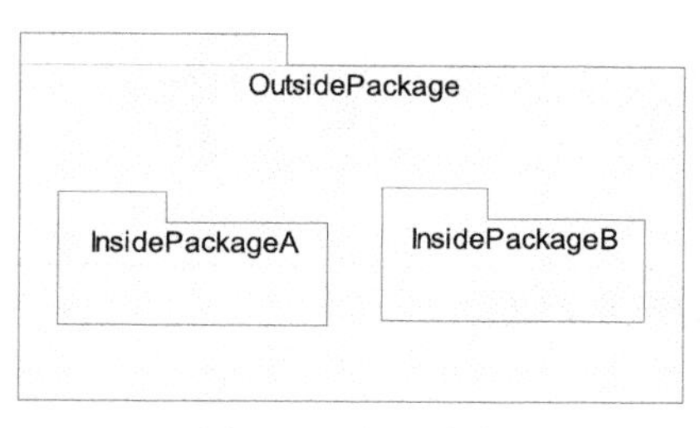

图 6-73　包的嵌套

4. 包图

包图（Package diagram）用于描述包与包之间的关系，可用于描述软件系统的逻辑模型。包与包之间可以存在依赖关系和泛化关系。如果两个包所包含的模型元素之间存在依赖关系，则两个包之间存在依赖关系。包的依赖关系如图 6-74 所示。包的依赖关系使用带箭头的虚线表示，箭头指向被依赖的包。

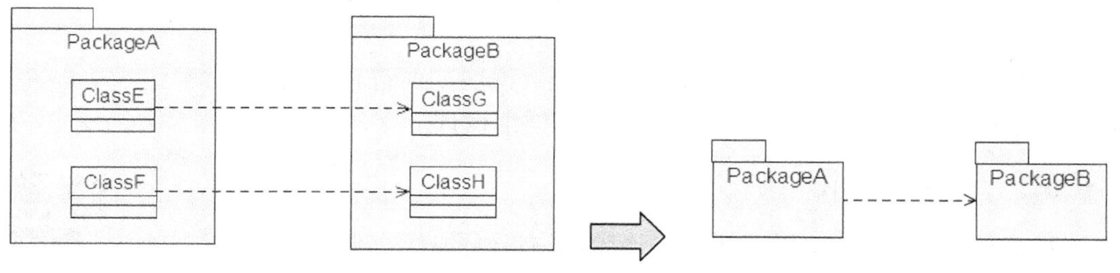

图 6-74　包的依赖关系

5. 包图的应用

包图最常见的应用之一是类包图，使用包对类进行分组。类分组依据以下 3 条经验法则。

- 将具有继承关系的类分到一个包里。
- 将具有聚合关系的类分到一个包里。
- 将协作较多的类分到一个包里。

包图中的每个包都可以用一个类图来描述，或者用另一个包图来描述。图 6-75 所示为教师学生管理系统的类包图。用户管理包（UserManagement）中包含 4 个子包：用户界面包

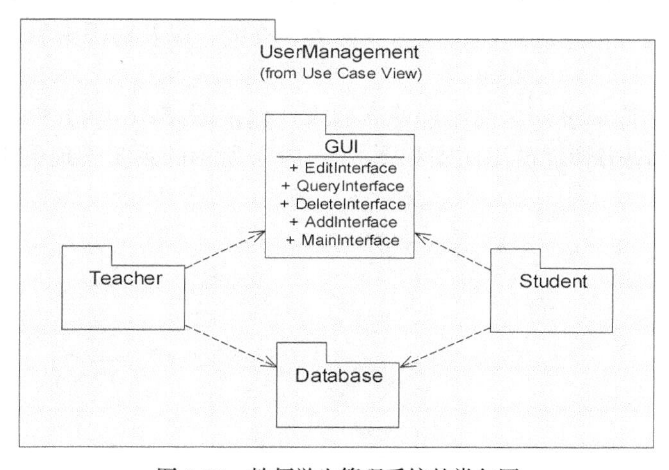

图 6-75　教师学生管理系统的类包图

（GUI），包含和用户界面相关的类；教师管理包（Teacher），包含和教师管理相关的类；学生管理包（Student），包含和学生管理相关的类；数据库包（Database），包含和实体数据相关的类。

> **课堂讨论——本节重点与难点问题**
> 1. 如何理解构件图？
> 2. 如何使用部署图建模系统架构？
> 3. 包图在系统建模中有何作用？
> 4. 对系统体系结构建模可以采用什么图？
> 5. 构件图和部署图有什么不同？
> 6. 子系统与包图有何异同？

6.6 图书管理系统软件建模设计实践

本节我们以一个简化的图书管理系统为例，说明如何进行系统的详细设计，包括静态模型的详细设计和动态模型的详细设计。

扫码预习

6.6 视频二维码

6.6.1 系统需求

该系统是一个简化的面向学校图书馆的图书管理系统。假设已经经过对系统的需求分析，并且已经确定出系统具有 3 个参与者：借阅者（Borrower）、图书管理员（Librarian）和系统管理员（Administrator）。

借阅者（Borrower）可以搜索图书、预订图书和查询个人信息。预订图书和查询个人信息需要借阅者登录系统，而搜索图书不需要登录系统，可通过书名或 ISBN 搜索图书。

图书管理员（Librarian）主要处理借书和还书。处理借书时，图书管理员需要检查借阅者的合法性和最大借阅数量以及该书是否可借，如果借阅者不合法或者超出最大借阅数量或者该书不可借，则借书失败。如果该借阅者预订过该书，则将该预订删除。处理归还时，图书管理员需要检查借阅图书是否超期，如果超期，则需要向借阅者收取一定罚金。

系统管理员（Administrator）负责对系统的日常管理，包括对图书信息的添加、删除、修改、查询，对借阅者信息的添加、删除、修改、查询，以及对图书管理员信息的添加、删除、修改、查询。

系统用例模型在详细设计之前已经建立起来，包括图 6-76（a）所示的借阅者用例图、图 6-76（b）所示的图书管理员用例图和图 6-76（c）所示的系统管理员用例图。

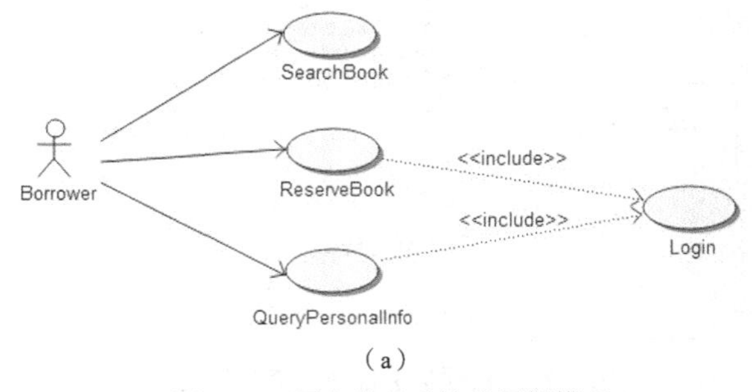

（a）

图 6-76　图书管理系统的用例模型

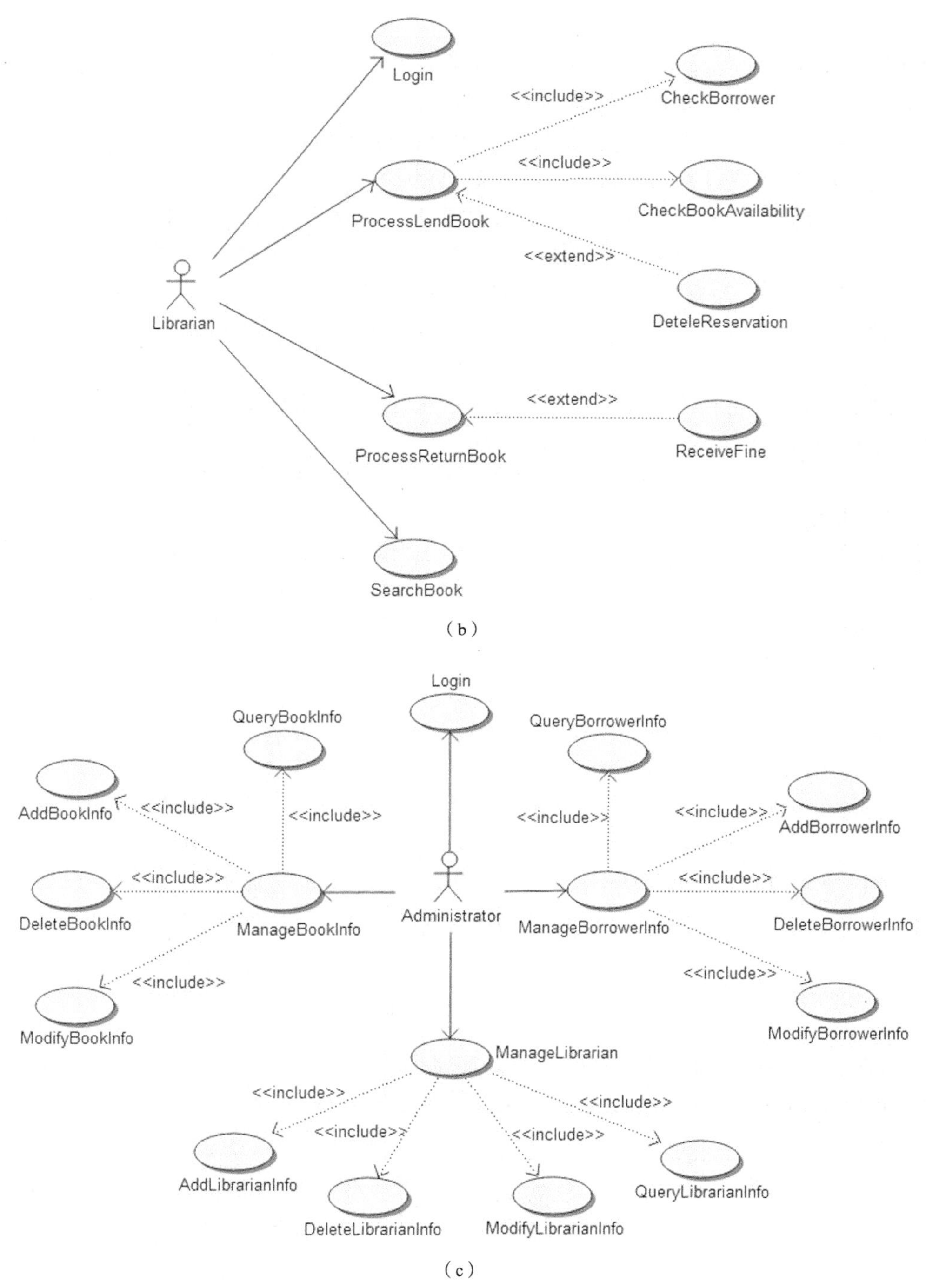

图 6-76　图书管理系统的用例模型（续）

6.6.2　系统静态模型设计

系统静态模型设计就是设计系统的详细类图，需要确定系统中的类，设计类的属性，确定类之间的关系，根据系统动态模型设计类的操作并完善类图。

（1）确定系统中的类

根据发现类的方法，如名词短语法、公共类模式法、用例驱动法、CRC 法等，确定系统中的类。针对各个用例，通常可以根据一些问题辅助识别系统中的类，如用例描述中出现了哪些实体？用例的完成需要哪些实体合作？用例执行过程中会产生并存储哪些信息？用例从参与者获得的输入是什么？用例给参与者输出什么？

在该图书管理系统中，已经分析出系统管理员（Administrator）、图书管理员（Librarian）和借阅者（Borrower）3 个参与者，他们的信息都需要存储。系统需要存储图书信息，因此需要图书类（Book）；需要存储图书借阅信息，因此需要借阅类（Loan）；需要存储图书预订信息，因此还需要预订类（Reservation），这些是系统中的业务实体类。

（2）设计类的属性

首先根据需求描述和用例模型设计参与者的属性。Administrator 类的属性包括系统管理员名称（administratorName）、密码（password）、联系方式（contact）等，Librarian 类的属性包括图书管理员名称（librarianName）、密码（password）、联系方式（contact）等，Borrower 类的属性包括借阅者名称（borrowerName）、密码（password）、图书证编号（borrowerId）、借阅者实际姓名（name）、借阅者地址（address）、借阅者联系方式（contact）、允许借阅的最大数量（maxBooks）、允许借阅的最多天数（maxBorrowDays）、允许预订的最多天数（maxReserveDays）等。具有属性信息的参与者类的定义如图 6-77 所示。

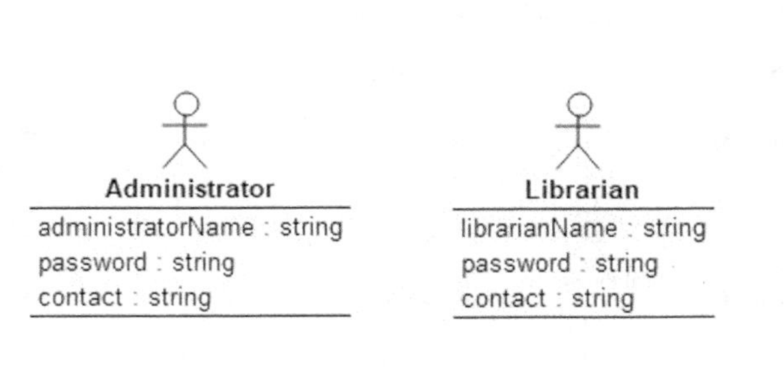

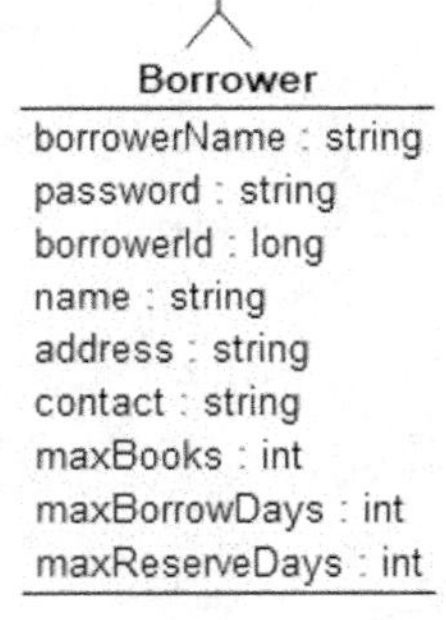

图 6-77 参与者及其属性

然后根据需求描述和用例模型设计业务实体类的属性。系统中的业务实体类包括 Book 类、Loan 类和 Reservation 类。业务实体类及其属性如图 6-78 所示。

Book
bookId : long
iSBN : string
name : string
author : string
publisher : string
publishDate : Date
purchaseDate : Date

Loan
loanId : long
bookId : long
borrowerId : long
loanDate : Date

Reservation
reservationId : long
bookId : long
borrowerId : long
reservationDate : Date

图 6-78 业务实体类及其属性

（3）确定类之间的关系并创建系统实体类图，如图 6-79 所示。类操作将在行为分析之后确定。

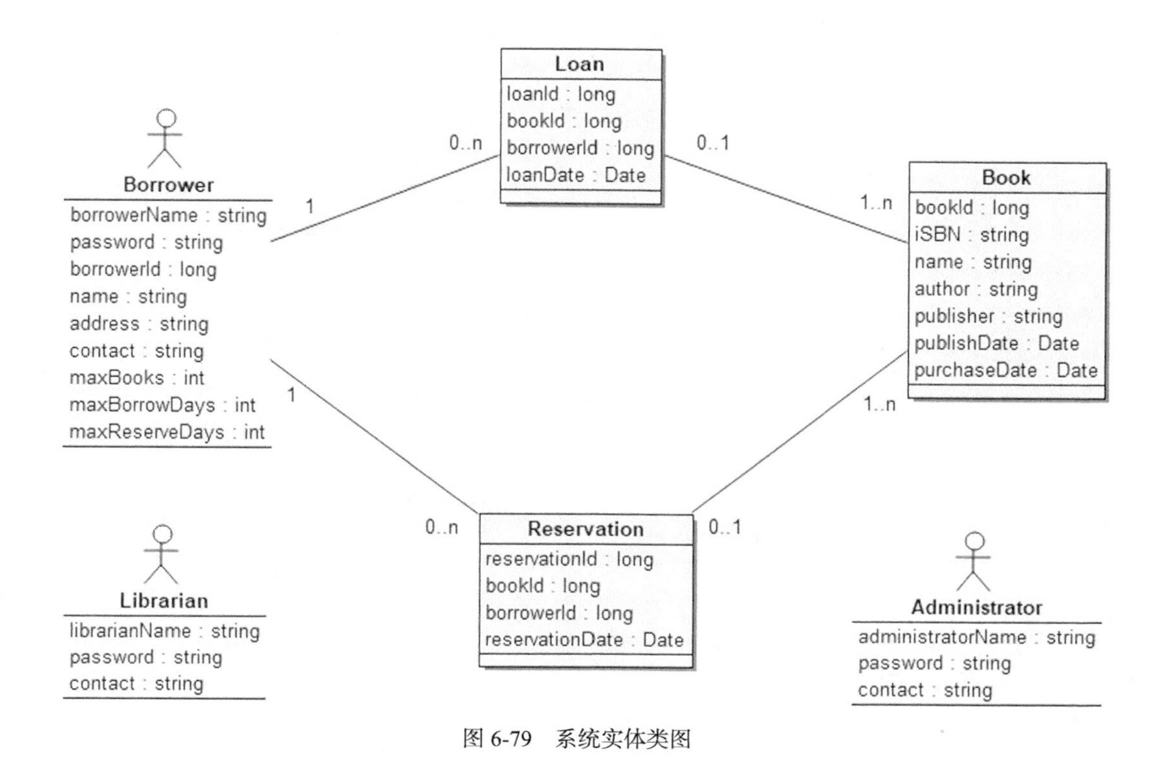

图 6-79　系统实体类图

6.6.3　系统动态模型设计

在系统详细设计阶段，针对用例模型中的每一个用例，需要考虑如何通过对象之间的协作来实现用例的功能。可以采用顺序图、通信图对用例功能进行设计建模，采用状态机图对主要的类的行为进行设计建模。限于篇幅，本节只选取部分用例和类进行建模，其他用例和类读者可以参照实例自行建模。

（1）借阅者搜索图书（SearchBook 用例）

经过详细分析设计，确定借阅者搜索图书用例的参与对象包括借阅者对象（:Borrower）、搜索图书界面（:SearchBookWindow）、搜索图书控制对象（:SearchBookControl）、图书对象（:Book）。它们之间的交互过程如下。

1）借阅者对象通过搜索图书界面输入书名或 ISBN，请求搜索图书信息；

2）搜索图书界面请求搜索图书控制对象处理图书搜索；

3）搜索图书控制对象根据书名或 ISBN 向图书对象请求图书信息；

4）图书对象返回图书信息给搜索图书控制对象；

5）搜索图书控制对象将结果返回给搜索图书界面；

6）搜索图书界面向借阅者对象显示图书信息。

根据它们之间的交互，创建借阅者搜索图书的顺序图如图 6-80 所示。与该顺序图等价的通信图如图 6-81 所示。从顺序图和通信图中，可以发现 Book 类需要提供 searchBook 操作。

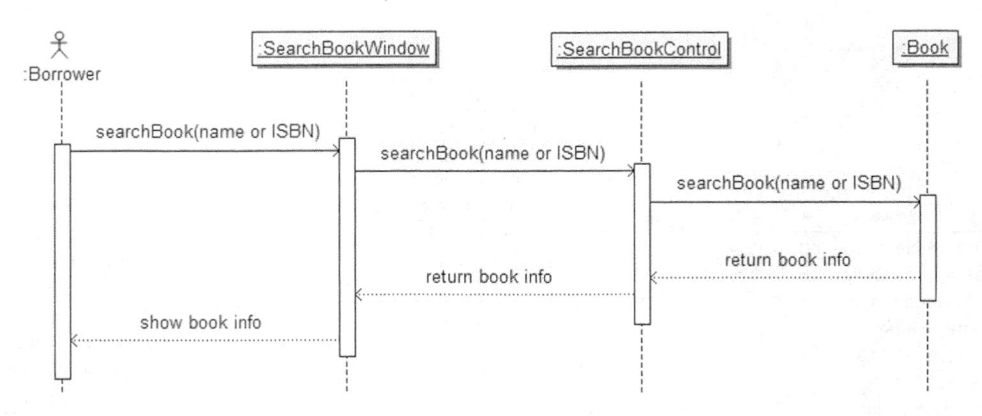

图 6-80　借阅者搜索图书的顺序图

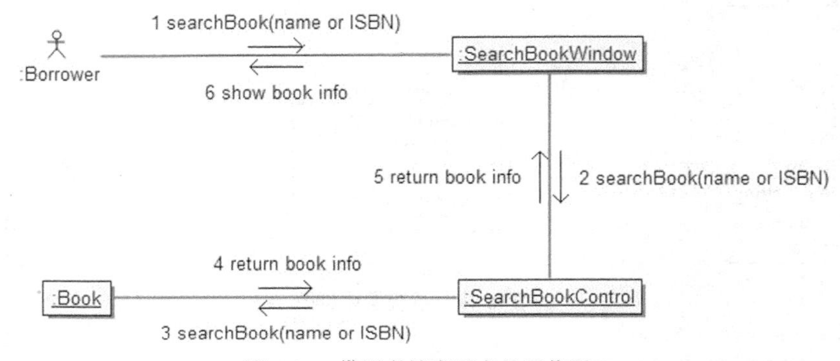

图 6-81　借阅者搜索图书的通信图

（2）图书管理员处理借书（ProcessLendBook 用例）

分析图书管理员处理借书的详细流程，确定参与交互的对象包括借阅者（:Borrower）、图书管理员（:Librarian）、借阅图书界面（:LendBookWindow）、借阅图书控制对象（:LendBookControl）、图书对象（:Book）、借阅对象（:Loan）。它们之间的交互过程如下。

1）借阅者将图书和借书证交给图书管理员；

2）图书管理员将借阅者编号和图书编号输入借阅图书界面，请求借书；

3）借阅图书界面请求借阅图书控制对象处理借书请求；

4）借阅图书控制对象根据借阅者编号向借阅者对象请求检查借阅者合法性；

5）借阅者对象检查自身是否达到最大借书数目；

6）借阅图书控制对象根据图书编号向图书对象请求检查图书是否可借；

7）借阅图书控制对象请求借阅对象添加本次借阅；

8）借阅图书控制对象请求借阅者对象添加本次借阅；

9）借阅图书控制对象请求图书对象设置借阅标志；

10）借阅图书控制对象返回借阅结果给借阅图书界面；

11）借阅图书界面显示借阅结果给图书管理员；

12）图书管理员将图书和借书证归还给借阅者。

根据它们之间的交互，创建图书管理员处理借阅的顺序图，如图 6-82 所示。读者可自行创建该用例的通信图。从该顺序图中，可以发现 Borrower 类需要提供 checkBorrower 操作、

checkNumBooks 操作和 addLoan 操作，Book 类需要提供 checkBook 操作和 setLoanStatus 操作，Loan 类需要提供 addLoan 操作。

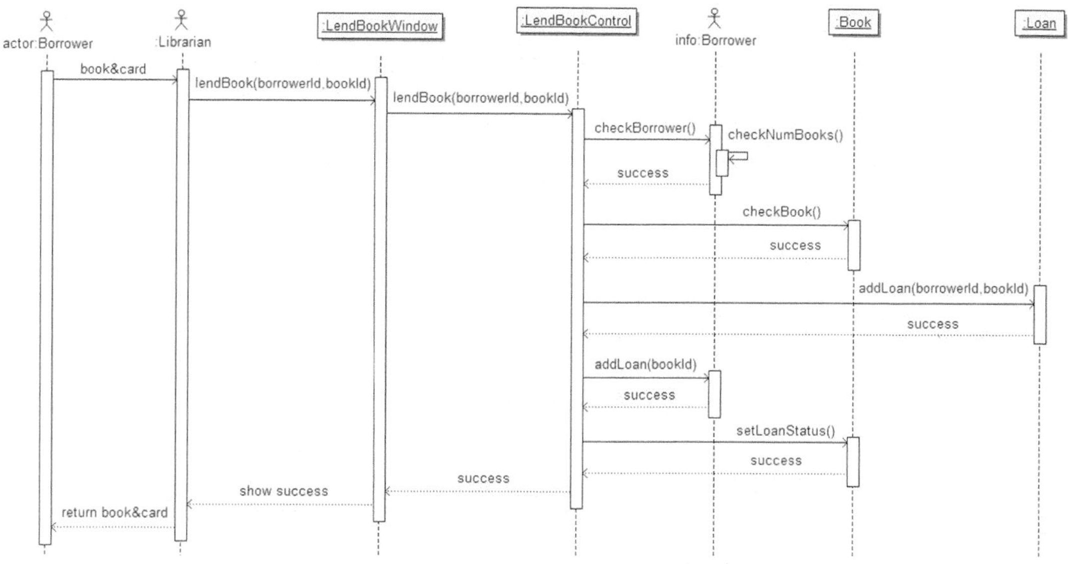

图 6-82 图书管理员处理借阅的顺序图

（3）图书管理员处理还书（ProcessReturnBook 用例）

分析图书管理员处理还书的详细流程，确定参与交互的对象包括借阅者（:Borrower）、图书管理员（:Librarian）、归还图书界面（:ReturnBookWindow）、归还图书控制对象（:ReturnBookControl）、图书对象（:Book）、借阅对象（:Loan）。它们之间的交互过程如下。

1）借阅者将待归还图书交给图书管理员；

2）图书管理员将图书编号输入归还图书界面，请求还书；

3）归还图书界面请求归还图书控制对象处理还书；

4）归还图书控制对象根据图书编号向借阅对象请求删除相关借阅信息；

5）借阅对象检查借阅图书是否超期；

6）归还图书控制对象请求图书对象取消该书借阅标志；

7）归还图书控制对象请求借阅者对象删除该书借阅信息；

8）归还图书控制对象返回还书结果给归还图书界面；

9）归还图书界面显示还书结果给图书管理员；

10）图书管理员告知借阅者还书结果。

根据它们之间的交互，创建图书管理员处理还书的顺序图如图 6-83 所示。从该顺序图中，我们可以发现 Loan 类还需要提供 deleteLoan 操作和 checkOverdue 操作，Book 类需要提供 setLoanStatus 操作，Borrower 类需要提供 deleteLoan 操作。

（4）Book 类的状态机图

Book 类是图书管理系统中具有明显状态变化的类，因此针对 Book 类建立其状态机图。Book 类的对象可以包含如下状态：新书（NewBook）、可借阅预订（Available）、被预订（Reserved）、被借阅（Borrowed）、被删除（Deleted）。经过分析设计，创建如图 6-84 所示的 Book 类的状态机图。

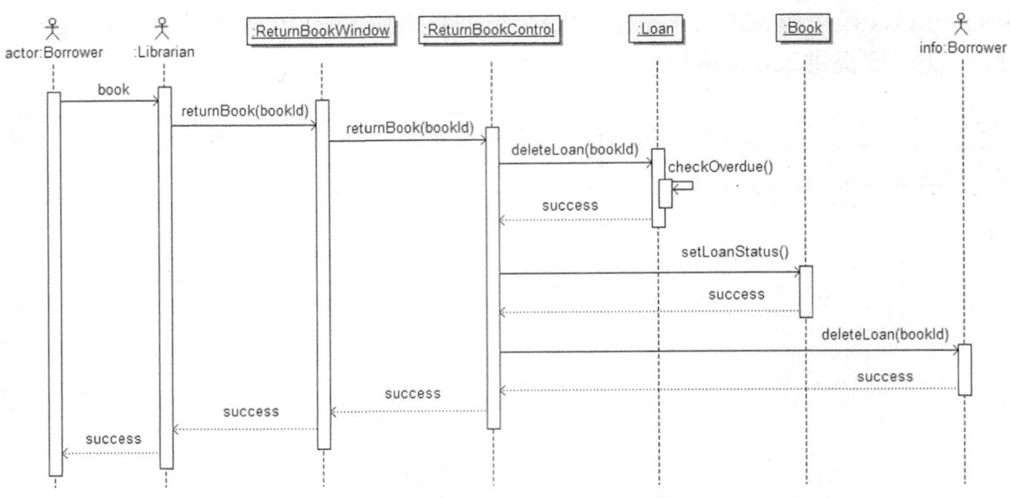

图 6-83　图书管理员处理还书的顺序图

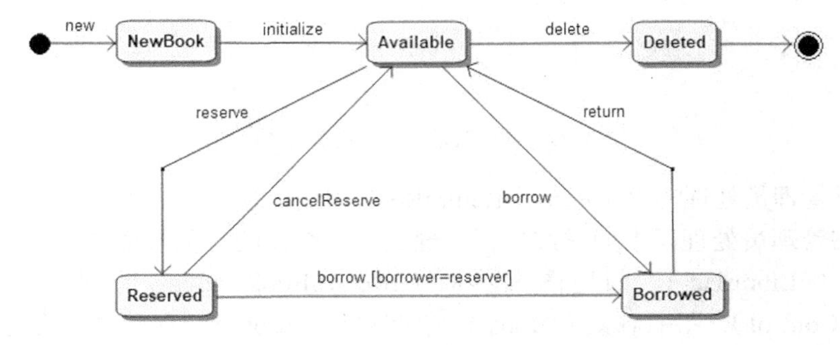

图 6-84　Book 类的状态机图

（5）Borrower 类的状态机图

Borrower 类的对象也具有比较明显的状态，并且会在不同状态之间转换，因此也采用状态机图对其建模。Borrower 类包含如下状态：新建（NewUser）、未预订未借书（NoLoanReserve）、有预订（HasReserve）、有借书（HasLoan）、有预订有借书（HasLoanReserve）、被删除（Deleted）。经过分析设计，创建如图 6-85 所示的 Borrower 类的状态机图。

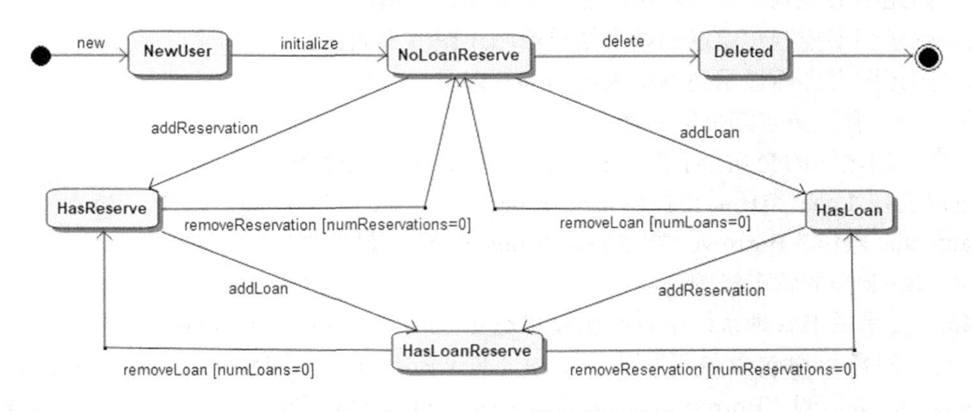

图 6-85　Borrower 类的状态机图

（6）确定类操作并细化类和类图

经过行为分析之后，对系统中的对象的行为有了更充分的了解，可以发现更多的类操作，进而细化类和类图。经过以上对图书管理系统的行为分析，可以发现 Borrower 类需要提供 checkBorrower 操作、checkNumBooks 操作、addLoan 操作和 deleteLoan 操作，Book 类需要提供 searchBook 操作、checkBook 操作和 setLoanStatus 操作，Loan 类需要提供 addLoan 操作、deleteLoan 操作和 checkOverdue 操作。图 6-86 所示为经过以上分析后细化的类图。更进一步的细化操作留给读者自行完成。

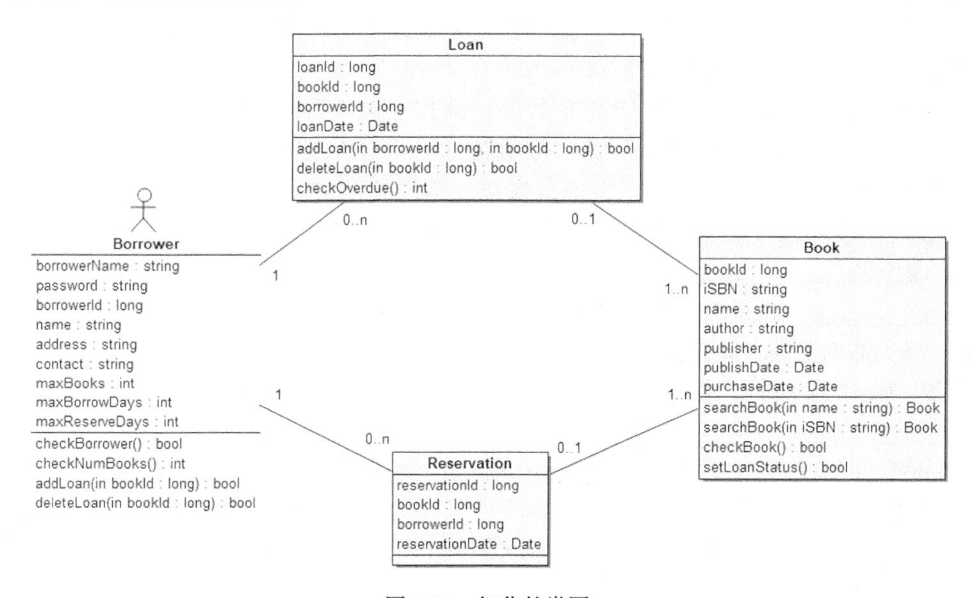

图 6-86　细化的类图

课堂讨论——本节重点与难点问题

1. 软件详细建模设计中我们需要对软件的哪些方面建模？
2. 结合实例说明如何发现系统中的类？
3. 结合实例说明如何确定类的属性？
4. 结合实例说明如何确定类的方法？
5. 软件建模设计为什么是迭代的？
6. 设计建模和分析建模有什么不同？

练　习　题

一、单选题

1. 聚合线上的实心菱形代表什么？（　　）
   A. 具有存在依赖性　　B. 此聚合是复合
   C. 部分与整体的关系　　D. 以上所有
2. 状态机图是由状态和下面哪项触发的转换的图？（　　）
   A. 动作　　B. 触发器　　C. 事件　　D. 以上所有

3. 下面哪个不是发现类的方法？（　　）

A. CRC 方法　　B. 用例驱动法　　C. 头脑风暴　　D. 公共类模式法

4. 子类组合来自超类的特征，并重载部分继承来的特征，这种继承称为什么？（　　）

A. 扩展继承　　B. 方便继承　　C. 限制继承　　D. 以上都不是

5. 下面哪一个操作符是定义循环片段的？（　　）

A. opt　　B. para　　C. alt　　D. loop

二、判断题

1. 处于相同状态的同类的不同对象对同一事件的反应往往是一样的，而处于不同状态的同一对象则对同一事件会做出不同反应。（　　）

2. 只要将包中元素的可见性设为公共的，则其他包就可以访问它。（　　）

3. 聚合与泛化都是面向对象系统支持功能复用的强大技术。（　　）

4. 在 UML 构件图中，需要定义消息来描述构件之间的联系。（　　）

5. 所有对象都通过类来描述，所有类都具有对象。（　　）

三、填空题

1. ____________通过对对象的各种状态建立模型来描述对象随时间变化的动态行为，并且它是以独立的对象为中心进行描述的。

2. 在 UML 的图形表示中，类用矩形来表示，这个矩形由 3 个部分组成，分别是____________、____________和____________。

3. UML 中的交互图包括____________和____________。

4. UML 中顺序图表示为二维图，纵向是__________，横向代表参与交互的__________。

5. 状态机图由对象的状态和连接这些状态的____________组成。

四、简答题

1. 解释静态模型、交互模型和状态机模型的主要特点和互补特点。

2. 什么是类图？类图里有什么元素？

3. 类之间的关系有哪些？举例描述这些关系。

4. 顺序图和通信图有哪些区别和联系？

5. 什么是抽象类？什么是接口？它们之间有什么区别？

五、设计题

1. 计算机包括主板、CPU、内存等部件，请确定它们之间的关系并画出类图。人体包括头、躯干、四肢等部分，请确定它们之间的关系并画出类图。这两种关系相同吗？为什么？

2. 在某银行系统中，银行拥有多个客户和多个账户，一个客户可以开设多个账户，一个账户可以有多个户主。客户可以通过柜员办理开户、销户、存款、取款、转账、查询等业务。请创建该系统取款的顺序图和存款的通信图。

3. 请画出烧水壶的状态机图。

4. 某银行 ATM 机系统可以处理客户的登录、存款、取款、转账、查询等业务。请创建该 ATM 机系统的构件图。

第7章 用户界面设计

信息系统的基本目标是为用户服务，它是通过用户界面操作方式来为用户提供服务的。用户界面是信息系统的重要组成部分。用户对信息系统的所有操作都是通过用户界面来完成的。开发信息系统的重要任务之一就是开发实现用户界面。本章将介绍用户界面设计目标、设计原则、设计方法、设计案例等内容，同时针对 Web 系统用户界面和移动 App 用户界面设计，给出具体设计方法说明。

本章学习目标如下：

（1）了解信息系统用户界面的组成、设计原则、设计内容、设计过程；

（2）掌握 Web 系统用户界面的设计要素、建模设计方法、界面逻辑表达；

（3）掌握移动 App 用户界面的设计要素、建模设计方法、界面逻辑表达。

7.1 用户界面设计概述

任何信息系统都必须有自己的用户界面，它通过用户界面为使用者提供信息服务或操作控制。用户界面作为信息系统的一种人机交互媒介，实现系统控制、数据输入/输出、信息表达与展现等功能。不同类型信息系统通常有不同的用户界面实现方式，主要包括桌面软件界面、Web 系统界面、移动 App 界面等实现形式。

扫码预习

7.1 视频二维码

7.1.1 用户界面概述

在信息系统中，用户界面（User Interface，UI）是指用户与系统之间进行交互的媒介，它为用户操作访问信息系统提供功能控制、数据输入/输出、信息表达与展现等功能。用户界面作为信息系统软件的表示层构件，它们的基本功能是实现系统的功能控制操作和数据输入/输出，使用户能够完成所希望的信息系统访问操作。用户界面在呈现形式上主要分为图形用户界面和命令行界面。

1. 图形用户界面

图形用户界面（Graphical User Interface，GUI）是指采用图形方式显示的系统操作用户界面。图形用户界面是一种人与系统交互的图形显示形式界面，通常由窗口、下拉菜单、对话框及其相应的控制机制构成。它允许用户使用鼠标、键盘等输入设备操控界面中的图形控件或菜单选项，触发命令或启动程序执行一些功能操作。如在 Windows 操作系统中，可使用 GUI 设置系统日期和时间，如图 7-1 所示。

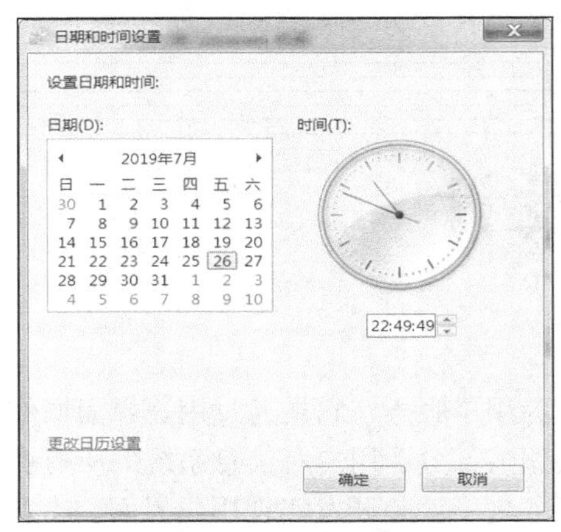

图 7-1　设置系统日期和时间的 GUI

在 GUI 中，用户可以方便地使用鼠标操作图形控件实现系统日期和时间设置。此外 GUI 不需要用户记忆操作命令，通过使用标准化控件便可完成功能操作。在 GUI 中，操作结果也通过图形对象方式直观显示出来。

2. 命令行界面

命令行界面（Command Line Interface，CLI）是一种通过输入命令执行程序，并以文本形式展示操作结果的界面。在 GUI 普及之前，命令行界面是使用最为广泛的用户界面，它通常不支持鼠标操作，用户通过键盘输入命令，计算机接收到命令后予以执行。如在 Windows 操作系统中，依然保留了使用命令行界面设置系统日期和时间的方式，如图 7-2 所示。

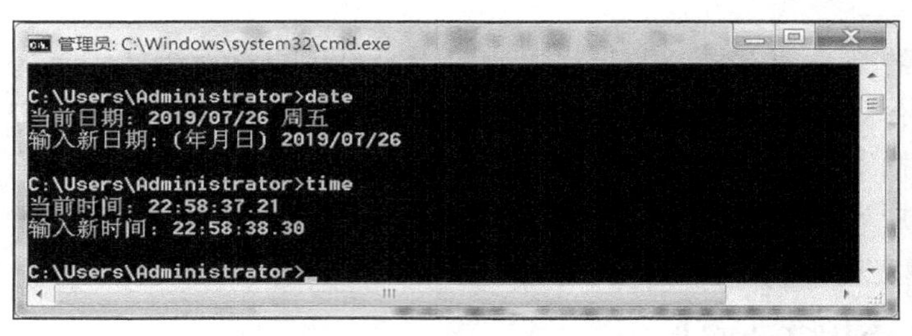

图 7-2　设置系统日期和时间的命令行界面

在命令行界面中，用户需要记忆正确的操作命令及其参数格式，否则系统就会拒绝执行并报错。此外，命令行界面执行的结果数据也以文本形式显示。因此，命令行界面在操作上没有 GUI 那么方便，它在目前的各类软件中使用较少。不过命令行界面也有一些独特的优势，它相对 GUI 更节约计算机系统的资源。在熟记命令的前提下，使用命令行界面可以快速地执行功能程序操作。所以，在一些服务器操作系统中，依旧还保留着可选的命令行界面。

7.1.2　设计原则与规范

用户界面设计是指对信息系统的人机交互、操作逻辑、界面布局等方面的整体设计。良好的用户界面设计不仅可以使信息系统获得用户的普遍认可，还可以使信息系统软件操作变得友好、舒适、简单、方便，同时使用户获得好的操作体验。要实现这个目标，需要信息系统设计者遵循如下用户界面设计原则。

（1）用户能有效控制系统

信息系统是否成功，取决于该系统能否为用户提供方便的控制操作和有效解决业务的功能处理。用户界面设计要求如下。

1）用户界面功能操作应简洁、方便。尽量为用户提供方便的 GUI 图形控件操作，避免使用烦琐的命令输入操作。大多数功能执行，从用户界面操作开始到执行程序，应不多于 3 次鼠标点击。

2）提供灵活的人机交互。不同用户有不同的人机交互偏好，用户界面应为用户提供多种交互操作方式选择。如一个系统功能的执行，应既可以允许用户使用鼠标点击用户界面控件来操作完成，也可允许用户通过键盘输入命令方式来完成。

3）允许从用户界面中断或撤销程序运行。在执行系统功能程序时，用户界面应允许用户终止当前程序执行，还应允许用户回退操作处理。

4）允许有经验的用户以快捷方式或宏指令方式执行功能程序。如用户界面中有多层菜单操作的功能程序执行，有经验的用户应可以使用快捷热键方式直接运行功能程序。

5）使用户与系统内部技术细节隔离。用户界面应将系统内部技术细节进行封装与隔离，使用户不需要了解系统内部技术细节，直接操作菜单或功能图标便可实现功能程序执行。

6）允许用户与出现在用户界面上的对象直接交互。使操作者能在用户界面上直接与任务对象交互，方便用户进行系统控制。如应允许用户拖动待删除文件到回收站，使用户获得一种直接控制系统的感觉。

（2）减轻用户记忆负担

在使用信息系统时，需要用户记忆的操作命令及其参数越多，用户与系统交互出错的可能性就越大。因此，在系统的用户界面中，应有功能场景提示或历史信息呈现，以减少用户的记忆负担。具体设计要求如下。

1）用户界面应记忆用户过去的操作信息和输入数据。系统应通过在用户界面上提示使用者过去的操作，减少用户需要记忆的操作动作。

2）用户界面应建立有意义的默认值或下拉列表值。用户通过使用默认值或下拉列表值，可减少记忆操作值，同时也可避免输入错误。

3）用户界面应提供直观的快捷方式。用户通过直观的快捷方式直接运行程序，避免去查找菜单命令，可以减少记忆操作步骤。

4）用户界面布局应基于实际业务的操作场景。通过实际业务操作场景的可视化界面呈现，用户容易记住复杂业务的操作序列。

5）用户界面应以一种逐次推进的提示方式引导用户完成业务功能操作。良好的用户界面操作导航方式，可以使用户不需要记住复杂业务的处理步骤。

（3）保持用户界面的一致性

信息系统软件通常都有大量用户界面，这些用户界面的风格和样式需要符合领域规范，并保持前后一致。具体设计要求如下。

1）按照贯穿信息系统所有用户界面的设计规则来开发用户界面，并应符合领域规范。

2）用户界面的输入风格、输出风格、界面导航机制等应在整个信息系统中得到一致的应用。

3）在一个产品线或应用系列的信息系统用户界面中，应采用相同的用户界面风格，并保持所有交互方式的一致性。

（4）用户界面美观与实用

信息系统的用户界面应符合用户心理预期，给用户带来解决问题或提供服务的帮助，同时给用户带来方便性、美观性、实用性、安全性、可靠性等方面的良好体验。总体来讲，用户界面应美观与实用。具体设计要求如下。

1）用户界面设计应满足用户的审美需求，所实现的用户界面能使用户心情愉悦和放松。

2）用户界面应具有方便、简单、实用、安全、可靠等特性，给用户带来放心和实用的感受。

（5）客户化与个性化

信息系统应围绕用户需求来实现功能服务，所提供的用户界面能够针对不同类型的用户进行功能裁剪，满足特定客户的服务需求。同时也应支持用户对界面功能进行个性化偏好设置。具体设计要求如下。

1）用户界面能针对不同类型的用户进行功能裁剪与流程定义，使信息系统能实现客户化定制功能处理。

2）用户界面需为用户提供个性化偏好的界面风格和布局设置，给用户带来可控性和个性化的体验。

在信息系统的用户界面设计中，为了使设计的信息系统用户界面符合以上原则，需要遵循业界的设计规范。

（1）一致性规范

信息系统各个用户界面的风格、布局、交互方式应保持前后一致，遵循统一的设计规范。应使用户不需要太多培训就可以方便地使用信息系统。

1）字体：保持字体和颜色一致，避免一套主题出现多种字体；对于不可修改的字段，统一用灰色文字显示。

2）对齐：保持页面内元素对齐方式一致，如无特殊情况应避免同一页面出现多种对齐方式。

3）表单输入：在包含有必填输入项的表单中，应在必填项旁边给出醒目标识“*”。各类型数据输入需限制文本类型，并做格式校验，如电话号码输入只允许输入数字、邮箱地址输入需要包含“@”等，当用户输入有误时给出明确提示。

4）鼠标手势：可点击的按钮、链接需要切换鼠标手势与手型。

5）保持功能描述内容一致：避免同一功能描述使用多个术语词汇，如编辑和修改、新增和增加、删除和清除等的混用。

（2）准确性规范

使用与应用领域相符的界面风格，显示信息的含义应该非常明确，用户不必再参考其他信息源。

1）显示有意义的出错信息，而不是单纯的程序错误代码。

2）避免使用文本输入框来放置不可编辑的文字内容。

3）使用备注说明来辅助理解。

4）使用用户语言词汇，而不是单纯的专业计算机术语。

5）高效地利用显示器的显示空间，但要避免空间布局过于拥挤。

6）保持界面术语的相容性，如按钮名称“确认”对应“取消”、“是”对应“否”等。

（3）合理布局规范

在进行用户界面设计时需要充分考虑布局的合理化问题，遵循用户从上而下、从左至右浏览与操作的习惯。避免将功能按键排列过于分散，以减少用户移动鼠标的距离过长的弊端。多做“减法”运算，将不常用的功能区块隐藏，以保持界面的简洁，使用户专注于主要业务操作流程，有利于提高软件的易用性和可用性。

1）菜单：保持菜单的简洁性及分类的准确性，避免菜单深度超过 3 层。

2）按钮：“确认”按钮放置于左边，“取消”或“关闭”按钮放置于右边。

3）排版：所有文字内容排版避免紧贴页面边沿显示，尽量保持 10~20 像素的间距并在垂直方向上居中对齐。各控件元素间也保持至少 10 像素以上间距，并确保控件元素不紧贴于页面边沿。

4）表格数据列表：字符型数据保持左对齐，数值型数据保持右对齐（方便阅读对比），并根据字段要求统一显示小数位数。

5）滚动条：页面布局设计时应避免出现横向滚动条。

6）页面导航：在页面显眼位置应该出现面包屑（Breadcrumb）导航栏，让用户知道当前所在页面的位置，并明确导航结构，其中带下划线部分为可点击链接。

7）信息提示窗口：信息提示窗口应位于当前页面的居中位置，并适当弱化背景层以减少信息干扰，让用户把注意力集中在当前的信息提示窗口。

（4）系统操作合理性规范

尽量确保用户在不使用鼠标、只使用键盘的情况下，也可以流畅地完成一些常用的业务操作，各控件间可以通过“Tab”键进行切换，并支持可编辑的文本全选处理。

1）在查询条件文本框内按“Enter”键应该自动触发查询操作。

2）在进行一些不可逆或者删除操作时应该有信息提示用户，并让用户确认是否继续操作，必要时应该把操作造成的后果也告诉用户。

3）信息提示窗口的“确认”和“取消”按钮需要分别映射键盘的“Enter”键和“Esc”键。

4）避免使用鼠标双击动作。鼠标双击动作不仅会增加用户操作的难度，还可能会引起用户误会，认为功能点击无效。

5）表单输入页面需要把输入焦点定位到第一个输入项。用户通过“Tab”键可以在文本框或操作按钮间切换，并注意“Tab”键的操作应该遵循从左向右、从上而下的顺序。

（5）系统响应时间规范

系统响应时间应该适中，响应时间过长，用户就可能会感到不安和沮丧，而响应时间过短可能会影响到用户的操作节奏，并可能导致错误。因此在系统响应时间方面需达到以下要求。

1）系统响应时间在 2～5 秒的，窗口显示处理信息提示，避免用户误认为未响应而重复操作。

2）系统响应时间在 5 秒以上的，显示处理窗口，或显示进度条。

3）当一个长时间的处理完成时，应给予完成消息显示。

7.1.3　设计内容与要素

用户界面设计的内容主要包括界面结构设计、界面交互设计、界面导航设计、界面视觉设计、界面布局设计、界面输入/输出设计 6 个部分。

1．界面结构设计

界面结构设计是对信息系统用户界面的组成结构与控制关系进行设计。通过设计的界面结构图可以将系统所有的屏幕界面、表格和报表等组成元素联系起来，展示出系统的界面结构。在界面结构设计中，给出信息系统用户界面的层次结构关系和界面控制关系，从而将系统功能结构通过界面结构有效组织与呈现出来。如 Windows 操作系统的记事本程序界面结构如图 7-3 所示。

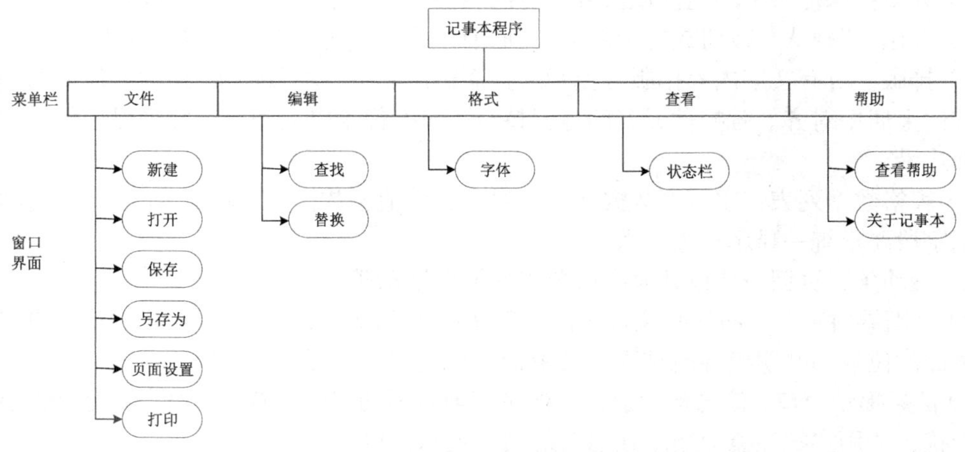

图 7-3　Windows 操作系统的记事本程序界面结构

在记事本程序主界面中，通过菜单栏的菜单项将各个功能窗口连接起来，形成程序界面结构。在一个大型信息系统中，可以设计多个界面结构图反映系统的界面结构。每个界面结构图反映一个子系统或功能模块的界面结构关系，同时也反映出它们的控制关系。功能界面之间通过菜单、链接或按键等元素联系起来，从而建立系统的界面结构。

2．界面交互设计

信息系统功能服务通常需要用户通过操作来实现。用户在功能操作中需要与系统界面进行交互才能实现功能处理。因此，在设计用户界面时，需要针对每个功能的执行给出交互逻辑设计。如在某个信息系统的登录界面设计中，其交互逻辑设计如图 7-4 所示。

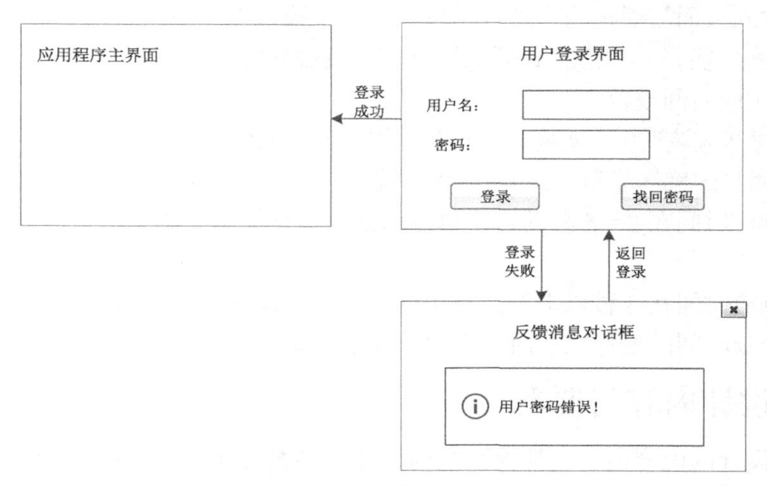

图 7-4　登录界面的交互逻辑设计

3. 界面导航设计

信息系统通常由大量用户界面组成，这些用户界面需要有导航机制才能帮助用户操作使用，否则用户将“淹没”在界面交互的复杂链接关系中。在用户界面设计中，需要采用导航机制来帮助用户定位，告诉用户“从哪里来”“现在在哪里”“可以去哪里”。在界面中可通过一些可交互的图形元素帮助用户在不同的界面之间进行导航，如菜单（menus）、链接（links）、标签（tabs）、区域（fields）、按钮（buttons）等元素。如在微信 App 首页中，采用底部导航功能页面。微信 App 界面的导航设计如图 7-5 所示。

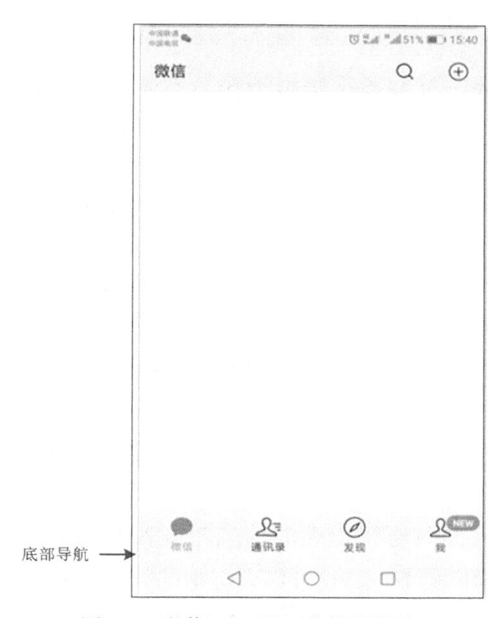

图 7-5　微信 App 界面的导航设计

4. 界面视觉设计

界面视觉设计是指在用户界面中通过使用恰当的视觉元素（如色彩、字体、图标、图片、空间）满足用户的功能需求和心理需求。一个出色的用户界面设计，必然将这些元素方面的设计做到“淋漓尽致”。

（1）色彩

色相、明度、饱和度是色彩的 3 个属性，不同的色彩具有不同的心理寓意。选色时需考虑产品的调性和受众人群。色环上距离越远的颜色对比效果越强，反之对比效果越弱，设计时应采用合适的色彩搭配。

（2）字体

黑体、宋体等是常用的中文字体，而衬线体和无衬线体是常用的西文字体。不同平台的用户界面设计会有不同的字体使用规范。另外，设计时需注意字号、字重以及行间距的设置，以使用户得到最佳的阅读体验。

（3）图标

图标可以辅助文字信息的语义传达，也可以对用户界面起到修饰作用。图标包含功能型和展示型两大类型。不同风格的图标传递出不同的视觉语言，需根据场景的需要进行恰当的选择，并保持风格的一致性。

（4）图片

不同比例的图片所传递的主要信息各不相同，设计时需要结合产品的特点，并根据不同的要求来选择合适的图片比例。图片的排版类型有很多种，需根据不同的场景和所需传递的主体信息来选择与之相符的展现方式。

（5）空间

使用栅格系统可以让用户界面的信息呈现得更加美观、易读和规范，设计时可以采用像素栅格规则来指导元素尺寸和间距的确定。层次感、焦点、韵味是留白的 3 个属性。留白的表现形式应结合不同的需要来选择。

5. 界面布局设计

界面布局是指用户界面内各元素的位置安排与分布。界面布局的目标是提高用户兴趣、方便用户操作。用户界面中布局的元素直接影响着使用者视觉和操作两方面的用户体验。人的视觉运动规律具有如下特点。

1）眼睛水平运动的速度比垂直运动的速度快，即先看到水平方向的物体，再看到垂直方向的物体。

2）眼睛习惯于从左向右和从下向上的运动，看圆形内的物体时习惯于沿着顺时针的方向看。

3）眼睛垂直运动比水平运动更容易让人疲劳，眼睛对水平方向尺寸和比例的要求比垂直方向要高得多。

4）当眼睛偏离视线中心时，眼睛对四个象限的观察率依次为左上最佳，其次是右上，再次是左下，最差的是右下。

根据此规律，在设计界面时应将重点的信息布置在界面的上半部分，将次要的信息布置在界面的下半部分，将界面的转换运动设计为横向的平行运动。如在 Web 应用的基本页面布局设计中，页头部分给出 Logo 标记和系统名称标题信息，左侧给出系统功能导航栏，右侧给出页面信息展示版块内容，最下方的页脚部分给出版权信息，如图 7-6 所示。

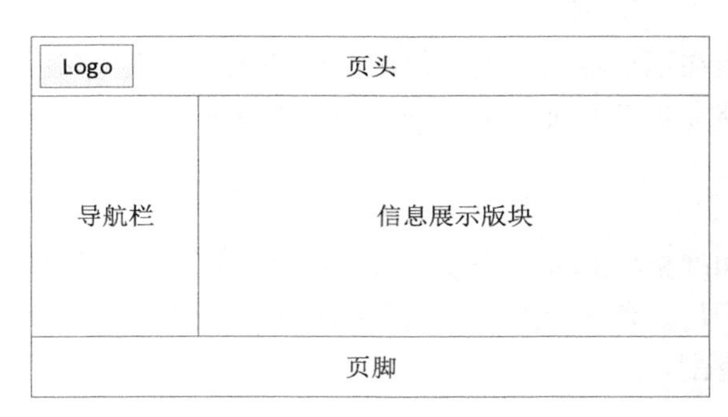

图 7-6　Web 应用的基本页面布局设计

6. 界面输入/输出设计

界面输入/输出是实现信息系统与用户之间交互沟通的纽带。界面输入/输出设计的任务是根据用户需求，采取合适的输入/输出形式，实现人机交互和功能操作。

（1）界面输入设计

界面输入设计的目标是提高输入效率、减少输入错误。实现界面输入的机制由数据输入控件和数据输入校验组成，分别如表 7-1 和表 7-2 所示。

表 7-1 数据输入控件

数据输入控件类型	控件形式	说明
文本框	输入文本	用于输入文本内容
数字框	输入数值	用于输入数值内容
复选框	选项1 选项2 选项3	用于输入多选项内容
单选按钮	选项1 选项2 选项3	用于输入单选项内容
下拉列表框	文本	用于从下拉列表框中输入选项内容
列表框	文本1 文本2 文本3	用于从列表框中输入选项内容
组合框	文本 文本1 文本2 文本3	既可从下拉列表框中输入选项内容，也可直接输入值
滑动条	0 50 100	通过选择滑动条指针位置输入数值

表 7-2 数据输入校验

数据输入校验类型	校验时刻	说明
完整性校验	在表单输入数据被提交前	用于检查所有需要输入的数据是否都被输入
格式校验	当字段输入数据后	用于检查输入数据格式是否符合规定，如年、月、日格式规定
范围校验	当字段输入数据后	用于检查输入数据是否在设定范围内
一致性校验	当字段输入数据后	用于检查输入数据是否符合业务规则
数据库校验	当字段输入数据后	用于检查输入数据是否与数据库的数据要求一致

界面输入的数据校验功能通常是在界面逻辑程序中实现处理，将不符合要求的数据拒绝于输入过程，防止无效数据进入系统。

（2）界面输出设计

界面输出设计的目标是将信息系统处理结果有效地呈现给用户，并使用户能容易地理解结果信息。界面输出类型可以是屏幕界面显示输出，也可以是打印报表或报告输出，还可以是电子文档输出。在界面输出设计时，需要考虑如下问题。

- 信息系统输出的目的是什么？
- 谁需要这些信息？为什么需要这些信息？怎样使用这些信息？
- 输出需要包含哪些特殊的信息？
- 输出是打印、在屏幕显示，还是两者都要？
- 信息系统何时输出信息？需要经常更新信息吗？
- 信息系统输出存在安全或者机密性问题吗？

因此，界面输出设计不是简单的数据输出，而是符合用户需求的数据结果展示和信息表达。

7.1.4 用户界面设计过程

在用户界面需求分析基础之上，便可进行用户界面设计。用户界面设计不是一步完成的，通常需要通过多个步骤，按照一定过程流程来完成。用户界面设计过程主要包括用户界面原型设计、原型方案评估、详细界面设计、界面施工设计等活动。在完成界面施工设计后，便可进行界面实现、界面测试与验证等开发活动。用户界面设计过程如图 7-7 所示。

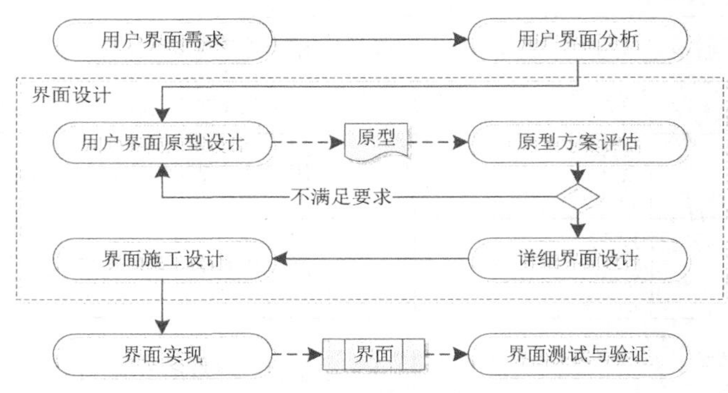

图 7-7 用户界面设计过程

在用户界面设计之前，系统分析人员和界面设计人员需要对信息系统的用户界面功能需求、特性需求和系统目标进行了解，并分析用户心理特性和使用场景。

在用户界面分析基础之上，界面设计人员采用快速原型开发工具将系统的用户界面原型设计出来，并将用户界面原型展示给用户。用户在理解和操作原型系统后，对用户界面原型进行评价和反馈意见，提出改进意见或新功能界面需求。

界面设计人员在用户反馈意见后，继续完善用户界面原型设计。在完成用户界面原型设计后，再次提交给用户进行评价，直到用户界面原型满足用户需求。

在确定用户界面原型方案基础之上，对用户界面进行详细设计，如界面视觉设计、界面风格设计等。然后，进行界面元素的施工设计，如图标、按钮、标签、Logo 等设计，并编写界面逻辑程序实现输入/输出交互逻辑。

课堂讨论——本节重点与难点问题

1. 图形用户界面和命令行界面有何区别？
2. 在用户界面设计中，如何满足易用性特性？
3. 在用户界面设计中，如何满足用户个性化特性？
4. 系统界面结构与系统功能结构有何联系？
5. 如何进行用户界面的交互设计？
6. 举例说明 Web 系统有哪些页面导航逻辑？

7.2 Web 系统 GUI 设计

扫码预习

7.2-1 视频二维码

由于 Web 系统采用 B/S 架构实现信息系统，具有系统扩展性强、运维管理方便、支持高并发访问、高可用性等技术特性，因此它成为信息系统

软件实现的主要技术方式。此外，Web 系统客户端编程采用 HTML、CSS、JavaScript 等页面编程技术实现图形用户界面，用户访问 Web 系统只需要有浏览器即可，不需要再安装其他软件，这给用户访问信息系统带来极大的方便。为此，Web 系统 GUI 成为信息系统主要的用户界面形式。Web 系统 GUI 设计主要包括总体页面结构设计、页面布局设计、页面导航设计、页面输入设计、页面输出设计等内容。

7.2.1　总体页面结构设计

一个 Web 系统通常包含大量功能页面，如何将这些页面组织起来构成一个功能系统，这是 Web 系统 GUI 设计必须解决的关键问题之一。在 Web 系统 GUI 设计时，首先应进行总体页面结构设计，因为它决定了系统功能模块组织、用户交互流程、页面导航路径。总体页面结构设计需考虑系统目标、功能结构、展示内容、导航机制、用户体验等因素，并反映系统功能页面组成、信息结构、交互关系，以及页面链接等要素。典型的总体页面结构有如下几种。

1. 线性结构

当 Web 系统的页面交互采用垂直流程顺序时，页面之间的结构便为线性结构，如图 7-8（a）所示。当页面交互有分支时，线性结构则为带有选择流的线性结构，如图 7-8（b）所示。

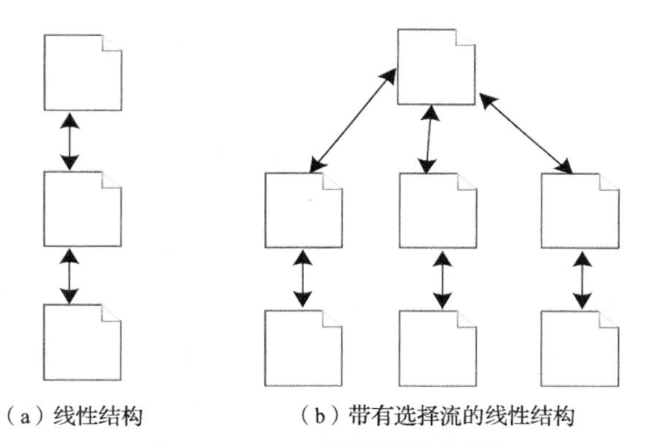

图 7-8　Web 系统页面线性结构

在 Web 系统中，主页与各功能页面在垂直方向上进行联系。如 Web 系统的密码找回功能页面结构为基本的垂直方向串行关联，这些页面之间的关系就是典型的线性结构。

优点：页面之间关联结构简单，容易实现导航控制。

缺点：页面之间关联单一，实现较复杂的人机交互需耗用更多时间。

2. 分层结构

当 Web 系统的页面结构除了在垂直方向上支持控制流程外，还可以在水平方向上实现控制流程时，页面之间的这种结构便称为分层结构。Web 系统页面分层结构如图 7-9 所示。

在 Web 系统页面分层结构中，页面之间除了在垂直方向上有关联外，页面在水平方向上也与其他同层页面进行联系。如 Web 系统的帮助页面内容展示流程通常就是分层结构。

优点：页面之间关联结构较简单，通过水平关联分支容易实现快速导航。

缺点：若用户界面没有明确的导航机制，可能会给用户带来更多寻径时间。

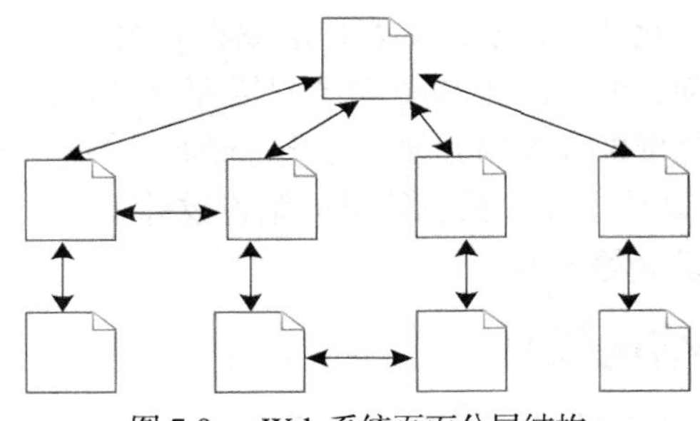

图 7-9　Web 系统页面分层结构

3. 网络结构

在 Web 系统中，当很多页面之间都需要有交互时，则可以采用网络结构。Web 系统页面网络结构如图 7-10 所示。

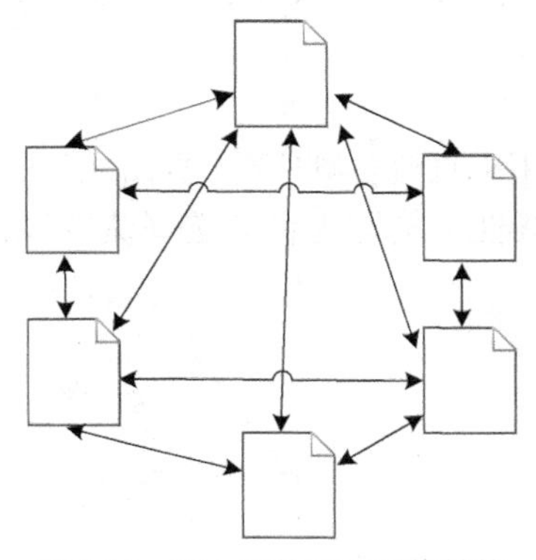

图 7-10　Web 系统页面网络结构

在 Web 系统页面网络结构中，页面之间除了在垂直方向和水平方向上有关联外，页面还跨层与其他页面进行直接联系。如典型的社交网络 Web 系统页面关联通常就是一种网络结构。

优点：页面之间关联灵活，通过彼此关联容易实现快速导航。

缺点：若用户界面没有明确的导航机制，用户可能会迷失在网络"迷宫"中。

设计信息系统页面结构时，可以将以上页面结构进行组合，设计一个符合自身应用需求的页面结构。

7.2.2　页面布局设计

Web 页面布局是指页面板块和元素的结构分布。页面布局设计的目标是规划页面中各版块的内容呈现、方便用户操作。过于花哨的页面布局可能会提高用户的兴趣，但是也会影响用户浏览网站的视觉流，甚至成为用户使用系统的阻碍，因此要找到页面布局和页面内容的平衡点。按照页面分栏方式的不同，可以将 Web 页面布局分为一栏式页面布局、两栏式页面布局和三栏式页面布局。

1. 一栏式页面布局

一栏式页面布局是一种除页头和页脚外，将整个页面都定为信息展示版块的布局方式。显然这种方式是让用户重点关注信息展示内容的布局方式。一栏式页面布局如图 7-11 所示。

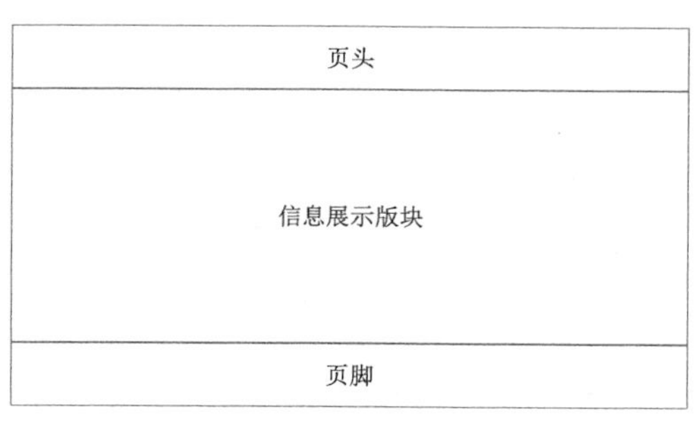

图 7-11　一栏式页面布局

优点：页面布局结构简单，页面内容清楚，不会给用户过多的视觉压力，用户视觉流清晰；信息展示内容集中显示，页面内容重点突出，用户能够迅速找到页面中的重点内容。

缺点：排版方式受到局限，页面内容可承载的信息量小。

由于这种布局方式受到排版和信息量的限制，因此它仅适用于信息量小、目标单一的网页。该页面布局方式主要应用于系统网站首页、搜索引擎首页、表单填写页面的布局设计。如百度搜索引擎页面的布局设计。

2. 两栏式页面布局

两栏式页面布局是一种除页头和页脚外，将页面分为导航版块和信息展示版块，并进一步细分为左窄右宽式、左宽右窄式。每种方式的页面重点和视觉流都有所不同，其所适用的页面应用也不尽相同。左窄右宽式、左宽右窄式页面布局分别如图 7-12（a）和图 7-12（b）所示。

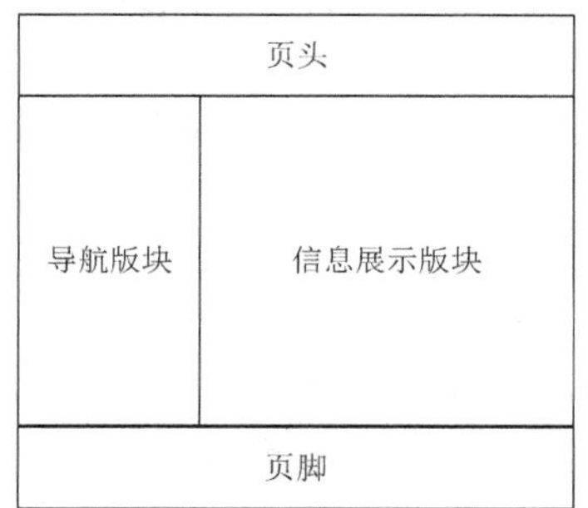

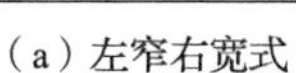
（a）左窄右宽式

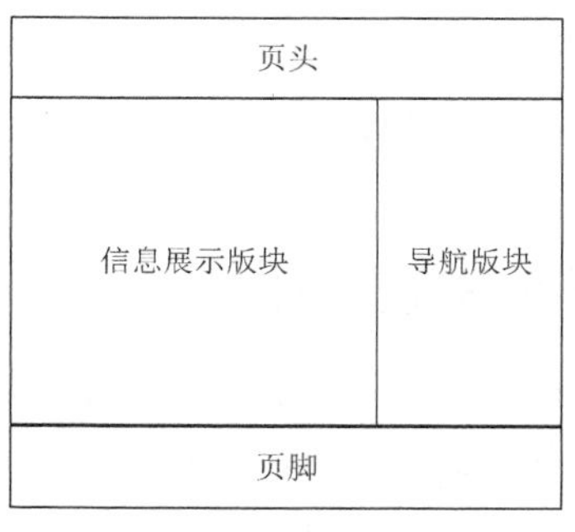

（b）左宽右窄式

图 7-12　两栏式页面布局

优点：相比于一栏式页面布局，两栏式页面布局可以容纳更多信息内容；用户可通过导航版块链接切换信息展示版块的内容。

缺点：排版方式受到局限，页面不具备超大内容量呈现和视觉冲击力。

两栏式页面布局方式主要应用于 Web 系统的功能页面布局设计。其中导航版块为系统功能菜单，信息展示版块为页面表单。

3. 三栏式页面布局

三栏式页面布局也将整个页面分为导航版块和信息展示版块，但它细分为两窄一宽式、两宽一窄式。每种方式的页面重点和视觉流都有所不同，其所适用的页面应用也不尽相同。两窄一宽式、两宽一窄式页面布局分别如图 7-13（a）和图 7-13（b）所示。

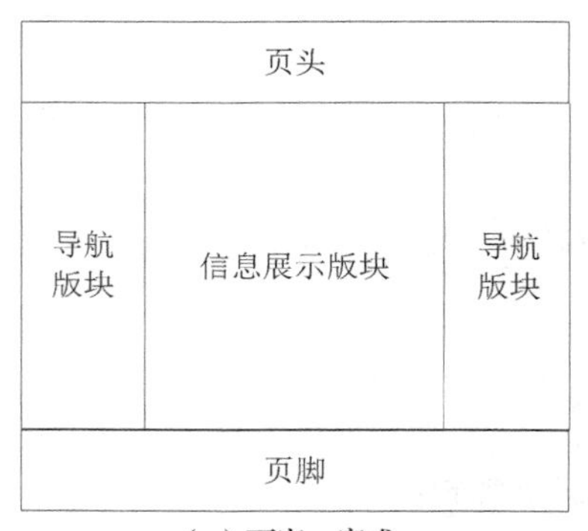

（a）两窄一宽式

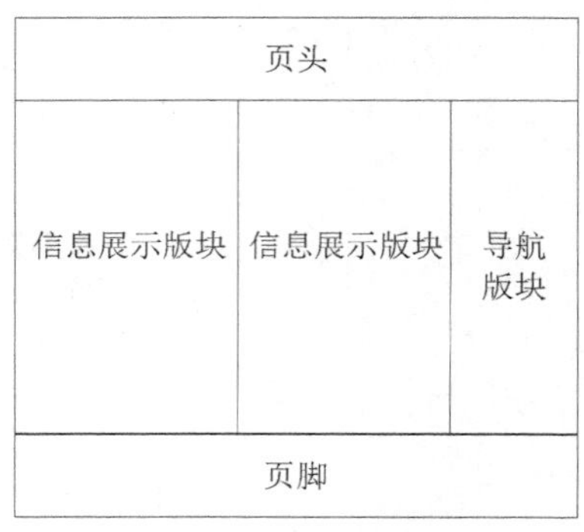

（b）两宽一窄式

图 7-13　三栏式页面布局

在两窄一宽式页面布局中，中间版块的宽度较大，在视觉比例上相对突出，更容易抓住用户眼球，因此可在中间版块放置默认的重点信息，两边的内容为次要信息。这种页面布局方式引导用户视觉流聚焦于中间，然后向两侧移动。如新浪微博页面就是采用这种页面布局方式的。

在两宽一窄式页面布局中，可以展示更多的重点信息，并能提高页面利用率，但不如两窄一宽式页面布局方式突出重点信息，用户视觉流易分散。这种页面布局方式常用于信息量较大的门户网站首页，如腾讯首页。

优点：相比于两栏式页面布局，三栏式页面布局可以尽量多地展示信息内容，通过导航版块的链接可以切换信息展示版块的内容。

缺点：排版方式会造成页面上信息的拥挤，用户查找目标信息会花费更多时间，同时页面内容的可控性降低。

三栏式页面布局方式主要应用于内容信息丰富的网站页面布局设计，较少应用于 Web 应用页面设计。

7.2.3　页面导航设计

当 Web 系统的总体页面结构和页面布局确定之后，设计人员便可开始进行页面导航设计，其目标是使用户能够方便地访问 Web 系统的各个功能页面。在页面导航设计中，需要定义 Web 系统的导航结构、导航机制和导航语义。

1. 导航结构

Web 系统的页面导航结构主要有水平栏目导航、垂直栏目导航、混合栏目导航、页面内容导航等。导航结构的作用是告诉用户这个系统有哪些方式可以实现页面跳转，当前在哪里，可以做哪些事情。

（1）水平栏目导航

在页面头部区域版块中，布局水平栏目导航主菜单，可以实现功能页面一级导航。子菜单在鼠标指针悬浮于一级导航菜单时展开，点击子菜单实现页面二级导航。水平栏目导航如图 7-14 所示。

水平栏目导航主菜单的区域长度受限，其一级导航菜单数目不宜过多，拓展性不强，适用于业务简单、功能较少的信息系统。

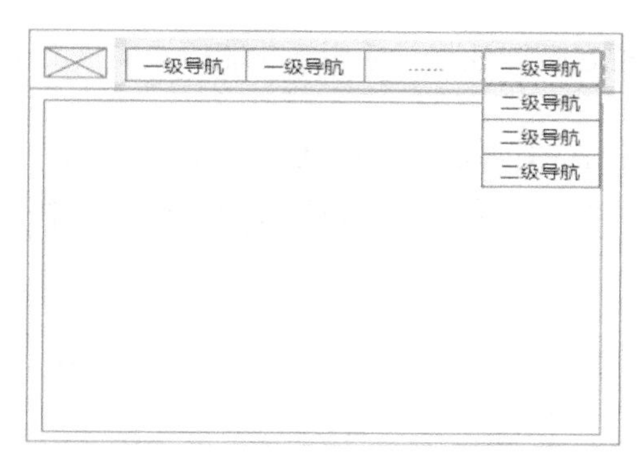

图 7-14　水平栏目导航

（2）垂直栏目导航

在页面的左侧区域布置垂直栏目导航主菜单，可以实现功能页面一级导航。子菜单在鼠标指针悬浮于一级导航菜单时展开，点击子菜单实现页面二级导航。垂直栏目导航如图 7-15 所示。

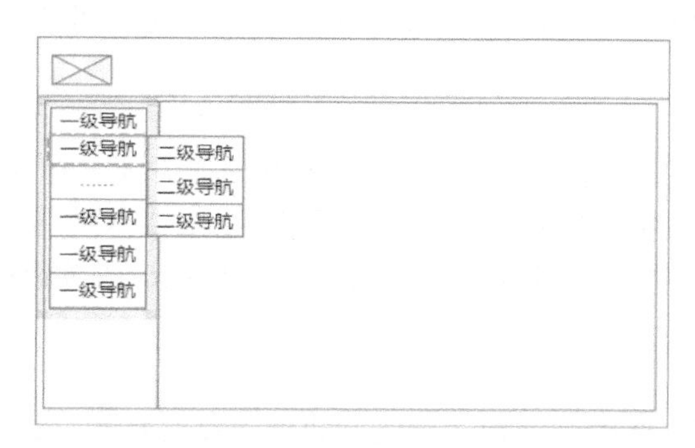

图 7-15　垂直栏目导航

垂直栏目导航层级拓展性强，可支持更多栏目数，但减少了信息展示版块的宽度，易受客户端显示器影响，适用于系统功能较多、需要频繁切换功能页面的信息系统。

（3）混合栏目导航

混合栏目导航同时在页面的顶部区域和左侧区域给出栏目导航菜单，一般在页面左侧区域给出系统的一、二级栏目导航菜单，在页面顶部区域给出系统的第三级栏目导航菜单。混合栏目导航如图 7-16 所示。

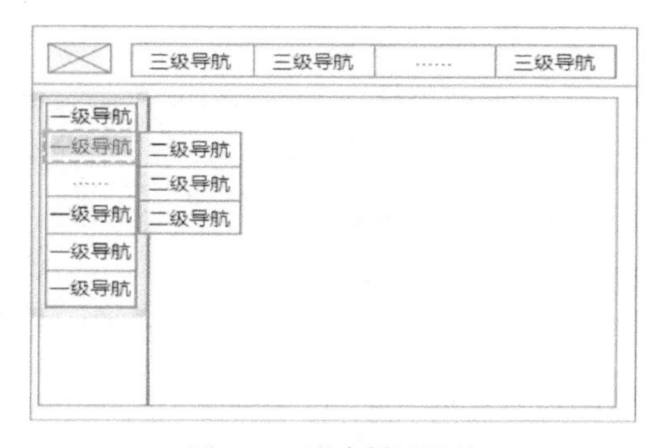

图 7-16　混合栏目导航

混合栏目导航层级与栏目扩展性强，适用于功能模块多且复杂度较高的信息系统。

（4）页面内容导航

在 Web 系统中，除了在页面顶部和左侧区域布局导航菜单外，还可在页面内容中进行页面导航操作。典型的页面内容导航方式有面包屑导航、超链导航、Tab 标签导航等。页面中面包屑导航如图 7-17 所示。

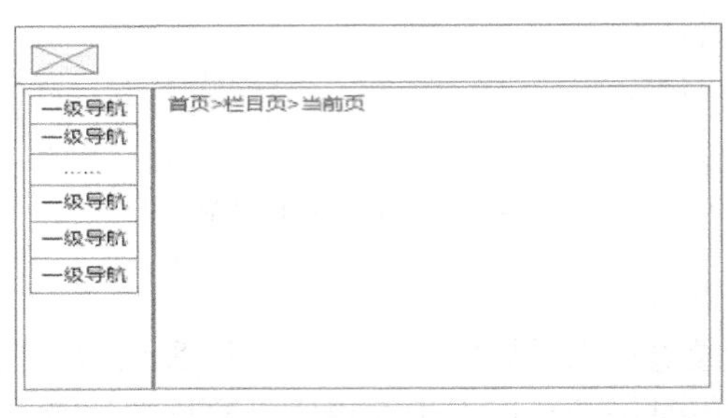

图 7-17　页面中面包屑导航

页面内容导航可提供更灵活的页面导航方式，适用于页面交互功能多、交互关系复杂的信息系统。

2．导航机制

导航机制是指 Web 系统提供的页面导航元素和使能方式。在 Web 系统中，典型的页面导航元素有导航菜单、面包屑导航链接、Tab 导航标签、超文本导航链接、导航面板等。导航使能方式通常为用户在导航元素上触发事件，如鼠标点击或按快捷键，然后进行导航页面跳转。

（1）导航菜单

在 Web 系统中，导航菜单是一种普遍使用的页面导航方式。导航菜单通常被放置在页面顶部区域的水平栏目导航条中，作为顶部导航菜单栏。它也可被放置在页面的侧面区域，作为侧面导航菜单栏。如某电子商务网站的顶部导航菜单栏和左侧面导航菜单栏均采用了导航菜单设计样式，如图 7-18 所示。

图 7-18　导航菜单

如果导航菜单里存在二级导航，则可以将其聚合在下拉菜单中，当鼠标指针悬浮于下拉菜单时，可选择下拉菜单里的选项，则导航栏的标题变为对应选择的导航标题。如在某搜索引擎网站首页的设置菜单中，选取下拉菜单中的命令进入二级导航菜单，如图 7-19 所示。

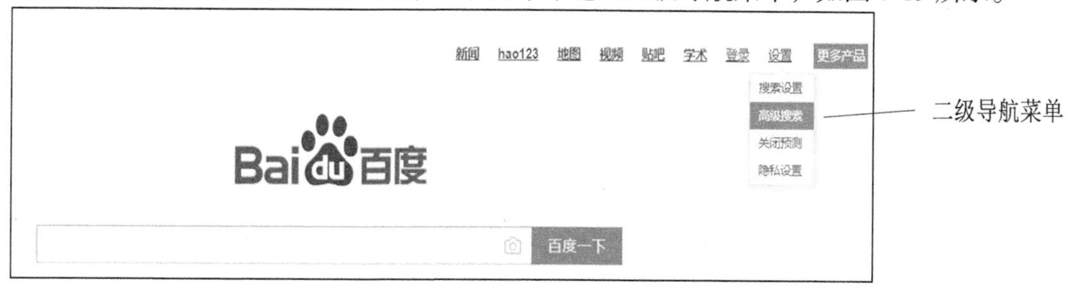

图 7-19　二级导航菜单

导航菜单在页面中不但可以单独呈现，还可以与面包屑、标签、按钮、链接、面板等元素共存于页面中进行导航。

（2）面包屑导航链接

在童话里，汉赛尔进入森林后，在路边偷偷撒下面包屑做记号，以便可以返回出发地。在 Web 系统中，面包屑导航也可以作为一种典型的页面导航方式，目的是帮助用户追溯来路。通常在 Web 系统中，采用“首页>栏目页>内容页”的层级结构导航，能通过链接文本返回各层级页面和首页。面包屑导航链接常应用在具有大量层级内容的网站和 Web 应用系统中，如电子商务网站、网上教学服务 Web 应用系统等。例如，某房产网的面包屑导航链接如图 7-20 所示。

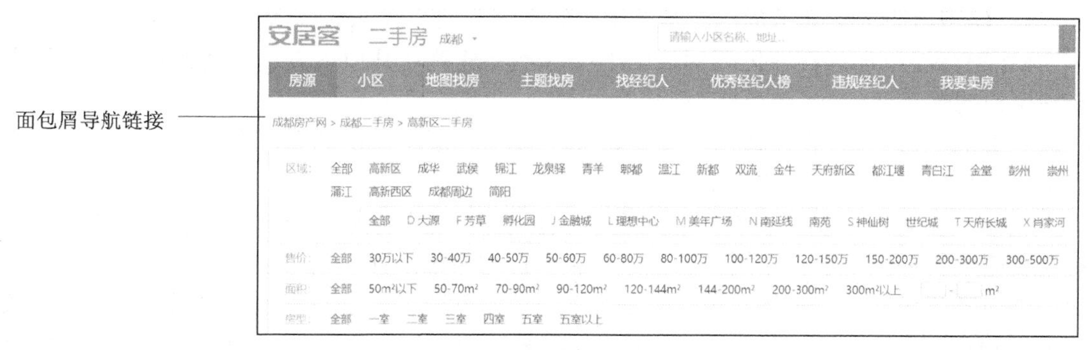

图 7-20　某房产网的面包屑导航链接

在 Web 页面的面包屑导航链接设计中，还需确保面包屑路径中的每一项都可以点击，并且可以查看同一层级的其他页面内容。在手机 Wap 页面中，面包屑导航链接可能难以展示完全，可以根据用户使用方式缩短其长度。

（3）Tab 导航标签

在 Web 系统中，Tab 导航标签主要应用于有大量信息需要在同一版块呈现的页面导航方式。Tab 导航标签可以使页面的局部空间得到重复利用，大大增加页面信息展示内容量，也可以将系统不同类型的选项设置进行分组操作。如在 IE 浏览器的选项设置页面中，就采用了 Tab 导航标签设计样式，如图 7-21 所示。

在 Web 系统的 Tab 导航标签设计中，需要遵循如下设计原则。

- 标签应在相同情境中切换视图使用，不要引导至其他地方，这是最基本的原则之一，因为我们设计标签的初衷就是在同一地方切换视图。

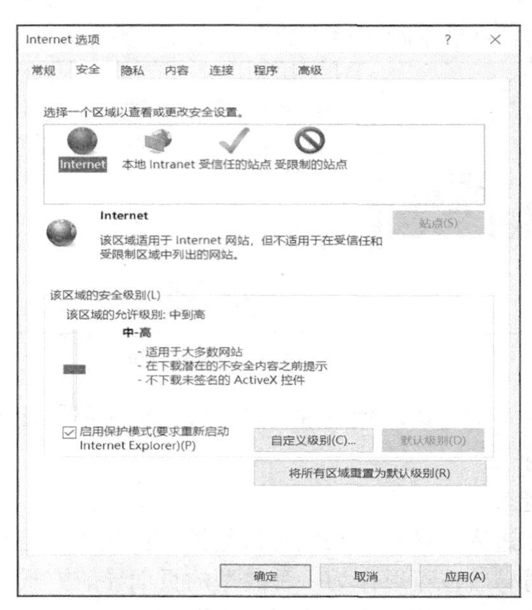

图 7-21　Tab 导航标签

- 标签页内容应具有逻辑性，用户在选择既定标签时可预测标签页的分类内容。
- 高亮显示当前选中的标签，以确保用户能分辨所选标签。未选中的标签应清晰可见、易读，提醒用户有其他选项。
- 使用精简的标签单词，而不是用生僻字词。精简的标签单词更易于扫视。
- 把标签单词放置在内容面板的上方，不要放置在其他地方，因为放置在其他地方容易被用户忽略。
- 标签页内容应在外观、功能上保持一致。一致性在视觉设计中非常重要，因为它可以帮助用户建立对界面的掌控感。

此外，在 Web 系统的页面导航元素中，还有超文本导航链接和导航面板。超文本导航链接主要应用在页面内容中，用户通过点取页面内容中的链接，便可跳转进入另一页面。在超文本导航链接设计中，采用颜色、下划线，以及鼠标指针提示符来区分普通文本与超链接字符串。导航面板主要应用于业务系统的工作流程导引，提示用户一步一步完成业务功能操作。在导航面板设计中，需要根据用户的浏览习惯（从左到右，从上到下），安排工作流程步骤在导航面板中的位置和顺序。在导航面板设计中，采用进度条、文字提示等方式来标记流程进展情况，控制流程进度的操作事件应为用户提供点击的“下一步”按钮，而不是导航面板本身。

3. 导航语义

导航语义是指用户完成系统功能用例的页面导航流程。针对每个功能用例，设计用户完成该功能用例的页面导航流程，无论是使用直观的提示按钮还是导航面板，其页面导航流程必须是用户可以理解的逻辑，使用户不会在页面的“空间”中迷失方向。如在登录页面中，若用户忘记密码，可以通过“密码找回”功能重置用户密码。“密码找回”链接导航语义的一般流程为：“在登录页面中点取密码找回链接→在密码找回页面中输入用户账号和邮箱信息→系统发送重置密码邮件→在邮件页面中点取重置密码页面链接→打开重置密码页面→在重置密码页面中输入新密码和确认密码→系统显示密码修改成功操作页面”。

7.2.4　页面输入设计

在 Web 系统中，数据输入是通过页面的表单来实现的。Web 表单是页面中一种用于组织数据输入到服务器的控件容器，它可以包含文本输入框、复选框、单选按钮、列表框、文件域、按钮等控件。如某报销单页面的表单示例如图 7-22 所示。

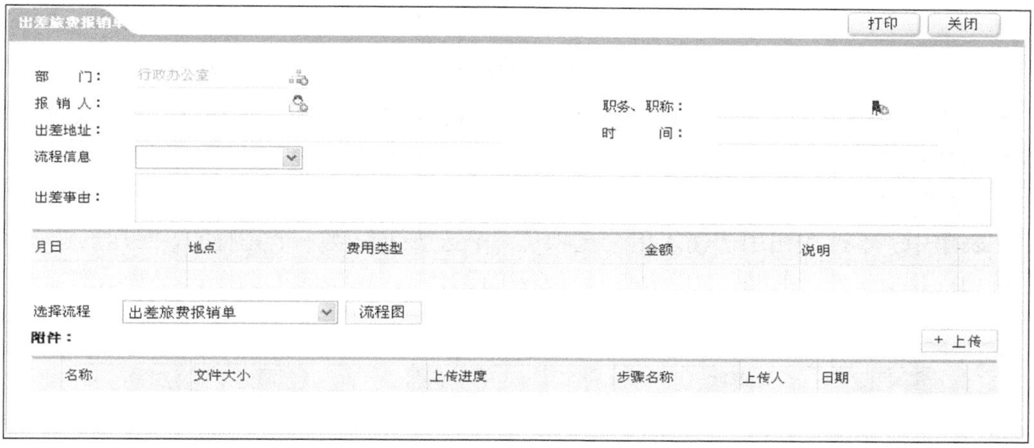

图 7-22　报销单页面的表单示例

表单的核心功能是采集数据信息，它可以被看成是页面实现数据输入、数据校验、数据提交的功能控件。在表单设计中，通常使用文本输入框、复选框、单选按钮、列表框、文件域、按钮等界面元素实现表单数据输入。

1. 文本输入框

文本输入框是一种用于在表单中输入文本内容的控件。在文本输入框控件属性中，可以定义输入文本为固定长度的字符串，也可不限制文本长度。在 Web 页面中，典型的文本输入框控件示例如图 7-23 所示。

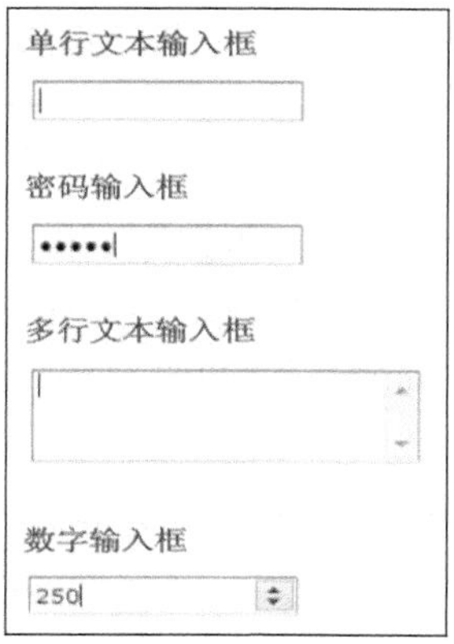

图 7-23　典型的文本输入框控件示例

文本输入框可以有单行文本输入框、密码输入框、多行文本输入框，以及数字输入框等类型。在文本输入框控件属性中，还可限定输入数据的格式，这样输入数据可以进行格式校验检查。此外，在表单设计时，需要在文本输入框前添加文本标签，用于提示用户输入的内容应是什么。

2. 复选框

复选框在表单中用于呈现多个输入选项列表。用户可以在复选框中选择多个选项作为表单的输入数据。在 Web 页面表单设计中，典型的复选框控件示例如图 7-24 所示。

图 7-24 典型的复选框控件示例

当用户提交表单执行后，选择的复选框选项值被输入到系统进行处理。在表单设计时，复选框标签按照一定顺序放置。每个特定的选项序列一般不超过 20 个复选框。

3. 单选按钮

在表单中，单选按钮用于输入单个选项值。单选按钮呈现一个完整的、互斥的选项列表，每个选项前都有一个小圆圈。在 Web 页面表单设计中，典型的单选按钮控件示例如图 7-25 所示。

图 7-25 典型的单选按钮控件示例

在表单设计时，单选按钮标签按照一定顺序放置。每个特定的选项序列一般不超过 6 个单选按钮。

4. 列表框

列表框在表单中用于对选项输入进行列表。在列表框中可以选择单个选项或多个选项。使用列表框输入数据，可以方便用户快速输入，并防止错误数据输入。在 Web 页面表单设计中，典型的列表框控件示例如图 7-26 所示。

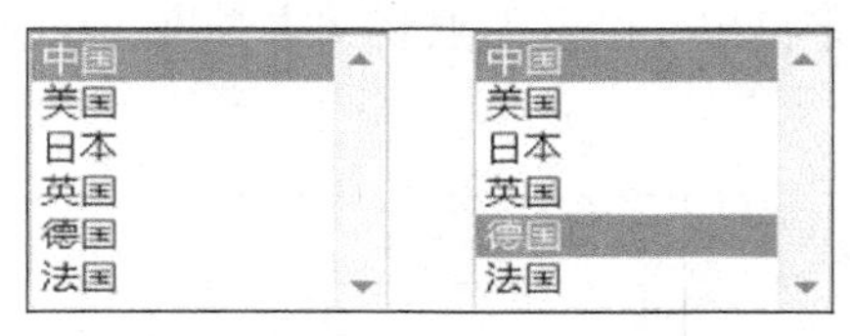

图 7-26 典型的列表框控件示例

在表单设计时，为节省列表所在空间，可选用下拉列表框输入数据。此外，还可选用组合框输入数据。组合框是一种特殊的下拉列表框，它允许用户直接输入数据，也可允许通过选择列表选项输入数据。在 Web 页面表单设计中，典型的下拉列表框和组合框控件示例如图 7-27 所示。

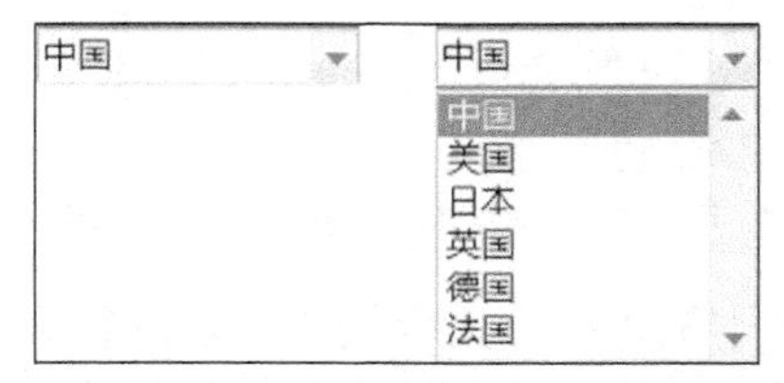

图 7-27 典型的下拉列表框与组合框控件示例

5. 文件域

文件域在表单中用于文件上传输入。文件域允许用户从操作系统文件目录中选取文件上传。在 Web 页面表单设计中，典型的文件域控件示例如图 7-28 所示。

图 7-28　典型的文件域控件示例

在表单设计时，使用文件域控件属性可以限定上传文件类型或文件大小，以确保输入系统的文件有效。

6. 按钮

在表单中，按钮用于产生动作，执行表单的脚本程序，实现数据输入处理。在 Web 页面表单设计中，典型的按钮控件示例如图 7-29 所示。

图 7-29　典型的按钮控件示例

其中“提交”按钮的点击事件用于触发表单提交脚本程序执行，实现输入数据到系统进行处理。“重置”按钮的点击事件用于触发表单取消脚本程序执行，对表单的输入数据进行清除处理。

为了确保表单输入系统的数据是有效的，通常需要在表单中编写脚本程序，对输入数据进行校验检查。在 Web 页面表单中，可以对输入数据进行 6 种不同类型的校验检查：完整性校验、格式校验、范围校验、数字校验、一致性校验和数据库校验。输入数据的校验检查如表 7-3 所示。

表 7-3　输入数据的校验检查

校验类型	校验目的	校验处理
完整性校验	确保所有需要的数据都被输入	如果数据输入被遗漏，页面反馈提示信息
格式校验	确保数据的格式符合要求	如果数据输入格式不符合要求，页面拒绝输入
范围校验	确保数据在正确的最小值与最大值之间	如果数据输入值不在范围内，页面拒绝输入
数字校验	确保数据为数值	如果数据为非数字符号，页面拒绝输入
一致性校验	确保数据之间组合有效	如果输入数据的相关性不合理，页面拒绝输入
数据库校验	确保输入数据与系统数据库中的数据匹配	如果输入数据与数据库中的数据不匹配，页面拒绝输入

7.2.5　页面输出设计

在任何信息系统中，输出结果数据都是信息系统应提供的基本功能。无论是在屏幕显示、报告打印、音视频呈现，还是数据文件输出，它们均可为用户提供结果数据输出服务。在 Web 系统中，数据输出主要是以页面方式来实现的。因此，需要对页面输出进行设计与实现。

在 Web 系统中，页面数据输出有多种实现形式，它可以是数据列表输出、数据统计图输出、数据报表输出等形式。

1. 数据列表输出

在 Web 系统中，数据列表输出是最基本的页面输出实现形式之一，它可以将数据直接在页面中以列表方式输出。在 Web 数据列表输出设计中，首先需要定义列表的列名与数据集，建立数据列与数据库字段的关联。其次，定义列表布局，如列表的行列分隔方式、行列高度与宽度、文字对齐方式、字体、字号等。最后，还需要定义列表的交互方式，如列表数据的查询方式、筛选方式、排序方式、分页显示方式等。如某电信服务提供商手机号售卖数据列表输出示例如图 7-30 所示。

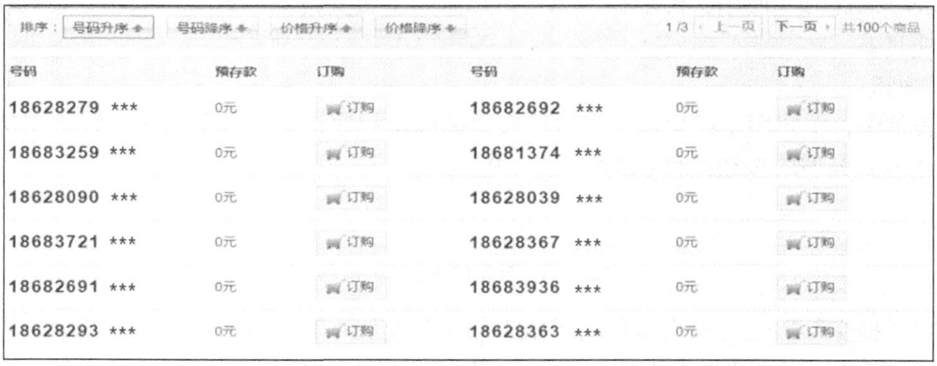

排序：号码升序 号码降序 价格升序 价格降序　1/3 上一页 下一页 共100个商品

号码	预存款	订购	号码	预存款	订购
18628279 ***	0元	订购	18682692 ***	0元	订购
18683259 ***	0元	订购	18681374 ***	0元	订购
18628090 ***	0元	订购	18628039 ***	0元	订购
18683721 ***	0元	订购	18628367 ***	0元	订购
18682691 ***	0元	订购	18683936 ***	0元	订购
18628293 ***	0元	订购	18628363 ***	0元	订购

图 7-30　某电信服务提供商手机号售卖数据列表输出示例

总体来说，Web 数据列表输出具有结构简单、分隔明确、易于用户快速扫描浏览并获取所需信息等特点。在数据列表交互层面，Web 数据列表可以为用户提供数据信息排序、搜索、筛选，以及相关业务功能处理等操作。

2. 数据统计图输出

数据统计图输出是一种直观的数据可视化呈现方式。在页面输出数据时，可以采用多种图形（饼图、直方图、条形图、曲线图、散点图、雷达图、面积图等）方式给出数据统计信息。统计图应用方式如表 7-4 所示。

表 7-4　统计图应用方式

图形类型	图形	应用方式
饼图		饼图用于显示部分与整体之间的比例关系
直方图	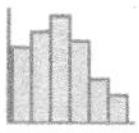	直方图用于比较不同个体的数据关系
条形图	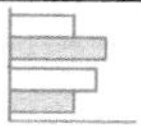	条形图类似直方图，也用于比较不同个体的数据关系
曲线图	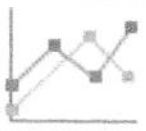	曲线图用于显示某一时间段一个或多个数据序列的数据关系
散点图		散点图用于显示在不均匀的时间间隔内测量的两个或多个数据序列的数据关系，每个数据序列采用不同颜色区分
雷达图		雷达图用于比较多个数据序列的不同方面，每个数据序列都被表示成围绕中心点的一个几何图形
面积图		面积图用于显示数据随时间的变化，但关注的焦点是数据曲线下面的面积

统计图所展示的数据处理结果有助于用户理解数据的变化趋势与关系，以便用户更快速地得出分析结论。如某通信服务商为客户提供查询手机月消费账单信息服务。手机月消费账单查询页面输出信息如图 7-31 所示。

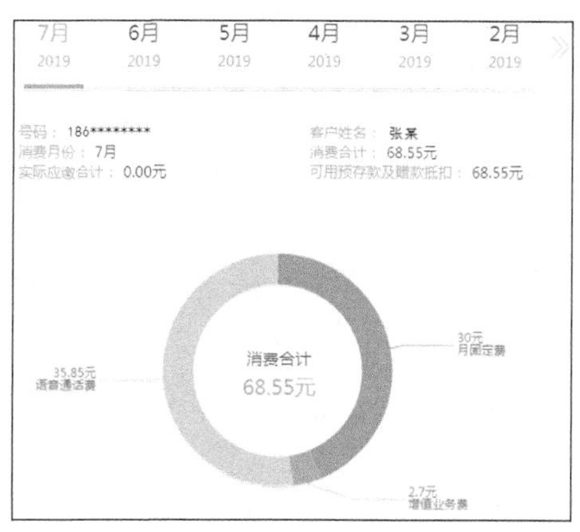

图 7-31　手机月消费账单查询页面输出信息

在该页面输出信息中，主要采用饼图形式给出用户在 7 月份的话费消费构成数据。通过该图展示的信息，用户可以很容易地分析出话费的消费构成和各项数据的比例关系。

3. 数据报表输出

数据报表是一种以表格形式呈现结果数据的输出形式。与数据列表相比，它可以提供更复杂的数据统计处理结果。其表格形式多样，并可支持打印或文档输出。在信息系统中，数据报表使用非常普遍，它们为用户提供各类数据统计结果信息，可以支持业务管理与决策服务。数据报表一般由报表标题、表头、表体、表尾等部分组成，如图 7-32 所示。

报表标题

表头
表体
表尾

图 7-32　数据报表的基本组成

在数据报表中，报表标题是对报表信息内容的整体概括，可包含数据来源和属性（如日期、地区等），以便用户对报表内容有整体认知。表头由报表的各个列名组成。表体是报表的主体，它以表格方式给出报表主要数据。表尾一般是统计数据，如汇总数据、平均数等。

在实际应用中，数据报表具有数据动态化、格式多样化等特性，并且要求报表数据与报表格式独立，用户可以对数据报表进行自定义。因此，在数据报表设计中，除了设计数据报表的组成结构外，还需要对数据报表的外观、交互方式等进行设计。数据报表的视觉外观设计要素如图 7-33 所示，数据报表的交互逻辑设计要素如图 7-34 所示。

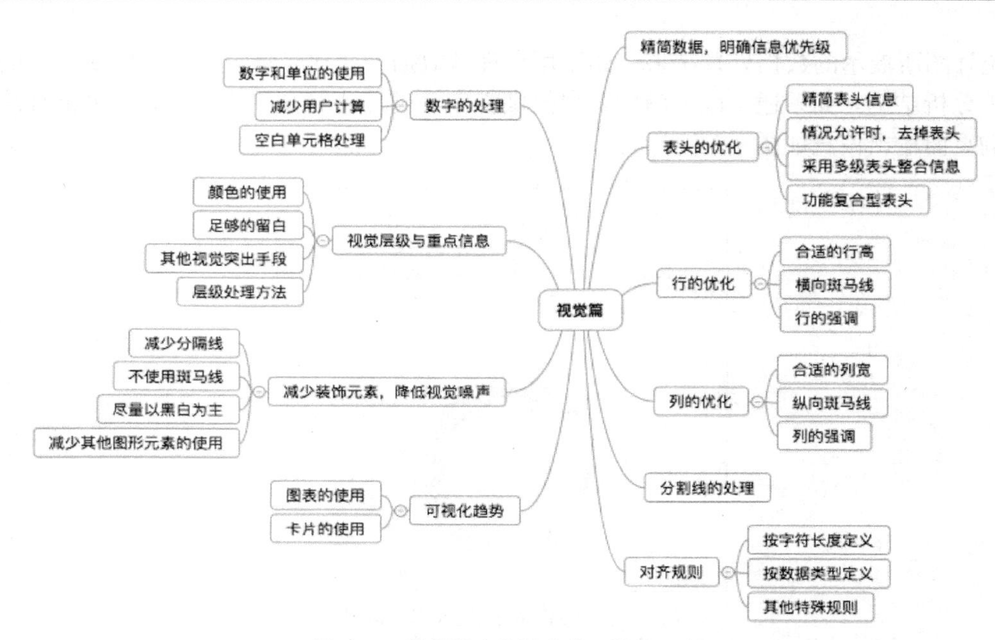

图 7-33　数据报表的视觉外观设计要素

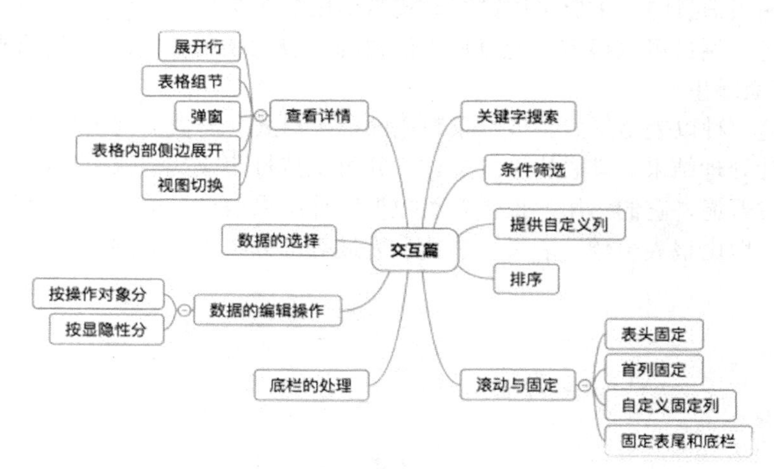

图 7-34　数据报表的交互逻辑设计要素

数据报表在业务上可以分为明细报表、汇总报表。

1）明细报表。用于呈现业务处理的详细信息。当用户需要获取业务明细数据时，可以在页面输出明细报表。如所有过期账目的数据报表，这类报表的每一行包含某一特定账单的信息。公司员工可以通过该报表来查看哪些账目已经过期，以便对过期账目进行收款处理。

在明细报表设计中，通常采用网格式列表来实现报表，用户可以清楚地看到每条明细数据。明细报表的内容按照表头顺序平铺式展示，便于查看详细信息。明细报表多用于展示监测数据、客户名单、产品清单、物品清单、订单、发货单等。如成都市各区（市）县 2020 年 3 季度空气质量排名明细报表如图 7-35 所示。

2）汇总报表。用于呈现业务的汇总数据展示，一般是按照分组条件对数值列进行数据汇总统计，并以表格形式将数据结果呈现出来。汇总报表主要提供给管理者使用，以便他们能对组织机构生产经营状况进行总体掌握。

序号	区 域	环境空气质量综合指数
1	大邑县	2.36
2	简阳市	2.40
3	邛崃市	2.46
4	金堂县	2.55
5	蒲江县	2.64
6	都江堰市	2.81
7	崇州市	2.81
8	龙泉驿区	2.86
9	双流区	3.03
10	新津区	3.08

图 7-35 成都市各区（市）县 2020 年 3 季度空气质量排名明细报表

在汇总报表设计中，通常将报表设计为分组式报表，它们以分组的形式展现报表数据，使用户清晰、快速地了解组内信息和组间信息。如食品库存汇总报表按照类别、产品名称、库存量、单价、库存价值进行统计汇总，并以分组式报表呈现出来，如图 7-36 所示。

类别	产品名称	库存量	单价	库存价值
肉/家禽	鸡	29	¥97.00	¥2,813.00
	猪肉	0	¥39.00	¥0
	盐水鸭	0	¥33.00	¥0
	鸡肉	21	¥8.00	¥168.00
	鸭肉	0	¥24.00	¥0
			库存货物价值合计：	¥2,981.00
谷类/麦片	糯米	104	¥21.00	¥2,184.00
	燕麦	61	¥9.00	¥549.00
	三合一麦片	38	¥7.00	¥266.00
	白米	21	¥38.00	¥798.00
	小米	36	¥20.00	¥720.00
	黄豆	22	¥33.00	¥726.00
			库存货物价值合计：	¥5,243.00
			库存货物价值总计：	¥8,224.00

图 7-36 食品库存统计汇总报表

在汇总报表设计中，还可采用交叉式报表给出统计信息。交叉式报表是一种行列方向都有分组的报表，可帮助用户了解行列各组数据及其相互之间关系的整体情况。如产品销售统计汇总报表同时按照地区、产品统计各类产品的销售数据，并以交叉式报表呈现出来，如图 7-37 所示。

产品 地区	番茄酱	海鲜粉	牛奶	苹果汁
东北	0.0	1619	814	0.0
华北	2115	10086	2004	4210
华东	943	6557	1955	7487
华南	3595	0.0	13343	296
华中	641	0.0	0.0	0.0
西北	0.0	1317	0.0	0.0
西南	0.0	1620	0.0	0.0

图 7-37 产品销售统计汇总报表

在该报表中，行表头按字段“地区”纵向分组，列表头按字段“产品”横向分组。报表统计出对应地区、产品下的销售金额。

7.2.6 Web 系统 GUI 设计案例

课程学习评价子系统作为课程学习大数据服务平台系统的一个部分，可为教师用户提供课程班级的学生学习成绩管理、课程学习成果达成分析，以及生成课程试卷分析报告等基本功能。在设计该子系统界面时，采用原型开发工具 Axure RP 分别对系统总体页面结构、页面布局、页面导航、页面输入、页面输出等界面内容进行建模设计，从而为开发课程学习评价子系统界面给出设计蓝图与原型方案。

扫码预习
7.2-3 视频二维码

1. 系统总体页面结构设计

课程学习评价子系统采用 Web 系统方式开发实现。我们根据系统功能需求，设计其系统总体页面结构，如图 7-38 所示。

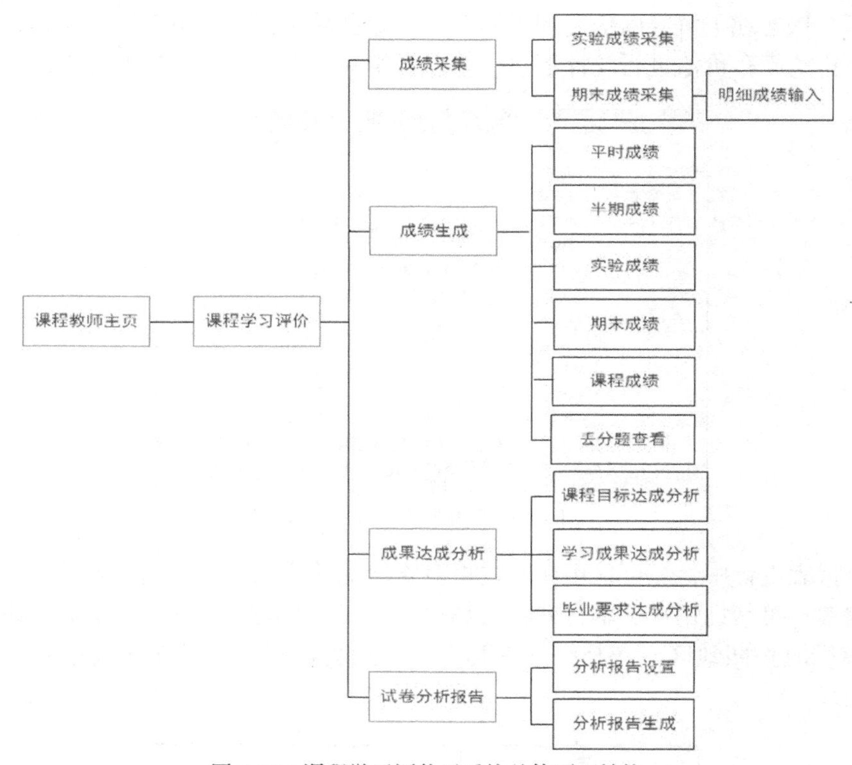

图 7-38 课程学习评价子系统总体页面结构

在课程学习评价子系统总体页面结构设计时，利用原型开发工具 Axure RP 设计其系统总体页面结构模型，如图 7-39 所示。

2. 系统页面布局设计

在 Axure RP 工具中，针对课程学习评价子系统的各个页面进行布局设计，定义各页面的版块区域、界面元素构成。其中，该子系统主页布局设计如图 7-40 所示。

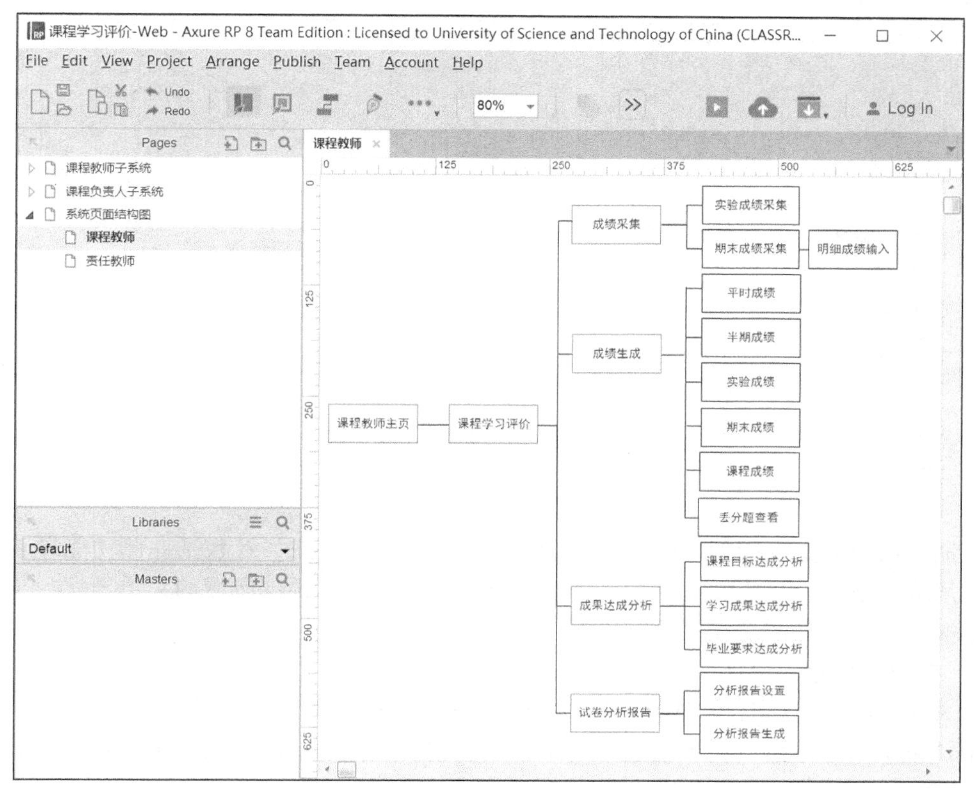

图 7-39　课程学习评价子系统总体页面结构 Axure RP 模型

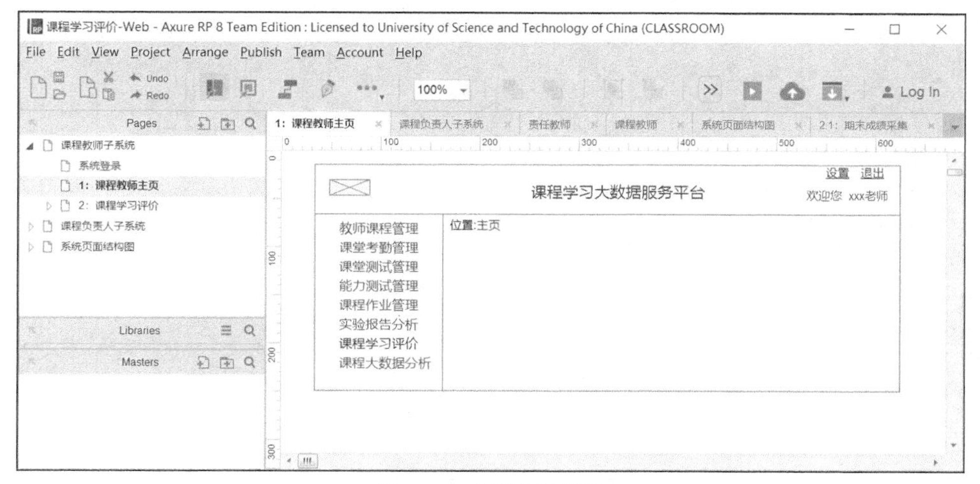

图 7-40　主页布局设计

从子系统主页布局设计可以看到，该设计采用典型的两栏式页面布局方式，左侧为功能导航栏，右侧为信息展示版块。其他功能页面的布局与主页布局类似，但一些二级导航页面和反馈消息页面会有一定不同。

3. 系统页面导航设计

在 Axure RP 工具中，针对课程学习评价子系统的各个页面进行导航设计，定义页面的导航元素、导航交互关系。例如，期末成绩采集页面的导航设计如图 7-41 所示。

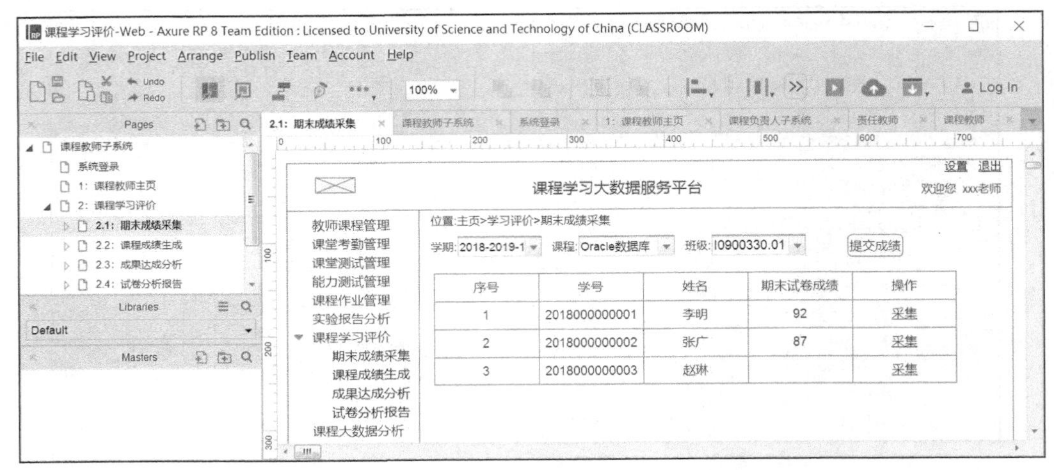

序号	学号	姓名	期末试卷成绩	操作
1	2018000000001	李明	92	采集
2	2018000000002	张广	87	采集
3	2018000000003	赵琳		采集

图 7-41　期末成绩采集页面的导航设计

从期末成绩采集页面的导航设计可以看到，该页面的导航设计包括左侧功能导航栏、页面面包屑导航链接、页内数据列表中的链接导航，以及页面顶部区域的菜单导航。与其相关的导航操作将打开新的功能操作页面。

4．系统页面输入设计

在 Axure RP 工具中，针对课程学习评价子系统的期末成绩采集页面进行输入设计。当用户点击“采集”超链接后，导航进入“明细成绩输入”页面。期末成绩采集页面的输入设计如图 7-42 所示。

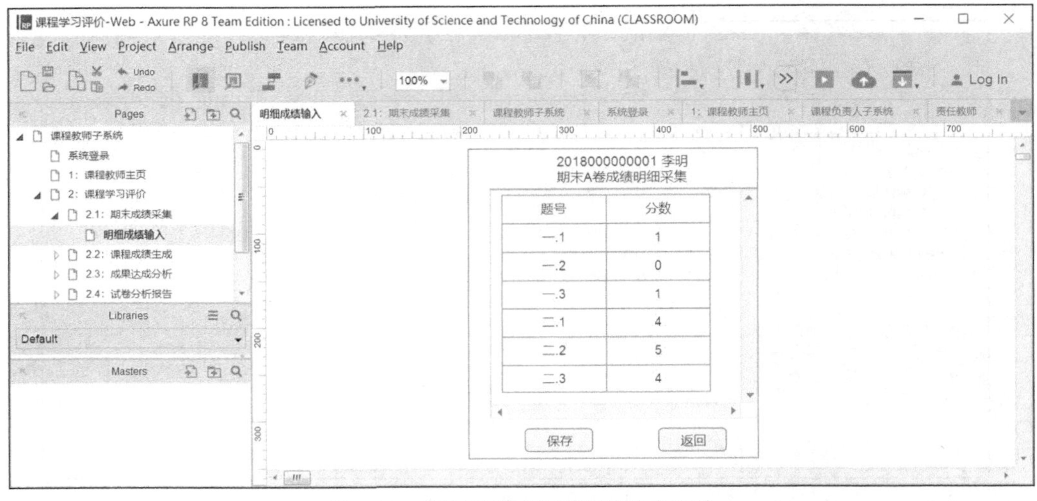

题号	分数
一.1	1
一.2	0
一.3	1
二.1	4
二.2	5
二.3	4

图 7-42　期末成绩采集页面的输入设计

从期末成绩采集页面的输入设计可以看到，该页面采用列表输入表单，采集用户输入的各题分数值。当用户点击“保存”按钮后，将表单输入数据提交到系统数据库。在页面表单中，通过脚本程序对输入的成绩数据进行完整性校验、范围校验和数字校验，以确保将有效的成绩数据写入系统数据库。

5．系统页面输出设计

在 Axure RP 工具中，针对课程学习评价子系统的课程成绩页面进行输出设计，定义页面的数据列表输出。课程成绩页面的输出设计如图 7-43 所示。

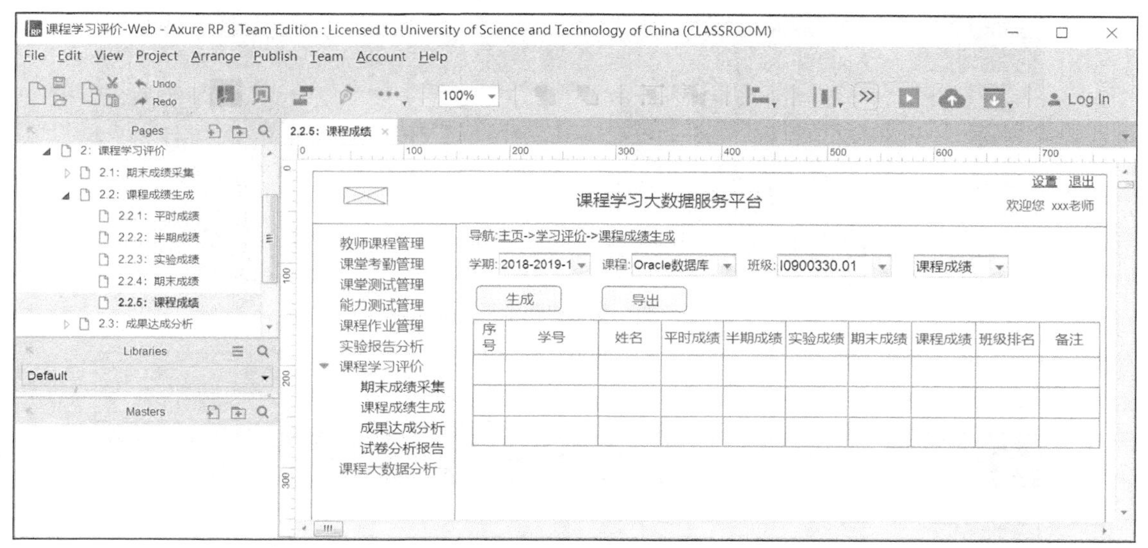

图 7-43　课程成绩页面的输出设计

从课程成绩页面的输出设计可以看到，该页面采用数据列表输出班级的课程成绩数据。在该页面中，当用户点击“生成”按钮后，将对数据列表进行写入或更新。当用户点击“导出”按钮后，将数据列表的数据导出到 Excel 文件输出。

6. 系统页面实现结果

按照以上界面设计方案，对课程学习评价子系统的功能进行开发实现。以上各设计页面对应的运行界面分别如图 7-44 到图 7-46 所示。

图 7-44　期末成绩采集页面实现

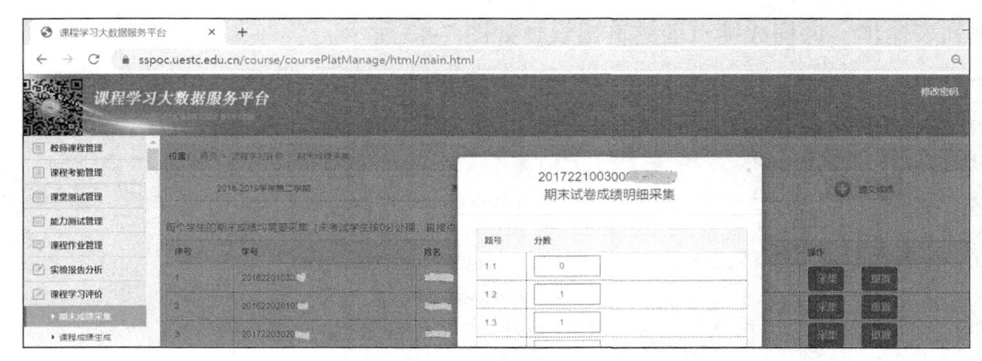

图 7-45　期末成绩明细采集页面实现

图 7-46　课程成绩生成页面实现

课堂讨论——本节重点与难点问题

1. Web 系统总体页面结构与系统功能结构有何区别？
2. Web 系统页面布局与系统功能复杂性有什么关系？
3. Web 系统界面导航与桌面软件界面导航有哪些不同？
4. Web 系统界面交互关系如何表示？
5. Web 系统页面输入可以采用哪些控件？
6. 如何对表单输入数据进行校验？

7.3　移动 App 的 GUI 设计

移动 App 是基于移动终端设备（如智能手机、平板电脑、可穿戴设备等）的应用软件。移动 App 已广泛应用在信息系统中，成为用户普遍使用的移动终端应用软件。在移动 App 开发中，用户界面设计是重要的开发内容之一。

7.3.1　设计挑战与原则

移动 App 开发与传统的电脑软件开发有较大不同。移动 App 基于有限软/硬件资源的移动终端运行，并且需要面对多种终端屏幕、多种终端操作系统、多种使用场景、不同移动通信网络、大量用户访问的复杂应用情况，因此，设计移动 App 用户界面需要考虑解决诸多具有挑战性的问题，并且需要遵循用户界面设计基本原则与规范。

1. 设计挑战

移动 App 市场巨大，但竞争也非常激烈。能够获得用户青睐的移动 App 大都是用户界面友好、功能可用性强的 App。创建能够吸引用户注意的 App 用户界面是有挑战性的。

移动终端有许多不同屏幕尺寸的设备、不同操作系统的运行环境、不同软/硬件资源的配置，以及不同厂商的嵌入式硬核技术。因此，设计适应不同屏幕尺寸、不同操作系统运行环境、不同嵌入式硬核技术、不同像素分辨率的移动 App 用户界面是有很大难度的。

移动 App 的界面交互性与响应式设计同样重要。当今的移动设备集成了不少高科技传感器，充分利用这些传感器为用户界面提供大量有效交互是有难度的，并且在设计阶段进行处理可能是一个挑战。

移动终端设备的运行资源（CPU、内存）是有限的，针对一个需要较多数据处理的 App 来说，设计一个打开速度快的 App 用户界面是一个极大的挑战。如果 App 需要更多的数据去处理与展现，就必然会导致其加载速度变慢。

移动应用市场正在快速变化，创新和创造力使这个生态系统高度活跃。因此，移动 App 用户界面设计始终满足创新需求是至关重要的。

2. 设计原则

用户界面设计在移动 App 开发中是十分重要的任务。界面设计人员除了需掌握基本的用户界面设计技能之外，还需要对移动互联网与移动 App 的特征有充分认识。为了能在交互设计和用户体验方面做出比同类软件更优秀的移动 App 产品，用户界面设计人员还必须掌握移动 App 用户界面设计的基本原则。

（1）环境贴切原则

环境贴切原则是指，信息的表达需要符合真实世界场景、用户心理预期和用户使用习惯等。系统所用的功能图标、背景图片、语言文字等元素应与表达环境一致。环境贴切原则包括以下几点。

- 信息的表达符合真实世界的场景。
- 信息的表达符合用户的心理预期、语言使用习惯和思考逻辑等。
- 信息的表达符合用户的身份特性，如年龄、职业、兴趣等。

如在图 7-47 所示的计算器 App 应用界面设计中，其界面元素与布局方式基本上与现实计算器设备的外观样式差不多，它能让使用者直观理解用户界面，易于操作。这样的设计就符合环境贴切原则。

（2）易取原则

易取原则是指，移动 App 的系统信息内容与操作控件的可视化展示，可降低用户的记忆负担；系统帮助文档可见、易取，方便用户随时查看。易取原则包括以下几点。

- 选项、动作可视化，显示已选内容。
- 为用户保留查看、搜索记录。

图 7-47　计算器 App 应用界面设计

- 用户输入较复杂的表单时，可随时查看已输入内容预览效果，防止用户忘记已填写内容。
- 当切换下一页面时，可显示上一页面的关键信息，让用户清楚知道当前状态或页面的相关性。

如在图 7-48 所示的手机闹钟 App 界面设计中，不但给出当前时间的可视化状态和已设闹钟设置时刻，也给出了“添加闹钟”图标按钮，以及与时间相关的“世界时间”“秒表”“计时器”导航图标。这样的设计不但方便闹钟设置，也方便使用与时间相关的功能，符合易取原则。

图 7-48　手机闹钟 App 界面设计

（3）优美简约原则

优美简约原则是指，采用明确的内容层级帮助用户高效获取信息。用户习惯于“扫视”阅读信息，为了让用户快速获取有用信息，可以采用优美简约设计原则，具体有如下两点。

- 去除不相关的信息。
- 增强内容层级显示，突出重要信息，弱化次级信息。

如在图 7-49 所示的手机选项设置 App 界面设计中，通过文字的字号、字体、颜色、位置，以及形象化小图标等表现功能设置导航，其中标题文字明显较大，而正文文字相对较小，这样的设计就符合优美简约原则。

图 7-49　手机选项设置 App 界面设计

（4）人性化帮助原则

人性化帮助原则是指，移动 App 应采用适当的信息提示，为用户提供导引帮助，具体包括以下两点。

- 根据用户当前的任务或所处操作流程，为用户提供帮助文档。
- 通过常规帮助文档，用户可随时查阅操作指南。

如在图 7-50 所示的手机蓝牙设置 App 界面设计中，通过点取“帮助”图标链接可以打开帮助文档为用户提供信息服务。这样的设计符合人性化帮助原则。

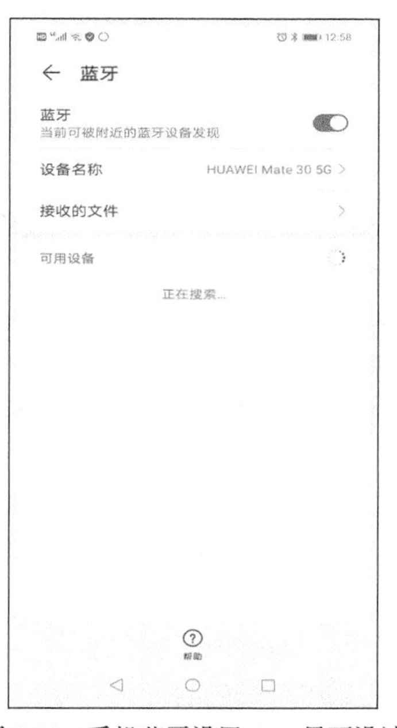

图 7-50　手机蓝牙设置 App 界面设计

（5）用户可控原则

用户可控原则是指，用户对系统的页面操作与使用自主可控，移动 App 应以用户为中心组织功能界面。用户可控原则包括以下两点。

- 用户控制操作的自由性。
- 当操作错误时，允许用户撤销操作和重做。

如在图 7-51 所示的微信 App 应用界面设计中，允许用户对所接收消息进行转发、删除等操作处理，以及对已发出消息进行撤回、编辑、重发等处理。这样的设计符合用户可控原则。

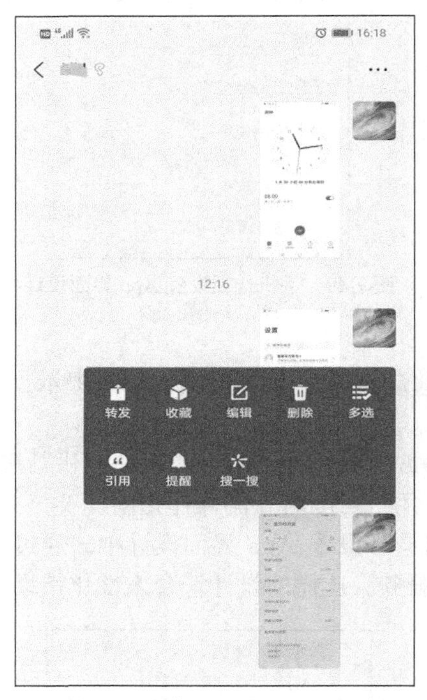

图 7-51　微信 App 应用界面设计

（6）灵活高效原则

灵活高效原则是指，移动 App 应支持用户快速、高效地达成目标，具体包括以下两点。

- 为有经验的用户提供快速操作流程和交互机制，支持用户快速达到目标。
- 用户可定制自己需要的内容或功能。

如在图 7-52 所示的手机管家 App 应用界面设计中，允许用户一键优化管理，也可以让用户进行单项功能管理，为用户提供灵活高效的手机功能管理，提升使用体验。这样的设计符合灵活高效原则。

（7）防错原则

防错原则是指，适当的风险提示可以防止用户错误操作，重要操作需要给出二次确认提示，具体包括以下几点。

- 不可点击、不可操作的内容，通过图标样式提示，采用颜色置灰等形式。
- 通过文字提示告知用户需要注意的内容。
- 当错误操作容易造成较大影响时，需要给出二次确认提示，防止用户误操作。

如在图 7-53 所示的相册 App 应用界面设计中，针对用户进行的文件删除操作，系统给出二次确认提示，减少误删文件操作。这样的设计符合防错原则。

图 7-52　手机管家 App 应用界面设计

图 7-53　相册 App 应用界面设计

（8）容错原则

容错原则是指，用户可撤销、重做，恢复至原样，具体包括以下几点。

- 针对用户已删除内容，允许用户进行恢复处理。
- 不仅提供报错信息，还提供相应的解决办法。
- 帮助用户将损失降至最低。

如在图 7-54 所示的电话簿 App 应用界面设计中，针对放入黑名单的电话号码提供恢复处理功能。这样的设计就符合容错原则。

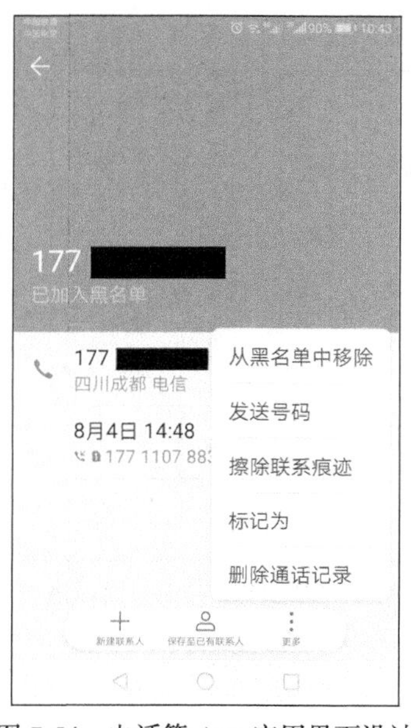

图 7-54　电话簿 App 应用界面设计

（9）系统状态可见原则

系统状态可见原则是指，用户知道当前所在位置，可操作性和系统反馈均有视觉提示，具体包括以下几点。

- 用户知道当前所在的位置，如提供系统导航栏、面包屑导航链接、加载进度等状态提示。
- 用户知道当前可操作部分和下一步操作预期，如“按钮”操作有预期提示。
- 在用户操作结束后，系统及时向用户反馈效果，如下拉刷新、提交成功等。

如在图 7-55 所示内容发布操作的反馈状态界面中，界面内容发布成功后，弹出提示信息，反馈操作成功和积分；反之，在界面内容发布失败时，弹出消息框，反馈操作失败。这样的设计符合系统状态可见原则。

图 7-55　内容发布操作的反馈状态

（10）界面一致性原则

界面一致性原则是指，移动 App 的界面风格、视觉语言与反馈效果前后具有一致性，具体包括以下两点。

- 在系统中的语境、视觉语言、反馈等都需要有统一的规则，避免因其混乱让用户感到迷惑和不习惯。
- 界面风格前后一致。

如在微信 App 中，公众号管理页面风格与小程序管理页面风格一致，如图 7-56 所示。这样的设计符合界面一致性原则。

图 7-56　微信 App 功能页面风格一致性

7.3.2　总体界面结构

在移动 App 的 GUI 开发中，需要设计系统总体界面结构，将系统各个界面按照一定结构组织起来，让用户了解系统功能界面的构成结构。通常采用信息架构思维导图或总体界面结构图来表示移动 App 的界面组织结构、界面之间的跳转关系，同时也可以反映出系统信息结构。如微信 App 总体界面结构和某医院就诊服务 App 总体界面结构分别如图 7-57 与图 7-58 所示。

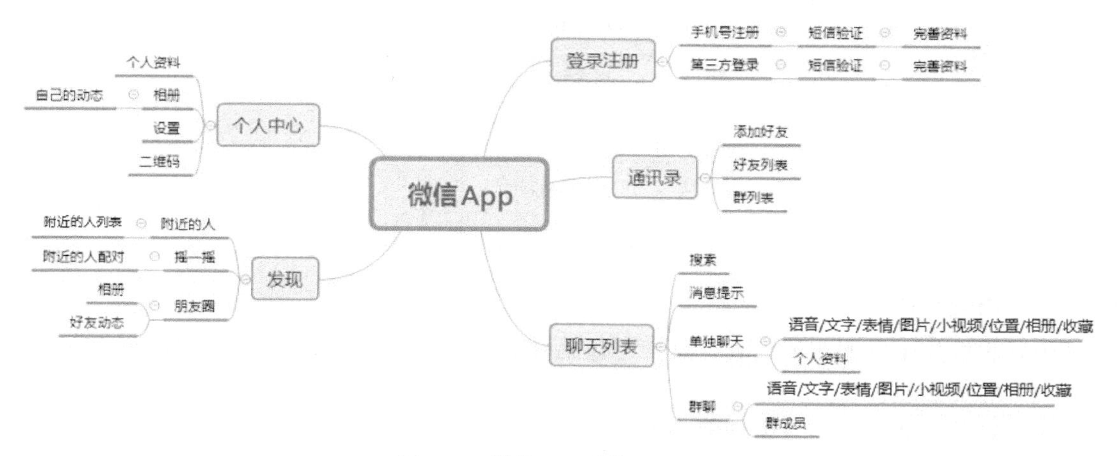

图 7-57　微信 App 总体界面结构

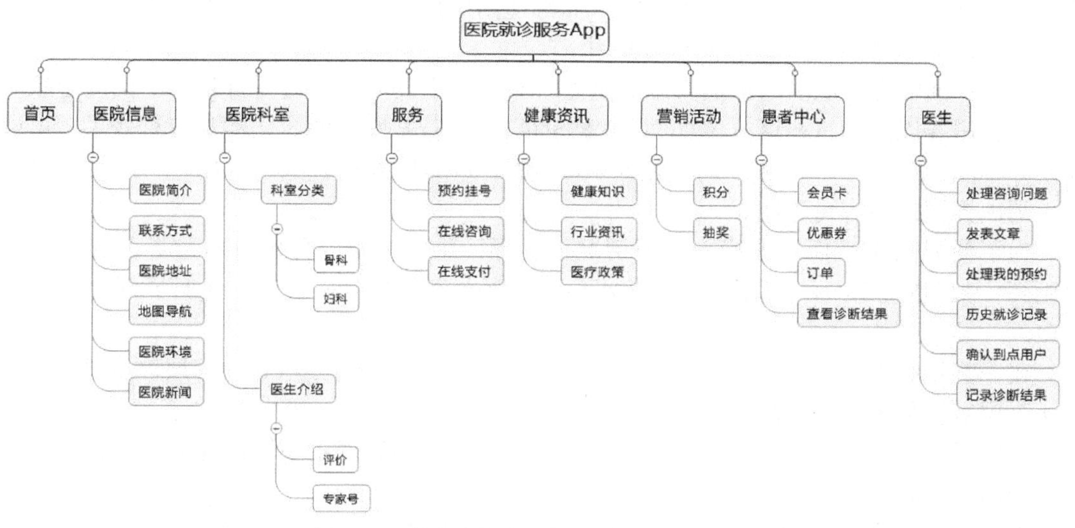

图 7-58　某医院就诊服务 App 总体界面结构

7.3.3　界面布局设计

移动 App 界面布局设计是指在 App 界面中对内容文字、表格、图形、图像、视频等元素进行版面排布设计。它需要对界面信息展示、界面主题内容、用户行为心理、用户功能操作等方面进行整体考虑。如 App 界面一般由图 7-59 中的几个版块组成，可根据具体需求增减版块内容。

（1）状态栏

状态栏位于界面的最上方，显示网络状态、电量、当前时间等信息。

（2）标题栏

标题栏显示当前 App 名称。

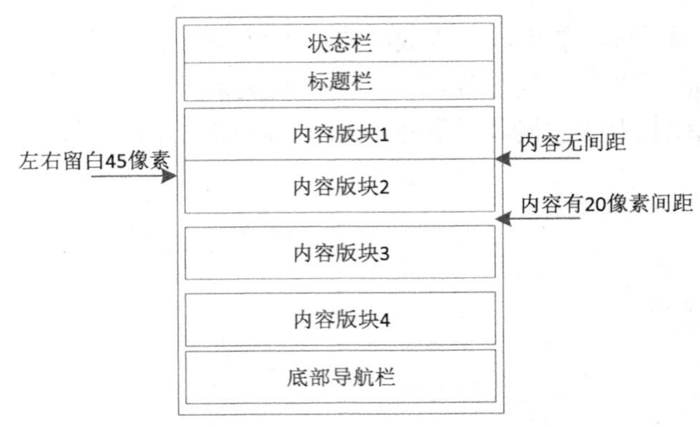

图 7-59　App 界面布局

（3）内容版块

内容版块显示界面主体内容，其中可包括导航标签、导航菜单、导航链接等内容。

（4）底部导航栏

底部导航栏通常放置一级功能菜单图标。

界面布局设计是App界面设计的框架基础，一致的布局结构能够增强用户体验的统一性，给用户带来连贯的使用感受。为保证统一而舒适的用户体验，界面布局设计应保持简单、清晰、合理，即尽可能减少复杂布局的使用。

App 界面的内容版块布局通常采用垂直分布，从上到下依次进行排列。不同内容版块的界面内容需要以间距进行区分（如 20 像素间距）。但若某些界面元素本身带有效果，可以有效区分不同内容，那么内容版块之间则可无间距。如一些 App 首页中采用自带阴影的宫格导航，则该界面的内容可无间距。

为了使界面美观而不紧凑，一般情况下，界面中的内容与界面左右边界留有一定的空白距离（如 45 像素）。在某些特殊情况下，界面内容需要全屏呈现，此时界面左右则不需留白。

在一些新版手机 App 界面布局设计中，界面还可以分为背景层、内容层、悬浮层、弹出层 4 个层级，如图 7-60 所示。

背景层：位于最底层，不展示任何内容，一般作为内容层中不同内容的间距显示，颜色一般为白色（#ffffff）。

内容层：位于背景层上方，展示界面常规内容的层级，常用背景色有蓝色（#09b6f2）、白色（#ffffff）、浅蓝色（#f4f8fb）、浅蓝灰色（#ecf1f5）、浅灰色（#f8f8f8）5 种。蓝色背景通常展示强调内容，为保持视觉美观，可配合其他蓝色系的色彩一起使用。白色和浅蓝色背景通常展示普通内容。一般情况下优先使用白色背景，浅蓝灰色背景通常展示辅助内容。

悬浮层：位于内容层上方，展示重要内容（通常为操作按钮）的层级，固定出现在当前界面的某个位置，该层级在样式设计上应使用阴影。

弹出层：位于悬浮层上方，用于临时遮盖内容层、悬浮层的全部内容，展示操作过程中需要临时凸显的内容，该层常用于呈现提示框。

在进行 App 开发时，还需要针对不同类型的界面进行相应的界面布局设计，如启动页、导引页、主页、内容页、设置页等。

图 7-60　界面分层布局设计

7.3.4　界面导航设计

界面导航是移动 App 用户界面中不可缺少的组成部分，它用于引导用户抵达目标界面。移动 App 用户界面导航主要有标签导航、宫格导航、列表导航、抽屉式导航、轮播导航等多种形式。

标签导航是目前应用最广泛、最常见的导航形式之一，一般作为主导航。其他导航和标签导航搭配使用时，其他导航一般都会用作次级导航。标签导航有如下几种拓展形式：底部标签导航、顶部+底部双标签导航、舵式标签导航等。操作系统不同，标签位置一般也不相同。

1．底部标签导航

底部标签导航位于界面底部，采用文字加图标的方式展现，一般有 3～5 个标签。它适合在相关的几类核心功能模块之间频繁地切换使用。基本工具类 App 大都使用底部标签导航，如淘宝、支付宝、饿了么、美团、大众点评等 App。底部标签导航样式如图 7-61 所示。

图 7-61　底部标签导航样式

优点：清楚当前所在的入口位置；直接展现最重要入口的内容信息。

缺点：标签不宜超过 5 个，否则容易分散注意力，增加用户选择的难度，不利于沉浸式体验。标签会占用一定的显示面积，如果用户使用的是小屏幕手机，则可能用户体验不佳。

使用场景：如果 App 有多个核心功能模块，并且它们之间的切换比较频繁，通过底部标签导航，用户可以迅速地实现界面之间的切换，而不会“迷失方向”。

2. 顶部+底部双标签导航

如果界面内容分类与维度较多，可采用顶部和底部结合的标签导航形式。如腾讯新闻和网易新闻等新闻类 App，采用了顶部导航+底部导航结构，且加入手势切换的操作，方便用户在高频的标签中快速切换，能带来更好的阅读体验。顶部+底部双标签导航样式如图 7-62 所示。

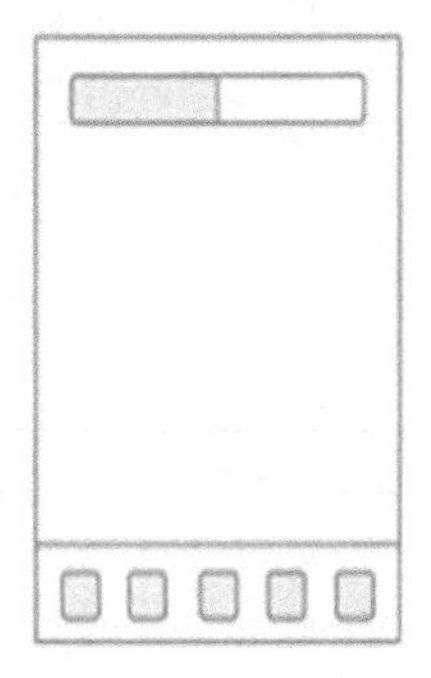

图 7-62　顶部+底部双标签导航样式

优点：清楚当前所在的入口位置；直接展现最重要入口的内容信息。

缺点：最多 5 个标签，占用一定的界面高度，一般是图标加文字，如果用户使用的是小屏幕手机，则可能用户体验不佳。

使用场景：App 界面功能较多，需要通过顶部标签分页组织，底部标签配合显示常用基本功能；上下导航标签结合，可以支持较多的页面导航。

3. 舵式标签导航

当界面有处于同一层级的几大部分内容，同时又需要一个非常重要且频繁操作的入口时，可以采用舵式标签导航。舵式标签导航可以看作底部标签导航的一种变体。它在后者的基础上突出强调了高频核心功能，并且放在界面中间，如微博、简书等 App。舵式标签导航样式如图 7-63 所示。

图 7-63　舵式标签导航样式

优点：可以突出重要且频繁操作的入口。

缺点：最多 5 个标签，功能标签过多时，该形式可能会让界面显得笨重、不实用。

使用场景：如果 App 有几个重要的功能模块，并且需要频繁切换，其中一个作为 App 的核心功能模块或者是高频操作功能，就可以选择舵式标签导航。

4. 宫格导航

宫格导航将主要入口全部聚合在界面内，让用户整体了解 App 的服务，从而选择自己需要的服务。各个入口之间相互独立，没有太多的交集，无法跳转互通。宫格导航样式如图 7-64 所示。

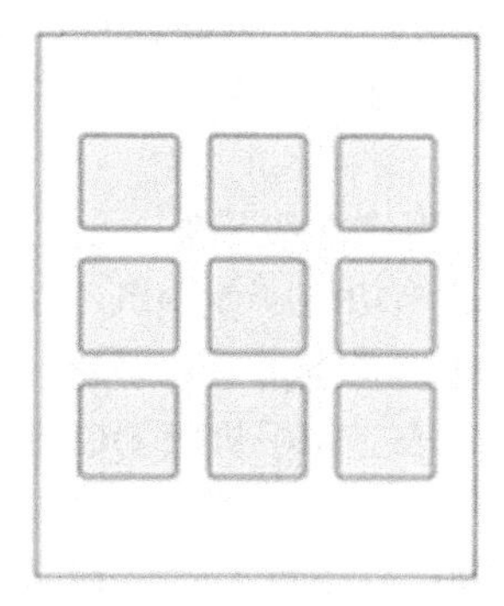

图 7-64 宫格导航样式

优点：类目清晰，可容纳多种类目，方便快速查找。

缺点：信息独立，无法相互通达；不能直接展现入口内容，只有点击后才能获知内容，容易形成较深的路径。

使用场景：如果 App 有较多功能模块，并且它们之间功能独立无交叉，但需要在同一页面内点取执行，则可采用宫格导航实现。

5. 列表导航

列表导航主要用于级别不多、标题内容较长的入口，它通常用于二级界面，不会默认展示任何实质内容。这种导航结构清晰、易于理解，能够帮助用户快速地定位到对应的界面，如微信 App“发现”页的设置。列表导航样式如图 7-65 所示。

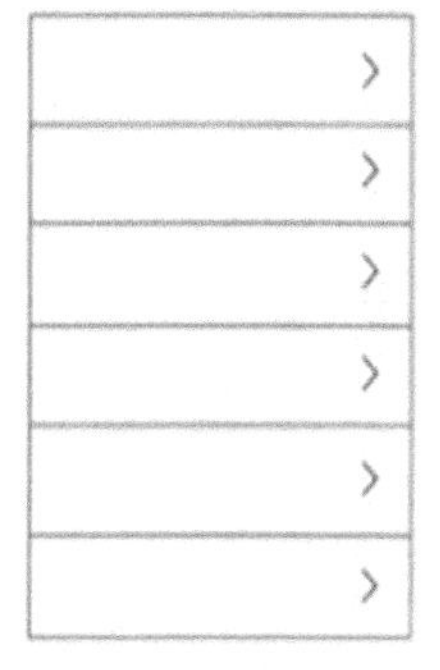

图 7-65 列表导航样式

优点：层次展示清晰，可展示内容较长的标题，并可展示标题的次级内容。

缺点：同级过多时，容易使用户产生视觉疲劳；排版灵活性不高；只能通过排列顺序、颜色来区分各入口的重要程度。一屏承载不下时，用户需要下拉才能操作，这时的用户体验不如宫格导航的用户体验好。

使用场景：列表导航通常位于二级页面，不展示实质内容，而提供链接可导航进入第三级页面。

列表导航还可以通过间距、标题等进行分组，形成更多类型的列表导航，主要有如下列表形式。

标题式列表：一般只显示一行文字，有的显示一行文字加一张图片等。

内容式列表：主要以内容为主，在列表中体现出部分内容信息，点击后显示详情信息。

拓展式列表：类似手机版 QQ“联系人”页的设置，分组产生明显的主次级关系。

嵌入式列表：嵌入式列表其实就是由多个列表层级组合而成的导航。

6. 抽屉式导航

抽屉式导航与常用主导航搭配，用作次级导航。因为抽屉式导航的核心是“藏”，隐藏低频操作的功能，如设置、关于、会员等功能，使用频率少，让核心功能更加突出。抽屉式菜单隐藏在当前界面后，只要侧面滑动或者点击入口就能将其显示出来，减少了主界面中导航控件的数量，让主界面更加干净、简洁。如手机版 QQ 主界面、滴滴出行 App 主界面等。抽屉式导航样式如图 7-66 所示。

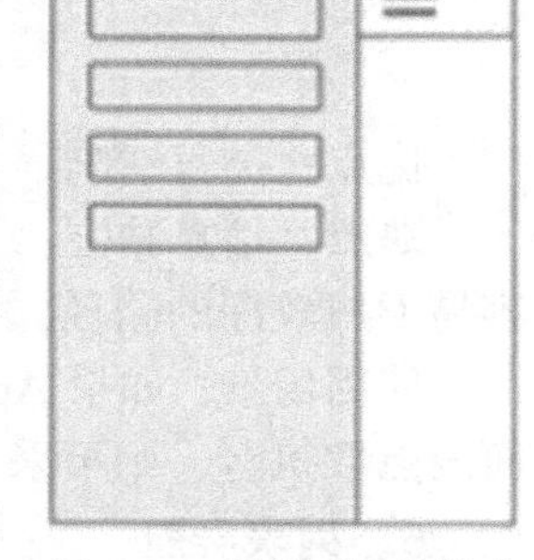

图 7-66　抽屉式导航样式

优点：节省界面展示空间；让用户将注意力聚焦到当前界面；扩展性好；不用担心小屏手机用户体验的问题。

缺点：不适合需要频繁切换的 App。次级功能入口隐藏性高，用户不容易发现，同时使用次级功能需要二次点击，增加用户操作时间。

使用场景：抽屉式导航可将不常用或者切换不频繁的功能隐藏在下级页面中，可以使主页的功能布局精简。

7. 轮播导航

轮播导航也是一种常见的导航形式，用户可以向左或者向右滑动快速切换界面，比较适合界面层级较低的交互，几乎不需要进一步的交互，如某些天气预报 App 的界面。轮播导航样式如图 7-67 所示。

优点：一般不需要用户更多的点击操作，适合层级简单的 App，一个界面基本就能满足需求。

缺点：不适合交互复杂的 App。

图 7-67　轮播导航样式

使用场景：如果 App 存在多层级页面，不适合用轮播导航。只有 App 应用信息在同一层级展示，才可以尝试使用轮播导航。这种导航常见于查看图片页面，也经常与其他导航模式结合，作为 banner 广告呈现。

总之，以上导航形式各有优缺点，没有最完美的导航。而设计导航的首要因素是要理解需求，从需求出发，配合相应的使用场景，才能做出最合适的设计。

7.3.5　交互设计

在 App 界面中，交互是指用户与 App 界面之间发生的一系列操作与信息反馈。App 界面交互设计将定义用户与 App 之间交流的内容和结构，使之互相配合，共同达成某种目的。App 交互操作给用户的体验可能是好的，也可能使用户不满意。越好的用户体验就越能激发用户对该 App 的兴趣，从而使用户成为其忠实的用户。而不好的用户体验则可能会导致用户弃用该 App。所以，在开发 App 时，需要做好交互设计，给用户带来更好的感受，才能使 App 更易于获得成功。

移动 App 与 Web 应用除了在页面结构设计方面存在差异外，其交互设计也有所不同，具体区别如下。

（1）用户与界面交互方式不同

Web 应用是以鼠标或触摸板为媒介，主要采用左键点击进行操作，也支持鼠标指针滑过、鼠标右键操作的方式。移动 App 则直接用手指触控屏幕，除了最通用的点击操作之外，还支持滑动、捏合等各种复杂的手势操作。

鉴于 App 用户与界面交互方式的特点，移动 App 交互设计时在此方面考虑的要点如下。1）相比鼠标，手指触摸范围更大，较难精确控制点击位置，对此移动 App 人机交互的触控区域一般至少需要 44 像素以上，并且不同点击元素的间隔也不能太近。2）在移动 App 中，不支持鼠标指针滑过的效果，通常需要点击特定的图标来收起/展开提示。3）移动 App 支持丰富的手势操作，通过左滑可看到快捷操作菜单，如“取消关注”“删除”等。这类操作方式的特点是快捷、高效，但对于初学者来说有一定的学习成本。在合理设计这些操作方式的同时，还需要支持最通用的点击方式来完成任务的操作。针对手势操作学习成本高的问题，一些 App 通过新手引导的方式来提示用户。4）移动 App 以单手操作为主，界面上的重要元素需要布置在用户单手点击的范围内，或者提供快捷的手势操作。

（2）设备尺寸不同

Web 应用设备为较大尺寸的 PC 屏幕，其分辨率较高，浏览器窗口可缩放。移动 App 设备尺寸相对较小，不同设备的分辨率差异较大，并且要求支持横屏、竖屏调转方向。

鉴于移动设备尺寸的特点，移动 App 交互设计时在此方面考虑的要点如下。1）移动 App 一屏展示的内容有限，需要明确哪些信息更为重要，有效地组织相关内容，如优先级高的内容突出展示，次要内容适当“隐藏”。2）因设备分辨率、DPI 不同，所以移动 App 在界面布局，图片、文字的展示上，要兼顾不同设备的效果，需要设计人员与开发人员共同配合做好适配工作。3）移动设备需支持横屏、竖屏展示，所以在设计移动 App（如游戏 App、视频播放 App）时，需要考虑用户是否有“换个方向看看”的需求，哪些情况下切换屏幕显示方向，如何切换等。

（3）使用环境不同

Web 应用用户通常是坐在室内使用 Web 应用、使用时间相对较长。移动 App 用户既可能是长时间在室内使用移动 App，也可能是利用碎片化的时间使用移动 App，或站或坐或躺着或行走使用，姿势不一。

鉴于App使用环境的特点，移动App交互设计时在此方面考虑的要点如下。1）使用移动App时，用户很容易被周边环境所影响，对界面上展示的内容可能没那么容易留意到。长时间使用时更适合沉寂式浏览，碎片化时间使用时用户可能每次浏览内容有限，设计类似“稍候阅读”“收藏”等功能则比较实用。2）用户在移动App界面中更容易误操作，需要考虑如何防止误操作，如何从错误操作中恢复。

（4）网络环境不同

Web应用的网络相对稳定，且基本无须担心流量问题。移动App的网络因用户使用环境复杂，可能在移动过程中从通畅的环境转换到信号较差的环境，网络可能从有到无、网速可能从快到慢。

鉴于App使用网络环境的特点，移动App交互设计时在此方面考虑的要点如下。1）移动App网络异常的情况更普遍，需要更加重视这类场景下的错误提示，以及从错误操作中恢复的方法。2）移动App用户对流量比较重视，对于需要耗费较多流量的操作，需要提醒用户，在用户允许的前提下才继续进行。

（5）通知方式不同

对于Web应用，如浏览器的通知中心，用户一般使用较少，很难主动唤起用户响应处理。移动App推送通知给用户的方式则很常见。

鉴于通知方式的特点，移动App交互设计时在此方面考虑的要点如下。1）在移动App中，可以使用通知方式及时提醒用户一些重要信息，但也需要考虑用户关闭通知提醒的场景下用户仍然能无障碍使用。2）因为通知功能对用户较为重要，设计人员需要思考如何让用户更容易“开启通知权限”。

（6）基于位置服务的精细度不同

Web应用的定位功能一般获取到的是当前城市定位。移动App的定位功能可较为精确地获取用户的当前位置。

鉴于位置服务精细度的特点，移动App交互设计时在此方面考虑的要点如下。1）移动App可合理地利用用户的位置，给用户提供一些基于位置的服务。如地图类App可以搜索“我的位置”到目的地的路线，生活服务类App可以查询“我的位置”附近的美食、商场、电影院等，这样的方式省去了用户手动输入当前位置的复杂操作。2）同样，也需要用户对移动App是否允许读取手机定位进行授权。

此外，移动App交互设计内容还包括交互流程设计和交互细节设计两个部分。

1. 交互流程设计

对于用户来讲，交互流程是指用户完成特定任务的操作流程。交互流程设计是对用户完成任务的场景与交互点进行梳理，并设计交互操作流程，以达到让用户顺利地完成相关任务的目的。交互流程设计主要包括如下步骤。

（1）任务与场景梳理

交互流程是依附于用户利用App解决任务的过程而存在的，脱离任务来讲流程是不恰当的。因此，要做好交互流程设计，首先要明确的是围绕什么样的具体任务来展开。任何一个App都有一个或者若干个功能点来实现任务。同一个任务可能有不同的用户场景。如用户登录App的任务就有若干不同场景：正确用户名和密码登录、错误用户名或密码登录等，如图7-68所示。因此，在移动App的交互流程设计中，需要根据不同的任务梳理出不同场景。

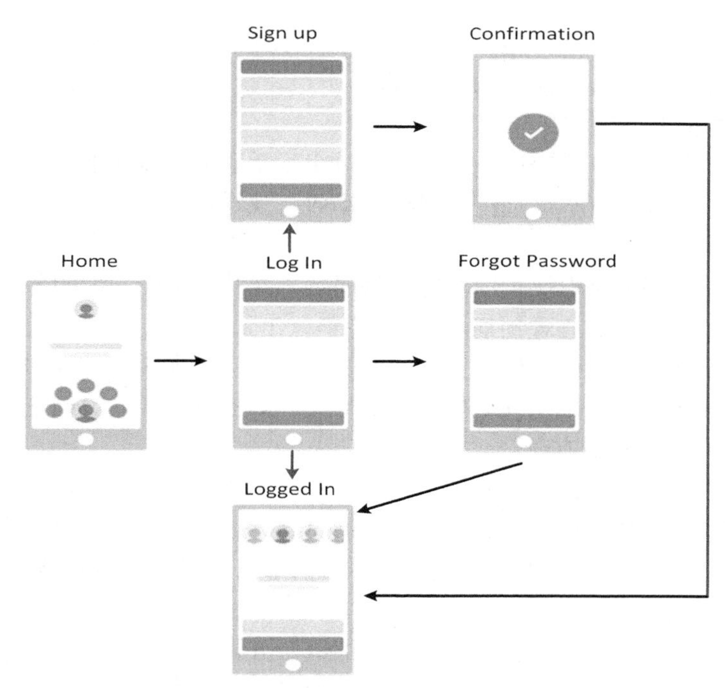

图 7-68　用户登录 App 的任务场景

（2）交互点梳理

在完成任务与场景的梳理之后，接下来针对任务的主要场景梳理出用户与任务存在的交互点。如在微信的查找好友并发送消息场景中，梳理出如图 7-69 所示的交互点。

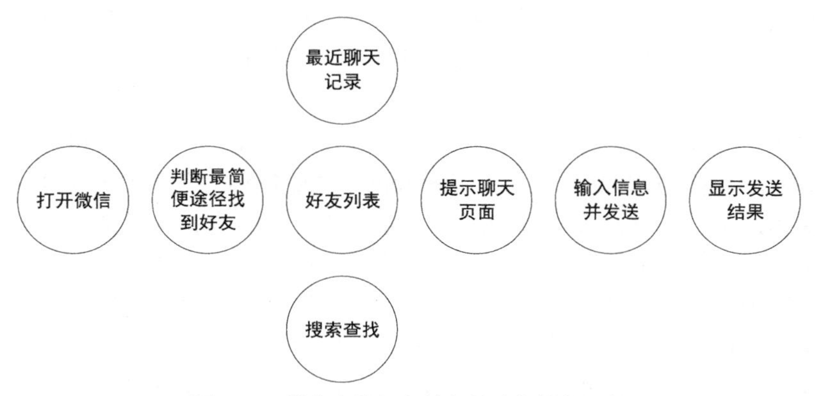

图 7-69　微信查找好友并发送消息的交互点

在这个过程中，通过对交互点的整理，可以清楚地看到完成某项任务的交互点集合。

（3）添加场景流程

接下来就要将场景流程添加到交互点中，与相应的界面融合。添加场景流程的方法一般有两种，第一种是将其放置在核心任务结束的地方。如饿了么 App、美团 App 的外卖业务，用户在完成一次订餐后，系统会提示用户将链接分享给朋友可以获得相应的优惠券。其场景目标就是让用户推广应用，这样的好处是不影响用户完成其任务。在完成其任务以后，即使用户不分享链接也不会影响其体验。另外一种是将场景目标弱化显示在业务流程界面中，如我们在注册 App 账号的时候，App 大都会在底部显示用户协议的选项，并默认勾选。因为这些信息用户通常不会仔细看，所以弱化处理。

2. 交互细节设计

交互细节设计是在交互流程设计的基础上对交互元素进一步详细设计。交互细节设计主要包括页面的布局、控件、界面适配、音效、动效、视觉流等。

（1）页面布局

页面布局的首要目的是保持页面功能的秩序感，使其在页面功能的分类和轻重缓急的表现上更加合理，符合用户的心理预期。

在交互细节设计中，页面布局与页面导航之间的联系最为紧密。根据设计的信息架构，我们可以知道页面导航应该采用什么样的导航形式，如抽屉式导航或标签导航，以及每个页面应该有哪些相关元素需要体现。

在页面布局中，需遵循格式塔心理学的设计原则。格式塔心理学理论明确地提出眼脑作用是一个不断组织、简化、统一的过程。正是通过这一过程，才产生出易于理解、协调的整体。由此产生出遵循格式塔心理学的一些基本设计原则，如接近原则、连续原则、相似原则和闭合原则。

在交互设计的页面布局中，要对不同的功能进行分类，并将其在视觉体验上分开，这就会用到格式塔心理学中的接近原则。同理在页面布局中，应实现主要功能的凸显、次要功能的弱化。总的要求就是重点突出、详略得当。

（2）控件

在移动 App 中，控件主要有两个作用：一是采用同一类型的控件可以使 App 的风格鲜明、有个性，赋予 App 一种独特的气质；二是以不同平台为基础的控件，在开发的时候应用控件可以减少工作量，并能做到拿来就用。常用的控件包括按钮、开关、文本框和进度指示器等。控件还可以根据应用需要自定义，便于在后期的开发过程中减少工作量。

（3）界面适配

不同终端之间的界面适配包括不同分辨率手机之间的适配、移动端和 PC 端的适配。适配有一个更专业的名称叫作响应式设计（Responsive Design）。响应式设计分为三个等级。第一个等级是最弱适配，如移动终端界面缩小，需要放大才能查看，但是不会出现图片破损的状况。第二个等级是轻度适配，可以实现移动端界面正常预览，文字大小不变，图片等比例缩小。第三个等级是界面图片、文字、元素位置以及显示方式等都会适应屏幕的显示要求，达到显示效果的最优化。第三个等级的设计能提升用户体验。

在响应式设计中，首先要考虑兼容设备的范围以及相应的分辨率。这样就可以确定出几套交互稿和效果图。其次是根据不同的设备尺寸和设计规范来设计交互原型。再次是对相应的元素和模块进行调整。

（4）音效和动效

界面内容的动效显示可以满足人们视觉的需求，音效可满足听觉的需求。目前，音效和动效设计已经被单独作为产品开发中的一环。在扁平化风格流行的情况下，优雅的音效和动效设计是更多 App 追求的特色之一。

（5）视觉流

视觉流是指目光或手指的循迹，它是信息在用户与设备之间的流转，实现用户与设备之间的人机交互。视觉流是根据页面布局和页面中的元素特点来流动的，对比越强烈越容易引起人的注意。如百度的搜索结果页面采用符合用户视觉流的布局设计，当用户从上到下浏览完成以后，很可能会翻页到下一页，所以底部是翻页操作。

7.3.6　App 系统界面设计案例

课程学习评价微信小程序 App 作为课程学习大数据服务平台系统的一个子系统，为学生用户提供课程学习过程成绩查看、课程学习成果评价等服务功能。在设计该 App 用户界面时，可以采用原型开发工具 Axure RP 分别对系统页面结构、页面布局、页面导航、页面交互等用户界面内容进行建模设计，从而为开发课程学习评价微信小程序 App 给出设计蓝图与原型方案。

1. 系统页面结构设计

根据课程学习评价的用户功能需求，设计课程学习评价微信小程序 App 的页面结构，如图 7-70 所示。

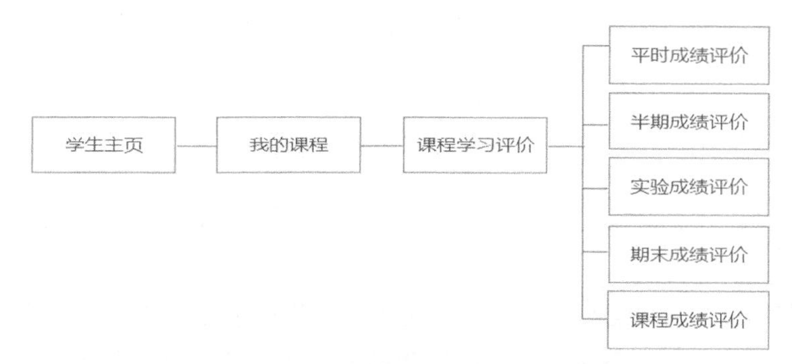

图 7-70　课程学习评价微信小程序 App 的页面结构

该 App 由学生主页、我的课程、课程学习评价，以及各学习过程评价页面组成。为了将用户界面结构以可视化原型方案给出，我们采用原型开发工具 Axure RP 设计其系统页面结构，其 Axure RP 模型如图 7-71 所示。

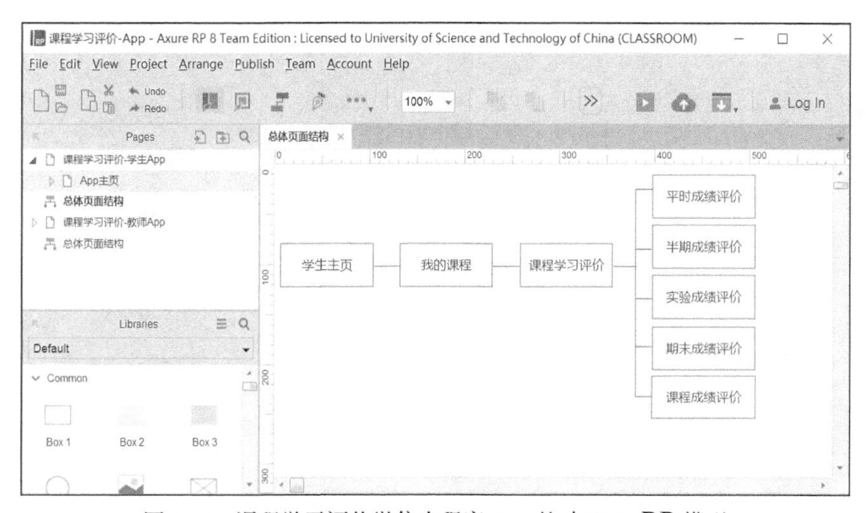

图 7-71　课程学习评价微信小程序 App 的 Axure RP 模型

2. 系统页面布局设计

针对课程学习评价微信小程序 App 页面布局设计，定义各页面的版块区域、元素构成。其中，“我的课程”页面布局设计如图 7-72 所示。

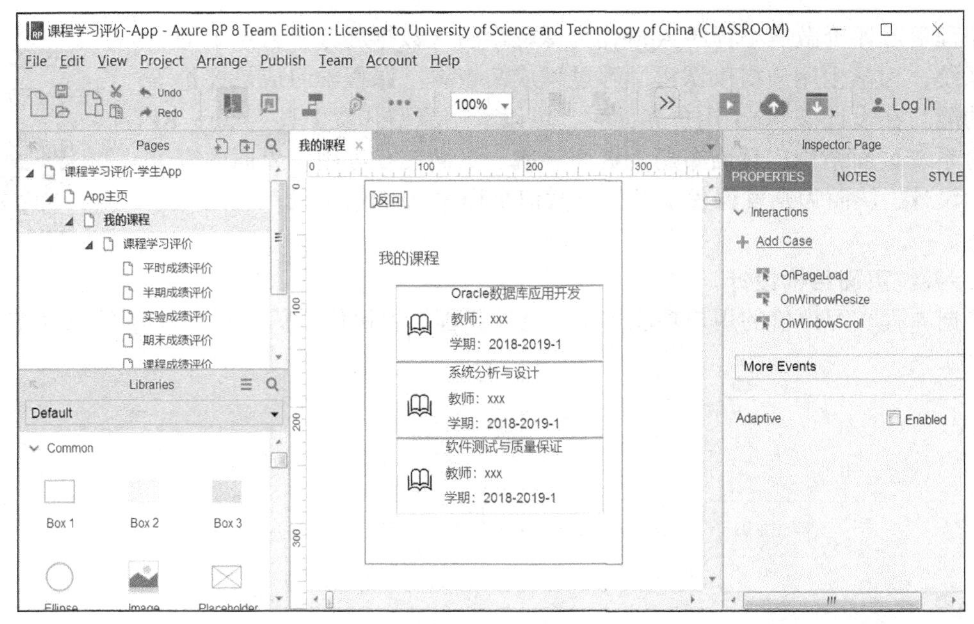

图 7-72 “我的课程”页面布局设计

从该页面布局设计可以看到，该设计采用典型的微信小程序 App 页面布局方式。顶部为导航标签版块，其下为标题版块。在页面标题之下，为多个内容列表版块。由于内容列表版块为同类信息，因此它们之间不需要间距分隔。

3. 系统页面导航设计

针对课程学习评价微信小程序 App 页面导航设计，定义页面的导航元素、导航链接关系。其中，“课程学习评价”页面的导航设计如图 7-73 所示。

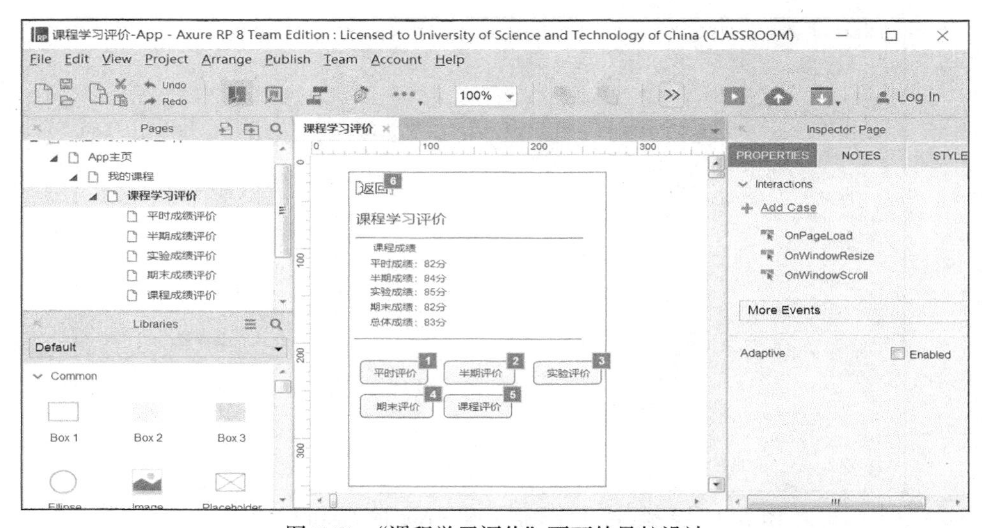

图 7-73 “课程学习评价”页面的导航设计

在“课程学习评价”页面设计中，该页面的导航采用了文本导航、按钮导航两类方式。文本导航用于返回上级页面，而各个按钮导航用于进入相应的学习评价页面。在该页面中，各个导航元素定义了页面导航链接。

4. 系统页面交互设计

针对课程学习评价微信小程序 App 页面交互设计，定义了用户与系统功能页面的交互逻辑流程。例如，在“课程学习评价”页面中，定义“期末评价”按钮的点击事件触发操作交互，用户点击“期末评价”按钮后，系统将进入“期末成绩评价”页面，其交互设计如图 7-74 所示。

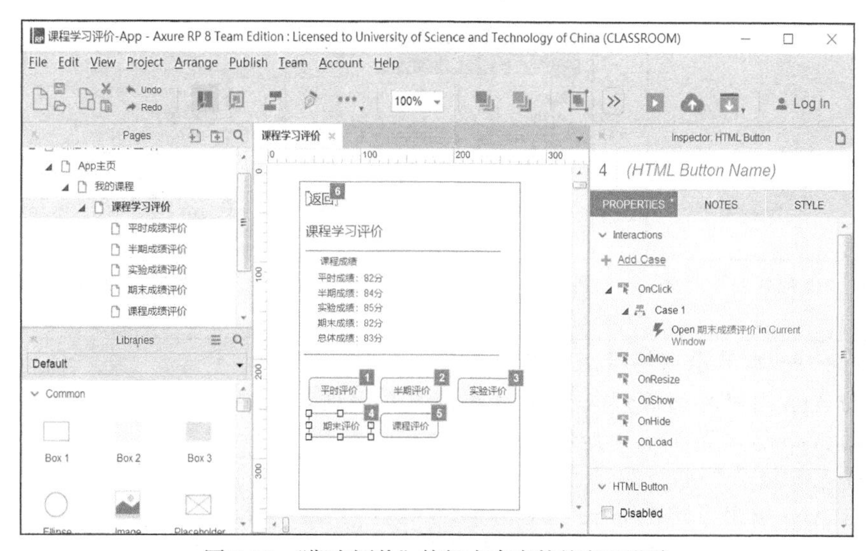

图 7-74　“期末评价”按钮点击事件的交互设计

从该功能按钮的交互设计可以看到，一旦用户点击“期末评价”按钮，系统将进入“期末成绩评价”页面，显示输出该用户的期末成绩及其学习成果评价。期末成绩评价页面如图 7-75 所示。

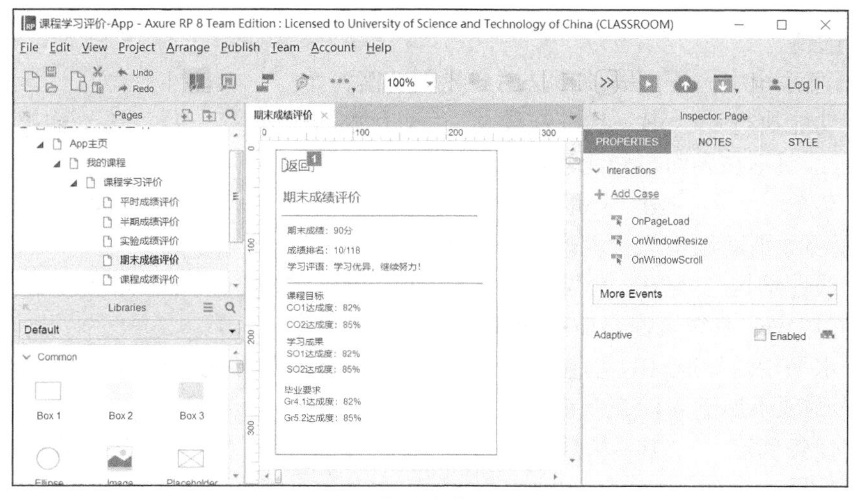

图 7-75　“期末成绩评价”页面

5. 系统页面实现结果

按照以上界面设计方案，对课程学习评价微信小程序 App 进行编程实现，其实现界面分别如图 7-76 到图 7-78 所示。

图 7-76 “课程列表”页面

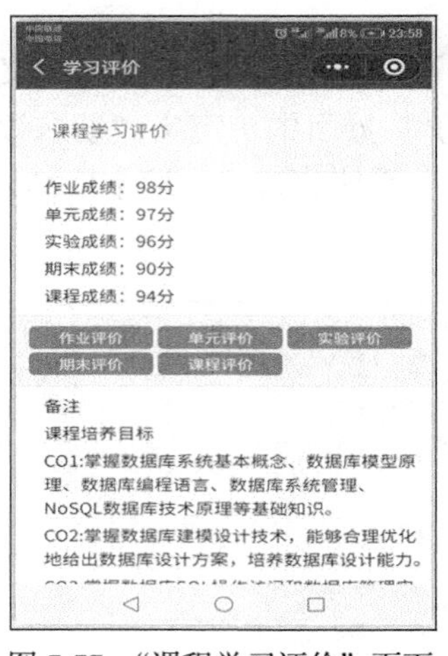

图 7-77 “课程学习评价”页面

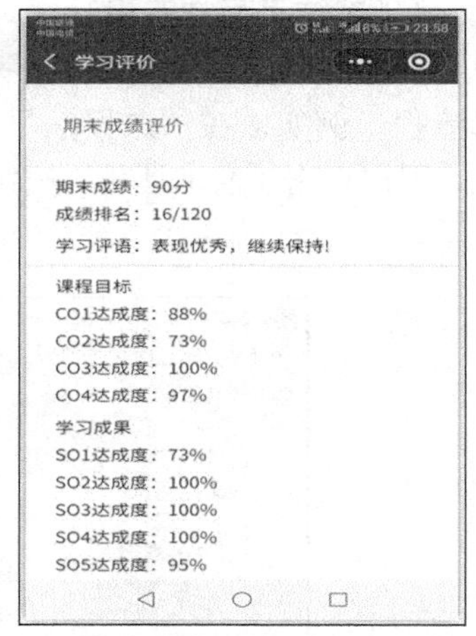

图 7-78 “期末成绩评价”页面

课堂讨论——本节重点与难点问题

1. 移动 App 用户界面设计与 Web 系统用户界面设计有哪些不同？
2. 移动 App 总体界面结构如何组织？
3. 轮播导航适合哪些应用场景？
4. 微信 App 采用了哪些导航方式？
5. 移动 App 有哪些典型的页面布局模式？
6. 如何给出移动 App 用户界面的交互设计模型？

练　习　题

一、单选题

1. 在信息系统中，下面哪项不是用户界面功能？（　　）
   A. 功能执行　B. 状态查看　C. 数据存取　D. 输入/输出
2. 下面哪项不在界面布局元素范围中？（　　）
   A. 菜单　B. 导航关系　C. 按钮　D. 列表
3. 下面哪种页面结构适合电商 Web 系统？（　　）
   A. 线性结构　B. 分层结构　C. 网络结构　D. 以上均可
4. 新闻类 Web 系统页面导航一般采用哪种方式？（　　）
   A. 水平栏目导航　B. 垂直栏目导航　C. 混合栏目导航　D. 页面内容导航
5. 下面哪项不属于界面交互流程设计的步骤？（　　）
   A. 任务确定　B. 场景梳理　C. 界面布局　D. 场景流程添加

二、判断题

1. 信息系统的功能是通过用户与系统界面交互来实现的。（　　）

2. 人的视觉规律是以中心为重点向四周发散。(　　)

3. 在详细界面设计前需要进行系统原型设计。(　　)

4. 输入数据格式校验是通过执行检查程序来实现的。(　　)

5. 页面的数据列表可以打印输出。(　　)

三、填空题

1. 为减少用户记忆负担，在界面上可以给出场景导引、默认值、____________等提示。

2. 用户界面设计一般包括界面结构设计、界面交互设计、界面导航设计、界面视觉设计和____________。

3. Web 页面导航主要有水平栏目导航、垂直栏目导航、混合栏目导航和____________。

4. 在移动 App 页面布局设计中，需要对页面信息内容、页面主题内容、用户行为心理和____________进行整体考虑。

5. 在手机 App 页面布局设计中，页面可以分为背景层、内容层、悬浮层和____________。

四、简答题

1. 用户界面设计需要遵循哪些基本原则?

2. 用户界面输入需要考虑解决哪些问题?

3. Web 页面结构设计与移动 App 界面结构设计有哪些异同?

4. Web 页面输出有哪些形式?

5. 用户界面交互设计主要包括哪些方面的内容?

五、设计题

针对一个在线点餐外卖移动 App，采用界面原型工具给出该系统如下的 GUI 设计。

1. 移动 App 总体页面结构设计。

2. 移动 App 典型功能的页面布局设计。

3. 移动 App 页面导航设计。

4. 移动 App 页面功能的交互设计。

参考文献

[1]（美）Hassan Gomaa 著．软件建模与设计——UML、用例、模式和软件体系结构[M]．彭鑫，吴毅坚，赵文耘等译．北京：机械工业出版社，2014.

[2]（美）John W.Satzinger，等著．系统分析与设计——敏捷迭代方法[M]．6 版．沈群力译．北京：机械工业出版社，2017.

[3]（美）Kenneth E.Kendall, Julie E. Kendall 著．系统分析与设计[M]．10 版．文家焱，施平安译．北京：机械工业出版社，2020.

[4]（美）Grady Booch 等著．面向对象分析与设计（修订版）[M]．王海鹏，潘加宇译．北京：电子工业出版社，2016.

[5]（澳）Leszek A. Maciaszek 著．需求分析与系统设计[M]．3 版．马素霞，王素琴，谢萍等译．北京：机械工业出版社，2009.

[6] 谢星星．UML 基础与 Rose 建模实用教程[M]．北京：清华大学出版社，2011.